教育部高等学校航空航天类专业教学指导委员会推荐教材

科学出版社“十三五”普通高等教育本科规划教材
航空宇航科学与技术教材出版工程

多飞行器协同控制理论及应用

Cooperative Control Theory and Application of Multiple Flight Vehicles

王佳楠　王春彦　王丹丹　祁振强　单家元　编著

科 学 出 版 社

北　京

内 容 简 介

本书主要包括三部分：第一部分为多飞行器系统的背景和研究现状，讲述了四旋翼无人机、无人直升机、固定翼无人机和导弹这四种飞行器数学模型、矩阵理论与图论的基础知识；第二部分为协同控制理论，主要包括积分器系统、一般通用系统的一致性算法和具有最优、鲁棒、抗时延和抗干扰特性的协同控制算法；第三部分为协同控制应用，主要包括协同控制理论在四旋翼机械臂系统协同搬运及组装中的应用、在无人直升机和固定翼无人机编队保持和避障中的应用、飞行器架数较多时集群控制的应用，最后将协同控制理论算法应用到多导弹协同制导问题上。

本书可用于本科生或硕士生教学，本科生也可在学习矩阵论和现代控制理论以后，结合参考文献自学本书知识。

图书在版编目(CIP)数据

多飞行器协同控制理论及应用／王佳楠等编著. —北京：科学出版社，2020.7

航空宇航科学与技术教材出版工程　教育部高等学校航空航天类专业教学指导委员会推荐教材

ISBN 978-7-03-065174-7

Ⅰ.①多…　Ⅱ.①王…　Ⅲ.①飞行控制系统—高等学校—教材　Ⅳ.①V47

中国版本图书馆 CIP 数据核字(2020)第 084475 号

责任编辑：徐杨峰／责任校对：谭宏宇
责任印制：黄晓鸣／封面设计：殷　靓

科学出版社 出版
北京东黄城根北街 16 号
邮政编码：100717
http：//www.sciencep.com

南京展望文化发展有限公司排版
广东虎彩云印刷有限公司印刷
科学出版社发行　各地新华书店经销

*

2020 年 7 月第　一　版　开本：787×1092　1/16
2023 年 3 月第五次印刷　印张：18
字数：390 000

定价：90.00 元

（如有印装质量问题，我社负责调换）

航空宇航科学与技术教材出版工程
专家委员会

航空宇航科学与技术教材出版工程
编写委员会

从书序

我在清华园中出生，旧航空馆对面北坡静置的一架旧飞机是我童年时流连忘返之处。1973年，我作为一名陕北延安老区的北京知青，怀揣着一张印有西北工业大学航空类专业的入学通知书来到古城西安，开始了延绵46年矢志航宇的研修生涯。1984年底，我在美国布朗大学工学部固体与结构力学学门通过Ph. D的论文答辩，旋即带着在24门力学、材料科学和应用数学方面的修课笔记回到清华大学，开始了一名力学学者的登攀之路。1994年我担任该校工程力学系的系主任。随之不久，清华大学委托我组织一个航天研究中心，并在2004年成为该校航天航空学院的首任执行院长。2006年，我受命到杭州担任浙江大学校长，第二年便在该校组建了航空航天学院。力学学科与航宇学科就像一个交互传递信息的双螺旋，记录下我的学业成长。

以我对这两个学科所用教科书的观察：力学教科书有一个推陈出新的问题，航宇教科书有一个宽窄适度的问题。20世纪80~90年代是我国力学类教科书发展的鼎盛时期，之后便只有局部的推进，未出现整体的推陈出新。力学教科书的现状也确实令人扼腕叹息：近现代的力学新应用还未能有效地融入力学学科的基本教材；在物理、生物、化学中所形成的新认识还没能以学科交叉的形式折射到力学学科；以数据科学、人工智能、深度学习为代表的数据驱动研究方法还没有在力学的知识体系中引起足够的共鸣。

如果说力学学科面临着知识固结的危险，航宇学科却孕育着重新洗牌的机遇。在军民融合发展的教育背景下，随着知识体系的涌动向前，航宇学科出现了重塑架构的可能性。一是知识配置方式的融合。在传统的航宇强校（如哈尔滨工业大学、北京航空航天大学、西北工业大学、国防科技大学等），实行的是航宇学科的密集配置。每门课程专业性强，但知识覆盖面窄，于是必然缺少融会贯通的教科书之作。而2000年后在综合型大学（如清华大学、浙江大学、同济大学等）新成立的航空航天学院，其课程体系与教科书知识面较宽，但不够健全，即宽失于泛、窄不概全，缺乏军民融合、深入浅出的上乘之作。若能够将这两类大学的教育名家聚集于一堂，互相切磋，是有可能纲举目张，塑造出一套横跨航空和宇航领域，体系完备、粒度适中的经典教科书。于是在郑耀教授的热心倡导和推动下，我们聚得22所高校和5个工业部门（航天科技、航天科工、中航、商飞、中航发）的数十位航宇专家为一堂，开启"航空宇航科学与技术教材出版工程"。在科学出版社的大力促进下，为航空与宇航一级学科编纂这套教科书。

考虑到多所高校的航宇学科，或以力学作为理论基础，或由其原有的工程力学系改造而成，所以有必要在教学体系上实行航宇与力学这两个一级学科的共融。美国航宇学科之父冯·卡门先生曾经有一句名言："科学家发现现存的世界，工程师创造未来的世界……而力学则处在最激动人心的地位，即我们可以两者并举！"因此，我们既希望能够表达航宇学科的无垠、神奇与壮美，也得以表达力学学科的严谨和博大。感谢包为民先生、杜善义先生两位学贯中西的航宇大家的加盟，我们这个由 18 位专家（多为两院院士）组成的教材建设专家委员会开始使出十八般武艺，推动这一出版工程。

因此，为满足航宇课程建设和不同类型高校之需，在科学出版社盛情邀请下，我们决心编好这套丛书。本套丛书力争实现三个目标：一是全景式地反映航宇学科在当代的知识全貌；二是为不同类型教研机构的航宇学科提供可剪裁组配的教科书体系；三是为若干传统的基础性课程提供其新貌。我们旨在为移动互联网时代，有志于航空和宇航的初学者提供一个全视野和启发性的学科知识平台。

这里要感谢科学出版社上海分社的潘志坚编审和徐杨峰编辑，他们的大胆提议、不断鼓励、精心编辑和精品意识使得本套丛书的出版成为可能。

是为总序。

杨卫

2019 年于杭州西湖区求是村、北京海淀区紫竹公寓

前　言

21 世纪以来，随着嵌入式计算和通信能力的快速提升，多飞行器系统的相关研究得到蓬勃发展。2017 年，群体智能理论、自主协同控制与优化决策被列入国务院发布的新一代人工智能发展规划，是未来国家重点发展方向。“十三五”期间军民领域发布了大量的应用需求，其中多飞行器系统集群任务尤为突出，成为近年来控制领域和机器人领域发展的焦点。相比于单个飞行器，分布式体系的多飞行器系统具有很多明显的优点，例如：具有分布式的感知与执行机构，以及内在的并行处理能力；具有较大的冗余性，比单飞行器有更好的容错性和鲁棒性，能够更有效地完成单飞行器较难完成或不能完成的任务；具有较高的经济性，单个性能优良的飞行器成本往往比同样性能的多飞行器系统高。

作为多飞行器系统的核心技术理论，协同控制理论是通过结合传统控制理论和计算机图论相关知识来实现多个飞行器的群体特性。本书从协同控制理论的基础知识入手，由简入深，由一般到特殊，由理论向应用拓展。本书在编写过程中融入了作者对该领域多年的研究经验和教学体会。在讲解基本理论和算法的过程中，作者旨在努力揭示各种算法巧妙而严密的构造思想及其内在的联系和各自特色，使读者不仅能学到具体的算法设计思路，还能锻炼运用数学方法解决实际问题的思维方式。

全书划分为多飞行器系统的背景和研究现状、协同控制理论和协同控制应用三个部分，共十三章：第一章介绍协同控制的研究背景和现状；第二章补充必要的基础知识；第三章讲解积分器系统的一致性算法；第四章讲解通用系统的一致性算法研究；第五章讲解最优一致性算法；第六章讲解鲁棒一致性算法；第七章讲解考虑通信时延和输入时延的一致性算法；第八章讲解协同一致抗干扰方法；第九章介绍了四旋翼无人机协同搬运及组装控制；第十章介绍多无人直升机鲁棒编队控制；第十一章介绍固定翼无人机编队及控制避障；第十二章介绍集群控制；第十三章介绍多弹协同制导技术。本书用作本科生或硕士生教材时，总教学学时为 32~48 学时。前四章和第十一章为精讲内容，其他九章为选讲内容（可作简单介绍或留给学生自学）。

本书是科学出版社“航空宇航科学与技术教材出版工程”统编教材，具有以下特色：

（1）本教材针对各类飞行器（如导弹、无人机等）的特点，给出了相应的协同制导控制理论和方法，而且对该领域较新的研究成果进行总结阐述，内容较为全面新颖；

（2）每章节都配备具体的实例分析，帮助读者快速学习和掌握算法的应用问题，具有

很强的工程实用性;

(3) 对于理论性较强的控制和优化理论,教材力图从应用角度切入,以具体应用方法为线索进行分析介绍,重视理论的内涵思想,使学生能够有的放矢地进行学习和运用;

(4) 本教材从学科交叉的角度分析多飞行器协同控制理论的研究脉络和思维逻辑,探究多飞行器协同控制在飞行器控制领域研究中的地位、讲述飞行器控制的全貌和研究前沿,达到提纲挈领的作用,为读者进行后续研究打下坚实的基础。

本书内容丰富而翔实,除可用作飞行控制相关学科专业的本科和研究生选用教材之外,也可供从事相关专业的技术人员参考。

本书在编写过程中,得到了北京理工大学及航天一院 12 所的大力支持,特在此表达诚挚的谢意!同时还感谢为本书提供各类参考文献的专家与学者,感谢众多的研究生们,正是他们的科研活动为该书增添了很多工程实践内容,感谢英国曼彻斯特大学丁正桃教授和美国密苏里大学信明教授为本教材编写提供的宝贵意见和建议,闭昌瑀、宋威豪、陈亚东、李春雨、李韵涵、史葳翔、陈昊、董伟、丁祥军、林鹏达等同学还参与了其中多个章节的仿真验证工作。

由于作者水平有限,书中难免有错误和不足之处,恳请同行专家和广大读者批评指正。

作者

2020 年 5 月

目　　录

第一章 绪论

在自然界中,生物往往组成群体进行活动,比如鸟类按一定队形迁徙、鱼群集体觅食、蚁群通过分工合作搬运食物等。深入分析生物群体的行为机理,可以看出其中蕴含着三个显著特征。首先,每个生物个体均具有自主行为,可以自由移动;其次,群体中每个生物个体通过邻近生物个体信息来调整自身行为;最后,在整体信息未知情况下,个体依靠局部信息共同完成整体任务。由此可见,生物体通过局部范围内获得的其他生物体信息进行自主运动,最终实现了共同目标。受自然界中的群体现象启发,人们将多个飞行器通过通信网络连接组成多飞行器系统,试图效仿生物群体实现飞行器集群任务。本章作为全书开篇,首先介绍多飞行器系统的基本概念以及研究意义,其次介绍多飞行器系统协同控制理论及其应用的相关研究,最后对本章内容进行总结。

1.1 多飞行器系统概述

1.1.1 飞行器发展史

人类从古代开始,就通过自身的努力和开拓,来追求伟大的飞行梦想。古希腊的阿尔希塔斯的机械鸽、澳大利亚的飞去来器、中国的孔明灯和风筝等都是现代飞行器的雏形。竹蜻蜓是中国民间流传久而广的玩具,大约在18世纪传入欧洲,被称为“中国陀螺”,它的飞升原理与现代直升机相同。15世纪,意大利的列奥纳多·达·芬奇通过对鸟类翅膀的研究,绘制了大量有关飞行研究的草图,并分析了航空学研究的三大部分:关于飞行的理论和原理,飞行的稳定性和控制,以及飞行器设计。19世纪初,乔治·凯利(英国航空科学家)发表重要著作《空中航行》,使更多人放弃单纯模仿鸟的方法,从而使飞行探索进入更科学的阶段,并于1847年设计制作了一架滑翔机,是世界上成功把载人滑翔机飞上蓝天的第一人。随着内燃机的发明和广泛应用,1903年12月17日,美国的莱特兄弟研制的“飞行者1号”飞机试飞成功,首先实现了人类飞行的梦想。

随后,飞行器的种类得到了极大丰富。目前飞行器主要分为航空器及航天器两大类:在大气层内飞行的称为航空器,如气球、飞艇、飞机等,完全靠空气的静浮力或空气相对运动产生的空气动力升空飞行;在太空飞行的称为航天器,如人造地球卫星、载人飞船、空间探测器、航天飞机等,需要在运载火箭的推动下获得必要的速度进入太空,然后依靠惯性做与天体类似的轨道运动。展望未来,飞行器将会向群体化、智能化和综合化等方向继续发展。

1.1.2 受自然界群体行为启发的多无人系统

自然界中存在着多种群体涌现行为。一只鸟或一条鱼的运动行为很难看出规律性，然而，当一群生物个体进行移动或者执行任务时便涌现出一定的规律性特征。例如，候鸟的蜂拥行为[swarming，见图 1.1(a)][1]，鱼类的涡旋运动[torus，见图 1.1(b)][2]，鸟群的群集行为[flocking，见图 1.2(a)][3]，萤火虫的闪烁同步[synchronization，见图 1.2(b)][4]等。

(a) 候鸟的蜂拥行为　　(b) 鱼类的涡旋运动

图 1.1

(a) 鸟群的群集行为　　(b) 萤火虫的闪烁同步行为

图 1.2

受自然界群体行为启发，在实际的工程应用中，人们也将多个无人系统通过通信连接实现群体行为，比如多无人机、多水下航行器、多自主移动机器人等的协同作业。对多个无人机来说，通过协同编队执行侦察打击任务，不仅可以增加侦查或者攻击的范围，同时也提升了整体系统的鲁棒性，不会因为单个系统故障或失败而影响整个任务；在太空中，多个小卫星协同编队可以获得更好的观测效果，并且降低了对单个卫星观测能力的要求；在水下，多个无人潜航器可以通过协同来提高探测精度或者扩大整体搜寻范围，不仅提升了整个系统的信息搜集能力，同时也提高了搜寻效率；在陆地上，多个自主移动机器人可以通过协同来对危险环境进行监测，甚至在战场上完成伤员的搜救工作，每个移动机器人仅仅需要负责部分区域，然后通过整体的编队协同高效完成整个区域的监测或者搜救任务。

1.1.3 多飞行器系统

在军事应用领域，多飞行器系统又称智能飞行器集群系统，是由大量飞行器基于开放式体系架构进行综合集成，以通信网络信息为中心，以系统的群智涌现能力为核心，以平台间的协同交互能力为基础，以单平台的节点作战能力为支撑，构建具有抗毁性、低成本、功能分布化等优势和智能特征的一体化飞行器系统。与传统的单一飞行器作战平台不同，智能飞行器集群系统突出系统的群体智能、协同交互和单平台节点作战能力三大特点，并在作战时具备以下优势：

• 功能分布化：将单个完备作战平台所具备的各项功能，如侦察监视、电子干扰、打击与评估等能力“化整为零”，分散到大量低成本、功能单一的作战平台中，通过大量异构、异型的个体来实现原本复杂的系统功能，系统的倍增效益和智能化将使集群具备远超单一平台的作战能力。

• 体系生存率：智能飞行器集群具有“无中心”和“自主协同”的特性，集群中的个体并不依赖于某个实际存在的、特定的节点来运行。在对抗过程中，当部分个体失去作战能力时，整个集群仍然具有一定的完整性，仍可继续执行作战任务。

• 效费交换比：通过降低功能单一的无人机平台成本，在进行作战任务时，将使得敌方应对大量的飞行器个体需要消耗数十倍甚至上百倍的成本来进行防御。同时，对飞行器自组合和载荷回收复用技术的研究和应用，也将大幅降低飞行器个体自身的成本，最终带来显著的效费优势。

多飞行器系统涉及航空、物理、通信、光电、材料、机械、控制和计算机等多个学科，需解决包括导航制导、飞行动力学、群体决策与控制、分布式探测与感知、网络通信、智能计算等多个方面的理论和技术问题。因此，需从基础理论、应用技术、系统集成与试验验证四个方面全方位布局集群系统技术发展体系。本书从理论到应用自下而上涵盖了智能飞行器集群系统可展现的全部形态，为无人机集群作战的发展及大规模应用提供有力支撑。

1.1.4 多飞行器系统研究意义

1. 科学研究意义

与单个飞行器相比，多飞行器系统具有组织完善、高度协调、鲁棒性强、容错性好、灵活性高等突出优势，能够有效提高任务执行效率，完成单飞行器不能完成的复杂任务，在军事和民用领域都具有非常广阔的应用前景。近年来多飞行器系统集群问题得到了学术界以及工业界前所未有的关注，我国政府也将群体智能理论、自主协同控制与优化决策列入 2017 年国务院关于新一代人工智能发展规划，是“十三五”期间国家重点发展方向之一。因此，开展多飞行器协同控制研究具有重要的理论价值和实际意义。

另一方面，多无人机集群系统在实际应用中仍然面临很多问题，如多无人机系统在协同编队飞行中需要考虑通信干扰和避障、多枚导弹在协同打击任务中需要考虑目标分配和最优性等。面对这类复杂环境和严苛任务，只考虑最终状态一致性或编队队形的多飞行器协同控制研究已经无法适应这种需求。近年来，随着控制理论、计算科学和人工智能等技术的迅速发展，使得多飞行器系统在复杂环境下的智能协同控制成为可能，亟须融合多学科最新理论成果，在理论和应用层面突破多飞行器系统协同控制的发展瓶颈。

综上，多飞行器系统协同控制已成为当前具有重要应用潜力的新兴前沿领域之一，正处在蓬勃兴起的研究阶段，可以引领和推动多飞行器协同制导、协同探测与感知等新兴理论和方法的突破。但无论在理论层面还是应用领域都还存在诸多挑战，需要继续探索相关理论与应用问题。

2. 军事应用意义

未来战场态势变化迅速，电磁频谱对抗剧烈，大量有人/无人飞行器以混合编队形式参与监视、侦察和打击任务，对飞行器的作战能力提出了更高的要求。多飞行器的协同集群可以很好地满足当前和未来的军事应用需求，具体表现在以下三个方面：

- 满足联合作战背景下协同化精确打击作战需求

在过去的二十年中，精确制导武器有了长足的发展，具备了对多类型目标精确打击的多样化手段。然而，现代战争形式不断升级，战场复杂化程度不断加剧，迫使武器装备发展重点转变到通过信息化、智能化武器研制带动装备体系化、协同化作战能力提升，从而全面提升武器装备作战效能。

- 实现信息不透明的“灰色区域”时敏目标快速打击

在未来激烈对抗的实战环境中，敌我双方武器装备都在实施机动和对抗，信息难以全面透明，更难以实时透明。战场上情报不确切、态势不明朗的“灰色区域”大量存在。“灰色区域”内状态、属性不明确的目标(如机动式防空系统、机动式雷达站、机动式指控中心等目标)，将对进攻作战行动构成严重威胁。对智能集群系统的研究和应用将大大提升空中一体化协同作战能力，用于对“灰色区域”内高威胁目标的自主搜索识别、压制封控、精确打击和毁伤评估。

- 符合空中进攻作战未来发展趋势

在未来的进攻作战中，传统的基于高机动的作战空间串行覆盖将逐步被集群式的并行覆盖所替代，集群作战下数量的线性增加将带来作战能力的指数级提升。传统的单机作战向集群体系对抗作战的转变，将对现有的作战模式带来颠覆性的影响。同时，集群化的分布式系统将在装备使用维护成本和敌我对抗交换成本方面提供巨大优势。

综上所述，多飞行器系统可以很好地满足以上军事发展趋势，为军事装备的智能化、集群化、体系化发展提供有力的理论支撑。

1.2 多飞行器系统协同控制理论概述

协同控制理论是多飞行器系统实现的理论基础，通过对该项理论及相关科学问题的研究，使得整个多飞行器系统有效地融合为信息共享、功能互补、战术协同的群体，并通过集群优势显著提高系统的智能性、灵活性和实用性。

1.2.1 多飞行器协同控制研究概述

多飞行器系统协同控制主要包括飞行器模型、通信连接、协同控制算法三个方面，如

图 1.3 所示。飞行器模型主要包括一阶积分器运动学模型和二阶积分器动力学模型、高阶积分器动力学模型、一般线性系统动力学模型和非线性动力学模型等。通信连接主要包括模型建立、通信时延及拓扑切换等实际问题。协同控制算法需要考虑不同的飞行器模型以及通信拓扑情况,设计满足稳定、最优或鲁棒要求的控制器。

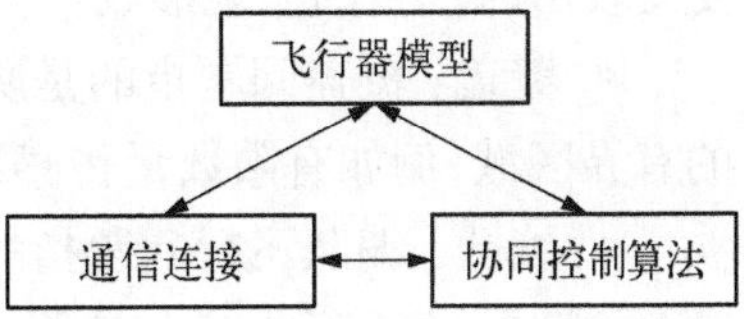

图 1.3 协同控制三个基本要素

从控制方式来看,多飞行器协同控制主要包括集中式协同控制和分布式协同控制两种策略。集中式协同控制本质是单系统控制,它通过一个中央控制器获取所有信息并进行计算处理,之后将相应指令发送给各个飞行器。但由于通信带宽或传感能力限制(如无线传感器的有限感知范围),使得很多情况下集中式控制器无法实现。此外,如果中央控制器出现故障,将会对集中式控制造成毁灭性灾难,系统缺乏鲁棒性。基于分布式协同控制的多飞行器系统可以避免出现此类问题。在多分布式协同控制中,每个飞行器仅需要利用自身及邻近飞行器信息更新自身控制器。对比集中式控制器,分布式协同控制具有更强的鲁棒性、灵活性、容错性和可扩展性。

从协同控制发展历程来看,协同控制从集中式算法发展到分布式算法,从静态通信发展到动态变化情况,从单积分器系统发展到一般线性和非线性系统,从无向拓扑假设发展到有向拓扑和变化拓扑假设,前提条件逐步从生物系统具有特有属性发展到工业生产的复杂特性等,针对的问题越来越具体化和复杂化。

1.2.2 分布式协同控制研究

自 20 世纪 80 年代以来,受生物学、人类社会学启发,分布式协同控制问题成为研究热点,在计算机和控制等领域掀起了研究热潮。分布式协同控制是指多个智能体通过通信网络组成一个整体,利用局部信息交换和共享使得所有智能体的状态(如位置、速度、姿态等)趋于一致[5-7],其中通信结构的连通性是保证分布式协同控制实现的前提。协同控制研究主要包括蜂拥(swarming)、一致性(consensus)、群集(flocking)、聚集(rendezvous)、涡旋(torus)、覆盖(coverage)、编队(formation)等。

- 蜂拥:蜂拥行为是一种较为简单的集群行为,个体彼此之间只需要避免碰撞即可,反映为自然界中候鸟或者蚁群等的迁徙运动,生物个体往往只需要知道目的地的大致位置,而并不要求达到任何姿态或者速度的精准同步。

- 一致性:一致性问题是多飞行器系统协同控制的基本问题,许多应用都是基于一致性算法。在多飞行器系统中,一致性问题是指设计控制器使飞行器状态误差归零,其中发挥重要作用的是图论理论,通信拓扑图的拉普拉斯矩阵特性在保证系统状态收敛中起到关键作用。

- 群集和聚集:群集问题一般指所有个体速度达到一致并且个体彼此之间避免碰撞的群体行为,例如海洋鱼群向某一方向运动。聚集问题指的是所有个体位置最终趋于一致并且所有个体最终的速度趋于零,例如卫星空间站对接问题。

- 涡旋:涡旋问题指的是系统中所有个体形成圆环或者圆周编队模式,例如鱼群在受到攻击时产生的涡旋形成保护阵。

• 覆盖：覆盖问题指的是所有个体避碰的同时还需要根据一定的优化目标覆盖指定的有界区域，例如有限数量传感器实现对某个区域覆盖监测。

• 编队：编队飞行问题指的是系统中所有个体形成一定形状的队形进行飞行，例如雁群按照“一”字形或“V”字形编队的季节性迁飞。

其中，一致性问题和编队控制问题占比最大，接下来对这两个问题进行详细介绍：

1. 分布式一致性问题

一致性控制可追溯到 20 世纪 80 年代 Tsitsiklis 等[8]的分布式决策问题研究。而后 Olfati[9]、Jadbabaie 等[10]给出了一阶积分器系统一致性问题的定义，从系统理论角度做出了开创新的工作，并提出了线性一致性算法。2004 年，Moreau[11]运用李雅普诺夫方法和凸性理论解决了离散多智能体系统的一致性问题，为一致性的研究开拓了新的思路。Ren 等[12]也考虑了离散和连续两种多智能体系统一致性的基本问题，并将多智能体之间的通信拓扑推广到加权有向图，证明单积分器多智能体系统能达到一致的充要条件为通信拓扑含有一个有向生成树。目前，主要研究了单积分器系统[9]、双积分器系统[13]、高阶系统[14]、线性系统[15]、非线性系统[16]的一致性问题。从系统连续性角度，研究又可分为连续系统和离散系统[10]的一致性。从通信拓扑对一致性的影响角度，有学者[17]对切换拓扑条件下的一致性问题进行研究并给出一致性收敛条件。从通信时延影响角度，文献[9]研究固定通信拓扑下的时延一致性问题并给出收敛条件；文献[18]给出一种具有时变时延下的一致性算法设计；文献[19]给出上界存在但未知情况下状态平均一致性的充分条件。

在一致性问题向实际应用的转化过程中，有限时间收敛问题常常被考虑。文献[20]给出了固定拓扑和时变拓扑条件下非线性系统交互有限时间一致性算法。文献[21]研究了时间区间之和充分大时的有限时间问题。在提升抗干扰性能上，鲁棒控制和自适应控制思想也被学者应用于一致性问题中。文献[22]和文献[23]采用非奇异终端滑模方法，研究了带有已知干扰上界的积分器多智能体系统的固定时间一致性，多智能体系统状态在不同初始条件下能同时达到一致。此外，干扰观测器主动补偿方法也被用到多智能体协同抗干扰研究中[24-25]。

一致性协同控制也被用来解决很多实际问题，文献[26]、文献[27]在一致性问题中引入偏差量，拓展到了编队控制应用中。文献[28]研究了带参考的一致性问题，设计多智能体追踪算法。基于一致性控制算法，文献[29]针对具有避障能力的移动智能体群集问题提出了一种分析设计理论框架。此外，一致性问题还可应用于多传感器融合当中，Olfati[30]将卡尔曼滤波器与分布式一致性问题相结合，设计了一种一致性滤波器。文献[31]研究了具有交互作用的耦合的二阶线性简谐振荡器的同步问题。

2. 协同控制中的编队控制问题

近年来，多无人机编队飞行得到全世界学者的广泛关注，是未来军事或民用无人机应用的关键技术，在监测森林火灾、边境巡逻、监视、侦察、战斗损伤评估等方面将得到广泛应用[5]。这些问题的关键在于精确的协同控制算法，需要设计一个集中式或分布式控制器操控所有无人机来形成编队，同时保持精确的相对位置和速度，以及同步的姿态和角速度(考虑旋转运动)。

关于编队控制全世界学者提出多种方法,例如领从模式[32]、行为模式[33]和虚拟领队结构方法[34]。但是,每种方法都有一定的缺陷:领从模式容易实现但是缺少队形信息的反馈,而且由于领机的存在导致鲁棒性下降;行为模式可以保证避撞但是缺少严谨的数学理论支撑。同时,基于一致性理论的编队控制算法也得到广泛关注,因为这种结构不仅能够涵盖领从、行为、虚拟领队结构等方法,并且能够克服上述问题。文献[35]采用输出反馈线性化方法设计基于一致性的编队控制算法,其中队形可以部分时变。文献[36]采用一致性方法设计编队控制算法并给出室外编队飞行试验结果。美国 Brigham Young University 的 Beard 教授团队在文献[37]中根据团队协作目标设计了多固定翼无人机编队飞行的分布式控制算法,并给出室外飞行试验结果。新加坡国立大学陈本美教授团队在文献[38]中创新性提出一种顶层控制方法,来实现上层规划与决策单元的互补,从而形成并保持队形。北京航空航天大学段海滨教授课题组在文献[39]中采用控制参数化及时间离散化方法将多无人机编队控制问题转化为代数约束下的最优控制问题,然后采用分层粒子群优化及遗传算法解决。文献[40]进行了利用多无人机系统协同搬运单一载荷仿真实验。清华大学钟宜生教授课题组在文献[41]、文献[42]中给出了考虑切换拓扑等情况下的多旋翼无人机编队飞行的协同控制算法,并给出室外飞行试验结果。

在实际飞行中出于安全考虑,无人机避障、避撞机制是至关重要的。控制方案中具备避障、避撞能力的最直接方法为路径规划方法[43-47],然而这些避障、避撞策略共同的限制是每架无人机通常需要提前离线完成路径规划,遇到新的障碍需要重新进行规划,无法保证实时性。另外使用最为广泛的是势能函数法,其中文献[48]采用势能函数的方法解决多体系统之间的避障,但是没有考虑协同性质。文献[49]采用势能函数的方法解决了追捕问题中的规避问题。文献[50]提出了分层控制架构:上层架构用来提供全局信息以及团队任务规划,中层利用局部信息来进行编队控制及避障,底层作为系统层面集成板载控制器、传感器、通信系统及武器系统,其中采用势能函数的方法来规避移动的障碍。文献[51]提出了一种基于线性最优控制及 Grossbery 人工神经网络的双模式控制策略来解决无人机编队控制中的避撞问题,采用"安全模式"和"危险模式"来分别处理有无碰撞危险出现的情况。文献[52]提出了一种离散时域控制方案来解决自主系统的编队控制问题,其中避障功能是采用基于不变集原理的紧急机动机制来实现。文献[53]采用非线性模型预测控制方法分别设计了集中式、部分分布式、完全分布化三种编队控制输入,其中控制输入限幅、状态约束以及避障由非线性模型预测控制结构中的 Karush-Kuhn-Tucker 条件保证。为了提升编队的鲁棒性与抗干扰性,可采用滑模控制[54]、自适应控制、神经网络[55]、干扰观测器抑制[56]等方法。Das 等[57]针对存在未知非线性项和外界干扰的二阶多智能体系统,提出了一种自适应神经控制器用于一致性跟踪控制。文献[58]利用鲁棒 H_∞ 方法,将多输入多输出的 PID 控制器转化为全状态反馈控制器,实现无人机编队保持和跟踪飞行。2015 年,加拿大康考迪亚大学 Ghamry 等[59]采用滑模方法和线性二次规划方法相结合,实现了多架四旋翼编队飞行。这些研究[5,59]表明带有性能指标约束的编队控制可以节省大量的燃料。美国得克萨斯大学圣安东尼奥分校 Eloy Garcia 等[60],针对异构多智能体系统,考虑 Leader 智能体带有未知非线性项,并考虑通信约束,提出了基于事件进行触发控制和通信的框架。

此外,无人机编队在飞行中应对实际场景与任务需要(如避障),可能要求无人机队形调整。在编队过程中通过各自的信息搜集与自身状态,以及与编队中的其他飞行器进行信息共享,改变编队的空间几何形状,视为编队重构。编队重构任务过程中要求各飞行器间协同工作。Xu 等[61]提出了一种二维弹性编队算法,可根据智能体速度调整编队。除了传统算法,现代启发式算法也在编队重构中得到应用。段海滨等[62]基于改进的粒子群算法进行编队重构。而后在 2013 年,文献[39]结合了粒子群算法(PSO)和遗传算法(GA)的优点,提出了一种混合粒子群优化遗传算法。为了优化编队重构效率,文献[63]提出了一种分布式协同进化算法。

1.2.3 问题与展望

1. 存在的问题

多飞行器系统与单个系统相比具有无可比拟的优势,但其基于无线网络通信的特征也带来了许多新的问题,包括:

• 网络通信下的信息实时传输问题:每个飞行器在协同过程中都需要通过接收邻近飞行器的信息来形成控制指令驱动自身的执行器,信息实时传输是实现协同控制的重要保障。但是,飞行器之间的通信总会受到天气、电磁干扰、网络拥堵、通信设备间歇性故障等因素的影响,会产生通信时延、中断和拓扑变化等问题,从而降低系统协同性能,在极端情况下甚至会导致系统崩溃。

• 复杂环境下的干扰问题:数学建模中,通常将外界环境影响、测量噪声、摩擦、机械和电气系统中的负载变化等当成干扰对待。多个飞行器在网络通信条件和复杂运行环境下协同执行任务,干扰因素显著增加,由此面临的抗干扰问题更为突出。

• 多任务下的优化问题:飞行器执行复杂任务时,控制目标往往不同。例如导弹打击目标,更多关注的是如何最小化脱靶量从而最大化打击效能;航天器在外太空飞行,更多考虑的是如何减少能耗,保证飞行时长最大化。针对多飞行器系统的优化问题,要根据不同特点选择优化指标,从而探索相应的最优控制解决方案。

2. 发展趋势

随着国内外学者对于分布式协同控制问题的深入研究,多飞行器协同控制已经取得了一系列研究进展,并将继续向着群体化、智能化、综合化等方向发展。具体体现在以下三个方面:

• 复杂对抗环境下的适应能力不断提高。多智能体系统在协同过程中,需要考虑系统和外界复杂的环境因素。外界环境主要包括障碍、碰撞等因素,系统环境主要包括通信时延、系统扰动等不确定性因素。这些环境因素会影响到智能体系统完成任务的能力,在极端情况下甚至会导致系统崩溃,因此,随着进一步的研究,协同控制在复杂环境下的适应能力将不断提高。

• 自主性与智能性不断加强。传统的多智能体协同控制问题通常基于稳定性理论进行推导,理论性强但缺乏足够的智能应变能力,难以自主应对外部环境或系统自身变化。近年来人工智能技术的飞速发展,使得多智能体系统的自主性与智能性将得到进一步提高。

• 应用场景进一步得到扩展。传统的多智能体系统协同控制研究多集中在一致性控制上,但在实际应用中还存在很多其他场景与经典的一致性问题有较大区别,因此协同控制的应用场景将得到进一步拓展,理论与实际问题也将得到进一步的结合。

综上所述,多飞行器分布式协同控制已成为当前具有重要应用潜力的新兴前沿领域之一,正处在蓬勃兴起的研究阶段。另一方面,多飞行器系统无论在理论层面还是应用领域都存在诸多挑战,需要进一步研究,充分发掘协同控制理论的潜力,拓展多飞行器系统应用领域。

1.3 多飞行器系统协同控制应用概述

1.3.1 多飞行器系统协同控制主要应用

如图 1.4[64] 所示,多飞行器系统可填补战术与战略之间的空白,以多元化投送方式快速投送到目标区域遂行多样化任务,包括与其他武器平台协同攻击海上、空中、地面目标及情报侦察监视等,实现对重点地区的常规战略威慑、战役对抗、战术行动。

图 1.4 智能飞行器集群

目前多飞行器系统协同控制应用研究主要体现在以下几个方面:

1. 多维尺度条件下智能集群协同控制

随着作业环境的日益复杂和动态未知、任务使命要求多样性,现有多飞行器系统协同控制方法大多是关于状态、时间协同的研究成果,已经不能满足要求。因此,一方面必须在一致性基础理论与方法方面实现新的突破,为实现完善协同制导与控制理论做充分准备;另一方面,需要在编队队形、自组织行为和群体功能等多维应用尺度上研究实现集群协同控制的方法和技术,从而在更高层次上拓展智能飞行器集群作战能力。

智能集群的自主编队，不仅要求编队中对飞行器相对位置、航迹和绝对几何坐标的精确控制，还必须根据功能任务变化，快速实现编队队形重构与变化，这就要求所应用控制技术在不确定性条件下，实时解决一系列飞行最优控制与群体网络协同问题。人工智能与深度学习技术，作为当前解决以上自主控制问题的可行手段，是分布式协同控制的一个主要研究方向。

2. 智能集群协同精确制导

- 强不确定性条件下协同精确制导

当前已有的协同制导方法都是在协同制导架构、通信拓扑类型和协同单元的数量均确定的情况下研究得到，而智能集群系统面临的战场环境使得以上条件的不确定性大大增强，如何在提高协同效率和制导性能方面寻找新的途径，在现有“双层协同”和“领弹—从弹”两种典型制导架构上研究更适用于智能集群系统使用特点，对不确定性具有更强适应能力的协同制导理论和方法，是本方向研究需要解决的典型问题。

- 高机动目标的协同攻击策略与制导

迄今为止，多数已有的协同制导方法均是基于理想条件，并以静止目标为主，无法适应空中机动目标拦截和地、海面快速移动目标精确打击任务要求，而集群飞行器本身还存在的飞行速度低、机动能力有限等不利条件，因此需要研究机动目标的协同攻击策略，突出集群作战的优势，以不同的进入方向、攻击模式抵消目标机动优势；研究适应于机动目标协同攻击的制导方法，即满足编队攻击策略要求需要，又能适应高机动目标快时变制导条件。

- 分布式异构探测条件下的协同制导匹配

智能飞行器集群通过采用不同体制探测手段，实现对目标信息的协同探测和处理，达到增强电子对抗和对目标的识别能力、提升复杂战场环境下的抗干扰能力、提高制导信息精度等目的。因此，所采用协同制导方法，如何适应不同探测体制抗干扰能力、制导信息获取方法及精度、目标探测距离与弹道飞行约束等特点，实现合理的匹配优化，是需要解决的一个重要问题。

3. 多飞行器系统协同探测

在复杂环境下多飞行器编队对目标进行协同探测，可以提高探测效率、扩大探测范围。因此，为实现复杂任务，多飞行器可携带不同性能互补的传感器，按照最佳时间序列等方式对目标进行信息探测，并对每个传感器定位信息进行融合处理，实现精确估计目标当前状态和预测目标以后的状态。那么，如何在复杂干扰下协同利用各个传感器优点，以实现对高精度协同探测任务是需要解决的问题。

4. 多约束实时协同航迹规划

未来战场环境是高度动态和不确定的，所执行的任务也具有动态特性。虽然可预先设计每架飞行器的飞行航迹，但是由于预先情报信息十分有限，且无法预料战场中威胁和目标的种种变化，完全无法满足动态战场环境中任务要求。因此，针对快速变化的外部环境和实现动态任务调整的自适应要求，需要以智能飞行器集群实时态势感知为基础，研究考虑多约束条件下的大编队协同航迹规划技术，解决多类型约束映射、非结构化规划空间处理、高动态路径搜索算法、密集编队下避撞、避障策略等问题。

5. 集群系统仿真验证技术

面向无人集群系统执行监控、对抗及打击等军事任务，围绕集群外部环境及感知、个体行为及交互、群体行为及训练、群智涌现及演化四部分内容，建立无人系统集群自组织行为数学模型，揭示群体智能水平与群体规模的关系，探索多智能体牵引下的群智共生协同进化机制、群体智能涌现机理及仿真验证手段，为集群系统算法优化及策略调整提供验证手段面向无人集群系统执行监控、对抗及打击等军事任务，围绕集群外部环境及感知、个体行为及交互、群体行为及训练、群智涌现及演化四部分内容，建立无人系统集群自组织行为数学模型，揭示群体智能水平与群体规模的关系，探索多智能体牵引下的群智共生协同进化机制、群体智能涌现机理及仿真验证手段，为集群系统算法优化及策略调整提供验证手段。

1.3.2 多飞行器系统协同控制应用研究现状

大规模无人集群系统在中美之间呈现竞争发展态势。国外针对多飞行器系统应用研究起步较早，可追溯到 21 世纪初，现将典型应用列举如下：

• 协同对地打击

如图 1.5[65,66] 所示，美国雷声公司针对“反区域介入和区域阻止(A2AD)”作战推出了由微型空射诱饵弹药(MALD)、联合防区外武器(JSOW)和高速反辐射弹药(HARM)组成的对地协同制导武器体系。该体系以网络化技术和协同制导技术为支撑，通过多武器对地协同打击，构建对地精确打击体系。

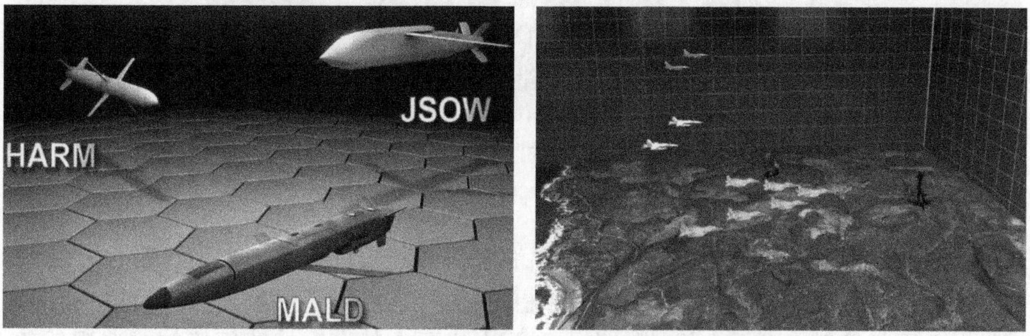

图 1.5 雷声公司对地协同制导武器系统及作战示意图

• 拒止环境中的协同作战

如图 1.6[6] 所示，2014 年 4 月，美国国防部高级研究计划局(DARPA)宣布启动“拒止环境中的协同作战”(CODE)项目，旨在通过发展协同算法，提升无人机编队的自主写作能力，使单个操作人员即可控制无人机编队执行任务。项目阶段一验证无人机自主协同的应用潜力及 20 个可以提升无人机有效作战的自主行为；项目阶段二验证了开放式架构、自主协同等指标；项目阶段三完成了 CODE 项目软件研发和最终的飞行演示，大大提高现有平台的生存性、灵活性和有效性，减少未来系统的开发时间和成本。

• 集群协同攻击武器系统

如图 1.7[68] 所示，DARPA 的“小精灵”项目于 2015 年 9 月公布，计划研制一种部分可

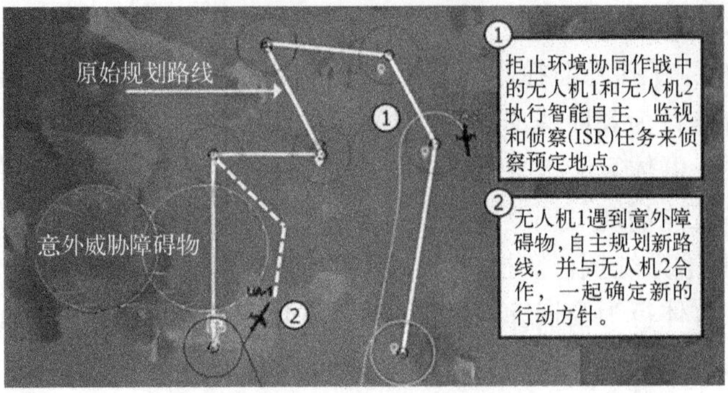

图 1.6　CODE 项目的概念示意图

回收的侦察和电子战无人机蜂群。这种无人机蜂群可迅速进入目标区域上方，通过压制导弹防御、切断通信等方式影响内部安全，甚至可以利用电脑病毒攻击敌方数据网络，造成对方网络系统瘫痪。

图 1.7　DARPA 的“小精灵”项目示意图

- “蝗虫”计划

如图 1.8[69,70] 所示，2016 年 4 月，美国海军研究局与佐治亚理工大学联合开展“蝗虫”计划。该项目研发了一型多管发射装置，可在陆地或舰艇甲板上，以每秒一架的速度发射上百架管射小型无人机。这些小型无人机可在特定区域执行掩护或巡逻任务，还可以作为武器实施对地攻击。在该实验中，30 架无人机被相继发射，并在发射后展开机翼飞行。

- Perdix 计划

如图 1.9[71,72] 所示，2016 年，美国国防部战略能力办公室与美国海军航空系统司令部合作测试了“Perdix”无人机蜂群能力。在阿拉斯加上空，3 架 F/A－18“超级黄蜂”无人机释放出带降落伞的筒状物，发射了 103 架“Perdix”无人机。这群小型无人机演示了集体决策、自修正和自适应编队飞行。“Perdix”通过环境感知和信息共享实现分布式决策，模拟自然界中的群体行为。

国内针对多无人机集群系统应用研究起步略有延后，但是发展迅速，典型应用如下：

图 1.8　美国海军研究局 LOCUST 项目示意图

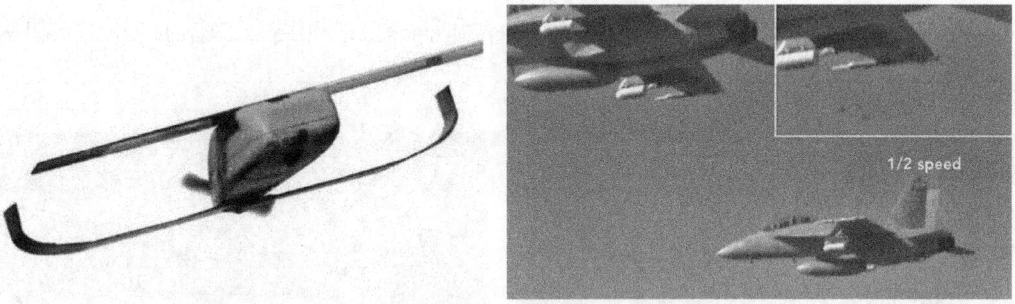

图 1.9　“Perdix”无人机及演示投放示意图

- 旋翼无人机集群

旋翼无人机集群由于控制灵活、可悬停等特性，近年来出现在了各大城市的灯光秀表演现场如图 1.10[73,74]所示，中国亿航多次进行了上千架无人机规模的灯光秀表演，2018 年在海南欢乐节无人机灯光秀表演，2019 年在西安展示了 1374 架无人机灯光秀活动等。

图 1.10　旋翼无人机集群灯光秀图

- 固定翼无人机集群

2017 年 6 月，中国电子科技集团公司组织了一项飞行试验，119 架小型固定翼无人机成功演示了密集弹射起飞、空中集结、多目标分组、编队合围、集群行动等动作（图 1.11[75,76]）。随后在 2018 年，中国电力科学研究院开展了 200 架固定翼无人机集群飞行实验。

图 1.11　中国电力科学研究院无人机集群飞行实验图

如图 1.12[77] 所示，2018 年国防科技大学研制了规模为 20 架的小型固定翼无人机集群飞行验证系统，构建了“地面平行离线”+“空中分布在线”相结合的学习演化体系架构，实现了集群系统自主飞行等关键技术验证。

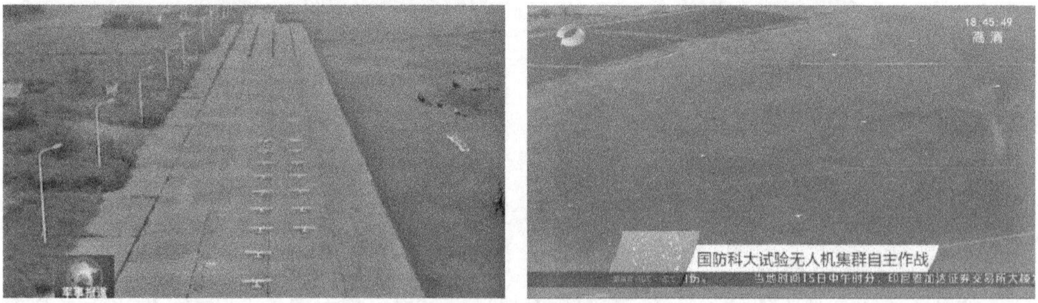

图 1.12　国防科技大学固定翼无人机集群飞行实验图

- 多弹协同制导

导弹是具有打击毁伤效果的一类特殊飞行器。面对新的军事需求，多弹协同制导是未来战争中提高体系对抗能力的有效措施之一。图 1.13[78] 为我国军方开展的多弹协同攻击试验，协同制导律的设计在多弹协同和精准打击中可起到决定性作用。

图 1.13　多弹协同作战示意图

1.4 小 结

本章主要对多飞行器系统和分布式协同控制理论与应用研究现状进行了介绍。首先介绍了飞行器发展史、基于群体行为启发的多飞行器协同、多飞行器集群系统等概念,并对多飞行器协同控制研究意义展开了阐述。之后对国内外多飞行器系统协同控制的发展现状进行介绍,并讨论了多飞行器系统协同控制面临的主要问题。最后介绍了多飞行器系统协同应用的研究现状,从军事应用角度做了相关阐述。

1.5 课后练习

思考题:

1. 描述自然界存在的群体行为并分析他们的特征。
2. 简述多飞行器和复杂系统的相同点和不同点。
3. 简述分布式协同控制的三个要素。
4. 分布式协同控制的分类有哪些?

第二章
基础知识

本章主要给出常见飞行器的数学模型、矩阵理论和图论的基础知识，为后续章节做铺垫。为了让同学对常见飞行器有一个清晰的认识，2.1 节主要介绍四旋翼无人机、无人直升机、固定翼无人机和导弹四种常见飞行器数学模型，并为本书后半部分多飞行器一致性算法的应用提供模型依据。2.2 节旨在帮助本科同学提前了解《矩阵理论》课程中的知识，以便增加对于本书一些概念的理解，也帮助研究生回顾所学的矩阵理论知识。2.3 节介绍图论的基础知识。图论是研究一致性算法的重要工具，所涉及的知识庞大且复杂。本书将仅研究一致性算法时经常用到的部分图论的基础知识列在 2.3 节中，以供参考。2.4 节为本章小结。2.5 节为课后练习。

学习要点

• 掌握：① 常见飞行器的动力学模型；② 图论的基本概念；③ 图的矩阵表示。

• 熟悉：① Kronecker 积与 Kronecker 和的特性；② 奇异值分解；③ 向量范数与矩阵范数的性质。

• 了解：① 常见飞行器坐标系之间的转换；② 线性子空间、不变子空间的概念。

2.1 常见飞行器的数学模型

2.1.1 四旋翼无人机的数学模型

1. 坐标系的定义

为了描述四旋翼无人机在空中飞行时的姿态和位置，定义以下两个坐标系：地面坐标系和机体坐标系。

1）地面坐标系

忽略地球自转和地球质心的曲线运动，假设地面坐标系 $O_gX_gY_gZ_g$ 为惯性坐标系。地面坐标系是用来描述四旋翼无人机相对于地面的位置、姿态和航向等运动状态的基准坐标系。如图 2.1 所示,假设地面坐标系的坐标原点与四旋翼无人机的起飞点重合,定义 O_gX_g 轴沿飞行器的前进方向;O_gZ_g 轴垂直于水平面向上;O_gY_g 与 O_gX_g 轴和 O_gZ_g 轴垂直并且构成右手坐标系。

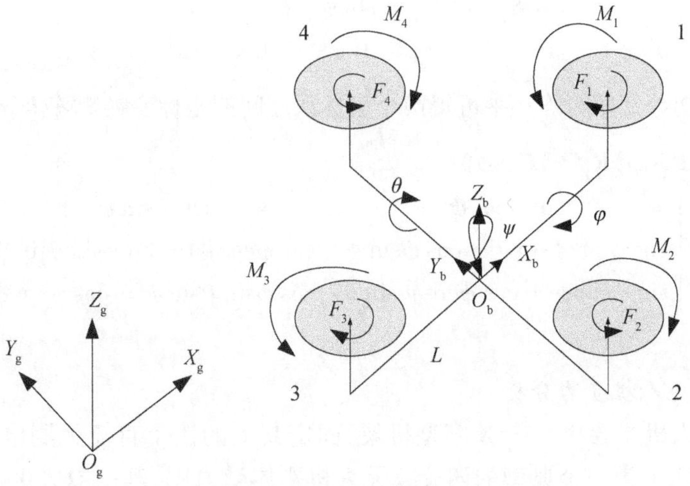

图 2.1 地面坐标系与机体坐标系示意图

2）机体坐标系

四旋翼无人机按机头选取位置的不同分为十字型和 X 字型两种模式,本书以十字模型为例说明。如图 2.1 所示,机体坐标系 $O_bX_bY_bZ_b$ 固连于机体上,其原点位于四旋翼无人机的重心位置,O_bX_b 轴平行于前后旋翼的连线方向,以指向 1 号旋翼的方向为正方向;O_bY_b 轴平行于左右旋翼的连线方向,规定其左侧为正方向;O_bZ_b 轴与 O_bX_b 轴和 O_bY_b 轴垂直,并且构成右手坐标系。

由上面定义的两个坐标系可知,可以用机体坐标系和地面坐标系之间的旋转姿态角描述四旋翼飞行器飞行的姿态。将这种用来确定地面与机体坐标系之间关系的旋转角称为欧拉角。欧拉角主要包括: 滚转角 θ;俯仰角 ϕ;偏航角 ψ。

2. 坐标系变换

坐标系间的转换一般是分别绕着三个坐标轴旋转相应的角度。航空领域一般习惯采用偏航→俯仰→横滚的顺序,对应的坐标转换顺序为: 先绕 O_bZ_b 轴旋转 ψ 角度得到 $O_bX_1Y_1Z_b$;然后绕 O_bY_1 轴旋转 θ 角度后得到 $O_bX_2Y_1Z_2$;最后绕 O_bX_2 轴旋转角度 ϕ。至此完成由机体坐标系到地面坐标系的状态坐标变换,相应的能得到三个基元变换矩阵(称为初等变换矩阵),将这三个初等变换矩阵的乘积为坐标变换矩阵 $\boldsymbol{R}(\phi, \theta, \psi)$。三个初等变换矩阵分别表示为

$$\boldsymbol{R}_X(\phi)=\begin{bmatrix}1 & 0 & 0\\ 0 & \cos\phi & \sin\phi\\ 0 & -\sin\phi & \cos\phi\end{bmatrix}$$

$$\boldsymbol{R}_Y(\theta)=\begin{bmatrix}\cos\theta & 0 & -\sin\theta\\ 0 & 1 & 0\\ \sin\theta & 0 & \cos\theta\end{bmatrix} \tag{2.1}$$

$$\boldsymbol{R}_Z(\psi)=\begin{bmatrix}\cos\psi & \sin\psi & 0\\ -\sin\psi & \cos\psi & 0\\ 0 & 0 & 1\end{bmatrix}$$

上述三个初等变换矩阵相乘可得两个坐标系之间的坐标变换矩阵 $\boldsymbol{R}(\phi,\theta,\psi)$：

$$\begin{aligned}\boldsymbol{R}(\phi,\theta,\psi)&=\boldsymbol{R}_X(\phi)\boldsymbol{R}_Y(\theta)\boldsymbol{R}_Z(\psi)\\&=\begin{bmatrix}\cos\theta\cos\psi & \cos\theta\sin\psi & -\sin\theta\\ \cos\psi\sin\phi\sin\theta-\cos\phi\sin\psi & \cos\phi\cos\psi+\sin\phi\sin\theta\sin\psi & \cos\theta\sin\phi\\ \sin\phi\sin\psi+\cos\phi\cos\psi\sin\theta & \cos\phi\sin\theta\sin\psi-\cos\psi\sin\phi & \cos\phi\cos\theta\end{bmatrix}\end{aligned} \tag{2.2}$$

3. *四旋翼无人机受力分析*

四旋翼无人机主要由一个 X 字型机架、固定其上的四个直流无刷电机以及对应的旋翼组成。图 2.1 为一个典型的四旋翼无人机刚体受力图，其中 $O_gX_gY_gZ_g$ 代表地面坐标系（惯性坐标系），$O_bX_bY_bZ_b$ 代表机体坐标系。地面坐标系通常根据具体的作业空间定义为与其工作空间坐标系重合的坐标系，如在室外飞行中，地面坐标系可定义无人机起飞点为原点，并以经纬线切向或机架中相邻吊臂为 X 轴和 Y 轴。在机体坐标系内，飞行器四个旋翼所产生的升力 $F_i(i\in\{1,2,3,4\})$ 总是指向 Z_b 方向。因此，合升力为飞行器提供 Z_b 方向的加速度。由于电机旋转会产生反力矩 $M_i(i\in\{1,2,3,4\})$，为使 Z_b 方向的力矩和为零。安装在 X_b 轴上的一组（两个）电机与 Y_b 轴上的另一组（两个）电机转向相反。当这两组电机所产生反力矩的差值不为零时，即可提供一个 Z_b 方向的力矩，用于控制偏航角。安装在 X_b 轴或 Y_b 轴上的两个电机之间的升力差则可分别产生一个 X_b 方向和 Y_b 方向上的转矩，从而分别用于控制滚转角和俯仰角。以上驱动关系如表 2.1 所示。

表 2.1　四旋翼飞行器驱动示意

力/力矩	正向驱动	负向驱动	力/力矩	正向驱动	负向驱动
滚转力矩	F_2	F_4	偏航力矩	M_2+M_4	M_1+M_3
俯仰力矩	F_3	F_1	升力	$F_1+F_2+F_3+F_4$	重力

基于上述驱动原理，为便于动力学模型的建立，定义以下变量。

1）四个控制输入

$$\begin{aligned}&U_1=F_1+F_2+F_3+F_4,\ U_2=(F_2-F_4)L\\&U_4=M_2+M_4-M_1-M_3,\ U_3=(F_3-F_1)L\end{aligned} \tag{2.3}$$

其中，L 为旋翼中心线到 Z_b 间的距离。显然，U_1 提供了一个沿机体 Z_b 方向上的驱动力；U_2 提供了 X_b 方向上的转矩；U_3 提供了 Y_b 方向上的转矩；U_4 提供了沿 Z_b 方向的转矩。因此，上述四个输入即确定了无人机四个状态量（高度及三个方向姿态角）的控制变量。

2）四旋翼无人机的运动方程组

上述驱动力均定义在机体坐标系内，而无人机作业都需要在惯性坐标系下追踪相应的参考轨迹。因此，为推导四旋翼无人机的动力学模型，还需要获取从惯性坐标系 $O_gX_gY_gZ_g$ 到机体坐标系 $O_bX_bY_bZ_b$ 之间的坐标变换矩阵。该矩阵一般按式(2.4)形式表达：

$$\boldsymbol{R}_{\mathrm{I}}^{\mathrm{b}}(\phi,\ \theta,\ \psi)=\begin{bmatrix}\cos\psi\cos\theta & \cos\psi\sin\theta\sin\phi-\sin\psi\cos\phi & \cos\psi\sin\theta\cos\phi+\sin\psi\sin\phi\\ \sin\psi\cos\theta & \sin\psi\sin\theta\sin\phi+\cos\psi\cos\phi & \sin\psi\sin\theta\cos\phi-\sin\phi\cos\psi\\ -\sin\theta & \cos\theta\sin\phi & \cos\theta\cos\phi\end{bmatrix} \tag{2.4}$$

式(2.4)中，θ、ϕ 和 ψ 分别表示滚转角、俯仰角以及偏航角。

根据牛顿-欧拉方法，飞行器的刚体动力学方程可按如下形式表达：

$$\begin{cases}m\ddot{\boldsymbol{r}}=\boldsymbol{R}_{\mathrm{I}}^{\mathrm{b}}(U_1\boldsymbol{Z}_b)-mg\boldsymbol{Z}_I+\boldsymbol{F}_{\mathrm{D}}\\ \boldsymbol{I}\ddot{\boldsymbol{q}}=[U_2,\ U_3,\ U_4]^{\mathrm{T}}-\boldsymbol{S}(\boldsymbol{D}\boldsymbol{q})\boldsymbol{D}\boldsymbol{q}\end{cases} \tag{2.5}$$

其中，m 为飞行器质量；g 为重力加速度；$\boldsymbol{r}\in\boldsymbol{R}^3$ 为飞行器质心在惯性坐标系下的位置；$\boldsymbol{q}$ 为飞行器姿态；$\boldsymbol{F}_{\mathrm{D}}$ 为空气阻力；$\boldsymbol{I}$ 为转动惯量；$\boldsymbol{D}$ 为从姿态角向角速度的映射关系；$\boldsymbol{S}(\dot{\boldsymbol{q}})$ 为 $\dot{\boldsymbol{q}}$ 所张成的旋量矩阵。

由于四旋翼无人机通常体积紧凑，在低速飞行时，通常可不计空气阻力影响。因此，可将式(2.5)展开为以下解析形式。

$$\begin{aligned}\ddot{x}&=\frac{U_1}{m}(\cos\phi\sin\theta\cos\psi+\sin\phi\sin\psi)\\ \ddot{y}&=\frac{U_1}{m}(\cos\phi\sin\theta\sin\psi-\sin\phi\cos\psi)\\ \ddot{\phi}&=\frac{U_2}{I_{xx}}+\dot{\theta}\dot{\psi}\left(\frac{I_{yy}-I_{zz}}{I_{xx}}\right)\\ \ddot{\theta}&=\frac{U_3}{I_{yy}}+\dot{\phi}\dot{\psi}\left(\frac{I_{zx}-I_{xx}}{I_{yy}}\right)\\ \ddot{\psi}&=\frac{U_4}{I_{zz}}+\dot{\phi}\dot{\theta}\left(\frac{I_{xx}-I_{yy}}{I_{zz}}\right)\\ \ddot{z}&=\frac{U_1}{m}\cos\phi\cos\theta-g\end{aligned} \tag{2.6}$$

考虑空气阻力的影响，只需向式(2.6)的三个位置加速度项额外添加一项，变为

$$\begin{cases}\ddot{x} = \dfrac{U_1}{m}(\cos\phi\sin\theta\cos\psi + \sin\phi\sin\psi - k_{x_0}\dot{x}\,|\,\dot{x}\,|\,) \\ \ddot{y} = \dfrac{U_1}{m}(\cos\phi\sin\theta\sin\psi - \sin\phi\cos\psi - k_{y_0}\dot{y}\,|\,\dot{y}\,|\,) \\ \ddot{z} = \dfrac{U_1}{m}\cos\phi\cos\theta - g - k_{z_0}/m\dot{z}\,|\,\dot{z}\,|\end{cases} \tag{2.7}$$

式(2.7)中,k_{x_0}、k_{y_0}、k_{z_0} 分别表示 x、y、z 方向上的空气阻力系数。

由于在通常情况的飞行中,无人机需要在一定范围内进行一系列的作业(如摄影),所以在近悬停点一般处于低速运动,此时不考虑空气阻力。此外,在近悬停点($\phi \approx 0$,$\theta \approx 0$),假设 $\sin\phi \approx \phi$;$\sin\theta \approx \theta$;$\cos\phi \approx 1$;$\cos\theta \approx 1$。由于系统的对称性,$I_{xx} = I_{yy}$。另外,一般不对偏航角进行控制,有 $\dot{\psi} \approx 0$。因此,式(2.6)可近似为

$$\begin{aligned}\ddot{x} &= \frac{U_1}{m}(\theta\cos\psi + \phi\sin\psi) \\ \ddot{y} &= \frac{U_1}{m}(\theta\sin\psi - \phi\cos\psi) \\ \ddot{z} &= \frac{1}{m}U_1 - g \\ \ddot{\phi} &= \frac{U_2}{I_{xx}} \\ \ddot{\theta} &= \frac{U_3}{I_{yy}} \\ \ddot{\psi} &= \frac{U_4}{I_{zz}}\end{aligned} \tag{2.8}$$

2.1.2 无人直升机的数学模型

本节将参考文献[79]~文献[84]中无人直升机刚体模型建立的思路,给出无人直升机六自由度运动学和动力学模型。图 2.2 给出了第 i 架无人直升机在机身坐标系 $O_iX_iY_iZ_i$ 和惯性坐标系 $O_iX_iY_iZ_i$ 下的领航者-跟踪者编队示意图和无人机 i 受力示意图,其中机体向前为 X 轴,沿机体与机体垂直向右为 Y 轴,Z 轴与 $X_iO_iY_i$ 平面垂直向下。

第 i 架无人直升机的六自由度刚体动力学方程可以表示为[60-63]

$$\begin{aligned}&\dot{\boldsymbol{P}}_i = \boldsymbol{V}_i \\ &m_i\dot{\boldsymbol{V}}_i = m_i g\boldsymbol{e}_3 + \boldsymbol{R}_i(\boldsymbol{f}_i + \boldsymbol{f}_{di}) \\ &\dot{\boldsymbol{\Theta}}_i = \boldsymbol{\Pi}_i\boldsymbol{\Omega}_i \\ &\boldsymbol{J}_i\dot{\boldsymbol{\Omega}}_i = -\boldsymbol{S}(\boldsymbol{\Omega}_i)\boldsymbol{J}_i\boldsymbol{\Omega}_i + \boldsymbol{\tau}_i + \boldsymbol{\tau}_{di}\end{aligned} \tag{2.9}$$

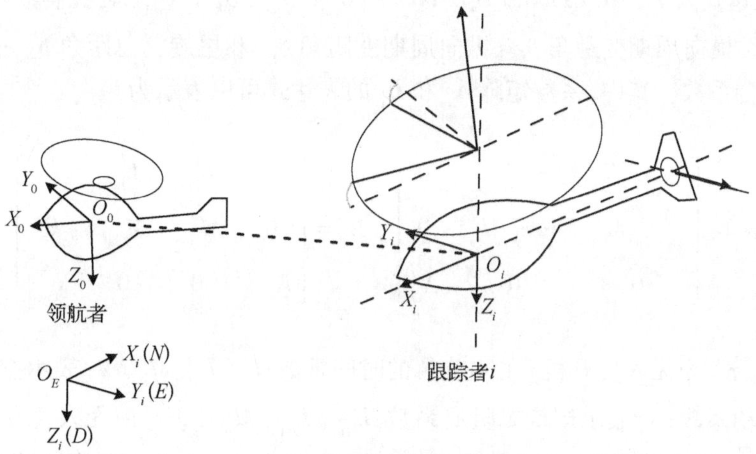

图 2.2 无人直升机受力示意图

式(2.9)中，$\boldsymbol{P}_i=[x_i,\ y_i,\ z_i]^{\mathrm{T}}$ 为位置；$\boldsymbol{V}_i=[u_i,\ v_i,\ w_i]^{\mathrm{T}}$ 为速度；u_i、v_i、w_i 分别为 x、y、z 方向速度；m_i 表示质量；g 为重力加速度；$\boldsymbol{e}_3=[0,\ 0,\ 1]^{\mathrm{T}}$；$\boldsymbol{R}_i\in\boldsymbol{R}^{3\times3}$ 为机体坐标系到惯性坐标系的旋转矩阵；$\boldsymbol{f}_i$ 表示总升力；$\boldsymbol{f}_{di}$ 表示外界干扰力；$\boldsymbol{\Theta}_i=[\phi_i,\ \theta_i,\ \psi_i]^{\mathrm{T}}$；$\phi_i$、$\theta_i$、$\psi_i$ 分别为滚转角、俯仰角和偏航角；$\boldsymbol{\Omega}_i=[p_i,\ q_i,\ r_i]^{\mathrm{T}}$；$p_i$、$q_i$、$r_i$ 分别为滚转角速度、俯仰角速度和偏航角速度；$\boldsymbol{\Pi}_i\in\boldsymbol{R}^{3\times3}$ 表示将机体坐标系下的姿态角变换到惯性坐标系下的旋转矩阵；$\boldsymbol{J}_i\in\boldsymbol{R}^{3\times3}$ 为转动惯量；$\boldsymbol{S}(\boldsymbol{\Omega}_i)\in\boldsymbol{R}^{3\times3}$ 为关于角速度的斜对称矩阵；$\boldsymbol{\tau}_i$ 为作用在姿态上的控制力矩；$\boldsymbol{\tau}_{di}$ 为外界干扰力矩。上述矩阵具体形式表示如下：

$$\boldsymbol{R}_i=\begin{bmatrix}\cos\theta_i\cos\psi_i & \sin\phi_i\sin\theta_i\cos\psi_i-\cos\phi_i\sin\psi_i & \cos\phi_i\sin\theta_i\cos\psi_i+\sin\phi_i\sin\psi_i\\ \cos\theta_i\sin\psi_i & \sin\phi_i\sin\theta_i\sin\psi_i+\cos\phi_i\sin\psi_i & \cos\phi_i\sin\theta_i\sin\psi_i-\sin\phi_i\cos\psi_i\\ -\sin\theta_i & \sin\phi_i\cos\theta_i & \cos\phi_i\cos\theta_i\end{bmatrix}$$

$$\boldsymbol{\Pi}_i=\begin{bmatrix}1 & \sin\phi_i\tan\theta_i & \cos\phi_i\tan\theta_i\\ 0 & \cos\phi_i & -\sin\phi_i\\ 0 & \sin\phi_i/\cos\theta_i & \cos\phi_i/\cos\theta_i\end{bmatrix} \tag{2.10}$$

$$\boldsymbol{J}_i=\begin{bmatrix}J_{xxi} & 0 & 0\\ 0 & J_{yyi} & 0\\ 0 & 0 & J_{zzi}\end{bmatrix},\ \boldsymbol{S}(\boldsymbol{\Omega}_i)=\begin{bmatrix}0 & -r_i & q_i\\ r_i & 0 & -p_i\\ -q_i & p_i & 0\end{bmatrix}$$

根据文献[79]和文献[82]对控制力和控制力矩进行的控制分配，无人直升机总升力表达式为 $\boldsymbol{f}_i=[0,\ 0,\ -T_{mi}]^{\mathrm{T}}$，$T_{mi}$ 为主旋翼推力，它的表达式为 $T_{mi}\approx-(m_ig+m_iZ_w^iw_i+m_iZ_{\mathrm{col}}^i\delta_{\mathrm{col}}^i)$。其中，$Z_w^i$ 根据主旋翼的旋转速度、桨叶数量、半径和空气密度等计算得到；Z_{col}^i 根据主旋翼的旋转速度以及桨叶半径与主旋翼总距角的伺服输入比率等计算得到。控制

力矩 $\boldsymbol{\tau}_i$ 的表达式为 $\boldsymbol{\tau}_i = J_iA_i\Omega_i + J_iB_iU_i$；$\boldsymbol{U}_i = [\delta_{\mathrm{col}}^i, \delta_{\mathrm{lon}}^i, \delta_{\mathrm{lat}}^i, \delta_{\mathrm{ped}}^i]$ 为控制输入，包含主旋翼总距角 δ_{col}^i、横向周期变距角 δ_{lon}^i、纵向周期变距角 δ_{lat}^i 和尾旋翼总距角 δ_{ped}^i；N_{col}^i 为主旋翼总距的耦合系数。其中，系数矩阵 $\boldsymbol{A}_i$ 和 $\boldsymbol{B}_i$ 的表达式可以表示为

$$\boldsymbol{A}_i = \begin{bmatrix} -\tau_{mi}L_{\mathrm{b}}^i & -\tau_{mi}L_{\mathrm{a}}^i & 0 \\ -\tau_{mi}M_{\mathrm{b}}^i & -\tau_{mi}M_{\mathrm{a}}^i & 0 \\ 0 & 0 & N_r^i \end{bmatrix}, \boldsymbol{B}_i = \begin{bmatrix} 0 & L_{\mathrm{lon}}^i & L_{\mathrm{lat}}^i & 0 \\ 0 & M_{\mathrm{lon}}^i & M_{\mathrm{lat}}^i & 0 \\ N_{\mathrm{col}}^i & 0 & 0 & N_{\mathrm{ped}}^i \end{bmatrix} \tag{2.11}$$

式(2.11)中，τ_{mi} 为无人直升机 i 的主旋翼的时间常数；L_{a}^i、L_{b}^i、M_a^i、M_b^i 表示主旋翼横向和纵向挥舞运动系数；N_r^i 表示尾旋翼阻尼系数；L_{lon}^i、L_{lat}^i、M_{lon}^i、M_{lat}^i 由无人直升机十字盘的传动系数 N_{ped}^i 根据尾旋翼旋转速度、桨叶数量、半径和空气密度等计算得到。$L_{\mathrm{lon}}^i = L_{\mathrm{a}}^iA_{\mathrm{lon}}^i + L_{\mathrm{b}}^iB_{\mathrm{lon}}^i$；$L_{\mathrm{lat}}^i = L_{\mathrm{a}}^iA_{\mathrm{lat}}^i + L_{\mathrm{b}}^iB_{\mathrm{lat}}^i$；$M_{\mathrm{lat}}^i = M_{\mathrm{a}}^iA_{\mathrm{lon}}^i + M_{\mathrm{b}}^iB_{\mathrm{lon}}^i$；$M_{\mathrm{lat}}^i = M_{\mathrm{a}}^iA_{\mathrm{lat}}^i + M_{\mathrm{b}}^iB_{\mathrm{lat}}^i$，其中系数 A_{lat}^i、B_{lat}^i、A_{lon}^i、B_{lon}^i 由模式识别得到。将控制力和控制力矩代入如式(2.9)所示模型中，可以得到面向控制模型为式(2.12)。

无人直升机 i 的动力学模型如下：

$$\begin{aligned} &\dot{\boldsymbol{P}}_i = \boldsymbol{V}_i \\ &\dot{\boldsymbol{V}}_i = g\boldsymbol{e}_3 + \boldsymbol{R}_i\boldsymbol{e}_3(-g + Z_\omega^i w_i + Z_{\mathrm{col}}^i\delta_{\mathrm{col}}^i) + \boldsymbol{d}_{Vi} \\ &\dot{\boldsymbol{\Theta}}_i = \boldsymbol{\Pi}_i(\boldsymbol{\Theta}_i)\boldsymbol{\Omega}_i \\ &\dot{\boldsymbol{\Omega}}_i = -\boldsymbol{J}_{0i}^{-1}\boldsymbol{S}(\boldsymbol{\Omega}_i)\boldsymbol{J}_{0i}\boldsymbol{\Omega}_i + \boldsymbol{A}_i\boldsymbol{\Omega}_i + \boldsymbol{B}_i\boldsymbol{U}_i + \boldsymbol{d}_{\Omega i} \end{aligned} \tag{2.12}$$

式(2.12)中，$\boldsymbol{d}_{V_i}$、$\boldsymbol{d}_{\Omega_i}$ 为综合干扰，包含外界干扰 $\boldsymbol{f}_{di}$ 和模型参数不确定 $\boldsymbol{\tau}_{di}$，具体形式如下：

$$\begin{aligned} &\boldsymbol{d}_{V_i} = [\boldsymbol{R}_i\boldsymbol{e}_3\boldsymbol{f}_{di} + \Delta m_i(g\boldsymbol{e}_3 + \boldsymbol{R}_i\boldsymbol{e}_3(-g + Z_\omega^i\omega_i) + \boldsymbol{R}_i\boldsymbol{e}_3\boldsymbol{Z}_{\mathrm{col}}^i d_{\mathrm{col}}^i) - \Delta m_i\dot{\boldsymbol{V}}_i]/m_{0i} \\ &\boldsymbol{d}_{\Omega_i} = \boldsymbol{J}_i^{-1}\boldsymbol{\tau}_{di} - \boldsymbol{S}(\boldsymbol{\Omega}_i)\Delta\boldsymbol{J}_i\boldsymbol{\Omega}_i - \Delta\boldsymbol{J}_i\dot{\boldsymbol{\Omega}}_i + \Delta\boldsymbol{J}_i(\boldsymbol{A}_i\boldsymbol{\Omega}_i + \boldsymbol{e}_3N_{\mathrm{col}}^i\delta_{\mathrm{col}}^i + \boldsymbol{B}_i\boldsymbol{U}_{2i}) \end{aligned} \tag{2.13}$$

式(2.13)中，质量可以表示为 $m_i = m_{0i} + \Delta m_i$，$m_{0i}$ 表示质量的标称部分，Δm_i 表示模型质量参数不确定；转动惯量可以表示为 $\boldsymbol{J}_i = \boldsymbol{J}_{0i} + \Delta\boldsymbol{J}_i$，$\boldsymbol{J}_{0i}$ 表示转动惯量矩阵的标称部分，$\Delta\boldsymbol{J}_i$ 表示模型转动惯量不确定。

2.1.3 固定翼无人机的数学模型

1. 坐标系的定义

作用在固定翼飞机上的重力、发动机推力和空气动力及相应力矩的产生原因是各不相同的，因此选择合适的坐标系来确切地描述的空间运动状态是非常重要的。常用的坐标系包括

1）地面坐标系（地轴系）$F_g(O_gX_gY_gZ_g)$

取地面上某一点为原点 O_g；X_g 轴处于地平面内并指向某方向，坐标 OX_g 表示航程；Y_g 轴也在地平面内并与 OX_g 垂直，向右为正，坐标 OY_g 表示侧向偏离；Z_g 轴垂直地平面指向地心。

2）机体坐标系（体轴系）$F_b(O_bX_bY_bZ_b)$

原点 O_b 取在飞机质心处，坐标系与机体固连；OX_b 在飞机对称平面内，与飞机轴线平行，指向前方；OY_b 垂直于飞机对称平面指向右方；OZ_b 在飞机对称面内，且垂直于 OX_b 指向下方。

3）速度坐标系（速度轴系）$F_a(O_aX_aY_aZ_a)$

原点 O_a 取在飞机质心处，坐标系同样与机体固连；纵轴 OX_a 与飞行方向相同；立轴 OZ_a 在飞机对称面内垂直于 OX_a 轴指向下方；横轴 OY_a 垂直于 X_aOZ_a 平面指向右方。

2. 固定翼飞机坐标系的转化

为了方便地描述飞机的空间运动状态，需要对各坐标系进行转换。具体转换过程如下：

1）机体轴系与地面轴系的转换

俯仰角 θ：机体轴 OX_b 与地平面间的夹角，机头抬起时为正。

滚转角 ϕ：机体轴 OZ_b 与包含机体轴 OX_b 的铅垂面间夹角，飞机右倾斜时为正。

偏航角 ψ：机体轴 OX_b 在地面上的投影与地轴 OX_g 间的夹角，机头右偏航为正。

按 Z、Y、X 轴顺序进行旋转，得地面坐标系到机体坐标系的转换矩阵为

$$\boldsymbol{S}_{bg}=\begin{bmatrix}\cos\theta\cos\psi & \cos\theta\sin\psi & -\sin\theta\\ \sin\theta\cos\psi\sin\phi-\sin\psi\cos\phi & \sin\theta\sin\psi\sin\phi+\cos\psi\cos\phi & \cos\theta\sin\phi\\ \sin\theta\cos\psi\cos\phi+\sin\psi\sin\phi & \sin\theta\sin\psi\cos\phi-\cos\psi\sin\phi & \cos\theta\cos\phi\end{bmatrix} \tag{2.14}$$

2）速度轴系与地面轴系的转换

航迹倾斜角 γ：飞行速度矢量与地平面间的夹角，以飞机向上飞时的 γ 为正。

航迹滚转角 μ：速度轴 OZ_a 与包含速度轴 OX_a 的铅垂面间的夹角，以飞机右倾斜为正。

航迹方位角 χ：飞行速度矢量在地平面上的投影与 OX_g 间的夹角，以速度在地面的投影在 OX_g 之右时为正。

按 Z、Y、X 轴顺序进行旋转，得地面坐标系到速度坐标系的转换矩阵为

$$\boldsymbol{S}_{ag}=\begin{bmatrix}\cos\gamma\cos\chi & \cos\gamma\sin\chi & -\sin\gamma\\ \sin\mu\cos\chi\sin\gamma-\sin\chi\cos\mu & \sin\mu\sin\chi\sin\gamma+\cos\mu\cos\chi & \cos\gamma\sin\mu\\ \sin\gamma\cos\chi\cos\mu+\sin\chi\sin\mu & \sin\chi\sin\gamma\cos\mu-\cos\chi\sin\mu & \cos\gamma\cos\mu\end{bmatrix} \tag{2.15}$$

3）速度轴系与机体轴系的关系

攻角 α：速度向量在飞机对称面投影与机体轴 OX_b 的夹角，以速度投影在 OX_b 轴之

下为正。

侧滑角 β: 速度向量与飞机对称面的夹角,以速度处于对称面之右为正。

机体坐标系到速度坐标系的转换矩阵为

$$\boldsymbol{S}_{\mathrm{ab}}=\begin{bmatrix}\cos\alpha\cos\beta & \sin\beta & \sin\alpha\cos\beta\\ -\cos\alpha\sin\beta & \cos\beta & -\sin\alpha\sin\beta\\ -\sin\alpha & 0 & \cos\alpha\end{bmatrix} \tag{2.16}$$

3. 固定翼飞机的受力

一般情况下,固定翼飞机的受力主要分为空气动力、推力和重力三个部分,固定翼飞机在机体坐标系下受力的分量等于空气动力、推力和重力在机体坐标系下的分量之和。在机体坐标系和气流坐标系下,它们的表达式分别为

- 力

$$\begin{gathered}\boldsymbol{F}_{\mathrm{B}}=\boldsymbol{F}_{\mathrm{BA}}+\boldsymbol{F}_{\mathrm{BT}}+\boldsymbol{F}_{\mathrm{BG}}\\ \boldsymbol{F}_{\mathrm{B}}=\begin{bmatrix}F_x\\ F_y\\ F_z\end{bmatrix},\ \boldsymbol{F}_{\mathrm{BA}}=\begin{bmatrix}F_{x\mathrm{A}}\\ F_{y\mathrm{A}}\\ F_{z\mathrm{A}}\end{bmatrix},\ \boldsymbol{F}_{\mathrm{BT}}=\begin{bmatrix}T_x\\ T_y\\ T_z\end{bmatrix},\ \boldsymbol{F}_{\mathrm{BG}}=\begin{bmatrix}G_x\\ G_y\\ G_z\end{bmatrix}\end{gathered} \tag{2.17}$$

式(2.17)中,F_{B} 为总力合力;F_{BA}、F_{BT}、F_{BG} 分别表示机体坐标系下的空气动力、推力和重力,它们的分量分别表示其在 x、y、z 方向上的分量。

- 力矩

$$\begin{gathered}\boldsymbol{M}_{\mathrm{B}}=\boldsymbol{M}_{\mathrm{BA}}+\boldsymbol{M}_{\mathrm{BT}}\\ \boldsymbol{M}_{\mathrm{B}}=\begin{bmatrix}L\\ M\\ N\end{bmatrix},\ \boldsymbol{M}_{\mathrm{BA}}=\begin{bmatrix}\bar{L}_{\mathrm{A}}\\ M_{\mathrm{A}}\\ N_{\mathrm{A}}\end{bmatrix},\ \boldsymbol{M}_{\mathrm{BT}}=\begin{bmatrix}\bar{L}_{\mathrm{T}}\\ M_{\mathrm{T}}\\ N_{\mathrm{T}}\end{bmatrix}\end{gathered} \tag{2.18}$$

式(2.18)中,L、M、N 分别代表滚转力矩、俯仰力矩和偏航力矩,下标 A、T 分别表示空气动力作用和推力作用。

气流坐标系(固定翼飞机在气流坐标系下受力的分量等于空气动力、推力和重力在气流坐标系下的分量之和)。

$$\begin{gathered}\boldsymbol{F}_{\mathrm{W}}=\boldsymbol{F}_{\mathrm{WA}}+\boldsymbol{F}_{\mathrm{WT}}+\boldsymbol{F}_{\mathrm{WG}}\\ \boldsymbol{F}_{\mathrm{W}}=\begin{bmatrix}F_{x\mathrm{a}}\\ F_{y\mathrm{a}}\\ F_{z\mathrm{a}}\end{bmatrix},\ \boldsymbol{F}_{\mathrm{WA}}=\begin{bmatrix}-D\\ Y\\ -L\end{bmatrix},\ \boldsymbol{F}_{\mathrm{WT}}=S_{q\beta}\begin{bmatrix}T_x\\ T_y\\ T_z\end{bmatrix},\ \boldsymbol{F}_{\mathrm{WG}}=\begin{bmatrix}G_{x\mathrm{a}}\\ G_{y\mathrm{a}}\\ G_{z\mathrm{a}}\end{bmatrix}\end{gathered} \tag{2.19}$$

其中,$\boldsymbol{F}_{\mathrm{WA}}$、$\boldsymbol{F}_{\mathrm{WT}}$、$\boldsymbol{F}_{\mathrm{WG}}$ 分别表示气流坐标系下的空气动力、推力和重力,它们的分量分别表示其在 x、y、z 三个方向的分量,$S_{q\beta}$ 为推力系数。力矩表达式与机体坐标系相同。

4. 固定翼飞机的运动学和动力学方程组

- 力方程组(质心运动动力学)

$$
\begin{cases}
\dot{u} = vr - wq - g\sin\theta + \dfrac{F_x}{m} \\
\dot{v} = -ur + wp + g\cos\theta\sin\phi + \dfrac{F_y}{m} \\
\dot{w} = uq - vp + g\cos\theta\cos\phi + \dfrac{F_z}{m}
\end{cases}
\tag{2.20}
$$

式(2.20)中,u、v、w 分别为三个方向上的速度分量;p、q、r 分别为三个方向的角速度。当发动机推力的偏置角 $\alpha_T = \beta_T = 0$ 时,代入三个合力的表达式有运动方程组。

- 运动方程组(绕质心转动运动学)

$$
\begin{cases}
m\dot{V} = T\cos\alpha\cos\beta - D + G_{xa} \\
mV\dot{\beta} = -T\cos\alpha\sin\beta + Y - mV(-p\sin\alpha + r\cos\alpha)G_{ya} \\
mV\cos\beta\dot{\alpha} = -T\sin\alpha - L + mV(-p\cos\alpha\sin\beta + q\cos\beta - r\sin\alpha\sin\beta) + G_{za}
\end{cases}
\tag{2.21}
$$

式(2.21)中,D 为阻力;T 为旋翼升力。

- 力矩方程组(绕质心转动动力学)

$$
\begin{cases}
\dot{\phi} = p + (r\cos\phi + q\sin\phi)\tan\theta \\
\dot{\theta} = q\cos\phi - r\sin\phi \\
\dot{\psi} = \dfrac{1}{\cos\theta}(r\cos\phi + q\sin\phi)
\end{cases}
\tag{2.22}
$$

$$
\begin{cases}
\dot{p} = (c_1 r + c_2 p)q + c_3\bar{L} + c_4 N \\
\dot{q} = c_5 pr - c_6(p^2 - r^2) + c_7 M \\
\dot{r} = (c_8 p - c_2 r)q + c_4\bar{L} + c_9 N
\end{cases}
\tag{2.23}
$$

式(2.22)和式(2.23)中,

$$
c_1 = \frac{(I_y - I_z)I_z - I_{xz}^2}{\eta};\ c_2 = \frac{(I_x - I_y + I_z)I_{xz}}{\eta};\ c_3 = \frac{I_z}{\eta},\ c_4 = \frac{I_{xz}}{\eta};\ c_5 = \frac{I_z - I_x}{I_y},
$$

$$
c_6 = \frac{I_{xy}}{I_y},\ c_7 = \frac{1}{I_y};\ c_8 = \frac{(I_x - I_y)I_x - I_{xz}^2}{\eta};\ c_9 = \frac{I_x}{\eta};\ \eta = I_x I_z - I_{xz}^2
$$

- 导航方程组(质心运动学)

$$\begin{cases}\dot{x}_g = u\cos\theta\cos\psi + v(\sin\phi\sin\theta\cos\psi - \cos\phi\sin\psi) + w(\sin\phi\sin\psi + \cos\phi\sin\theta\cos\psi)\\ \dot{y}_g = u\cos\theta\sin\psi + v(\sin\phi\sin\theta\sin\psi + \cos\phi\cos\psi) + w(-\sin\phi\cos\psi + \cos\phi\sin\theta\sin\psi)\\ \dot{h} = u\sin\theta - v\sin\phi\cos\theta - w\cos\phi\cos\theta\end{cases} \tag{2.24}$$

或

$$\begin{cases}\dot{x}_g = V\cos\mu\cos\phi\\ \dot{y}_g = V\cos\mu\sin\phi\\ \dot{h} = V\sin\mu\end{cases} \tag{2.25}$$

2.1.4 导弹的数学模型

由经典力学可知，自由刚体在空间内的运动可视为刚体质心的平移运动和绕质心转动运动的合成运动。可以应用牛顿第二定律来研究质心的移动，利用动量矩定理来研究刚体绕质心的转动。

设 m 表示刚体的质量；$\boldsymbol{V}$ 表示刚体的速度矢量；$\boldsymbol{H}$ 表示刚体相对于质心的动量矩矢量，则描述刚体质心移动和绕质心转动运动的动力学基本方程的矢量表达式为

$$m\frac{\mathrm{d}\boldsymbol{V}}{\mathrm{d}t} = \boldsymbol{F} \tag{2.26}$$

$$\frac{\mathrm{d}\boldsymbol{H}}{\mathrm{d}t} = \boldsymbol{M} \tag{2.27}$$

1. 常用坐标系的定义及坐标系间的转换

1）常用坐标系的定义

为了研究导弹飞行的运动规律，必须有参考坐标系作为基础。研究导弹运动常用到的坐标系有地面坐标系 $OXYZ$、弹体坐标系 $OX_1Y_1Z_1$、弹道坐标系 $OX_2Y_2Z_2$ 和速度坐标系 $OX_3Y_3Z_3$。

（1）地面坐标系 $OXYZ$

地面坐标系 $OXYZ$ 与地面固联，原点取导弹发射瞬间质心在水平面上的投影，OX 轴在水平面内，指向发射瞬时的目标为正；OY 轴与地面垂直，向上为正；OZ 轴与其他两轴垂直并且构成右手坐标系。

（2）弹体坐标系 $OX_1Y_1Z_1$

弹体坐标系原点在导弹的质心上；OX_1 轴与导弹弹体纵轴相重合，指向头部为正；OY_1 轴在弹体纵向对称平面内，垂直于 OX_1 轴，向上为正；OZ_1 轴与 OX_1 轴、OY_1 轴构成右手直角坐标系。弹体坐标系与弹体固联，是动坐标系，它与地面坐标系配合，可以确定弹体的姿态。

（3）弹道坐标系 $OX_2Y_2Z_2$

弹道坐标系 $OX_2Y_2Z_2$ 的坐标原点取在导弹的质心上；OX_2 轴与导弹质心运动的速度

矢量方向重合；OY_2 轴在包含速度矢量的铅垂平面内并与轴垂直，向上为正；OZ_2 轴与 OX_2 轴、OY_2 轴构成右手直角坐标系。弹道坐标系与导弹的速度矢量固联，也是一个动坐标系，主要用于研究导弹质心的运动特性。

（4）速度坐标系 $OX_3Y_3Z_3$

速度坐标系 $OX_3Y_3Z_3$ 的坐标原点位于导弹的质心上；OX_3 轴与导弹质心的运动速度矢量相重合；OY_3 轴在弹体法向对称平面内并与轴 OX_3 垂直，向上为正；OZ_3 轴与 OX_3 轴、OY_3 轴构成右手直角坐标系。

2）常用坐标系的转换

坐标系之间的变换是建立导弹运动方程和求解导弹运动参数所必需的。坐标系间的变换过程中，并不考虑各坐标系之间原点的位置关系，而是通过平移使不同坐标系的原点重合，只要知道任意两个坐标系各对应轴的相互方位关系，就可以用一个确定的坐标变换矩阵给出它们之间的变换关系。坐标系之间的变换的本质是坐标系绕相应的坐标轴进行角度旋转，每一次旋转称为基元旋转，可以通过三个基元变换矩阵来实现，三个基元变换矩阵的乘积便是坐标变换矩阵[85-91]。

导弹建模过程中不同坐标系之间的变换矩阵可以通过角度连续旋转的方法得出。首先将两组坐标系完全重叠，然后使其中一组绕相应轴转过某一角度，根据两组坐标系之间的关系，决定是否绕其他轴继续做第二次、第三次旋转，直至形成新坐标系的最终姿态。

（1）地面坐标系与弹体坐标系的变换

弹体坐标系与地面坐标系的相对关系如图 2.3 所示，弹体坐标系相对于地面坐标系的方位可以用三个角来确定，它们分别是俯仰角 ϑ、偏航角 ψ、滚转角 γ。具体定义如下：

俯仰角 ϑ：导弹的纵轴 OX_1 与水平面 OXZ 之间的夹角，若导弹纵轴 OX_1 在水平面之上，ϑ 则为正；反之为负。

偏航角 ψ：导弹的纵轴 OX_1 在水平面上的投影 OX' 与地面坐标系 OX 轴之间的夹角，由轴 AX 逆时针方向转至导弹纵轴的投影线时，ψ 为正；反之为负。

滚转角 γ：导弹的轴 OY_1 与包含弹体纵轴的铅垂平面之间的夹角，从弹体尾部顺轴向前看，若轴位于铅垂平面的右侧，γ 为正；反之为负。

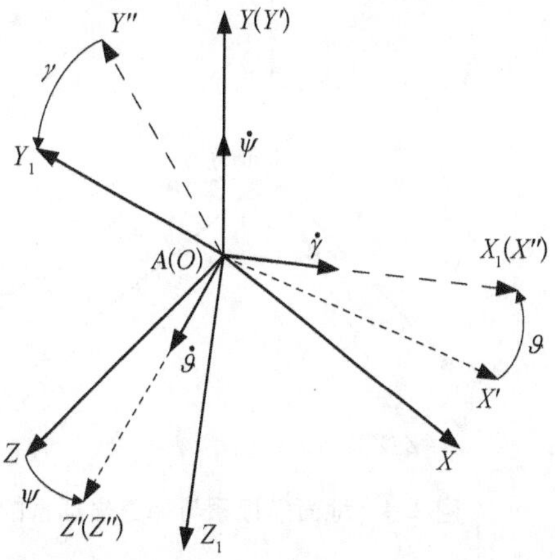

图 2.3　地面坐标系与弹体坐标系的变换

以上定义的 3 个角度为弹体的姿态角。可采用连续旋转的方法得到地面坐标系与弹体坐标系之间的关系及其转换矩阵。首先将弹体坐标系的原点及各坐标轴与地面坐标系重合，以地面坐标系为基准进行连续旋转。第一次以角速度 $\dot{\psi}$ 绕地面坐标系的 AY 轴旋转 ψ 角形成过渡坐标系 $AX'Y'Z'$；第二次以角速度 $\dot{\vartheta}$ 绕过渡坐标系 AZ'轴旋转 ϑ 角得到过渡坐标系 $AX''Y''Z''$；第三次以角速度 $\dot{\gamma}$ 绕 AX''轴旋转 γ 角得到弹体坐标系 $O(A)X_1Y_1Z_z$。通过上述连续转动关系可得由地面坐标系到弹体坐标系的转换关系为

$$\begin{bmatrix} X_1 \\ Y_1 \\ Z_1 \end{bmatrix} = \boldsymbol{L}_X(\gamma)\boldsymbol{L}_Z(\vartheta)\boldsymbol{L}_Y(\psi)\begin{bmatrix} X \\ Y \\ Z \end{bmatrix} \tag{2.28}$$

（2）地面坐标系与弹道坐标系的变换

地面坐标系与弹道坐标系之间的相对关系如图 2.4 所示，相互方位可由弹道倾角 θ 和弹道偏角 ψ_v 这两个角来确定，具体定义如下：

弹道倾角 θ：导弹的速度矢量 $\boldsymbol{V}$ 与水平面 XAZ 之间的夹角，若速度矢量 $\boldsymbol{V}$ 在水平面之上，θ 则为正；反之为负。

弹道偏角 ψ_v：导弹的速度矢量在水平面 XAZ 上的投影与 Ax 轴之间的夹角，沿 AY 轴向下看，当轴 AX 逆时针方向转到投影线上时，ψ_v 为正；反之为负。

地面坐标系与弹道坐标系之间的变换，可以通过两次旋转实现。以地面坐标系为基准，第一次以角速度 $\dot{\psi}_v$ 绕地面坐标系的 AY 轴旋转 ψ_v 角得到过渡坐标系 $AX'Y'Z'$；第二次以角速度 $\dot{\theta}$ 绕 AZ'轴旋转 θ 角得到弹道坐标系 $O(A)X_2Y_2Z_2$。通过上述旋转关系可得地面坐标系到弹道坐标的转换关系为

$$\begin{bmatrix} X_2 \\ Y_2 \\ Z_2 \end{bmatrix} = \boldsymbol{L}_Z(\theta)\boldsymbol{L}_Y(\psi_V)\begin{bmatrix} X \\ Y \\ Z \end{bmatrix} \tag{2.29}$$

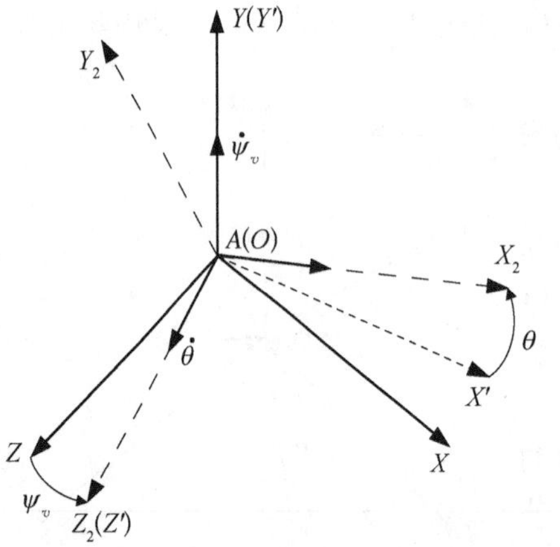

图 2.4　地面坐标系与弹道坐标系的变换

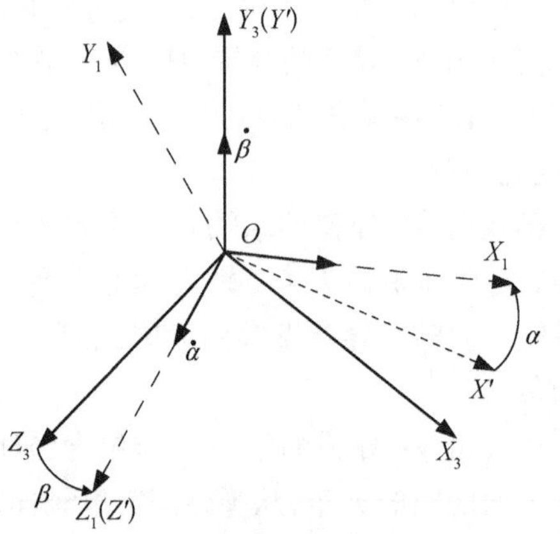

图 2.5　速度坐标系与弹体坐标系的变换

（3）速度坐标系与弹体坐标系的变换

根据这两个坐标系的定义，弹体坐标系 $OX_1Y_1Z_1$ 与速度坐标系 $OX_3Y_3Z_3$ 的相对关系如图 2.5 所示，它们之间的关系由攻角 α 和侧滑角 β 确定，具体定义如下：

攻角 α：导弹速度矢量 $\boldsymbol{V}$ 在导弹纵向对称平面的投影与弹体纵轴 OX_1 之间的夹角，当纵轴位于投影线的上方时，α 为正；反之为负。

侧滑角 β：导弹速度矢量与纵向对称平面之间的夹角，若来流从右侧流向弹体，β 为正；反之为负。

速度坐标系与弹体坐标系之间的变换，可以通过两次旋转实现。以速度坐标系为基准，第一次以角速度 $\dot{\beta}$ 绕 OY_3 轴旋转 β 角得到过渡坐标系 $AX'Y'Z'$；第二次以角速度 $\dot{\alpha}$ 绕 OZ'轴旋转 α 角得到弹体坐标系 $OX_1Y_1Z_z$。通过上述旋转关系可得速度坐标系到弹体坐标系的转换关系为

$$\begin{bmatrix} X_1 \\ Y_1 \\ Z_1 \end{bmatrix} = \boldsymbol{L}_Z(\alpha)\boldsymbol{L}_Y(\beta)\begin{bmatrix} X_3 \\ Y_3 \\ Z_3 \end{bmatrix} \tag{2.30}$$

(4) 弹道坐标系与速度坐标系的变换

根据这两个坐标系的定义，速度坐标系与弹道坐标系的关系如图 2.6 所示，通过速度倾斜角 γ_v 确定。速度倾斜角 γ_v：位于导弹纵向对称面内的 OY_3 轴与包含导弹速度矢量 V 的铅垂平面 OX_2Y_2 之间的夹角。规定从弹体尾部向前看，若弹体纵向对称面向右倾斜，则 γ_v 为正；反之为负。以弹道坐标系为基准，绕 OX_2 轴旋转 γ_v 角即可得到速度坐标系。因此，由弹道坐标系到速度坐标系的转换矩阵为

$$\begin{bmatrix} X_3 \\ Y_3 \\ Z_3 \end{bmatrix} = \boldsymbol{L}_X(\gamma_V)\begin{bmatrix} X_2 \\ Y_2 \\ Z_2 \end{bmatrix} \tag{2.31}$$

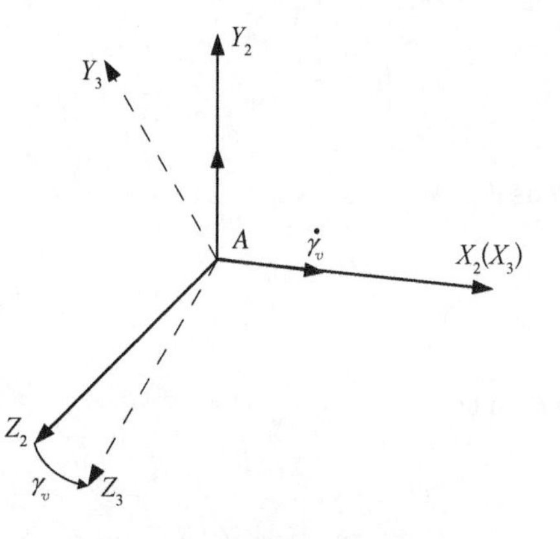

图 2.6 弹道坐标系与速度坐标系的变换

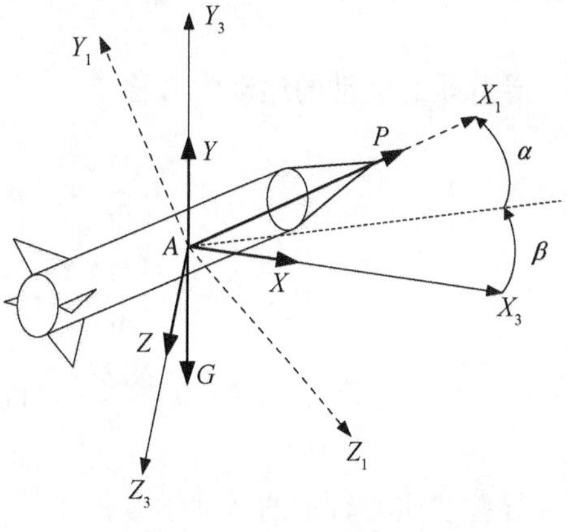

图 2.7 导弹受力示意图

2. 导弹的受力

导弹在飞行过程中，受到的力主要包括重力、发动机推力和空气动力。作用在导弹上的力矩主要有：空气动力引起的空气动力矩、发动机推力偏心引起的推力矩。把空气动力沿速度坐标系分解为三个分量，分别称之为阻力 X、升力 Y 和侧向力 Z。由于导弹所受到的空气动力一般是不通过导弹质心的，这就将产生对质心的气动力矩，气动力矩沿弹体坐标系可分为三个分量，主要包括俯仰力矩 M_Z、偏航力矩 M_Y 以及滚转力矩 M_X。导弹所受的力的示意图如图 2.7 所示。

导弹运动方程组是描述导弹的力矩与导弹运动参数（如角速度、速度、位置、姿态

等)之间的关系的方程组,对于无控导弹来说,它由动力学方程、运动学方程、质量变化方程、几何关系方程等组成。

1) 导弹质心运动的动力学方程

$$
\begin{aligned}
m\frac{\mathrm{d}V}{\mathrm{d}t} &= P\cos\alpha - X - mg\sin\theta \\
mV\frac{\mathrm{d}\theta}{\mathrm{d}t} &= P(\sin\alpha\cos\gamma_V + \cos\alpha\sin\beta\sin\gamma_V) + Y\cos\gamma_V \\
&\quad - Z\sin\gamma_V - mg\cos\theta \\
-mV\cos\theta\frac{\mathrm{d}\psi_V}{\mathrm{d}t} &= P(\sin\alpha\sin\gamma_V - \cos\alpha\sin\beta\cos\gamma_V) + Y\sin\gamma_V + Z\cos\gamma_V
\end{aligned}
\tag{2.32}
$$

2) 导弹绕质心转动的动力学方程

$$
\begin{aligned}
J_{X_1} &= \frac{\mathrm{d}\omega_{X_1}}{\mathrm{d}t} + (J_{Z_1} - J_{Y_1})\omega_{Z_1}\omega_{Y_1} = M_{X_1} \\
J_{Y_1} &= \frac{\mathrm{d}\omega_{Y_1}}{\mathrm{d}t} + (J_{X_1} - J_{Z_1})\omega_{X_1}\omega_{Z_1} = M_{Y_1} \\
J_{Z_1} &= \frac{\mathrm{d}\omega_{Z_1}}{\mathrm{d}t} + (J_{Y_1} - J_{X_1})\omega_{Y_1}\omega_{X_1} = M_{Z_1}
\end{aligned}
\tag{2.33}
$$

3) 导弹质心运动的运动学方程

$$
\begin{aligned}
\frac{\mathrm{d}X}{\mathrm{d}t} &= V\cos\theta\cos\psi_V \\
\frac{\mathrm{d}Y}{\mathrm{d}t} &= V\sin\theta \\
\frac{\mathrm{d}Z}{\mathrm{d}t} &= -V\cos\theta\sin\psi_V
\end{aligned}
\tag{2.34}
$$

4) 导弹绕质心转动的运动学方程

$$
\begin{aligned}
\frac{\mathrm{d}\vartheta}{\mathrm{d}t} &= \omega_{Y_1}\sin\gamma + \omega_{Z_1}\cos\gamma \\
\frac{\mathrm{d}\psi}{\mathrm{d}t} &= \frac{1}{\cos\vartheta}(\omega_{Y_1}\cos\gamma - \omega_{Z_1}\sin\gamma) \\
\frac{\mathrm{d}\gamma}{\mathrm{d}t} &= \omega_{X_1} - \tan\vartheta(\omega_{Y_1}\cos\gamma - \omega_{Z_1}\sin\gamma)
\end{aligned}
\tag{2.35}
$$

5) 质量变化方程

$$
\frac{\mathrm{d}m}{\mathrm{d}t} = -m_c \tag{2.36}
$$

6）几何关系方程

$$
\begin{aligned}
&\sin\beta = \cos\theta[\cos\gamma\sin(\psi-\psi_V)+\sin\vartheta\sin\gamma\cos(\psi-\psi_V)]-\sin\theta\cos\vartheta\sin\gamma\\
&\sin\alpha = \{\cos\theta[\sin\vartheta\cos\gamma\cos(\psi-\psi_V)-\sin\gamma\sin(\psi-\psi_V)]\\
&\qquad -\sin\theta\cos\vartheta\cos\gamma\}/\cos\beta\\
&\sin\gamma_V = (\cos\alpha\sin\beta\sin\vartheta-\sin\alpha\sin\beta\cos\gamma\cos\vartheta+\cos\beta\sin\gamma\cos\vartheta)/\cos\beta
\end{aligned}
\tag{2.37}
$$

以上由式(2.32)~式(2.37)组成的六组方程组为描述导弹的空间运动的方程组。对于仅在铅垂平面内做纵向运动的无控导弹,可以得到进一步的简化为

$$
\begin{cases}
\mathrm{m}\dfrac{\mathrm{d}V}{\mathrm{d}t} = P\cos\alpha - X - G\sin\theta\\
mV\dfrac{\mathrm{d}\theta}{\mathrm{d}t} = P\sin\alpha + Y - G\cos\theta\\
J_Z\dfrac{\mathrm{d}\omega_Z}{\mathrm{d}t} = M_Z^{\alpha}\alpha + M_Z^{\bar{\omega}_Z}\bar{\omega}_Z\\
\dfrac{\mathrm{d}\vartheta}{\mathrm{d}t} = \omega_Z\\
\dfrac{\mathrm{d}X}{\mathrm{d}t} = V\cos\theta\\
\dfrac{\mathrm{d}Y}{\mathrm{d}t} = V\sin\theta\\
\dfrac{\mathrm{d}m}{\mathrm{d}t} = -m_c\\
\alpha = \vartheta - \theta
\end{cases}
\tag{2.38}
$$

2.2 矩阵理论知识

本节回顾一些基本的线性代数知识,详细内容可参看本章末所列的参考文献。介绍这部分内容时,略去了大部分结论的证明,只对那些在标准线性代数教科书中不能直接找到的结果及有助于理解相关问题的结果给出证明。本章的最后讨论是在第八章至第十二章中将要涉及的。特殊矩阵扩展问题,读者即使没有矩阵扩展理论方面的知识,也能理解本书中所给出的大部分结果。

2.2.1 线性子空间

在本书中,$\boldsymbol{R}$ 表示实数域;$\boldsymbol{C}$ 表示复数域;$\boldsymbol{F}$ 表示 $\boldsymbol{R}$ 或 $\boldsymbol{C}$;用 $\boldsymbol{F}^n$ 表示 $\boldsymbol{F}$ 上的向量空间,即 $\boldsymbol{F}^n$ 可表示 $\boldsymbol{R}^n$ 或 $\boldsymbol{C}^n$。设 $\boldsymbol{x}_1, \boldsymbol{x}_2, \cdots, \boldsymbol{x}_k \in \boldsymbol{F}^n$、$\alpha_i \in \boldsymbol{F}$,则称 $\alpha_1\boldsymbol{x}_1 + \cdots + \alpha_k\boldsymbol{x}_k$ 为 $\boldsymbol{x}_1$,

$\boldsymbol{x}_2, \cdots, \boldsymbol{x}_k$ 在 $\boldsymbol{F}$ 上的一个线性组合。$\boldsymbol{F}$ 中 $\boldsymbol{x}_1, \boldsymbol{x}_2, \cdots, \boldsymbol{x}_k$ 的所有线性组合构成的集合称为由 $\boldsymbol{x}_1, \boldsymbol{x}_2, \cdots, \boldsymbol{x}_k$ 组成的一个子空间。记为

$$\mathrm{span}\{\boldsymbol{x}_1, \boldsymbol{x}_2, \cdots, \boldsymbol{x}_k\} \triangleq \{\boldsymbol{x} = \alpha_1\boldsymbol{x}_1 + \cdots + \alpha_k\boldsymbol{x}_k : a_i \in \boldsymbol{F}\} \tag{2.39}$$

如果存在不全为零的一组数 $\alpha_1, \cdots, \alpha_k \in \boldsymbol{F}$,使得 $\alpha_1\boldsymbol{x}_1 + \cdots + \alpha_k\boldsymbol{x}_k = 0$, 则称 $\boldsymbol{F}^n$ 中的一组向量 $\boldsymbol{x}_1, \boldsymbol{x}_2, \cdots, \boldsymbol{x}_k \in \boldsymbol{F}^n$ 是线性相关的;否则,称它们是线性无关的。

假设 $\boldsymbol{S}$ 表示 $\boldsymbol{F}^n$ 的一个子空间,若 $\boldsymbol{S}$ 中的一组向量 $\boldsymbol{x}_1, \boldsymbol{x}_2, \cdots, \boldsymbol{x}_k$ 线性无关,并且 $\boldsymbol{S} = \mathrm{span}\{\boldsymbol{x}_1, \boldsymbol{x}_2, \cdots, \boldsymbol{x}_k\}$, 则称这组向量 $\boldsymbol{x}_1, \boldsymbol{x}_2, \cdots, \boldsymbol{x}_k$ 为 $\boldsymbol{S}$ 的一个基。子空间 $\boldsymbol{S}$ 的这种基不是唯一的,但 $\boldsymbol{S}$ 的所有基都有相同数目的元素。这个数目称为 $\boldsymbol{S}$ 的维数,记为 $\dim(\boldsymbol{S})$。

设 $\{\boldsymbol{x}_1, \boldsymbol{x}_2, \cdots, \boldsymbol{x}_k\}$ 为 $\boldsymbol{F}^n$ 中的一组向量,如果对所有 $i \neq j$, $\boldsymbol{x}_i^* \boldsymbol{x}_j = 0$,则称这组向量是相互正交的;若 $\boldsymbol{x}_i^* \boldsymbol{x}_j = \delta_{ij}$ 则称这组向量是正规化正交的,其中,上标 * 表示复共轭转置,δ_{ij} 为 Kronecker δ 函数:当 $i = j$ 时,$\delta_{ij} = 1$;当 $i \neq j$ 时,$\delta_{ij} = 0$。更一般地,设 $\boldsymbol{S}_1, \boldsymbol{S}_2, \cdots, \boldsymbol{S}_k$ 均为 $\boldsymbol{F}^n$ 的子空间,如果当 $x \in \boldsymbol{S}_i$, $y \in \boldsymbol{S}_j$, $i \neq j$ 时, $x^* y = 0$, 则称 $\boldsymbol{S}_1, \boldsymbol{S}_2, \cdots, \boldsymbol{S}_k$ 是相互正交的。

设 $\boldsymbol{S} \in \boldsymbol{F}^n$ 为一个子空间,则 $\boldsymbol{S}$ 的正交补定义为

$$\boldsymbol{S}^{\perp} \triangleq \{y \in \boldsymbol{F}^n : y^* x = 0, \ \forall x \in \boldsymbol{S}\} \tag{2.40}$$

若 $\boldsymbol{S}$ 中的一组向量 $\{\boldsymbol{u}_1, \cdots, \boldsymbol{u}_n\}$ 构成 $\boldsymbol{S}$ 的一个基,并且它们是正交的,则称这组向量为 $\boldsymbol{S}$ 的一个正交基。总能够将这样的一个基扩展为 $\boldsymbol{F}^n$ 的一个完整正交基。在这种情况下,有

$$\boldsymbol{S}^{\perp} = \mathrm{span}\{\boldsymbol{u}_{k+1}, \cdots, \boldsymbol{u}_n\} \tag{2.41}$$

并且 $\{\boldsymbol{u}_{k+1}, \cdots, \boldsymbol{u}_n\}$ 称为 $\{\boldsymbol{u}_1, \cdots, \boldsymbol{u}_k\}$ 的一个正交补。设 $\boldsymbol{A} \in \boldsymbol{F}^{m\times n}$ 为从 $\boldsymbol{F}^n$ 到 $\boldsymbol{F}^m$ 的一个线性变换,可记为 $\boldsymbol{A}: \boldsymbol{F}^n \mapsto \boldsymbol{F}^m$。

注 2.1 向量 $\boldsymbol{x} \in \boldsymbol{F}^m$ 也可以看作是从 $\boldsymbol{F}$ 到 $\boldsymbol{F}^m$ 的一个线性变换,因而,有关一般矩阵的结果都适合于向量。则线性变换 $\boldsymbol{A}$ 的核或零空间定义如下:

$$\ker\boldsymbol{A} = N(\boldsymbol{A}) \triangleq \{\boldsymbol{x} \in \boldsymbol{F}^n : \boldsymbol{AX} = 0\} \tag{2.42}$$

$\boldsymbol{A}$ 的象空间或值域定义为

$$\mathrm{Im}\boldsymbol{A} = R(\boldsymbol{A}) \triangleq \{\boldsymbol{y} \in \boldsymbol{F}^m : \boldsymbol{y} = \boldsymbol{Ax}, \ \boldsymbol{x} \in \boldsymbol{F}^n\} \tag{2.43}$$

显然,$\ker\boldsymbol{A}$ 是 $\boldsymbol{F}^n$ 的子空间,而 $\mathrm{Im}\boldsymbol{A}$ 是 $\boldsymbol{F}^m$ 的子空间。容易看出,

$$\dim(\ker\boldsymbol{A}) + \dim(\mathrm{Im}\boldsymbol{A}) = n, \ \dim(\mathrm{Im}\boldsymbol{A}) = \dim(\ker\boldsymbol{A})^{\perp} \tag{2.44}$$

式(2.44)中,$(\ker\boldsymbol{A})^{\perp}$ 是 $\boldsymbol{F}^n$ 的子空间。设 $a_i (i = 1, \cdots, n)$ 为 $\boldsymbol{A} \in \boldsymbol{F}_{m\times n}$ 的各列,则有 $\mathrm{Im}\boldsymbol{A} = \mathrm{span}\{a_1, \cdots, a_n\}$。矩阵 $\boldsymbol{A}$ 的秩定义为 $\mathrm{rank}(\boldsymbol{A}) = \dim(\mathrm{Im}\boldsymbol{A})$。事实上,$\mathrm{rank}(\boldsymbol{A}) = \mathrm{rank}(\boldsymbol{A}^*)$, 因此,一个矩阵的秩等于其最大线性无关的行或列的个数。

设 $\boldsymbol{A} \in \boldsymbol{F}^{m\times n}$,如果 $m \leqslant n$ 且 $\mathrm{rank}(\boldsymbol{A}) = m$,则称 $\boldsymbol{A}$ 是行满秩的;相应的,如果 $n \leqslant m$ 且

rank(A)= n,则称 A 是列满秩的。满秩方阵称为非奇异方阵。容易看出,如果 T 和 P 均为具有适当维数的非奇异矩阵,则有 rank(A)= rank(AT)= rank(PA)。

设方阵 $U \in F^{n\times n}$,若它的列构成 F^n 的一个正交基,则称 U 为酉矩阵(若 $F=R$,则称之为正交矩阵),它满足 $U^* U=I=UU^*$。

引理 2.1　设 $D=[d_1, \cdots, d_k] \in F^{n\times k}(n>k)$ 满足 $D^* D=I$,即 $d_i(i=1, \cdots, k)$ 是正交的,则存在矩阵 $D^\perp \in F^{n\times(n-k)}$,使得 $DD^\perp$ 为酉矩阵。并且,$D^\perp$ 的各列 $d_i(i=k+1, \cdots, n)$ 构成$\{d_1, \cdots, d_k\}$的一个正交补。

引理 2.2　考虑线性方程

$$AX = B \tag{2.45}$$

其中,$A \in F^{n\times l}$ 和 $B \in F^{n\times m}$ 均为给定矩阵,则下列命题等价:

(i) 方程有解 $X \in F^{l\times m}$;

(ii) B 的列 $\in \mathrm{Im}A$;

(iii) $\mathrm{rank}(AB) = \mathrm{rank}(A)$;

(iv) $\ker(A^*) = \ker(B^*)$。

那么,若解存在,则解唯一的充分必要条件是 A 为列满秩。

以下引理涉及两个矩阵乘积的秩。

引理 2.3(Sylvester 不等式)　设 $A \in F^{m\times n}$, $B \in F^{n\times k}$, 则

$$\mathrm{rank}(A) + \mathrm{rank}(B) - n \leqslant \mathrm{rank}(AB) \leqslant \min\{\mathrm{rank}(A), \mathrm{rank}(B)\} \tag{2.46}$$

令 m_{ij} 表示矩阵 M 的第 i 行、第 j 列元素,并记成 $M = [m_{ij}]$, I 表示单位矩阵;I_n 表示 n 阶的单位矩阵。

设 $A = [a_{ij}] \in C^{n\times n}$, 则 A 的迹定义为

$$\mathrm{Trace}(A) \triangleq \sum_{i=1}^{n} a_{ii} \tag{2.47}$$

迹具有下列性质:

$$\begin{aligned}
&\mathrm{Trace}(\alpha A) = \alpha \mathrm{Trace}(A),\ \alpha \in C,\ A \in C^{n\times n} \\
&\mathrm{Trace}(A + B) = \mathrm{Trace}(A) + \mathrm{Trace}(B),\ A,\ B \in C^{n\times n} \\
&\mathrm{Trace}(AB) = \mathrm{Trace}(BA),\ A \in C^{n\times m},\ B \in C^{m\times n}
\end{aligned} \tag{2.48}$$

2.2.2　Kronecker 积与 Kronecker 和

设 $A \in C^{m\times n}$, $B \in C^{p\times q}$, 则 A 与 B 的 Kronecker 积记作 $A \otimes B$, 定义为

$$A \otimes B \triangleq \begin{bmatrix} a_{11}B & a_{12}B & \cdots & a_{1n}B \\ a_{21}B & a_{22}B & \cdots & a_{2n}B \\ \vdots & \vdots & \ddots & \vdots \\ a_{n1}B & a_{n2}B & \cdots & a_{nn}B \end{bmatrix} \in C^{mp\times nq} \tag{2.49}$$

Kronecker 积的特性有

$$
\begin{aligned}
&\boldsymbol{A}\otimes(\boldsymbol{B}+\boldsymbol{C})=\boldsymbol{A}\otimes\boldsymbol{B}+\boldsymbol{A}\otimes\boldsymbol{C}\\
&(\boldsymbol{A}+\boldsymbol{B})\otimes\boldsymbol{C}=\boldsymbol{A}\otimes\boldsymbol{C}+\boldsymbol{B}\otimes\boldsymbol{C}\\
&(k\boldsymbol{A})\otimes\boldsymbol{B}=\boldsymbol{A}\otimes(k\boldsymbol{B})=k(\boldsymbol{A}\otimes\boldsymbol{B})\\
&(\boldsymbol{A}\otimes\boldsymbol{B})\otimes\boldsymbol{C}=\boldsymbol{A}\otimes(\boldsymbol{B}\otimes\boldsymbol{C})
\end{aligned} \tag{2.50}
$$

式(2.50)中,k 为常量。

若 $\boldsymbol{A}$ 与 $\boldsymbol{B}$ 均为方阵,即 $\boldsymbol{A}\in\boldsymbol{C}^{n\times n}$、$\boldsymbol{B}\in\boldsymbol{C}^{m\times m}$,则 $\boldsymbol{A}$ 与 $\boldsymbol{B}$ 的 Kronecker 和 $\boldsymbol{A}\oplus\boldsymbol{B}$,定义为

$$
\boldsymbol{A}\oplus\boldsymbol{B}\triangleq\boldsymbol{A}\otimes\boldsymbol{I}_m+\boldsymbol{I}_n\otimes\boldsymbol{B}\in\boldsymbol{C}^{nm\times nm} \tag{2.51}
$$

设 $\boldsymbol{X}\in\boldsymbol{C}^{m\times n}$,用 $\mathrm{vec}(\boldsymbol{X})$ 表示将 $\boldsymbol{X}$ 的各列排列成一个长向量

$$
\mathrm{vec}(\boldsymbol{X})=[X_{11},\cdots,X_{m1},X_{12},\cdots,X_{m2},X_{1n}\cdots,X_{mn}] \tag{2.52}
$$

则对任意的 $\boldsymbol{A}\in\boldsymbol{C}^{k\times m}$, $\boldsymbol{B}\in\boldsymbol{C}^{n\times l}$ 及 $\boldsymbol{X}\in\boldsymbol{C}^{m\times n}$,有

$$
\mathrm{vec}(\boldsymbol{AXB})=(\boldsymbol{B}^{\mathrm{T}}\boldsymbol{A})\mathrm{vec}(\boldsymbol{X}) \tag{2.53}
$$

因此,如果 $k=m$ 且 $l=n$,则有

$$
\mathrm{vec}(\boldsymbol{AX}+\boldsymbol{XB})=(\boldsymbol{B}^{\mathrm{T}}\otimes\boldsymbol{A})\mathrm{vec}(\boldsymbol{X}) \tag{2.54}
$$

设 $\boldsymbol{A}\in\boldsymbol{C}^{n\times n}$, $\boldsymbol{B}\in\boldsymbol{C}^{m\times m}$,如果 $\lambda_i(i=1,\cdots,n)$ 为 $\boldsymbol{A}$ 的特征值,$\mu_j(j=1,\cdots,m)$ 为 $\boldsymbol{B}$ 的特征值,则有以下结果:

$\boldsymbol{A}\otimes\boldsymbol{B}$ 的 nm 个特征值为数值 $\lambda_i\mu_j$,其中 $i=1,2,\cdots,n$; $j=1,2,\cdots,m$。

$\boldsymbol{A}\oplus\boldsymbol{B}=\boldsymbol{A}\otimes\boldsymbol{I}_m+\boldsymbol{I}_n\otimes\boldsymbol{B}$ 的 nm 个特征值为数值 $\lambda_i+\mu_j$,其中 $i=1,2,\cdots,n$; $j=1,2,\cdots,m$。

设 $\boldsymbol{x}_i(i=1,\cdots,n)$ 为 $\boldsymbol{A}$ 的特征向量,$\boldsymbol{y}_j(j=1,\cdots,m)$ 为 $\boldsymbol{B}$ 的特征向量,则 $\boldsymbol{A}\oplus\boldsymbol{B}$ 相应于 $\lambda_i\mu_j$ 的特征向量以及 $\boldsymbol{A}\oplus\boldsymbol{B}$ 相应于 $\lambda_i+\mu_j$ 的特征向量均为 $\boldsymbol{x}_i\otimes\boldsymbol{y}_i$。

利用以上性质,可以证明下述引理。

引理 2.4 考虑 Sylvester 方程

$$
\boldsymbol{AX}+\boldsymbol{XB}=\boldsymbol{C} \tag{2.55}
$$

式(2.55)中, $\boldsymbol{A}\in\boldsymbol{F}^{n\times n}$、$\boldsymbol{B}\in\boldsymbol{F}^{m\times m}$ 和 $\boldsymbol{C}\in\boldsymbol{F}^{n\times m}$ 均为给定矩阵。当且仅当 $\lambda_i(\boldsymbol{A})+\lambda_j(\boldsymbol{B}^{\mathrm{T}})\neq0$,方程存在唯一解 $\boldsymbol{X}\in\boldsymbol{F}^{n\times m}$,其中 $i=1,2,\cdots,n$; $j=1,2,\cdots,m$。特别的,若 $\boldsymbol{B}=\boldsymbol{A}^*$,则式(2.55) 称为“李雅普诺夫方程”,当且仅当 $\lambda_i(A)+\lambda_j(A)\neq0(i,j=1,2,\cdots,n)$ 时,它存在唯一解。

证明: 利用 Kronecker 积可将方程(2.55)写成线性矩阵方程

$$
(\boldsymbol{B}^{\mathrm{T}}\oplus\boldsymbol{A})\mathrm{vec}(\boldsymbol{X})=\mathrm{vec}(\boldsymbol{C}) \tag{2.56}
$$

该方程有唯一解,当且仅当 $B^{\mathrm{T}} \oplus A$ 为非奇异。由于 $B^{\mathrm{T}} \oplus A$ 的特征值具有 $\lambda_i(A)+\lambda_j(B^{\mathrm{T}})=\lambda_i(A)+\lambda_j(B)$ 的形式,所以结论成立。

2.2.3 不变子空间

设 $A: C^n$ 到 C^n 为一个线性变换,若 λ 为 A 的一个特征值,x 为相应的特征向量,则对任何 $\alpha \in C$,有 $Ax=\lambda x$ 和 $A(\alpha x)=\lambda(\alpha x)$。很明显,特征向量 x 定义了一个一维子空间,因为 $Akx=\lambda kx$,所以该子空间关于左乘 A 是不变的。一般的,设子空间 $S \subset C^n$,如果对所有 $x \in S$,有 $Ax \in S$,则称 S 对变换 A 是不变的,意思是指在 A 作用下,S 的象仍包含在 S 中。例如,$A=\{0\} \in C^n$,$\ker A$ 和 $\operatorname{Im} A$ 都是 A 的不变子空间。

且对某个 $t \leqslant 1$, $x_t \in S$,只有当 x_t 的所有低秩特征向量和广义特征向量都在 S 中,即对任意 $1 \leqslant i \leqslant t$, $x_i \in S$ 时,子空间 S 才是一个 A 的不变子空间。

另一方面,若 S 是一非平凡子空间(若 $S=\{0\}$,称子空间 S 是平凡的),并且是关于 A 不变的,则存在 $x \in S$ 及 λ,使得 $Ax=\lambda x$。

设 $S \subset C^n$ 为 A 不变的子空间,如果 A 限制在 S 上并且它的所有特征值都具有负实部,则称 S 为稳定的不变子空间。计算代数黎卡提方程的镇定解时,稳定不变子空间将起着非常重要的作用。

2.2.4 向量范数与矩阵范数

本节定义向量范数与矩阵范数。设 X 为一向量空间,并且 $\|\cdot\|$ 为定义在 X 上的实值函数,如果对任意 $x \in X$ 和 $y \in X$,它满足下列性质:

(i) $\|x\| \geqslant 0$(正性);

(ii) $\|x\|=0$ 当且仅当 $x=\mathbf{0}$(正定性);

(iii) $\|\alpha x\|=|\alpha|\ \|x\|$,对任意标量 α(齐次性);

(iv) $\|x+y\| \leqslant \|x\|+\|y\|$(三角不等式)。

则称这个实值函数 $\|\cdot\|$ 为范数。如果一个函数只满足其中的(i)、(iii)和(iv)而不一定满足(ii),则称该函数为拟范数。

设 $x \in C^n$,则定义 x 的 p 范数如下:

$$\|x\|_p \triangleq \sum_{i=1}^{n} |x_i|^p,\ 1 \leqslant p \leqslant \infty \tag{2.57}$$

特别地,当 $p=1, 2, \cdots, \infty$ 时,有

$$\begin{aligned} \|x\|_1 &\triangleq \sum_{i=1}^{n} |x_i| \\ \|x\|_2 &\triangleq \sum_{i=1}^{n} |x_i|^2 \\ \|x\|_\infty &\triangleq \max_{1 \leqslant i \leqslant n} |x_i| \end{aligned} \tag{2.58}$$

显然,范数是三维 Euclidean 空间里距离概念的抽象和推广。因而向量的范数是向量"长度"的度量,例如,$\|\boldsymbol{x}\|_2$ 是向量 $\boldsymbol{x}$ 到原点的 Euclidean 距离。类似地,可以引入矩阵的某些度量。

设 $\boldsymbol{A}=[a_{ij}]\in\boldsymbol{C}^{m\times n}$,则由向量 $\boldsymbol{p}$ 范数诱导的矩阵范数定义为

$$\|\boldsymbol{A}\|_p=\sup_{x\neq 0}\frac{\|\boldsymbol{A}x\|_p}{\|\boldsymbol{x}\|} \tag{2.59}$$

特别地,对于 $p=1,\ 2,\ \cdots,\ \infty$,相应的诱导矩阵范数可按下列各式计算:

$$\begin{aligned}
&\|A\|_1=\max_{1\leqslant j\leqslant n}\sum_{i=1}^{n}|a_{ij}|\ (\text{各列之和})\\
&\|A\|_2=\lambda_{\max}(A^*A)\\
&\|A\|_\infty=\max_{1\leqslant i\leqslant m}\sum_{j=1}^{n}|a_{ij}|\ (\text{各行之和})
\end{aligned} \tag{2.60}$$

由向量 $\boldsymbol{p}$ 范数诱导的矩阵范数有时称为诱导 p 范数,这是因为 $\|\boldsymbol{A}\|_p$ 是由向量 $\boldsymbol{p}$ 范数定义或诱导的。实际上,$\boldsymbol{A}$ 可以看作是一个从具有向量范数 $\|\cdot\|_p$ 的向量空间 $\boldsymbol{C}^n$ 到另一个具有向量范数 $\|\cdot\|_p$ 的向量空间 $\boldsymbol{C}^m$ 的映射。因此,从系统理论的观点来看,诱导范数可解释为输入到输出的放大增益。

在本书中,除非特别说明,对向量范数和矩阵范数采用如下约定:设 $\boldsymbol{x}\in\boldsymbol{C}^n$ 和 $\boldsymbol{A}\in\boldsymbol{C}^{m\times n}$,则把 $\boldsymbol{x}$ 的 Euclidean 2 范数简单地记为

$$\|\boldsymbol{x}\|\triangleq\|\boldsymbol{x}\|_2 \tag{2.61}$$

把 $\boldsymbol{A}$ 的诱导 2 范数记为 $\|\boldsymbol{A}\|\triangleq\|\boldsymbol{A}\|_2$,Euclidean 2 范数具有一些非常好的性质。

引理 2.5 设 $\boldsymbol{x}\in\boldsymbol{F}^n$,$\boldsymbol{y}\in\boldsymbol{F}^m$。

(i) 假如 $n\geqslant m$,则 $\|\boldsymbol{x}\|=\|\boldsymbol{y}\|$ 成立,当且仅当存在矩阵 $\boldsymbol{U}\in\boldsymbol{F}^{n\times m}$,使得 $\boldsymbol{x}=\boldsymbol{U}\boldsymbol{y}$ 及 $\boldsymbol{U}^*\boldsymbol{U}=\boldsymbol{I}$;

(ii) 假如 $n=m$,那么 $|\boldsymbol{x}^*\boldsymbol{y}|\leqslant\|\boldsymbol{x}\|\ \|\boldsymbol{y}\|$,并且等号成立,当且仅当对某个 $\alpha\in\boldsymbol{F}$,$\boldsymbol{x}=\alpha\boldsymbol{y}$ 或 $\boldsymbol{y}=\boldsymbol{0}$;

(iii) $\|\boldsymbol{x}\|\leqslant\|\boldsymbol{y}\|$ 成立,当且仅当存在矩阵 $\boldsymbol{\Delta}\in\boldsymbol{F}^{n\times m}$ 且 $\|\boldsymbol{\Delta}\|\leqslant 1$ 使得 $\boldsymbol{x}=\boldsymbol{\Delta}\boldsymbol{y}$。进而,$\|\boldsymbol{x}\|<\|\boldsymbol{y}\|$ 成立,当且仅当 $\|\boldsymbol{\Delta}\|<1$;

(iv) 对具有适当维数的任意酉矩阵 $\boldsymbol{U}$,有 $\|\boldsymbol{U}\boldsymbol{x}\|=\|\boldsymbol{x}\|$。

另一个常用的矩阵范数为 Frobenius 范数,定义为

$$\|\boldsymbol{A}\|_F\triangleq\mathrm{Trace}(\boldsymbol{A}^*\boldsymbol{A})=\sum_{i=1}^{m}\sum_{j=1}^{n}|a_{ij}|^2 \tag{2.62}$$

Frobenius 范数不是诱导范数。

容易证明矩阵范数具有下列性质。

引理 2.6　设 $\boldsymbol{A}$ 和 $\boldsymbol{B}$ 均为具有合适维数的任意矩阵，则

(i) $\rho(\boldsymbol{A}) \leqslant \|\boldsymbol{A}\|$（适合 F 范数和任何诱导范数）；

(ii) $\|\boldsymbol{AB}\| \leqslant \|\boldsymbol{A}\|\|\boldsymbol{B}\|$，特别的，若 $\boldsymbol{A}$ 是可逆的，则可导出 $\|\boldsymbol{A}-\boldsymbol{I}\| \geqslant \|\boldsymbol{A}\|-1$（适合任何诱导范数）；

(iii) 对具有适当维数的任意酉矩阵 $\boldsymbol{U}$ 和 $\boldsymbol{V}$，有 $\|\boldsymbol{UAV}\| = \|\boldsymbol{A}\|$ 和 $\|\boldsymbol{UAV}\|_F = \|\boldsymbol{A}\|_F$；

(iv) $\|\boldsymbol{AB}\|_F \leqslant \|\boldsymbol{A}\|\|\boldsymbol{B}\|_F$，$\|\boldsymbol{AB}\|_F \leqslant \|\boldsymbol{B}\|\|\boldsymbol{A}\|_F$。

注意，虽然一个矩阵左乘或右乘一个酉矩阵并不改变其诱导的 Euclidean 2 范数和 Frobenius 范数，但会改变其特征值。例如，若取

$$\boldsymbol{A} = \begin{bmatrix} 1 & 0 \\ 1 & 0 \end{bmatrix} \tag{2.63}$$

则有 $\lambda_1(\boldsymbol{A}) = 1$；$\lambda_2(\boldsymbol{A}) = 0$。设

$$\boldsymbol{U} = \begin{bmatrix} \dfrac{1}{2} & \dfrac{1}{2} \\ -\dfrac{1}{2} & \dfrac{1}{2} \end{bmatrix} \tag{2.64}$$

则 $\boldsymbol{U}$ 为一个酉矩阵，并且有

$$\boldsymbol{UA} = \begin{bmatrix} 1 & 0 \\ 0 & 0 \end{bmatrix} \tag{2.65}$$

而 $\lambda_1(\boldsymbol{UA}) = 1$；$\lambda_2(\boldsymbol{UA}) = 0$。这个性质在一些矩阵摄动问题中是很有用的。

引理 2.7　设 $\boldsymbol{A}$ 为一个具有如下分块的矩阵

$$\boldsymbol{A} = \begin{bmatrix} \boldsymbol{A}_{11} & \boldsymbol{A}_{12} & \cdots & \boldsymbol{A}_{1q} \\ \boldsymbol{A}_{21} & \boldsymbol{A}_{22} & \cdots & \boldsymbol{A}_{2q} \\ \vdots & \vdots & \ddots & \vdots \\ \boldsymbol{A}_{m1} & \boldsymbol{A}_{m2} & \cdots & \boldsymbol{A}_{mq} \end{bmatrix} \triangleq [\boldsymbol{A}_{ij}] \tag{2.66}$$

式(2.66)中，每个 $\boldsymbol{A}_{ij}$ 均为具有适当维数的矩阵。则对任意诱导 p 范数，有

$$\|\boldsymbol{A}\|_p = \begin{bmatrix} \|\boldsymbol{A}_{11}\|_p & \|\boldsymbol{A}_{12}\|_p & \cdots & \|\boldsymbol{A}_{1q}\|_p \\ \|\boldsymbol{A}_{21}\|_p & \|\boldsymbol{A}_{22}\|_p & \cdots & \|\boldsymbol{A}_{2q}\|_p \\ \vdots & \vdots & \ddots & \vdots \\ \|\boldsymbol{A}_{m1}\|_p & \|\boldsymbol{A}_{m2}\|_p & \cdots & \|\boldsymbol{A}_{mq}\|_p \end{bmatrix}_p \tag{2.67}$$

证明：显然，如果采用 Frobenius 范数，则不等式的右边等于左边。因此，仅就诱导 p 范数（$1 \leqslant p \leqslant \infty$）的情况予以证明。设向量 $\boldsymbol{X}$ 按矩阵 $\boldsymbol{A}$ 分块如下：

$$X=\begin{bmatrix} X_1 \\ X_2 \\ \vdots \\ X_q \end{bmatrix} \tag{2.68}$$

注意到 $\| X \|_p = \begin{bmatrix} \| X_1 \|_p \\ \| X_2 \|_p \\ \vdots \\ \| X_q \|_p \end{bmatrix}_p$，则有

$$\begin{aligned} \| [A_{ij}] \|_p &\triangleq \sup_{\| x \|_p = 1} \| [A_{ij}] X \|_p = \sup_{\| x \|_p = 1} \begin{Vmatrix} \sum_{j=1}^{q} A_{1j} X_j \\ \sum_{j=1}^{q} A_{2j} X_j \\ \vdots \\ \sum_{j=1}^{q} A_{mj} X_j \end{Vmatrix} = \sup_{\| x \|_p = 1} \begin{Vmatrix} \left\| \sum_{j=1}^{q} A_{1j} X_j \right\|_p \\ \| \sum_{j=1}^{q} A_{2j} X_j \|_p \\ \vdots \\ \| \sum_{j=1}^{q} A_{mj} X_j \|_p \end{Vmatrix}_p \\ &\leqslant \sup_{\| x \|_p = 1} \left\| \begin{bmatrix} \| A_{11} \|_p & \| A_{12} \|_p & \cdots & \| A_{1q} \|_p \\ \| A_{21} \|_p & \| A_{22} \|_p & \cdots & \| A_{2q} \|_p \\ \vdots & \vdots & & \vdots \\ \| A_{m1} \|_p & \| A_{m2} \|_p & \cdots & \| A_{mq} \|_p \end{bmatrix} \begin{bmatrix} X_1 \\ X_2 \\ \vdots \\ X_q \end{bmatrix} \right\| \\ &\leqslant \sup_{\| x \|_p = 1} \| [\| A_{ij} \|_p] \|_p \| X \|_p = \| [\| A_{ij} \|_p] \|_p \end{aligned} \tag{2.69}$$

2.2.5 奇异值分解

在矩阵分析中，一个非常有用的工具就是奇异值分解（SVD）。矩阵的奇异值能够很好地度量矩阵的“大小”，而且相应的奇异向量很好地指明了强/弱输入或输出方向。

定理 2.1 设 $A \in F^{m \times n}$，存在酉矩阵

$$\begin{aligned} U &= [u_1, u_2, \cdots, u_m] \in F^{m \times m} \\ V &= [v_1, v_2, \cdots, v_n] \in F^{n \times n} \end{aligned} \tag{2.70}$$

使得

$$A = U \Pi V^*, \quad \Pi = \begin{bmatrix} \Pi_1 & 0 \\ 0 & 0 \end{bmatrix} \tag{2.71}$$

式(2.71)中

$$\boldsymbol{\Pi}_1 = \begin{bmatrix} \sigma_1 & 0 & \cdots & 0 \\ 0 & \sigma_2 & \cdots & 0 \\ \vdots & \vdots & \ddots & \vdots \\ 0 & 0 & \cdots & \sigma_p \end{bmatrix}$$

并且

$$\sigma_1 \geqslant \sigma_2 \geqslant \cdots \geqslant \sigma_p \geqslant 0,\ p = \min\{m,\ n\}$$

证明：设 $\sigma = \|\boldsymbol{A}\|$，且不失一般性地假设 $m \geqslant n$，则由 $\|\boldsymbol{A}\|$ 的定义可知，存在 $z \in \boldsymbol{F}^n$ 使得

$$\|\boldsymbol{A}z\| = \sigma\|z\| \tag{2.72}$$

由引理 2.5，存在矩阵 $\tilde{\boldsymbol{U}} \in \boldsymbol{F}^{m\times n}$，使得 $\tilde{\boldsymbol{U}}^{\mathrm{T}}\tilde{\boldsymbol{U}} = \boldsymbol{I}$ 成立，并且有

$$\boldsymbol{A}z = \sigma\tilde{\boldsymbol{U}}z \tag{2.73}$$

若取

$$\boldsymbol{x} = \frac{z}{\|z\|} \in \boldsymbol{F}^n,\ \boldsymbol{y} = \frac{\tilde{\boldsymbol{U}}z}{\|\tilde{\boldsymbol{U}}z\|} \in \boldsymbol{F}^m \tag{2.74}$$

则有 $\boldsymbol{A}\boldsymbol{x} = \sigma\boldsymbol{y}$。因为

$$\boldsymbol{V} = [\boldsymbol{x}\quad \boldsymbol{V}_1] \in \boldsymbol{F}^{n\times n} \tag{2.75}$$

和

$$\boldsymbol{U} = [\boldsymbol{y}\quad \boldsymbol{U}_1] \in \boldsymbol{F}^{n\times n} \tag{2.76}$$

均为酉矩阵(注意，总能够将一组标准正交向量扩展为整个空间的一个标准正交基)，因此 $\boldsymbol{U}^*\boldsymbol{A}\boldsymbol{V}$ 具有如下结构形式：

$$\boldsymbol{A}_1 \triangleq \boldsymbol{U}^*\boldsymbol{A}\boldsymbol{V} = \begin{bmatrix} \sigma & \boldsymbol{\omega}^* \\ \boldsymbol{0} & \boldsymbol{B} \end{bmatrix} \tag{2.77}$$

式(2.77)中，$\boldsymbol{\omega} \in \boldsymbol{F}^{n-1}$；$\boldsymbol{B} \in \boldsymbol{F}^{(m-1)\times(n-1)}$。因为

$$\left\| \boldsymbol{A}_1^* \begin{bmatrix} 1 \\ 0 \\ \vdots \\ 0 \end{bmatrix} \right\|^2 = (\sigma^2 + \boldsymbol{\omega}^*\boldsymbol{\omega}) \tag{2.78}$$

所以有 $\|\boldsymbol{A}_1\|^2 \geqslant (\sigma^2 + \boldsymbol{\omega}^*\boldsymbol{\omega})$。又因为 $\sigma = \|\boldsymbol{A}\| = \|\boldsymbol{A}_1\|$，所以必然有 $\boldsymbol{\omega} = \boldsymbol{0}$。最终可以得到

$$\boldsymbol{U}^*\boldsymbol{A}\boldsymbol{V} = \boldsymbol{\Pi} \tag{2.79}$$

证毕。

上面分解中,σ_i 为 $\boldsymbol{A}$ 的第 i 个奇异值;$\boldsymbol{u}_i$ 和 $\boldsymbol{v}_j$ 分别为 $\boldsymbol{A}$ 的第 i 个左奇异向量和第 j 个右奇异向量。容易验证

$$\begin{aligned} \boldsymbol{A}\boldsymbol{v}_i &= \sigma_i \boldsymbol{u}_i \\ \boldsymbol{A}^* \boldsymbol{u}_i &= \sigma_i \boldsymbol{v}_i \end{aligned} \tag{2.80}$$

上面的方程可写成

$$\begin{aligned} \boldsymbol{A}^* \boldsymbol{A}\boldsymbol{v}_i &= \sigma_i^2 \boldsymbol{u}_i \\ \boldsymbol{A}\boldsymbol{A}^* \boldsymbol{u}_i &= \sigma_i^2 \boldsymbol{v}_i \end{aligned} \tag{2.81}$$

因此,σ_i^2 是 $\boldsymbol{A}^*\boldsymbol{A}$ 或 $\boldsymbol{A}\boldsymbol{A}^*$ 的特征值;$\boldsymbol{u}_i$ 是 $\boldsymbol{A}^*\boldsymbol{A}$ 的特征向量;$\boldsymbol{v}_i$ 是 $\boldsymbol{A}\boldsymbol{A}^*$ 的特征向量。经常采用如下的符号表示特殊的两个奇异值:

$$\bar{\sigma}(\boldsymbol{A}) = \sigma_{\max}(\boldsymbol{A}) = \sigma_1 = \boldsymbol{A} \text{ 的最大奇异值} \tag{2.82}$$

$$\underline{\sigma}(\boldsymbol{A}) = \sigma_{\min}(\boldsymbol{A}) = \sigma_p = \boldsymbol{A} \text{ 的最小奇异值} \tag{2.83}$$

从几何上讲,矩阵 $\boldsymbol{A}$ 的奇异值就是如下定义的超椭球 E 的半轴长度

$$E = \{\boldsymbol{y} : \boldsymbol{y} = \boldsymbol{A}\boldsymbol{x},\ \boldsymbol{x} \in \boldsymbol{C}^n,\ \|\boldsymbol{x}\| = 1\} \tag{2.84}$$

因此,$\boldsymbol{v}_1$ 表示对所有 $\|\boldsymbol{x}\| = 1$, $\|\boldsymbol{y}\|$ 为最大的方向;而 $\boldsymbol{v}_n$ 表示对所有 $\|\boldsymbol{x}\| = 1$, $\|\boldsymbol{y}\|$ 为最小的方向。从输入/输出的观点来看,$\boldsymbol{v}_1$、$\boldsymbol{v}_n$ 表示最大、最小增益输入方向;而 $\boldsymbol{u}_1$、$\boldsymbol{u}_m$ 表示最大、最小增益观测方向。这一点可通过下面的 2 × 2 矩阵来说明

$$\boldsymbol{A} = \begin{bmatrix} \cos\theta_1 & -\sin\theta_1 \\ \sin\theta_1 & \cos\theta_1 \end{bmatrix} \begin{bmatrix} \sigma_1 & \\ & \sigma_2 \end{bmatrix} \begin{bmatrix} \cos\theta_2 & -\sin\theta_2 \\ \sin\theta_2 & \cos\theta_2 \end{bmatrix} \tag{2.85}$$

式(2.85)中,$\boldsymbol{A}$ 把一个单位圆盘映射成一个半轴分别为 σ_1 和 σ_2 的椭球。为方便起见,引入最大奇异值和最小奇异值的另一种定义。对于最大奇异值 $\bar{\sigma}$

$$\bar{\sigma}(\boldsymbol{A}) \triangleq \max_{\|\boldsymbol{x}\|=1} \|\boldsymbol{A}\boldsymbol{x}\| \tag{2.86}$$

对于矩阵的最小奇异值 $\underline{\sigma}$,定义为

$$\underline{\sigma}(\boldsymbol{A}) \triangleq \min_{\|\boldsymbol{x}\|=1} \|\boldsymbol{A}\boldsymbol{x}\| \tag{2.87}$$

引理 2.8 假设 $\boldsymbol{A}$ 和 $\boldsymbol{\Delta}$ 均为方阵,则

(i) $|\underline{\sigma}(\boldsymbol{A}+\boldsymbol{\Delta}) - \underline{\sigma}(\boldsymbol{A})| \leqslant \bar{\sigma}(\boldsymbol{\Delta})$;

(ii) $\underline{\sigma}(\boldsymbol{A}\boldsymbol{\Delta}) \geqslant \underline{\sigma}(\boldsymbol{A})\underline{\sigma}(\boldsymbol{\Delta})$;

(iii) $\bar{\sigma}(\boldsymbol{A}^{-1}) = \dfrac{1}{\underline{\sigma}(\boldsymbol{A})}$。

证明: (i) 由定义

$$\begin{aligned}\underline{\sigma}(A+\Delta) &\triangleq \min_{\|x\|=1}\|(A+\Delta)x\| \\ &\geqslant \min_{\|x\|=1}\{\|Ax\|-\|\Delta x\|\} \\ &\geqslant \min_{\|x\|=1}\|Ax\|-\max_{\|x\|=1}\|\Delta x\| \\ &=\underline{\sigma}(A)-\bar{\sigma}(\Delta)\end{aligned} \tag{2.88}$$

因此，$-\bar{\sigma}(\Delta) \leqslant \underline{\sigma}(A+\Delta)-\underline{\sigma}(A)$。在上述证明过程中，用$A+\Delta$代替$A$，用$-\Delta$代替$\Delta$，就可以得到另一不等式$\underline{\sigma}(A+\Delta)-\underline{\sigma}(A) \leqslant \bar{\sigma}(\Delta)$。

(ii) 由以下定义可得

$$\begin{aligned}\underline{\sigma}(A\Delta) &\triangleq \min_{\|x\|=1}\|A\Delta x\| \\ &=\sqrt{\min_{\|x\|=1} x^{*}\Delta^{*}A^{*}A\Delta x} \\ &\geqslant \underline{\sigma}(A)\max_{\|x\|=1}\|\Delta x\| \\ &=\underline{\sigma}(A)\underline{\sigma}(\Delta)\end{aligned} \tag{2.89}$$

(iii) 设A的奇异值分解为$A=U\Pi V^{*}$，则$A^{-1}=V\Pi^{-1}U^{*}A$，因此有

$$\bar{\sigma}(\Delta)=\sigma(\Pi^{-1})=\frac{1}{\underline{\sigma}(\Pi)}=\frac{1}{\underline{\sigma}(A)} \tag{2.90}$$

以下引理给出了 SVD 的一些性质。

引理 2.9 设$A \in F^{m\times n}$，且

$$\sigma_1 \geqslant \sigma_2 \geqslant \cdots \geqslant \sigma_r > \sigma_{r+1}=\cdots=0,\ r \leqslant \min\{m, n\} \tag{2.91}$$

则有

(i) $\operatorname{rank}(A)=r$;

(ii) $\ker A=\operatorname{span}\{v_{r+1}, \cdots, v_n\}$，$(\ker A)^{\perp}=\operatorname{span}\{v_1, \cdots, v_r\}$;

(iii) $\operatorname{Im} A=\operatorname{span}\{u_1, \cdots, u_r\}$，$(\operatorname{Im} A)^{\perp}=\operatorname{span}\{u_{r+1}, \cdots, u_m\}$;

(iv) $A \in F^{m\times n}$ 具有如下二元展开：

$$A \in \sum_{i=1}^{r}\sigma_i u_i v_i^{*}=U_r \Pi_r V_r^{*} \tag{2.92}$$

式中，$U_r=[u_1, \cdots, u_r]$；$V_r=[v_1, \cdots, v_r]$；$\Pi_r=\operatorname{diag}(\sigma_1, \cdots, \sigma_r)$

(v) $\|A\|_F^2=\sigma_1^2+\sigma_2^2+\cdots+\sigma_r^2$;

(vi) $\|A\|=\sigma_1$;

(vii) 对于具有适当维数的任意酉矩阵U_0和V_0，有$\sigma_i(U_0AV_0)=\sigma_i(A)(i=1, \cdots, p)$;

(viii) 设$k<r=\operatorname{rank}(A)$，$A_k \triangleq \sum_{i=1}^{k}\sigma_i u_i v_i^{*}$，则

$$\min_{\operatorname{rank}(B)\leqslant k}\|A-B\|=\|A-A_k\|=\sigma_{k+1} \tag{2.93}$$

证明：只证明第(viii)部分。容易看出，$\mathrm{rank}(\boldsymbol{A}_k) \leqslant k$ 和 $\|\boldsymbol{A}-\boldsymbol{A}_k\| = \sigma_{k+1}$。因此，只需证明 $\min_{\mathrm{rank}(B)\leqslant k} \|\boldsymbol{A}-\boldsymbol{B}\| \geqslant \sigma_{k+1}$。为此，设 $\boldsymbol{B}$ 为满足 $\mathrm{rank}(\boldsymbol{B}) \leqslant k$ 的任意矩阵，则有

$$\begin{aligned}\|\boldsymbol{A}-\boldsymbol{B}\| &= \|\boldsymbol{U\Pi V}^* - \boldsymbol{B}\| = \|\boldsymbol{\Pi} - \boldsymbol{U}^*\boldsymbol{BV}\| \\ &\geqslant \left\| [\boldsymbol{I}_{k+1} \quad 0](\boldsymbol{\Pi} - \boldsymbol{U}^*\boldsymbol{BV})\begin{bmatrix}\boldsymbol{I}_{k+1}\\ 0\end{bmatrix}\right\| = \|\boldsymbol{\Pi}_{k+1} - \hat{\boldsymbol{B}}\|\end{aligned} \tag{2.94}$$

式(2.94)中，

$$\hat{\boldsymbol{B}} = [\boldsymbol{I}_{k+1} \quad 0]\boldsymbol{U}^*\boldsymbol{BV}\begin{bmatrix}\boldsymbol{I}_{k+1}\\ 0\end{bmatrix} \in \boldsymbol{F}^{(k+1)\times(k+1)}$$

且 $\mathrm{rank}(\hat{\boldsymbol{B}}) \leqslant k$。设 $\boldsymbol{x} \in \boldsymbol{F}^{k+1}$ 满足 $\hat{\boldsymbol{B}}\boldsymbol{x} = \boldsymbol{0}$ 和 $\|\boldsymbol{x}\| = 1$，则有

$$\|\boldsymbol{A}-\boldsymbol{B}\| \geqslant \|\boldsymbol{\Pi}_{k+1} - \hat{\boldsymbol{B}}\| \geqslant \|(\boldsymbol{\Pi}_{k+1} - \hat{\boldsymbol{B}})\boldsymbol{x}\| = \|\boldsymbol{\Pi}_{k+1}\boldsymbol{x}\| \geqslant \sigma_{k+1}$$

因为 $\boldsymbol{B}$ 是任意的，于是结论得证。

2.3 图论的基础知识

图论起源于欧拉解决哥尼斯堡城的七桥问题，它不是一个早期的数学分支，但是近年来，由于网络以及计算机科学等的发展，图论无论在理论上还是在实际应用上都得到了极大的发展。详细的图论知识可参考文献[92]；图的代数表示可参考文献[93]。

2.3.1 图论的基础概念

定义 2.1 一个图可表示为 $\boldsymbol{G} = (\boldsymbol{N}, \boldsymbol{E})$，这里 $\boldsymbol{N} = \{v_1, v_2, \cdots, v_n\}$ 称为图的节点集，节点个数 $|\boldsymbol{N}| = n$ 称为图 $\boldsymbol{G}$ 的阶；$\boldsymbol{E} \subset \boldsymbol{N}\times\boldsymbol{N}$ 表示图的边集，$\boldsymbol{E}$ 的元素表示为 (v_i, v_j)，其被称为从点 v_i 到 v_j 的边缘或弧，由一个 v_i 指向 v_j 的箭头表示。(v_i, v_j) 表示从 v_i 出并且由 v_j 传入的边，节点 v_i 被称为父节点；v_j 被称为子节点。以下章节中为了简化表示，直接用节点标号 i 表示节点 v_i，用 (i, j) 表示 (v_i, v_j)。一个图若满足对于所有的边 $(i, j) \in \boldsymbol{E}$，有 $(j, i) \in \boldsymbol{E}$，那么称图为无向图(无向图简称为图)；否则称为有向图。如果一个图任意两节点间最多只能有一条边，则称为简单图。如果所有节点的入度和出度相等，则称该图是平衡的。

例 2.1 如图 2.8 所示，图(a)为无向图，图(b)为有向图。一个无向图 $\boldsymbol{G}$，对于它的

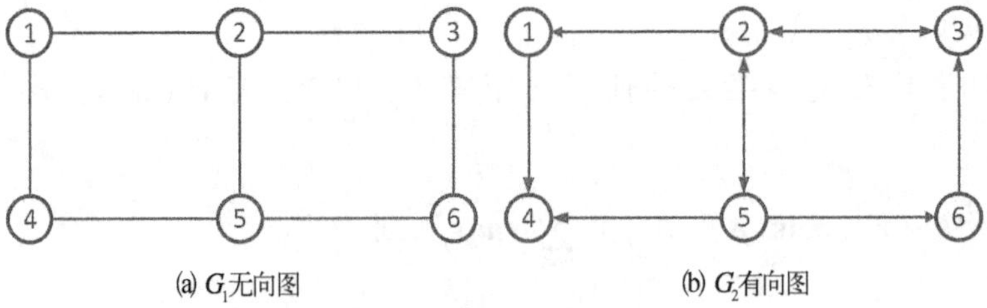

图 2.8 有向图和无向图举例

每一个节点 p,与其相连的边的个数称为这个节点的度,记作 $\deg(p)$。一个有向图 $\boldsymbol{G}$,对于它的每一个节点 p,进入这个节点的边的个数称为这节点的入度,记作 $d_i(p)$;流出这个节点的边的个数称为这个节点的出度记作 $d_0(p)$。如果一个无向图 $\boldsymbol{G}$ 的每一点的度都一样,则图 $\boldsymbol{G}$ 称为规则图;如果一个有向图 $\boldsymbol{G}$ 每一点的入度和出度都一样,则图 $\boldsymbol{G}$ 称为规则图。

图 2.8 的节点集合和编集合如式(2.95)所示,

$$\begin{gathered}
\boldsymbol{N}(\boldsymbol{G}_1)=\{1,2,3,4,5,6\},\ \boldsymbol{E}(\boldsymbol{G}_1)=\begin{Bmatrix}(1,2),(1,6)(2,1),(2,3),(2,5)\\(3,2),(3,6)(4,1),(4,5),(5,2)\\(5,4),(5,6)(6,3),(6,5)\end{Bmatrix}\\
\boldsymbol{N}(\boldsymbol{G}_2)=\{1,2,3,4,5,6\},\ \boldsymbol{E}(\boldsymbol{G}_2)=\begin{Bmatrix}(1,4),(2,1),(2,3),(2,5),(3,2)\\(5,2),(5,4),(5,6),(6,3)\end{Bmatrix}
\end{gathered}\tag{2.95}$$

有向路径是一个节点序列 $v_0, v_1, \cdots, v_r$,使得 $(v_i, v_{i+1}) \in \boldsymbol{E}(i \in \{0, 1, \cdots, r-1\})$,如果存在从 v_i 到 v_j 的有向路径,则称节点 v_i 与节点 v_j 是连通的。从 v_i 到 v_j 的距离是指从 v_i 到 v_j 的最短路径的长度。如果对于任意两个不同的节点 $v_i, v_i \in V$ 都是连通的,或者说任意两点 v_i、v_j 间同时存在 v_i 到 v_j 的路径及 v_j 到 v_i 的路径,则图 $\boldsymbol{G}$ 被称为是强连通的。

2.3.2 图的生成树

定义 2.2 设 $\boldsymbol{G}$ 为一个连通图

1. 如果 $\boldsymbol{e} \in \boldsymbol{E}$,$\boldsymbol{E}$ 为切割集,则 $\boldsymbol{e}$ 称为桥。

2. 如果 $\boldsymbol{G} \backslash \boldsymbol{D}$ 是一个不连通集,则 $\boldsymbol{D} \subset \boldsymbol{G}$ 称为一个去连通集(disconnecting set)。

3. 如果 $\boldsymbol{D}$ 是一个连通集,而它的任一真子集都不是去连通集,则 $\boldsymbol{D} \subset \boldsymbol{E}$ 称为一个切割集(cut set)。

定理 2.2 考虑一个 n 结点无向图,以下是关于树的几个等价条件:

(i) $\boldsymbol{T}$ 是树;

(ii) $\boldsymbol{T}$ 不含环路,且有 $n-1$ 条边;

(iii) $\boldsymbol{T}$ 连通,且有 $n-1$ 条边;

(iv) $\boldsymbol{T}$ 连通,且每条边都是桥;

(v) 任意两点间有一条唯一的路径;

(vi) $\boldsymbol{T}$ 不含环路,但如果加一条边,则形成一个环路。

定义 2.3 设 $\boldsymbol{G}$ 为一连通的无向图,一个连通的树 $\boldsymbol{T} \subset \boldsymbol{G}$,它包括 $\boldsymbol{G}$ 所有的顶点,则 $\boldsymbol{T}$ 称为 $\boldsymbol{G}$ 的生成树。设 $\boldsymbol{G}$ 有若干连通分支,对每个分支找到其生成树,这组生成树集合称为 $\boldsymbol{G}$ 的生成森林。

寻找一个连通图 $\boldsymbol{G}$ 的生成树可以找到 $\boldsymbol{G}$ 的一个环路,去掉环路的边,则剩余的图还是连通的。继续这个过程,直到没有环路,剩下的就是 $\boldsymbol{G}$ 的一个生成树。

树是指除了一个节点(称为根)之外的每个节点入度等于 1 的有向连接图,即树是任意两个顶点间有且只有一条路径的图。无向图的生成树是指用最少的边连通图 **G** 所有节点的子图。

有向图的生成树是由连接图的所有节点的边形成的有向树。如果边的子集形成有向树,则称图形具有生成树。这意味着沿着边的方向可以从单个(根)节点访问图中的所有节点。图形可以具有多个生成树。将图的根集或领导集定义为所有生成树的根的节点集。

如果图形是强连通的,则它至少包含一个生成树。实际上,如果图形是强连通的,那么所有节点都是根节点。无向图的生成树是指用最少的边连通图 **G** 所有节点的子图。

定义 2.4 如果一个无向图不含环路,则其称为森林;一个连通的森林称为树。

例 2.2 以例 2.1 中(a)、(b)为例,图 2.9(a)为图 2.8(a)中的一簇无向生成树,图 2.9(b)为图 2.8(b)中的一簇有向生成树。

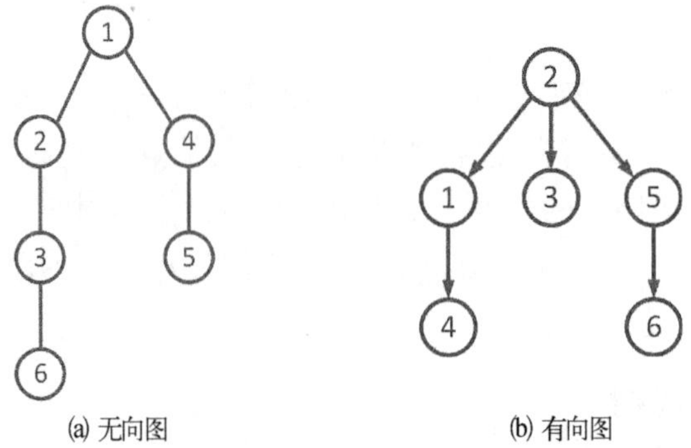

图 2.9 通信拓扑图

2.3.3 图的矩阵表示

本节只讨论有限图,即 $N < \infty$。

定义 2.5 一个节点数量为 $N < \infty$ 的图 **G**,可以用一个 $N \times N$ 矩阵来表示这个矩阵,称为邻接矩阵,其定义如下:记 $\boldsymbol{A}(\boldsymbol{G}) = [a_{ij}]_{N \times N}$,其中,

$$a_{i,j} = \begin{cases} 1, & (i,j) \in E \\ 0, & \text{其他} \end{cases} \tag{2.96}$$

矩阵 $\boldsymbol{A}(\boldsymbol{G})$ 的特征值集合也称为图的谱。

定义 2.6 一个图 **G** 有 N 个节点 $\{p_1, \cdots, p_N\}$、n 条边 $\{e_1, \cdots, e_n\}$,定义一个 $N \times n$ 的矩阵 $\boldsymbol{B}(\boldsymbol{G})$,其元素定义为

$$b_{i,j} = \begin{cases} 1, & p_i \in e_i \\ 0, & \text{其他} \end{cases} \tag{2.97}$$

称 $\boldsymbol{B}(\boldsymbol{G})$ 为 **G** 的关联矩阵。

定义 2.7 定义度矩阵 $\boldsymbol{\Delta}(\boldsymbol{G})$ 为一个对角矩阵,表达式为

$$\boldsymbol{\Delta}(\boldsymbol{G})=\operatorname{diag}(d_1,\ \cdots,\ d_N) \tag{2.98}$$

式(2.98)中,d_i 是节点 i 的度。

命题 2.1 $\boldsymbol{B}(\boldsymbol{G})\boldsymbol{B}(\boldsymbol{G})^{\mathrm{T}}=\boldsymbol{\Delta}(\boldsymbol{G})+\boldsymbol{A}(\boldsymbol{G})$。

命题 2.2 设 $\boldsymbol{G}$ 为无向图,$\vec{\boldsymbol{G}}$ 表示给 $\boldsymbol{G}$ 任意一个指向,则

$$\boldsymbol{D}(\vec{\boldsymbol{G}})\boldsymbol{D}(\vec{\boldsymbol{G}})^{\mathrm{T}}=\boldsymbol{\Delta}(\boldsymbol{G})-\boldsymbol{A}(\boldsymbol{G}) \tag{2.99}$$

定义 2.8 图 $\boldsymbol{G}$ 的拉普拉斯矩阵定义为

$$\boldsymbol{L}(\boldsymbol{G})=\boldsymbol{D}(\vec{\boldsymbol{G}})\boldsymbol{D}(\vec{\boldsymbol{G}})^{\mathrm{T}}=\boldsymbol{\Delta}(\boldsymbol{G})-\boldsymbol{A}(\boldsymbol{G}) \tag{2.100}$$

令 $\boldsymbol{1}$ 和 $\boldsymbol{0}$ 分别表示全 1 和全 0 的列向量。对于无向图,当且仅当图连通时,$\boldsymbol{L}$ 具有单个对应于特征向量 $\boldsymbol{1}$ 的零特征值,并且其他所有特征值都是正的。换句话说,$\boldsymbol{L}$ 是半正定的。对于有向图,当且仅当该有向图具有有向生成树时,$\boldsymbol{L}$ 具有单个对应于特征向量 $\boldsymbol{1}$ 的零特征值,并且其他所有特征值都具有正实部。因此,拉普拉斯矩阵 $\boldsymbol{L}$ 满足 $\boldsymbol{L1}=\boldsymbol{0}$, $\boldsymbol{1}=[1,\ \cdots,\ 1]^{\mathrm{T}}$。

命题 2.3 设 $\boldsymbol{G}$ 为 N 个节点的图,其拉普拉斯矩阵为 $\boldsymbol{L}$, $\boldsymbol{x}\in\boldsymbol{R}^N$, 则

$$\boldsymbol{x}^{\mathrm{T}}\boldsymbol{L}\boldsymbol{x}=\sum_{u,\ v\in E(G)}(x_u-x_v)^2 \tag{2.101}$$

根据上述定义,图 2.8(a)所示的无向图的各矩阵表示如下:$\boldsymbol{A}(\boldsymbol{G}_a)$ 为邻接矩阵;$\boldsymbol{L}(\boldsymbol{G}_a)$ 为拉普拉斯矩阵,

$$\boldsymbol{A}(\boldsymbol{G}_a)=\begin{bmatrix}0&1&0&1&0&0\\1&0&1&0&1&0\\0&1&0&0&0&1\\1&0&0&0&1&0\\0&1&0&1&0&1\\0&0&1&0&1&0\end{bmatrix},\quad \boldsymbol{L}(\boldsymbol{G}_a)=\begin{bmatrix}2&-1&0&-1&0&0\\-1&3&-1&0&-1&0\\0&-1&2&0&0&-1\\1&0&0&2&-1&0\\0&-1&0&-1&3&-1\\0&0&-1&0&-1&2\end{bmatrix}$$

试根据下面的邻接矩阵 $\boldsymbol{A}(\boldsymbol{G}_b)$ 和拉普拉斯矩阵 $\boldsymbol{L}(\boldsymbol{G}_b)$ 画出对应的有向图

$$\boldsymbol{A}(\boldsymbol{G}_b)=\begin{bmatrix}0&0&0&1&0&0\\1&0&1&0&1&0\\0&1&0&0&0&0\\0&0&0&0&0&0\\0&1&0&1&0&1\\0&0&1&0&0&0\end{bmatrix},\quad \boldsymbol{L}(\boldsymbol{G}_b)=\begin{bmatrix}1&0&0&-1&0&0\\-1&3&-1&0&-1&0\\0&-1&1&0&0&0\\0&0&0&0&0&0\\0&-1&0&-1&3&-1\\0&0&-1&0&0&1\end{bmatrix}。$$

2.4 小　　结

本章主要针对四旋翼无人机、无人直升机、固定翼无人机和导弹等一些常见飞行

器,建立了它们的数学模型,通过引入合理的坐标系,建立了运动学模型和动力学模型,为本书后半部分多飞行器一致性算法的应用提供了模型依据。除此之外,本章介绍了矩阵理论和图论等相关知识,其中线性子空间、范数、矩阵的奇异值分解等知识是接下来的理论基础,而图论等知识是通信拓扑结构的基础,这些数学理论对本书用到的数学知识进行了补充。

2.5 课后练习

思考题:

1. 试推导四旋翼和固定翼无人机由机体坐标系到地面坐标系按不同坐标轴顺序旋转的转换矩阵。

2. 思考导弹的地面坐标系、弹体坐标系、弹道坐标系、速度坐标系分别在什么研究条件下适用。

3. 以无人直升机为例,其面向控制模型为式(2.12),待设计的控制量为由主旋翼总距角 $\delta_{\mathrm{col}}^{i}$、横向周期变距角 $\delta_{\mathrm{lon}}^{i}$、纵向周期变距角 $\delta_{\mathrm{lat}}^{i}$ 和尾旋翼总距角 $\delta_{\mathrm{ped}}^{i}$ 组成的向量 $\boldsymbol{U}_i=[\delta_{\mathrm{col}}^{i}, \delta_{\mathrm{lon}}^{i}, \delta_{\mathrm{lat}}^{i}, \delta_{\mathrm{ped}}^{i}]$,设计合适控制量 $\boldsymbol{U}_i$ 可实现轨迹跟踪和编队保持等控制目标。试指出四旋翼无人机、固定翼无人机和导弹的控制量,并思考它们的控制目标分别是什么?

上篇　协同控制理论

第三章
积分器系统的一致性算法

"一致性"的概念最早来自商业谈判，如图 3.1 所示，代表不同利益的多方坐在谈判桌前，通过相互沟通最终达成统一的意见，被称为达成"一致性"。

图 3.1　商业谈判中的一致性(consensus)概念

为了深化对一致性概念的理解，这里举一个无人机的例子：一群无人机要形成固定队形，但是每架无人机的速度不同，现在需要想办法调节速度使其和邻近无人机速度一致，并且和期望队形的误差也要达到一致。为了达到信息一致，首先需要定义一个和所有个体都相关的状态，称之为"相关状态"。通过个体之间相互协商，使相关状态达到一致的算法，称之为"一致性算法"。对不同的一致性算法，能使相关状态最终达到一致的稳定条件一般不同，所以需要对其收敛性进行分析。

积分器系统作为线性系统中最为直观的一类系统，得到了研究人员的广泛关注。本章主要介绍多个积分器系统的协同控制问题，从最简单的单积分器系统到高阶积分器系统，设计一致性算法并进行收敛性分析，为大家更好地理解协同控制打下良好基础。

学习要点

- 掌握：① 单积分器和双积分器系统的一致性算法；② 基本一致性算法的收敛性分析及收敛条件。

- 熟悉：高阶积分器系统的一致性算法及分析。
- 了解：时变通信拓扑下的一致性算法及分析。

3.1 单积分器系统的一致性算法

假设有 N 个单积分器系统，每个单积分器系统的动力学方程如下：

$$\dot{\boldsymbol{x}}_i = \boldsymbol{u}_i, \quad i = 1, \cdots, N \tag{3.1}$$

其中，$\boldsymbol{x}_i \in \boldsymbol{R}^n$ 和 $\boldsymbol{u}_i \in \boldsymbol{R}^N$ 分别是第 i 个单积分器系统的状态和控制输入。

从物理意义上来看，单积分系统是通过改变速度来控制位置，其闭环系统稳定性易于分析。本节将学习单积分系统的一致性算法，内容包括时不变和时变拓扑条件下的连续时间一致性算法，以及算法渐近收敛的充分必要条件及其证明思路。

单积分器系统的通用连续时间一致性算法：

$$\boldsymbol{u}_i = -\sum_{j=1}^{N} a_{ij}(t)(\boldsymbol{x}_i - \boldsymbol{x}_j), \quad i = 1, \cdots, N \tag{3.2}$$

其中，$a_{ij}(t)$ 是 t 时刻邻接矩阵 $\boldsymbol{A}_n(t) \in \boldsymbol{R}^{N\times N}$ 的第 (i, j) 项元素。

对于 t 时刻下，$\forall j \neq i$，$(j, i) \in \boldsymbol{E}$，则 $a_{ij}(t) > 0$；否则 $a_{ij}(t) = 0$。显而易见，每个单积分器的相关状态都会趋向于其邻居节点的相关状态。联合式(3.1)和式(3.2)，可以得到下述矩阵形式：

$$\dot{\boldsymbol{x}} = -[\boldsymbol{L}_N(t) \otimes \boldsymbol{I}_n]\boldsymbol{x} \tag{3.3}$$

其中，$\boldsymbol{x} = [\boldsymbol{x}_1^{\mathrm{T}} \quad \cdots \quad \boldsymbol{x}_N^{\mathrm{T}}]^{\mathrm{T}}$；$\boldsymbol{L}_N(t) \in \boldsymbol{R}^{N\times N}$ 为 t 时刻的拉普拉斯矩阵；$\otimes$ 表示 Kronecker 积。根据式(3.2)，如果对于任意的初值 $\boldsymbol{x}_i(0)$ 和所有 $i, j = 1, \cdots, N$，当 $t \to \infty$ 时，有 $\| \boldsymbol{x}_i(t) - \boldsymbol{x}_j(t) \| \to 0$，则称此时系统状态达到一致。

以上一致性算法是分布式算法，即每个积分器只需要知道其邻居节点的信息。然而由于通信信道的部分连通或者通信/感知距离有限，系统的通信拓扑可能是时变的。采用 $\boldsymbol{G}_n(t)$ 表示算法(3.2)中的时变通信拓扑。对于给定的通信拓扑，式(3.2)中的 $a_{ij}(t)$ 可以是时变的，以描述每个积分器相关状态的相对可信度或个体间通信连接的相对可靠度为时变的情况，此情况下式(3.3)中的 $\boldsymbol{L}_n(t)$ 也是时变的。

3.1.1 时不变通信拓扑条件下的一致性分析

本节将讨论单积分器系统在时不变通信拓扑条件下的一致性问题，因此式(3.2)中 a_{ij} 为常数，式(3.3)中 $\boldsymbol{L}_N$ 为对称半正定矩阵。首先给出拉普拉斯矩阵收敛引理。

引理 3.1[94] 如果 $\boldsymbol{L}_N$ 是 $N \times N$ 维的非对称拉普拉斯矩阵，那么当 $\forall t \geqslant 0$ 时，$\mathrm{e}^{-\boldsymbol{L}_N t}$ 是具有正对角元素的行随机矩阵。此外，当且仅当 $\boldsymbol{L}_N$ 有一个简单零特征值时，$\mathrm{rank}(\boldsymbol{L}_N) =$

$N-1$。进而得到,如果$\boldsymbol{L}_N$有一个简单零特征值,并且存在向量$\boldsymbol{v}=[v_1, \cdots, v_N]^{\mathrm{T}} \geqslant 0$满足$\boldsymbol{1}_N^{\mathrm{T}}\boldsymbol{v}=1$和$\boldsymbol{L}_N^{\mathrm{T}}\boldsymbol{v}=\boldsymbol{0}_N$,那么当$t\to\infty$时,有$\mathrm{e}^{-\boldsymbol{L}_N t}\to \boldsymbol{1}_N\boldsymbol{v}^{\mathrm{T}}$。

引理 3.2[94] 当且仅当有向图含有一簇有向生成树时,其对应的非对称拉普拉斯矩阵$\boldsymbol{L}_N$有一个零特征值,其余特征值均在开右半平面。

根据引理 3.1,给出下面平均一致性定理。

定理 3.1 无向图$\boldsymbol{G}_N$是连通的,算法(3.2)使如式(3.1)所示的系统渐近达到一致,且满足当$t\to\infty$时,$\boldsymbol{x}_i(t)\to \dfrac{1}{N}\sum_{i=1}^{N}\boldsymbol{x}_i(0)=\mathrm{ave}[x_i(0)]$,也称平均一致性。

证明:(充分性)由引理 3.1 可知,$t\to\infty$时,$\boldsymbol{x}_i(t)\to \sum_{j=1}^{N}\boldsymbol{v}_i^{\mathrm{T}}\boldsymbol{x}_i(0)$, $i=1, \cdots, N$。此外,根据无向图的拉普拉斯矩阵$\boldsymbol{L}_n$是对称的,其右特征向量为$\boldsymbol{v}_i=\begin{bmatrix}\dfrac{1}{N} & \cdots & \dfrac{1}{N}\end{bmatrix}^{\mathrm{T}}$,得证。

(必要性)假设式(3.2)渐近达到一致,但$\boldsymbol{G}_N$不连通。那么$\boldsymbol{G}_N$至少存在两个不相连的节点,这两个节点不可能达到信息状态一致,从而整个系统也不会达到一致,矛盾。

式(3.2)是一致性算法的最基本形式,该算法可以扩展到很多其他形式。例如,为使系统最终状态差值达到期望值,即$\boldsymbol{x}_i-\boldsymbol{x}_j\to\boldsymbol{\Delta}_{ij}(t)$,其中$\boldsymbol{\Delta}_{ij}(t)$表示$\boldsymbol{x}_i$和$\boldsymbol{x}_j$的期望(时变)状态偏差,采用如下关于相对状态偏差的算法:

$$\boldsymbol{u}_i=\dot{\boldsymbol{\delta}}_i-\sum_{j=1}^{N}a_{ij}[(\boldsymbol{x}_i-\boldsymbol{x}_j)-\boldsymbol{\Delta}_{ij}], \quad i=1, \cdots, N \tag{3.4}$$

式中,$\boldsymbol{\Delta}_{ij}=\boldsymbol{\delta}_i-\boldsymbol{\delta}_j(\forall i\neq j)$表示状态偏差期望值,$\dot{\boldsymbol{\delta}}_i$表示$\boldsymbol{\delta}_i$的导数。

选取合适的$\boldsymbol{\delta}_l(l=1, \cdots, N)$,可以保证信息状态偏差收敛于期望值。显然,算法(3.4)可应用于编队控制,即使系统保持其相对位置而形成一定形状的队形。同时,可以得出,算法(3.2)是算法(3.4)对应于$\boldsymbol{\Delta}_{ij}\triangleq\boldsymbol{0}(\forall i\neq j)$的特殊情况。

下面给出算法(3.4)在固定通信拓扑条件下的一致性结论。

推论 3.1 假设$\boldsymbol{A}_N$为常矩阵并采用算法(3.4)。当$t\to\infty$时,$\boldsymbol{x}_i-\boldsymbol{x}_j\to\boldsymbol{\Delta}_{ij}(t)$的充要条件是无向图$\boldsymbol{G}_N$是连通的。

证明:根据式(3.4),式(3.1)可写成

$$\dot{\hat{\boldsymbol{x}}}_i=-\sum_{j=1}^{N}a_{ij}(\hat{\boldsymbol{x}}_i-\hat{\boldsymbol{x}}_j), \quad i=1, \cdots, N \tag{3.5}$$

其中,$\hat{\boldsymbol{x}}_i=\boldsymbol{x}_i-\boldsymbol{\delta}_i$。

由定理 3.1 可知,当且仅当无向图$\boldsymbol{G}_N$连通时,有$t\to\infty$时,$\hat{\boldsymbol{x}}_i(t)\to\hat{\boldsymbol{x}}_j(t)$,等效于$t\to\infty$,$\boldsymbol{x}_i(t)-\boldsymbol{x}_j(t)\to\boldsymbol{\Delta}_{ij}(t)$。

3.1.2 时变通信拓扑下的一致性分析

在实际中,智能体之间的拓扑总会因为链路中断、障碍物阻挡等多种原因造成中断和改变,将固定通信拓扑结构下的一致性分析拓展到时变通信拓扑下的条件,分析将更加复

杂。为便于数学描述，采用文献[94]提出的驻留时间概念，其含义是邻接矩阵 $\boldsymbol{A}_N$ 可在一个有限且有下界的时间内多次切换变化，并且在相邻两个切换时刻之间，$\boldsymbol{A}_N$ 是不变的。这意味着 $\boldsymbol{A}_N$ 和 $\boldsymbol{x}$ 是分段常矩阵。因此式(3.3)可改写为

$$\dot{\boldsymbol{x}}(t) = -[\boldsymbol{L}_N(t_i) \otimes \boldsymbol{I}_n]\boldsymbol{x}(t), \quad t \in [t_i, t_i + \tau_i) \tag{3.6}$$

其中，$\tau_i > 0$ 为驻留时间；$t_0, t_1, t_2, \cdots$ 是满足 $t_{i+1} - t_i = \tau_i$ 的无限时间序列。

下面给出算法(3.2)在时变通信拓扑条件下的一致性结论：

定理 3.2[94] 令 $t_1, t_2, \cdots$是满足 $t_{i+1} - t_i = \tau_D$ 的无限时间序列，τ_D 为常量；$\boldsymbol{G}_N(t_i) \in \bar{\boldsymbol{G}}_N$ 是 $t = t_i$ 时刻的无向图。假设在 $t = t_i$ 时刻对 $\forall j \neq i$，当 $(j, i) \in \boldsymbol{E}$ 时，$a_{ij}(t_i) = \dfrac{1}{N}$，否则 $a_{ij}(t_i) = 0$。如果存在一个由 $t_{i_1} = t_0$ 起始的邻接、非空和一致有界的无限时段序列 (t_{ij}, t_{ij+1})，$j = 1, 2, \cdots, \infty$，使得存在于每个时段的无向图的并集是连通的，那么连续时间算法(3.2)渐近达到一致。

3.1.3 仿真分析

1. 时不变通信拓扑下一致性

在 xy 平面，假设只考虑无人机位置回路，每个无人机的运动用单积分器表示，其相关状态可以定义为 $\boldsymbol{x}_i = [x_i, y_i]$。6 架无人机从不同初始位置到某个地点集结成期望队形，图 3.2 展示了无人机间的通信拓扑，可看出该通信网络是连通的。

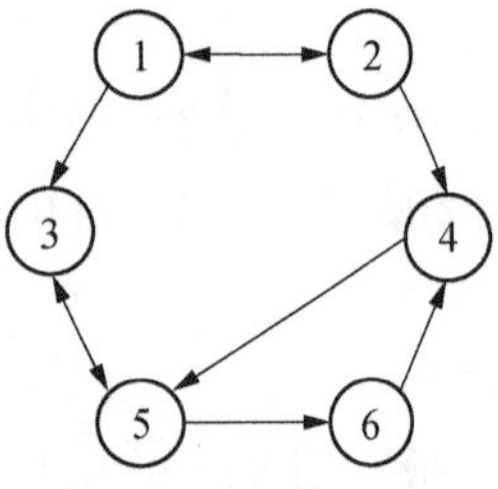

图 3.2 通信拓扑图

基于图 3.2 给出的通信拓扑，写出相应的拉普拉斯矩阵：

$$-\boldsymbol{L}_6 = \gamma \begin{bmatrix} -1 & 1 & 0 & 0 & 0 & 0 \\ 1 & -1 & 0 & 0 & 0 & 0 \\ 1 & 0 & -2 & 0 & 1 & 0 \\ 0 & 1 & 0 & -2 & 0 & 1 \\ 0 & 0 & 1 & 1 & -2 & 0 \\ 0 & 0 & 0 & 0 & 1 & -1 \end{bmatrix} \tag{3.7}$$

其中，γ 为常数，可用来调节一致性收敛速度。每架无人机位置的初始条件为 $x_i(0) = 0.2i - 0.1$ 和 $y_i(0) = 0.2i$，$i = 1, \cdots, 6$。

图 3.3 和图 3.4 分别给出了当 $\gamma = 1$ 和 $\gamma = 5$ 时，采用连续时间算法(3.4)得到的一致性过程。仿真结果与图 3.2 所展示的通信拓扑相一致，我们可以看到只有 1 号无人机和 2 号无人机的初始条件对最终状态有影响。这是因为只有 1 号和 2 号无人机有一条有向路径通往其他所有无人机。此外，$\gamma = 5$ 所对应的一致性过程要快于 $\gamma = 1$ 所对应的一致性过程。当 γ 取不同值时，每架无人机的控制输入曲线如图 3.5 所示。

2. 时变通信拓扑下一致性

本节给出五架无人机在时变通信拓扑条件下分别采用连续时间算法[式(3.6)]达到信息一致的仿真结果。

五架无人机所有可能的通信拓扑类型用集合 $\boldsymbol{G}_5^s=\{\boldsymbol{G}_{5(1)},\boldsymbol{G}_{5(2)},\boldsymbol{G}_{5(3)},\boldsymbol{G}_{5(4)},\boldsymbol{G}_{5(5)}\}$ 表示，如图 3.6 所示。每种通信拓扑都是 $\boldsymbol{G}_5^s$ 的一个子集。对于连续时间算法，假设在每个随机时间 $t=t_k(k=0,1,2,\cdots)$，通信拓扑随机地在 $\boldsymbol{G}_5^s$ 中切换。

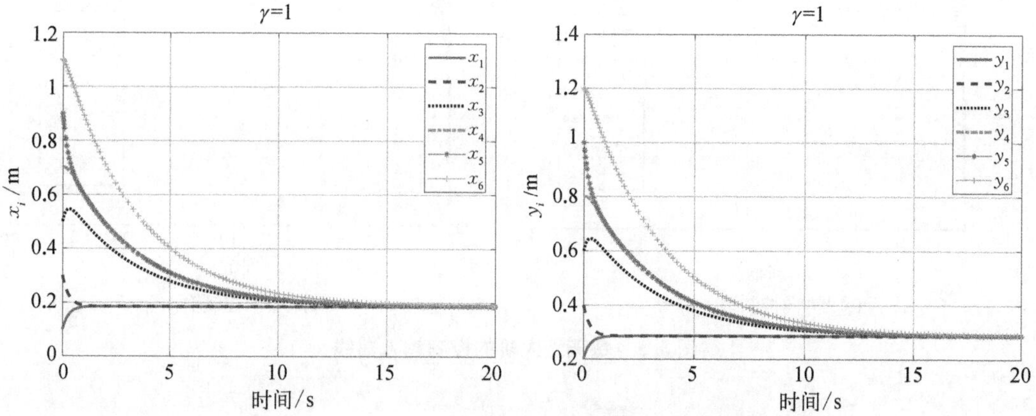

图 3.3　当 $\gamma=1$ 时每架无人机的位置和速度曲线

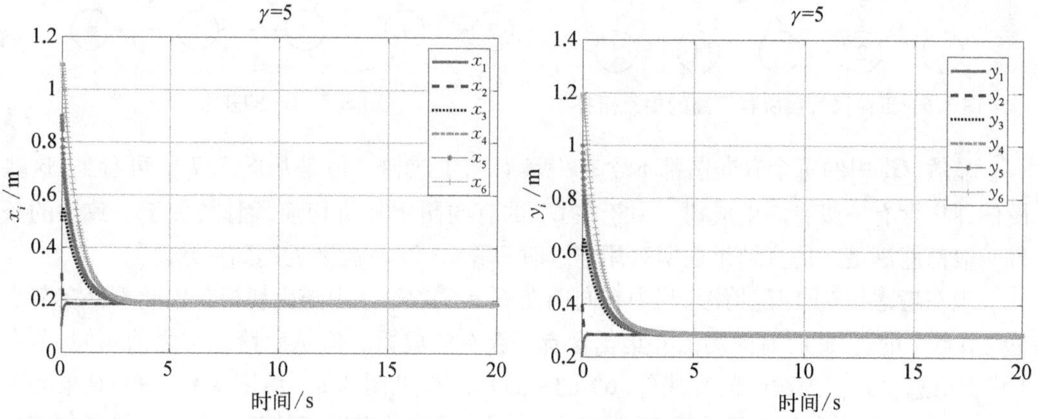

图 3.4　当 $\gamma=5$ 时每架无人机的位置和速度曲线

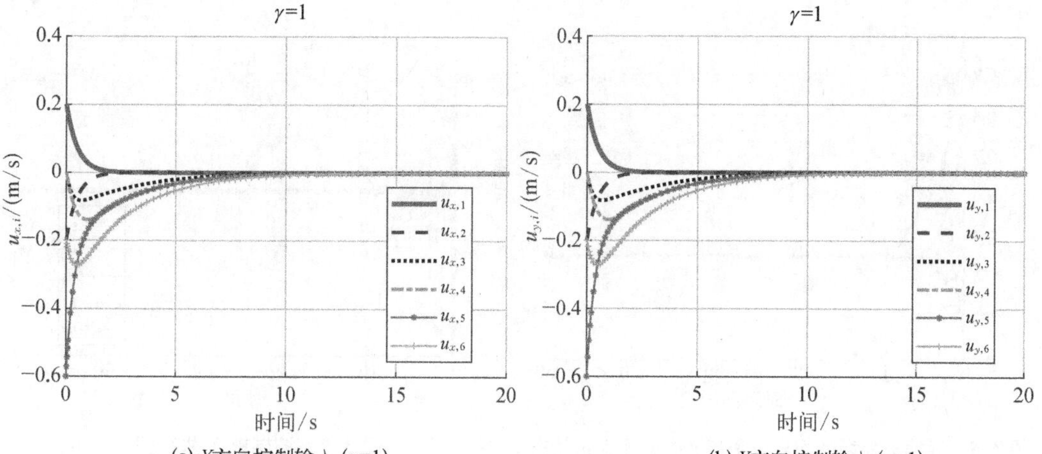

(a) X方向控制输入 (γ=1)　　(b) Y方向控制输入 (γ=1)

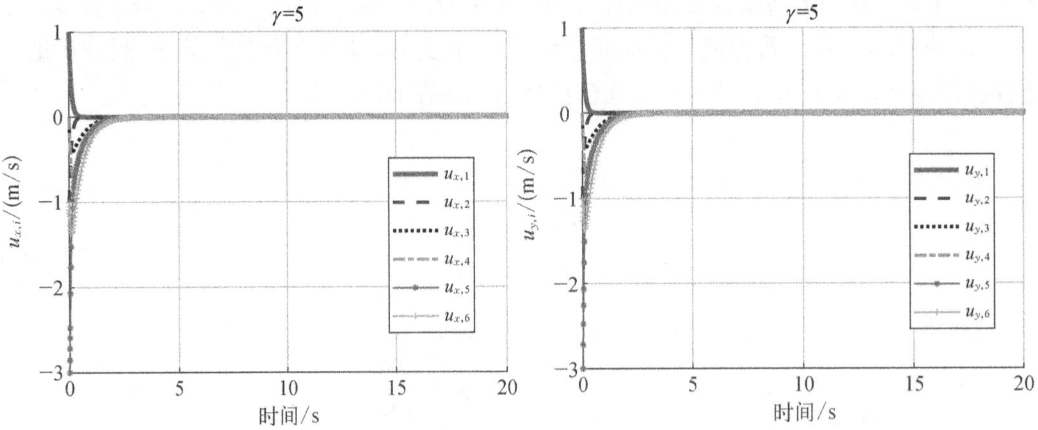

(c) X方向控制输入 (γ=5)　　(d) Y方向控制输入 (γ=5)

图 3.5　每架无人机的控制输入曲线

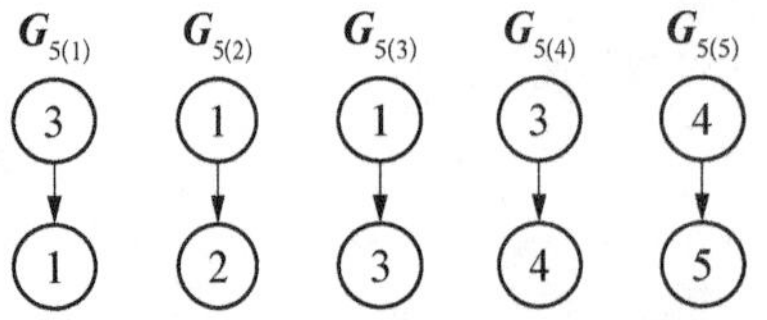

图 3.6　五架飞行器所有可能的相互拓扑

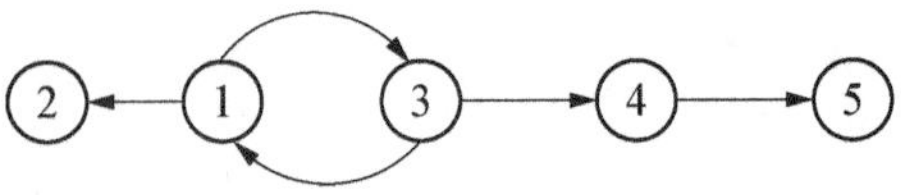

图 3.7　G_5^s 的并集

显然,G_5^s 中的每个有向图都不含有一簇有向生成树。但是从图 3.7 中可看到,这些图的并集含有一簇有向生成树。由于在 G_5^s 的有向图中随机切换,因此,关于一致性的条件一般都能满足。仿真结果表明采用连续时间算法(3.6)能渐近达到一致。

现在考虑领航-跟随情形,其中有向图在 $G = G_5^s/G_{5(1)}$ 中随机切换。因此不存在节点 3 到节点 1 的边,此时有向图的并集仍含有一簇有向成树。但是此情况与之前不同,节点 1 没有信息输入。连续时间算法(3.6) 的一致性结果见图 3.8。由图 3.8 可知,结果和预想相同,初始状态随机选择为0.2i(i = 1, …, 5),系统状态渐近趋于一致。切换通信拓扑时,每架无人机的控制输入曲线如图 3.9 所示。

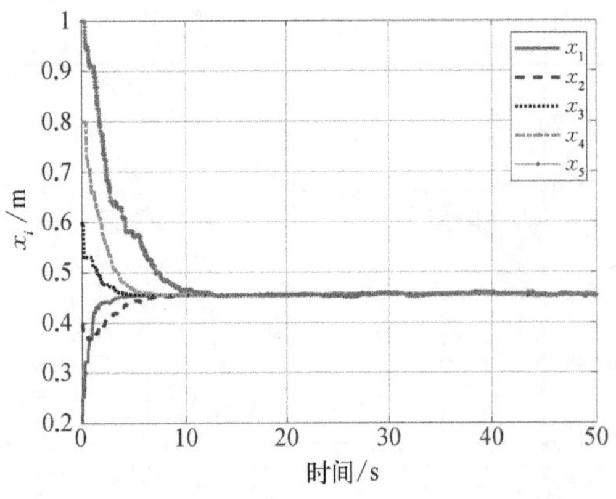

图 3.8　通信拓扑切换间隔为 0.01 s 时的无人机状态

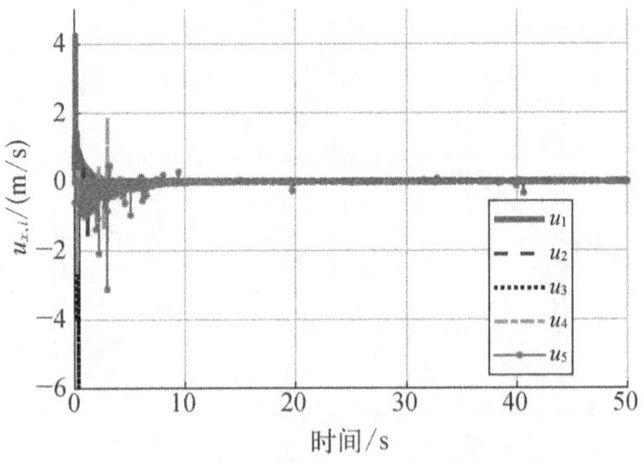

图 3.9　控制输入曲线图

3.2　双积分器系统的一致性算法

上一节主要考虑了单积分系统的一致性算法，在实际中，单积分器系统往往难以全面描述飞行器系统特征。双积分器系统不仅要考虑位置变化，还要考虑速度变化，是飞行器位置回路常见的描述方法。因此，研究双积分器系统的一致性算法具有实际意义。

考虑如下双积分器系统

$$\begin{aligned}\dot{\boldsymbol{x}}_i(t) &= \boldsymbol{v}_i(t),\\ \dot{\boldsymbol{v}}_i(t) &= \boldsymbol{u}_i(t), \quad i = 1, \cdots, N\end{aligned} \tag{3.8}$$

式(3.8)中，$[\boldsymbol{x}_i^{\mathrm{T}}(t), \boldsymbol{v}_i^{\mathrm{T}}(t)]^{\mathrm{T}} \in \boldsymbol{R}^{2N}$ 为系统状态变量；$\boldsymbol{u}_i(t) \in \boldsymbol{R}^N$ 为控制变量。

给出双积分器系统的一致性算法为

$$\boldsymbol{u}_i = -\sum_{j=1}^{N} a_{ij}(t)\{[\boldsymbol{x}_i(t) - \boldsymbol{x}_j(t)] + \gamma(t)[\boldsymbol{v}_i(t) - \boldsymbol{v}_j(t)]\}, \quad i = 1, \cdots, N \tag{3.9}$$

式(3.9)中，$a_{ij}(t)$ 为 $\boldsymbol{A}_N(t) \in \boldsymbol{R}^{N\times N}$ 的第(i, j)项；$\gamma(t)$ 对任意时间 t 是一个正数。

当 $\boldsymbol{x}_i$ 和 $\boldsymbol{v}_i$ 分别表示个体 i 的位置和速度时，式(3.9)表示该个体的加速度。借助于算法(3.9)，如果对于所有 $\boldsymbol{x}_i(0)$ 和 $\boldsymbol{v}_i(0)$，当 $t\to\infty$ 时，$\|\boldsymbol{x}_i(t) - \boldsymbol{x}_j(t)\| \to 0$ 且 $\|\boldsymbol{v}_i(t) - \boldsymbol{v}_j(t)\| \to 0$ 那么称系统状态达成一致。令 $\boldsymbol{x} = [\boldsymbol{x}_1^{\mathrm{T}}, \cdots, \boldsymbol{x}_N^{\mathrm{T}}]^{\mathrm{T}}$ 和 $\boldsymbol{v} = [\boldsymbol{v}_1^{\mathrm{T}}, \cdots, \boldsymbol{v}_N^{\mathrm{T}}]^{\mathrm{T}}$，省去时间 t 的表达。当采用算法(3.9)时，系统(3.8)可写成如下矩阵形式：

$$\begin{bmatrix}\dot{\boldsymbol{x}}\\ \dot{\boldsymbol{v}}\end{bmatrix} = [\boldsymbol{\Theta}(t) \otimes \boldsymbol{I}_n]\begin{bmatrix}\boldsymbol{x}\\ \boldsymbol{v}\end{bmatrix} \tag{3.10}$$

式(3.10)中，

$$\boldsymbol{\Theta} = \begin{bmatrix}0_{N\times N} & \boldsymbol{I}_N\\ -\boldsymbol{L}_N(t) & -\gamma(t)\boldsymbol{L}_N(t)\end{bmatrix} \tag{3.11}$$

式(3.11)中，$\boldsymbol{L}_N(t) \in \boldsymbol{R}^{N\times N}$ 为图 $\boldsymbol{G}_N$ 在时刻 t 的拉普拉斯矩阵。

3.2.1　时不变通信拓扑下的一致性分析

本节重点分析 $\boldsymbol{A}_N$ 和 γ 是常量的情况。给定矩阵块 $M = \begin{bmatrix}\boldsymbol{A} & \boldsymbol{B}\\ \boldsymbol{C} & \boldsymbol{D}\end{bmatrix}$，如果 $\boldsymbol{A}$ 和 $\boldsymbol{C}$ 可交换，则 $\det(\boldsymbol{M}) = \det(\boldsymbol{AD} - \boldsymbol{CB})$，其中 $\det(\cdot)$ 表示矩阵的行列式。为了得到 $\boldsymbol{\Theta}$ 的特征值，可以求解方程

$$\det(\lambda\boldsymbol{I}_{2N} - \boldsymbol{\Theta}) = 0 \tag{3.12}$$

其中，$\det(\lambda\boldsymbol{I}_{2N} - \boldsymbol{\Theta})$ 是 $\boldsymbol{\Theta}$ 的特征多项式。注意到

$$\det(\lambda \boldsymbol{I}_{2N}-\boldsymbol{\Theta})=\det\left(\begin{bmatrix}\lambda \boldsymbol{I}_N & -\boldsymbol{I}_N\\ \boldsymbol{L}_N & \lambda \boldsymbol{I}_N+\gamma \boldsymbol{L}_N\end{bmatrix}\right)=\det[\lambda^2\boldsymbol{I}_N+(1+\gamma\lambda)\boldsymbol{L}_N] \quad (3.13)$$

同时有

$$\det(\lambda \boldsymbol{I}_N+\boldsymbol{L}_N)=\prod_{i=1}^{N}(\lambda-\mu_i) \quad (3.14)$$

式(3.14)中,μ_i 是矩阵$-\boldsymbol{L}_N$ 的第 i 个特征值。

由式(3.12)和式(3.13)可得

$$\det[\lambda^2\boldsymbol{I}_N+(1+\gamma\lambda)\boldsymbol{L}_N]=\prod_{i=1}^{N}[\lambda^2-(1+\gamma\lambda)\mu_i] \quad (3.15)$$

这表明(3.12)式的根可以通过求解方程 $\lambda^2=(1+\gamma\lambda)\mu_i$ 得到。因此,容易得出 $\boldsymbol{\Theta}$ 的特征值为

$$\lambda_{i\pm}=\frac{\gamma\mu_i\pm\sqrt{\gamma^2\mu_i^2+4\mu_i}}{2} \quad (3.16)$$

其中,λ_{i+} 和 λ_{i-} 分别是 $\boldsymbol{\Theta}$ 两个不同特征值并且与 μ_i 有关。

由式(3.16)可知,当且仅当$-\boldsymbol{L}_N$ 有 k 个零特征值时 $\boldsymbol{\Theta}$ 有 $2k$ 个零特征值。根据引理2.4,$-\boldsymbol{L}_N$ 至少有一个特征向量为 $\boldsymbol{1}_N$ 的零特征值,并且$-\boldsymbol{L}_N$ 的其他非零特征值均有负实部。因此,$\boldsymbol{\Theta}$ 至少有两个零特征值。不失一般性,令 $\lambda_{i+}=\lambda_{i-}=0$。

下面定理将论证算法(3.9)达到一致性的充要条件。

定理 3.3 当且仅当 $\boldsymbol{\Theta}$ 有且仅有两个零特征值,并且其他非零特征值均为负实部时,算法(3.9)可使系统(3.8)的状态渐近达到一致,且 $t\to\infty$,$\boldsymbol{x}_i(t)\to\frac{1}{N}\sum_{i=1}^{N}\boldsymbol{x}_i(0)+\frac{t}{N}\sum_{i=1}^{N}\boldsymbol{v}_i(0)$,$\boldsymbol{v}_i(t)\to\frac{1}{N}\sum_{i=1}^{N}\boldsymbol{v}_i(0)$。

详细证明参考文献[94]。

定理 3.4 如果算法(3.9)可使系统(3.8)的状态渐近达到一致,那么有向图含有一簇有向生成树。

证明: 如果算法(3.9)渐近达到一致,根据定理3.3可知 $\boldsymbol{\Theta}$ 有且仅有两个零特征值,即 $\boldsymbol{L}_N$ 有一个简单零特征值,由引理3.2可知图含有一簇有向生成树。

定理 3.5 假设图 $\boldsymbol{G}$ 是无向的,那么对于任意 $\gamma>0$,当且仅当 $\boldsymbol{G}_N$ 是连通的时,算法(3.9)可使系统(3.8)的状态渐近达到一致。

3.2.2 时变通信拓扑下的一致性分析

本节只考虑个体之间的通信拓扑是无向的,并且与它们的物理距离相关,即在个体 i 和个体 j 之间存在信息交换当且仅当它们之间的距离小于某个阈值。对此,有如下关于一致性的定理。

定理 3.6[94] 如果时变图 $\boldsymbol{G}_N(t)$ 在每一时刻是无向且连通的,那么算法(3.9)可使系统(3.8)的状态渐近达到一致。

3.2.3　仿真分析

下面给出几个仿真，说明 3.2.1 节中相关定理的正确性。下述仿真均假设当两个多智能体存在一条边即 $(i,\ j) \in \boldsymbol{E}$ 时，权重 $a_{ij}=1$，此外令 $\gamma=1$。每个智能体的初值设置为 $\boldsymbol{x}_i(0)=0.2(i-1)$，$\boldsymbol{v}(0)=0.1(i-1)$，$i=1,\ \cdots,\ 4$。

1. 时不变通信拓扑下一致性

图 3.10 给出了五种通信拓扑示意图。图 $\boldsymbol{G}_1$ 是由两组无通信的子图组成，表示编队由两组不通信的子编队组成；图 $\boldsymbol{G}_2$ 中存在智能体 1 和 2 不能接受其他智能体的信息；图 $\boldsymbol{G}_3$ 属于无向图；图 $\boldsymbol{G}_4$ 中智能体 1 的信息可以传输给所有其他智能体；图 $\boldsymbol{G}_5$ 存在一簇有向生成树 4→3→1→2。

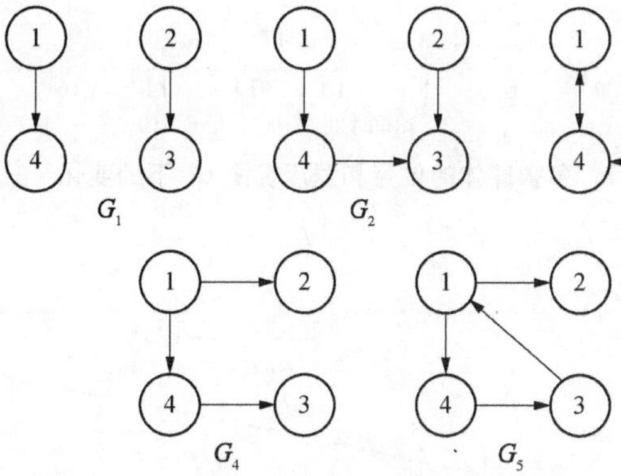

图 3.10　通信拓扑图

仿真结果图 3.11～图 3.15 表明只要有向图中含有一个有向生成树，那么双积分器系统的状态就会趋于一致，这验证了定理 3.7，其控制量如图 3.16。

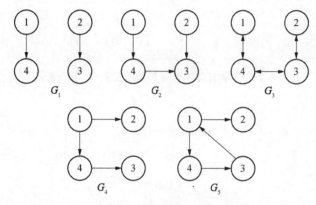

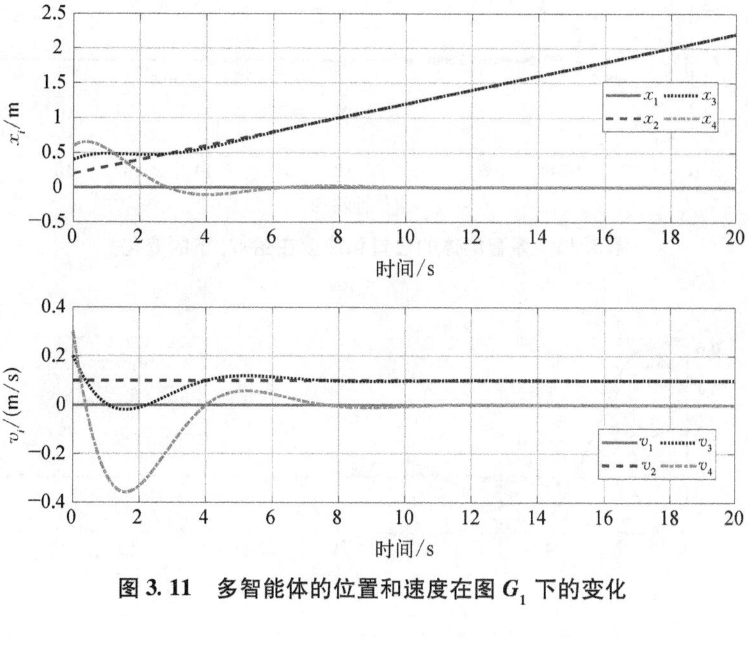

图 3.11　多智能体的位置和速度在图 $\boldsymbol{G}_1$ 下的变化

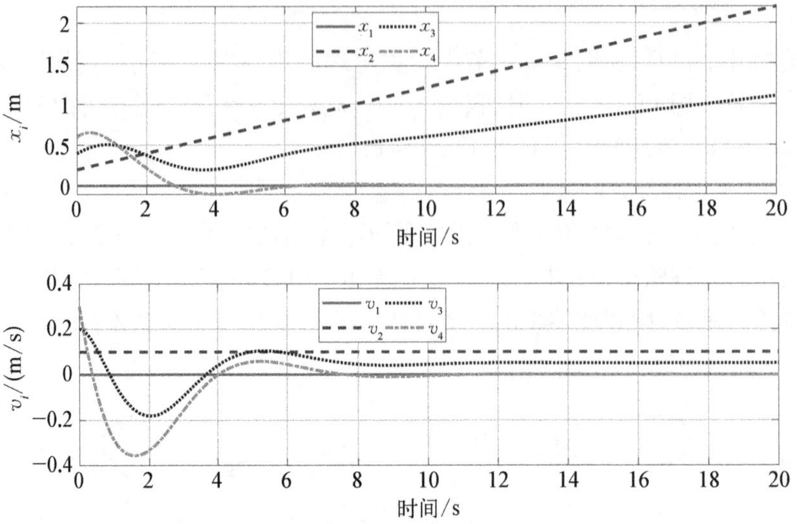

图 3.12 多智能体的位置和速度在图 G_2 下的变化

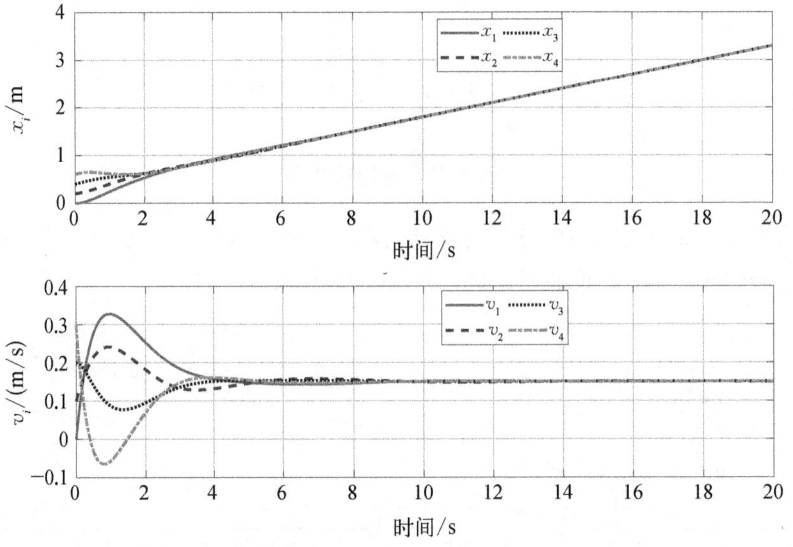

图 3.13 多智能体的位置和速度在图 G_3 下的变化

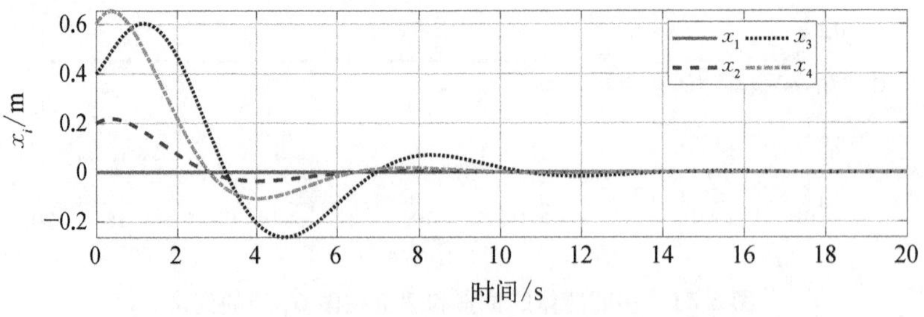

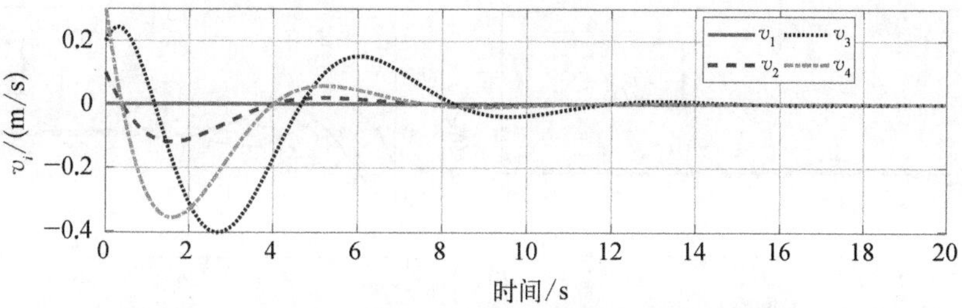

图 3.14　多智能体的位置和速度在图 G_4 下的变化

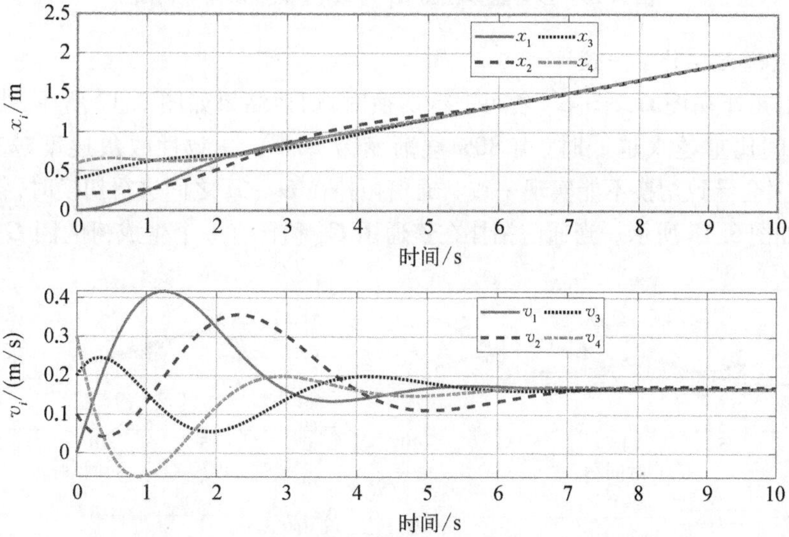

图 3.15　多智能体的位置和速度在图 G_5 下的变化

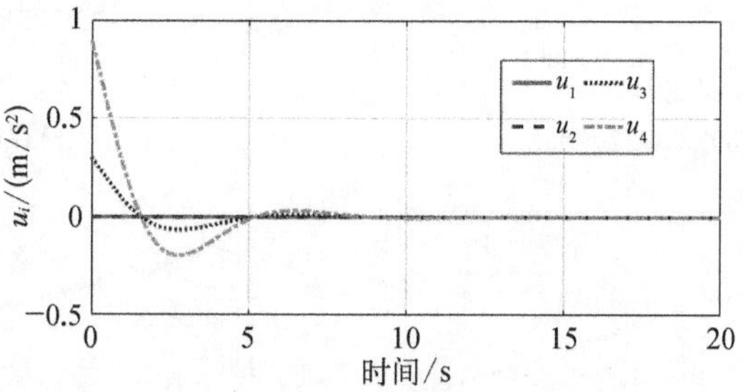

(a) $\boldsymbol{G}_1$

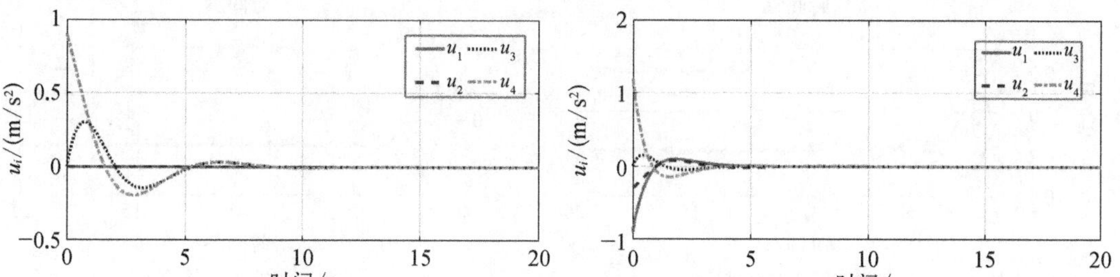

(b) $\boldsymbol{G}_2$　　(c) $\boldsymbol{G}_3$

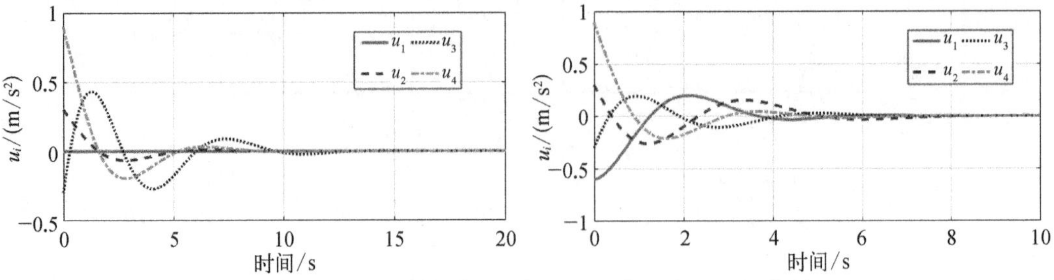

(d) $\boldsymbol{G}_4$　　(e) $\boldsymbol{G}_5$

图 3.16　多智能体在图 $\boldsymbol{G}_1$ ~ $\boldsymbol{G}_5$ 下的控制器变化图

2. 时变通信拓扑下一致性

当通信拓扑在图 $\boldsymbol{G}_2$、图 $\boldsymbol{G}_5$ 之间进行切换时，切换结果如图 3.17 所示，当不连通图 $\boldsymbol{G}_2$ 所占时间比重越来越低时（由 80% 逐渐变为 20%），一致性收敛速度越来越快，图 $\boldsymbol{G}_2$ 比重过大会导致切换不能实现一致。通信拓扑在 $\boldsymbol{G}_2$、$\boldsymbol{G}_5$ 之间进行切换时，各比例的控制器变化如图 3.18 所示。当通信拓扑在连通图 $\boldsymbol{G}_3$ 和含有一个生成树的图 $\boldsymbol{G}_5$ 之间进行

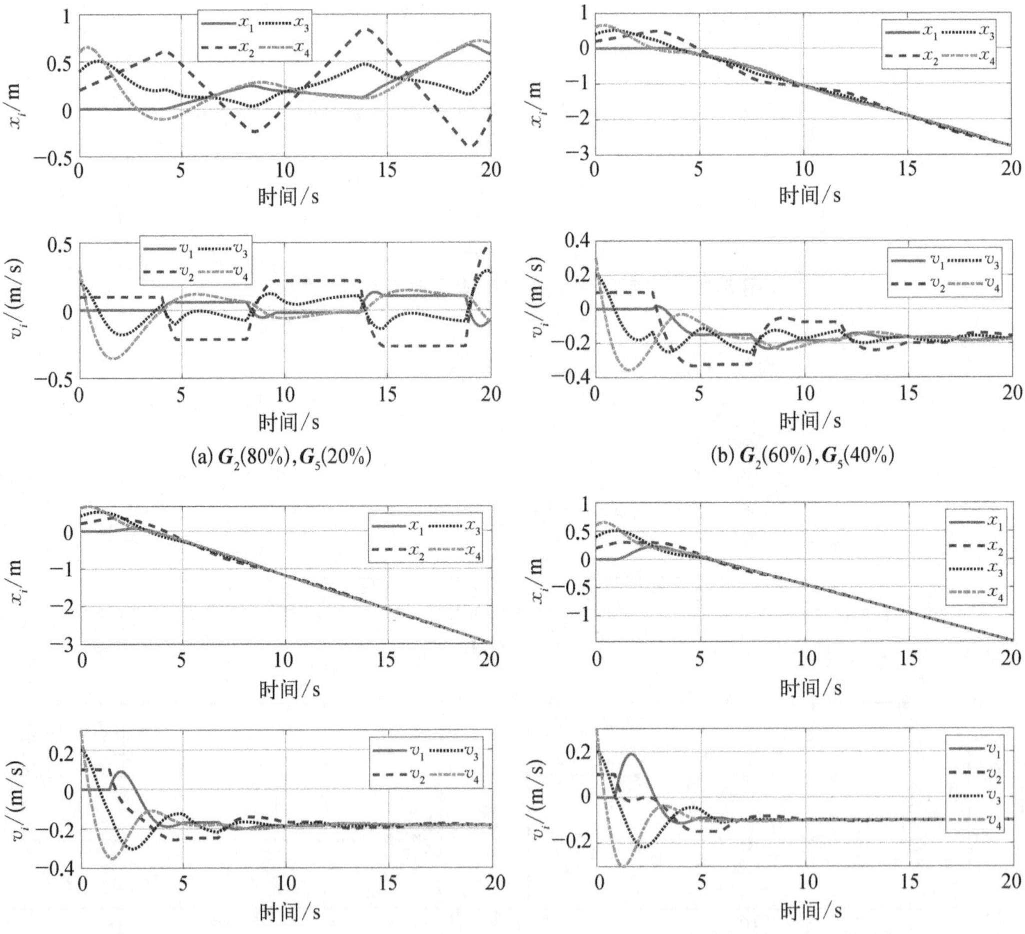

(a) $\boldsymbol{G}_2$(80%), $\boldsymbol{G}_5$(20%)　　(b) $\boldsymbol{G}_2$(60%), $\boldsymbol{G}_5$(40%)

(c) $\boldsymbol{G}_2$(40%), $\boldsymbol{G}_5$(60%)　　(d) $\boldsymbol{G}_2$(20%), $\boldsymbol{G}_5$(80%)

图 3.17　采用双积分算法(3.9)在图 $\boldsymbol{G}_2$、图 $\boldsymbol{G}_5$ 切换通信拓扑下进行切换下的状态一致

切换时，切换结果如图 3. 19 所示，不论图 $\boldsymbol{G}_3$ 比重占比多少都能实现状态一致，$\boldsymbol{G}_3$ 比重越大收敛速度越接近无向图 $\boldsymbol{G}_3$ 的收敛速度；反之越接近图 $\boldsymbol{G}_5$ 的收敛速度。通信拓扑在 $\boldsymbol{G}_3$，$\boldsymbol{G}_5$ 之间进行切换时，各比例的控制器变化如图 3. 20 所示。可以看到，图 3. 20(a)的变化更接近于通信拓扑为 $\boldsymbol{G}_3$ 时的控制量变化，即图 3. 18(c)。图 3. 20(b)的变化更接近于 $\boldsymbol{G}_5$ 的控制量变化，即图 3. 18(d)。

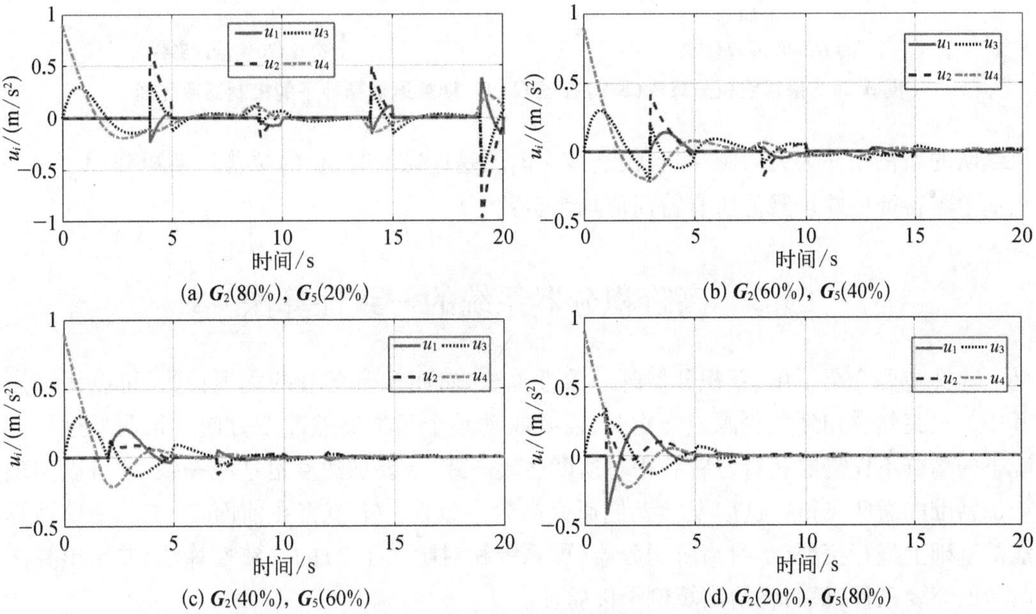

(a) $\boldsymbol{G}_2$(80%), $\boldsymbol{G}_5$(20%)　(b) $\boldsymbol{G}_2$(60%), $\boldsymbol{G}_5$(40%)

(c) $\boldsymbol{G}_2$(40%), $\boldsymbol{G}_5$(60%)　(d) $\boldsymbol{G}_2$(20%), $\boldsymbol{G}_5$(80%)

图 3. 18　采用双积分算法(3. 9)在图 $\boldsymbol{G}_2$、图 $\boldsymbol{G}_5$ 切换通信拓扑下的控制器变化图

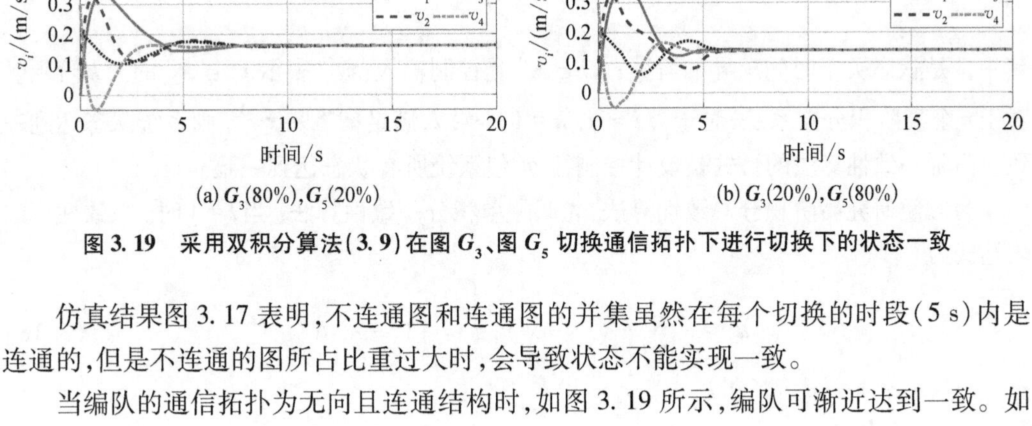

(a) $\boldsymbol{G}_3$(80%), $\boldsymbol{G}_5$(20%)　(b) $\boldsymbol{G}_3$(20%), $\boldsymbol{G}_5$(80%)

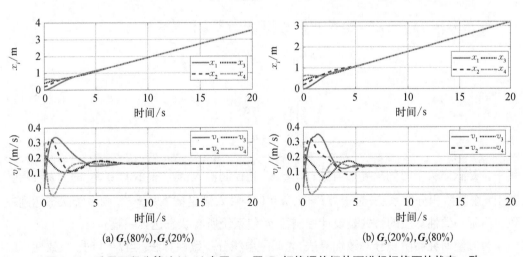

图 3. 19　采用双积分算法(3. 9)在图 $\boldsymbol{G}_3$、图 $\boldsymbol{G}_5$ 切换通信拓扑下进行切换下的状态一致

仿真结果图 3. 17 表明，不连通图和连通图的并集虽然在每个切换的时段(5 s)内是连通的，但是不连通的图所占比重过大时，会导致状态不能实现一致。

当编队的通信拓扑为无向且连通结构时，如图 3. 19 所示，编队可渐近达到一致。如

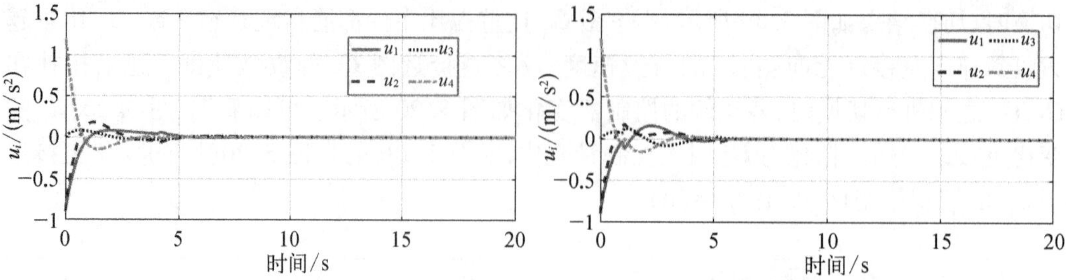

(a) G_3(80%), G_5(20%)　　(b) G_3(20%), G_5(80%)

图 3.20　采用双积分算法(3.9)在图 G_3, G_5 切换通信拓扑下的控制器变化图

果编队的通信拓扑为无向图，当且仅当该无向图是连通的时，负的拉普拉斯矩阵 $-\boldsymbol{L}_N$ 有一个简单零特征值并且其他所有特征值均为负数。

3.3　高阶积分器系统的一致性算法

前文主要介绍了单、双积分器的一致性算法，然而观察鸟群的集聚行为，可以发现当其中一只突然感知到危险源或食物时，需要联动整个鸟群突然改变方向。很明显这种情况下的鸟群不仅需要相对位置和相对速度达成一致，还要加速度也达成一致，才可以实现更加精准的编队飞行。这启发学者们研究高阶一致性。本节将在前面一、二阶一致性算法的基础上进行拓展，学习高阶积分器（即系统相对阶大于 2）的一致性算法，并给出算法收敛的充要条件，最后将给出算例予以验证。

3.3.1　高阶积分器系统的通用一致性算法

对于第 $i \in \{1, \cdots, N\}$ 个智能体，其高阶积分器方程表示为

$$\begin{cases} \dot{\boldsymbol{x}}_i^{(1)} = \boldsymbol{x}_i^{(2)} \\ \quad \vdots \\ \dot{\boldsymbol{x}}_i^{(l-1)} = \boldsymbol{x}_i^{(l)} \\ \dot{\boldsymbol{x}}_i^{(l)} = \boldsymbol{u}_i \end{cases} \tag{3.17}$$

其中，l 是状态关于时间求导的阶数；$\boldsymbol{u}_i \in \boldsymbol{R}^N$ 是控制输入；$\boldsymbol{x}_i^{(k)}$ 表示 $\boldsymbol{x}_i \in \boldsymbol{R}^N$ 的第 k 阶项。对于 n 个高阶积分器系统，对于 $\forall i \neq j,\ k = 1, \cdots, l$，满足 $\boldsymbol{x}_i^{(k)} \to \boldsymbol{x}_j^{(k)}$，则系统状态达到一致。高阶一致性算法的目的是设计控制律 $\boldsymbol{u}_i$ 使系统所有状态达到一致。

为方便研究高阶积分一致性算法，先回顾单积分一致性算法。当 $l = 1$ 时，一致性算法表达式为

$$\boldsymbol{u}_i = -\sum_{j=1}^{N} a_{ij}(\boldsymbol{x}_i - \boldsymbol{x}_j),\ i \in \{1, \cdots, N\} \tag{3.18}$$

受式(3.18)启发，给出高阶积分一致性算法：

$$\boldsymbol{u}_i = -\sum_{j=1}^{N} a_{ij}\left[\sum_{k=1}^{l}\gamma_k(\boldsymbol{x}_i^{(k)} - \boldsymbol{x}_j^{(k)})\right],\ i \in \{1, \cdots, N\} \tag{3.19}$$

以上算法可写成矩阵形式:

$$\begin{bmatrix} \dot{\boldsymbol{x}}^{(1)} \\ \dot{\boldsymbol{x}}^{(2)} \\ \vdots \\ \dot{\boldsymbol{x}}^{(l)} \end{bmatrix} = (\boldsymbol{\Gamma} \otimes \boldsymbol{I}_N) \begin{bmatrix} x^{(1)} \\ x^{(2)} \\ \vdots \\ x^{(l)} \end{bmatrix} \tag{3.20}$$

式(3.20)中, $\boldsymbol{x}^{(k)} = [\boldsymbol{x}_1^{(k)}, \cdots, \boldsymbol{x}_N^{(k)}]^{\mathrm{T}}$, $\forall k = 1, \cdots, l$,

$$\boldsymbol{\Gamma} = \begin{bmatrix} \boldsymbol{0}_N & \boldsymbol{I}_N & \boldsymbol{0}_N & \cdots & \boldsymbol{0}_N \\ \boldsymbol{0}_N & \boldsymbol{0}_N & \boldsymbol{I}_N & \cdots & \boldsymbol{0}_N \\ \vdots & \vdots & \vdots & \ddots & \vdots \\ \boldsymbol{0}_N & \boldsymbol{0}_N & \boldsymbol{0}_N & \cdots & \boldsymbol{I}_N \\ -\gamma_1\boldsymbol{L} & -\gamma_2\boldsymbol{L} & -\gamma_3\boldsymbol{L} & \cdots & -\gamma_l\boldsymbol{L} \end{bmatrix} \tag{3.21}$$

整个系统的特性都由此矩阵来决定,于是我们有下面高阶积分器一致性算法的定理:

定理 3.7 假设图 $\boldsymbol{G}$ 为无向连通图,高阶积分器系统(3.17)在一致性算法(3.19)作用下达成一致的充要条件为下列 $N-1$ 个等式根都为负实部,即多项式(3.22)稳定:

$$\lambda^l + \gamma_l\lambda_i\lambda^{l-1} + \cdots + \gamma_2\lambda_i\lambda + \gamma_1\lambda_i = 0,\ i = 2, \cdots, N \tag{3.22}$$

证明: 令 λ 为 $\boldsymbol{\Gamma}$ 的特征根,那么 $\det(\lambda\boldsymbol{I}_{N\times N} - \boldsymbol{\Gamma}) = 0$, 于是

$$\det(\lambda I_{N\times l} - \Gamma) = \det\begin{pmatrix} \lambda I_N & -1 & \cdots & 0 \\ \vdots & \ddots & \ddots & \vdots \\ 0 & 0 & \ddots & -1 \\ \gamma_1 L & \gamma_2 L & \cdots & \lambda I_N + \gamma_l L \end{pmatrix}$$

$$= \prod_{i=1}^{l}(\lambda^l + \gamma_l\lambda_i\lambda^{l-1} + \cdots + \gamma_2\lambda_i\lambda + \gamma_1\lambda_i) = 0 \tag{3.23}$$

当且仅当式(3.22)中根的实部均为负时,系统(3.17)渐近稳定,证毕。

当 $l = 1$、$\lambda = -\gamma_1\lambda_2$ 时,单积分器系统的一致性算法实现的充分必要条件为无向图连通。当 $l = 2$,如果无向图连通,那么 $\lambda^2 + \gamma_2\lambda_i\lambda + \gamma_1\lambda_i = 0$ 的根负实部均为负,同时双积分器系统的一致性可以达成。然而对于有向图,以上关于双积分器系统的结论不一定成立,需要额外条件保证系统一致性达成。

3.3.2 三阶积分器系统的一致性算法分析

下面讨论当 $l = 3$ 时的特殊情况,在讨论之前需要用到以下引理。

引理 3.3 当 $l = 3$ 时, $\boldsymbol{\Gamma}$ 有至少三个零特征值。当且仅当 $-\boldsymbol{L}$ 有一个简单 0 特征值

时，$\boldsymbol{\Gamma}$ 恰有 3 个零特征值。此外，如果 $-\boldsymbol{L}$ 有 1 个简单 0 特征值，那么 $\boldsymbol{\Gamma}$ 的 0 特征值的几何重数为 1(几何重数表示矩阵重特征值所对应的特征向量所构成空间的维数)。

证明： 令 λ 为 $\boldsymbol{\Gamma}$ 的特征根，且 $\boldsymbol{q}=[\boldsymbol{p}^{\mathrm{T}}, \boldsymbol{r}^{\mathrm{T}}, \boldsymbol{s}^{\mathrm{T}}]^{\mathrm{T}}$ 为其对应特征向量，其中 $\boldsymbol{p}$、$\boldsymbol{r}$、$\boldsymbol{s}$ 是 $N\times 1$ 维向量。则有

$$\boldsymbol{\Gamma q}=\begin{bmatrix}\boldsymbol{0}_N & \boldsymbol{I}_N & \boldsymbol{0}_N\\ \boldsymbol{0}_N & \boldsymbol{0}_N & \boldsymbol{I}_N\\ -\gamma_0\boldsymbol{L} & -\gamma_1\boldsymbol{L} & -\gamma_2\boldsymbol{L}\end{bmatrix}\begin{bmatrix}\boldsymbol{p}\\ \boldsymbol{r}\\ \boldsymbol{s}\end{bmatrix}=\lambda\begin{bmatrix}\boldsymbol{p}\\ \boldsymbol{r}\\ \boldsymbol{s}\end{bmatrix} \tag{3.24}$$

可获得以下方程：

$$\begin{aligned} r&=\lambda p\\ s&=\lambda r\\ -\gamma_0 Lp-\gamma_1 Lr-\gamma_2 Ls&=\lambda s\end{aligned} \tag{3.25}$$

因此，有 $\boldsymbol{q}=[\boldsymbol{p}^{\mathrm{T}}, \lambda\boldsymbol{p}^{\mathrm{T}}, \lambda^2\boldsymbol{p}^{\mathrm{T}}]^{\mathrm{T}}$，式(3.25)可化简为 $-\gamma_0\boldsymbol{Lp}-\gamma_1\lambda\boldsymbol{Lp}-\gamma_2\lambda^2\boldsymbol{Lp}=\lambda^3\boldsymbol{p}$，或

$$-\boldsymbol{Lp}=\frac{\lambda^3}{\gamma_0+\gamma_1\lambda+\gamma_2\lambda^2}\boldsymbol{p} \tag{3.26}$$

可知，$-\boldsymbol{L}$ 的一个特征值为 $\dfrac{\lambda^3}{\gamma_0+\gamma_1\lambda+\gamma_2\lambda^2}$，且其特征向量为 $\boldsymbol{p}$。令 $\mu=\dfrac{\lambda^3}{\gamma_0+\gamma_1\lambda+\gamma_2\lambda^2}$，则有

$$\lambda^3-\gamma_2\mu\lambda^2-\gamma_1\lambda\mu-\gamma_0\mu=0 \tag{3.27}$$

因此，对于每个 μ，将式(3.27)看作关于 λ 的方程，该方程有 3 个解，即 $-\boldsymbol{L}$ 的特征值对应 $\boldsymbol{\Gamma}$ 的 3 个特征值。

由(3.27)可知，当 $\mu=0$ 时对应的 $\boldsymbol{\Gamma}$ 中 3 个特征值都是 0 且有 $-\boldsymbol{L}$ 的 0 特征值对应的特征向量为 $\boldsymbol{1}$。由此可知，$\boldsymbol{\Gamma}$ 至少有 3 个特征值为 0。

此外，由(3.27)可知，当且仅当 $-\boldsymbol{L}$ 有一个简单 0 特征值时，$\boldsymbol{\Gamma}$ 恰有 3 个零特征值。那么 $\boldsymbol{q}=[\boldsymbol{p}^{\mathrm{T}}, \boldsymbol{0}^{\mathrm{T}}, \boldsymbol{0}^{\mathrm{T}}]^{\mathrm{T}}$，表明 $\boldsymbol{\Gamma}$ 关于特征值 0，只有一个线性独立的特征向量 $\boldsymbol{q}$。也就是说，如果 $-\boldsymbol{L}$ 有 1 个简单 0 特征值，那么 $\boldsymbol{\Gamma}$ 的 0 特征值的几何重数为 1。证明完毕。

定理 3.8 在 $l=3$ 的情况下，当且仅当 $\boldsymbol{\Gamma}$ 有至少 3 个零特征值且其他特征值均含有负实部时，算法(3.19)渐近达到一致。

证明：(充分性)如果 $\boldsymbol{\Gamma}$ 有三个 0 特征值，如引理 3.3 所述可知其 0 特征值的几何重数为 1。因此，$\boldsymbol{\Gamma}$ 可写成如下约当标准型：

$$\boldsymbol{\Gamma}=\underbrace{[\boldsymbol{w}_1, \cdots, \boldsymbol{w}_{3N}]}_{P}\underbrace{\begin{bmatrix}0 & 1 & 0 & \boldsymbol{0}_{1\times(3N-3)}\\ 0 & 0 & 1 & \boldsymbol{0}_{1\times(3N-3)}\\ 0 & 0 & 0 & \boldsymbol{0}_{1\times(3N-3)}\\ \boldsymbol{0}_{(3N-3)\times 1} & \boldsymbol{0}_{(3N-3)\times 1} & \boldsymbol{0}_{(3N-3)\times 1} & \boldsymbol{J}'\end{bmatrix}}_{J}\underbrace{\begin{bmatrix}\boldsymbol{\nu}_1^{\mathrm{T}}\\ \vdots\\ \boldsymbol{\nu}_{3N}^{\mathrm{T}}\end{bmatrix}}_{P^{-1}} \tag{3.28}$$

式(3.28)中，$\boldsymbol{w}_j \in \boldsymbol{R}^{3N}(j=1,\cdots,3N)$，可选为$\boldsymbol{\Gamma}$的左特征向量或者左广义特征向量，$\boldsymbol{J}'$是$\boldsymbol{\Gamma}$的约当块下的对角矩阵部分，其维数为$3N-3$，对角元素非零。

不失一般性，选择$\lim_{t\to\infty}\mathrm{e}^{J't}\to\boldsymbol{0}_{3N-3}$，$\boldsymbol{w}_2=[\boldsymbol{0}^{\mathrm{T}},\boldsymbol{1}^{\mathrm{T}},\boldsymbol{0}^{\mathrm{T}}]^{\mathrm{T}}$，$\boldsymbol{w}_3=[\boldsymbol{0}^{\mathrm{T}},\boldsymbol{0}^{\mathrm{T}},\boldsymbol{1}^{\mathrm{T}}]^{\mathrm{T}}$，可验证$\boldsymbol{w}_1$、$\boldsymbol{w}_2$、$\boldsymbol{w}_3$特征向量和两个$\boldsymbol{\Gamma}$的广义特征向量分别与特征值0相关联。$\boldsymbol{\Gamma}$恰有三个0特征值，分别表示为$\lambda_1=\lambda_2=\lambda_3=0$。同时可知$-\boldsymbol{L}$有一个简单零特征值，则可证明存在一个$N\times1$的向量$\boldsymbol{p}=\begin{bmatrix}\frac{1}{N} & \cdots & \frac{1}{N}\end{bmatrix}^{\mathrm{T}}$使$\boldsymbol{p}^{\mathrm{T}}\boldsymbol{L}=0$且$\boldsymbol{p}^{\mathrm{T}}\boldsymbol{1}=\boldsymbol{1}$。可验证，$\boldsymbol{\nu}_1=[\boldsymbol{p}^{\mathrm{T}},\boldsymbol{0}^{\mathrm{T}},\boldsymbol{0}^{\mathrm{T}}]^{\mathrm{T}}$、$\boldsymbol{\nu}_2=[\boldsymbol{0}^{\mathrm{T}},\boldsymbol{p}^{\mathrm{T}},\boldsymbol{0}^{\mathrm{T}}]^{\mathrm{T}}$、$\boldsymbol{\nu}_3=[\boldsymbol{0}^{\mathrm{T}},\boldsymbol{0}^{\mathrm{T}},\boldsymbol{p}^{\mathrm{T}}]^{\mathrm{T}}$是该零特征值的两个左广义特征向量和左特征向量，其中$\boldsymbol{\nu}_j^{\mathrm{T}}\boldsymbol{w}_j=1(j=1,2,3)$。注意到

$$\mathrm{e}^{\boldsymbol{\Gamma}t}=\underbrace{[\boldsymbol{w}_1,\cdots,\boldsymbol{w}_{3N}]}_{P}\underbrace{\begin{bmatrix}1 & t & \frac{1}{2}t^2 & \boldsymbol{0}_{1\times(3N-3)}\\ 0 & 1 & t & \boldsymbol{0}_{1\times(3N-3)}\\ 0 & 0 & 1 & \boldsymbol{0}_{1\times(3N-3)}\\ \boldsymbol{0}_{(3N-3)\times1} & \boldsymbol{0}_{(3N-3)\times1} & \boldsymbol{0}_{(3N-3)\times1} & \mathrm{e}^{J't}\end{bmatrix}}_{\mathrm{e}^{Jt}}\underbrace{\begin{bmatrix}\boldsymbol{\nu}_1^{\mathrm{T}}\\ \vdots\\ \boldsymbol{\nu}_{3N}^{\mathrm{T}}\end{bmatrix}}_{P^{-1}} \tag{3.29}$$

又可知，由于特征值λ_{3i-2}、λ_{3i-1}和λ_{3i}，$i=2,\cdots,N$，含有负实部，$\lim_{t\to\infty}\mathrm{e}^{\boldsymbol{J}'t}\to\boldsymbol{0}_{3N-3}$呈指数增长。因此，通过计算得出对于大的$t$，$\mathrm{e}^{\boldsymbol{\Gamma}t}$中的主导项是

$$\begin{bmatrix}\boldsymbol{1p}^{\mathrm{T}} & t\boldsymbol{1p}^{\mathrm{T}} & \frac{1}{2}t^2\boldsymbol{1p}^{\mathrm{T}}\\ \boldsymbol{0}_n & \boldsymbol{1p}^{\mathrm{T}} & t\boldsymbol{1p}^{\mathrm{T}}\\ \boldsymbol{0}_n & \boldsymbol{0}_n & \boldsymbol{1p}^{\mathrm{T}}\end{bmatrix} \tag{3.30}$$

其中，行$(kN+1)$到$(k+1)N$，$k=0,1,2$时是相同的。

注意到

$$\begin{bmatrix}\boldsymbol{x}^{(0)}(t)\\ \boldsymbol{x}^{(1)}(t)\\ \boldsymbol{x}^{(2)}(t)\end{bmatrix}=\mathrm{e}^{\boldsymbol{\Gamma}t}\begin{bmatrix}\boldsymbol{x}^{(0)}(0)\\ \boldsymbol{x}^{(1)}(0)\\ \boldsymbol{x}^{(2)}(0)\end{bmatrix} \tag{3.31}$$

其中$\boldsymbol{x}^{(k)}=[\boldsymbol{x}_1^{(k)},\cdots,\boldsymbol{x}_N^{(k)}]^{\mathrm{T}}$，且可知当$t\to\infty$，对于$\forall i\neq j$，$k=0,1,2$，$\boldsymbol{x}_i^{(k)}\to\boldsymbol{x}_j^{(k)}$。

（必要性）假设$\boldsymbol{\Gamma}$具有正好三个零特征值并且所有其他特征值具有负实部的充分条件不成立。注意$\boldsymbol{\Gamma}$具有至少三个零特征值，充分条件不成立意味着$\boldsymbol{\Gamma}$具有多于三个零特征值，或者具有三个零特征值但至少另一个具有正实部的特征值。在任何一种情况下，容易得出$\lim_{t\to\infty}\mathrm{e}^{\boldsymbol{\Gamma}t}$的秩大于3。

注意到，当且仅当$\lim_{t\to\infty}\mathrm{e}^{\boldsymbol{\Gamma}t}\to\begin{bmatrix}\boldsymbol{1q}^{\mathrm{T}}\\ \boldsymbol{1r}^{\mathrm{T}}\\ \boldsymbol{1s}^{\mathrm{T}}\end{bmatrix}$时，编队达到一致，其中$\boldsymbol{q}$、$\boldsymbol{r}$、$\boldsymbol{s}$是$3N\times1$列向量。

因此，$\lim_{t\to\infty} e^{\Gamma t}$ 的秩不能比 3 多。这与前面假设矛盾。证毕。

在 $l=3$ 的情况下，设 λ_k, $k=1, \cdots, 3N$ 是 $\boldsymbol{\Gamma}$ 的特征值。注意，当且仅当 $\boldsymbol{\Gamma}$ 具有恰好 3 个零特征值并且所有其他特征值具有负实部时，才能以指数方式达到一致。算法(3.19)的收敛速度与 $\boldsymbol{\Gamma}$ 的非零特征值有关。令 λ_j 为非零特征值，使得 $|\mathrm{Re}(\lambda_j)| = \min|\mathrm{Re}(\lambda_k)|$, $\forall \lambda_k \neq 0$，其中 Re(·)表示数字的实部。特别地，对于 $l=3$，当 e^{λ_j} 收敛到对角矩阵时，$e^{\Gamma t}$ 主对角的项可写为矩阵形式$[\boldsymbol{1q}^{\mathrm{T}}, \boldsymbol{1r}^{\mathrm{T}}, \boldsymbol{1s}^{\mathrm{T}}]^{\mathrm{T}}$，其中 $\boldsymbol{q}$、$\boldsymbol{r}$、$\boldsymbol{s}$ 是 $3N\times 1$ 列向量。

当且仅当信息交换拓扑含有一簇有向生成树时，$\boldsymbol{L}$ 有一个简单零特征值，且其他所有非零特征值均含有负实部。当 $l=3$ 时，如果算法(3.19)以指数方式达到一致，则 $\boldsymbol{\Gamma}$ 在定理 3.8 之下恰好具有 3 个零特征值，此时看到 $-\boldsymbol{L}$ 具有简单的零特征值，这反过来意味着信息交换拓扑具有有向生成树。因此，在 $l=3$ 的情况下，具有有向生成树是寻求一致性的必要条件。然而，类似于 $l=2$ 的情况，具有有向生成树不是寻求一致性的充分条件。信息交换拓扑和 $\gamma_k(k=0, 1, 2)$ 的值都将影响 l 阶三阶积分器系统一致算法的收敛性。相比之下，在 $l=1$ 的情况下，有一个有向生成树是达到一致的充分必要条件。

从式(3.27)可知 $\gamma_k(k=0, 1, 2)$ 对 $\boldsymbol{\Gamma}$ 的特征值具有重要意义。在 $l=2$ 的情况中，如果 $-\boldsymbol{L}$ 有一个简单零特征值且其余所有特征值均为负的实数，那么算法(3.19) 实现任意 γ^k 的一致性，其中 $k=0, 1$。相反地，对于 $l=3$ 的情况，这个参数不再有效。在 $-\boldsymbol{L}$ 的有向图本身是有向生成树的情况下，$-\boldsymbol{L}$ 有一个简单的零特征值和所有其他特征值都是负实数，当 $\mu\neq 0$ 时，式(3.27) 的所有系数都是正实数，其中 μ 是 $-\boldsymbol{L}$ 的特征值。根据劳斯(Routh) 准则，总是存在 $\gamma_k(k=0, 1, 2)$，这样当 $\mu\neq 0$ 时，式(3.27) 的所有根都具有负实部。当图形包含有向生成树时，可以通过向图形添加信息交换链接来构造图形。注意到 μ 连续依赖于 $-\boldsymbol{L}$ 的结构(即 $-\boldsymbol{L}$ 所对应的有向图)，且式(3.27) 的根连续依赖于其系数，对于每个 $-\boldsymbol{L}$，如果其图形具有有向生成树，当 $\mu\neq 0$ 时，总是存在 $\gamma_k(k=0, 1, 2)$，使得式(3.27) 的所有根都具有负实部。参数 $\gamma_k(k=0, 1, 2)$ 可以根据劳斯-赫尔维茨(Routh-Hurwitz)定理求得。因此，定理 3.8 的条件是满足的。

3.3.3 仿真分析

为了说明上述要点，给出如下仿真示例。针对三阶积分器系统，假设系统状态的初值为 $\boldsymbol{x}(0)=[0, 0.2, 0.4, 0.6, 0, 0.1, 0.2, 0.3, 0.1, 0.1, 0.1, 0.1]^{\mathrm{T}}$。假设通信拓扑的拉普拉斯矩阵 $\boldsymbol{L}$ 为

$$\boldsymbol{L}=\begin{bmatrix} 0 & 0 & 0 & 0 \\ -1 & 1 & 0 & 0 \\ 0 & -1 & 1 & 0 \\ 0 & 0 & -1 & 1 \end{bmatrix} \tag{3.32}$$

可以观察到 $\boldsymbol{L}$ 的有向图具有有向生成树。事实上，在这种情况下，$\boldsymbol{L}$ 的图形本身就是一个有向生成树。注意 $\mu_j=-1$，其中 $\mu_j=$ 是 $-\boldsymbol{L}$ 的非零特征值。

情形 1：选择 $\gamma_0=2$、$\gamma_1=1$、$\gamma_2=2$。然后从式(3.22)可以计算得到 $\lambda_{3j-2}=-2$；$\lambda_{3j-1}=i$,并且 $\lambda_{3j}=-i$,其中 λ^* 是 $\boldsymbol{\Gamma}$ 对应于 μ_j 的特征值。结果如图 3.21 所示,系统状态无法实现一致。情况 2：选择 $\gamma_0=1.5$、$\gamma_1=2$、$\gamma_2=5$,则 $\lambda_{3j-2}=-2.3247$；$\lambda_{3j-1}=-0.3376+0.5623i$；$\lambda_{3j}=-0.3376-0.5623i$。如图 3.21 所示,系统状态可以达成一致。两种情形下每架无人机的控制输入曲线如图 3.22 所示。

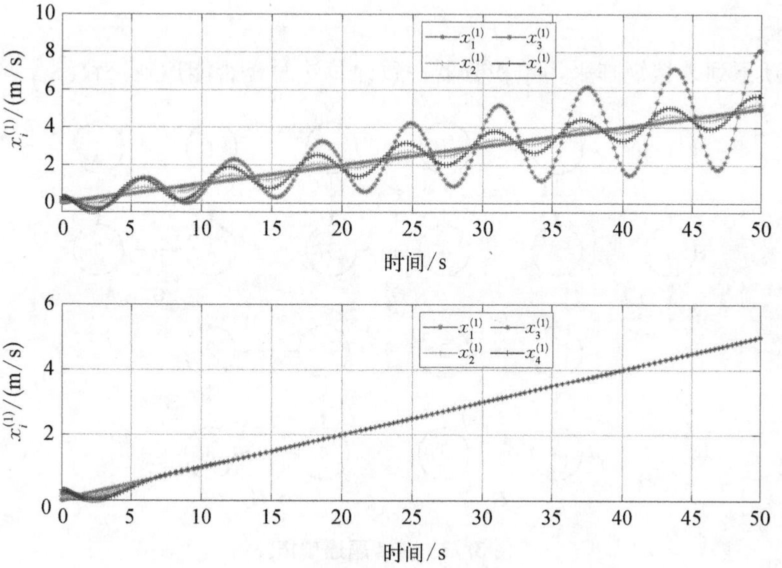

图 3.21　速度曲线图

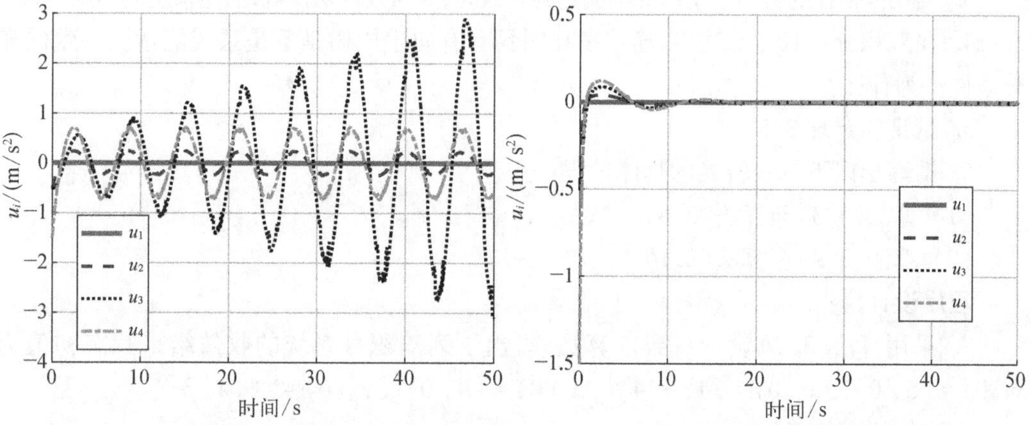

(a) 情形1下的控制输入　　(b) 情形2下的控制输入

图 3.22　两种情形下的控制输入曲线图

3.4　小　　结

本章主要介绍了协同控制问题中较为简单的积分器系统的一致性问题,重点研究包括单积分器系统、双积分器系统以及高阶积分器系统在通信拓扑不变情况下的通用一致性算法。对于单积分器系统、双积分器系统，还分析了在通信拓扑时变情况下的一致性算法收敛问题。此外，还给出了高阶系统的一个特例：三阶积分器系统的一致性算法分析。

3.5 课后练习

思考题：

1. 判断下列邻接矩阵采用单积分器一致性算法时是否能达到一致：

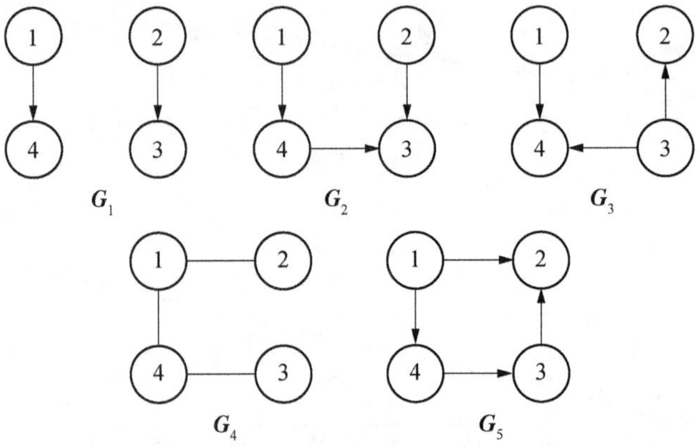

图 3.23　第 1 题通信拓扑

2. 判断邻接矩阵采用双积分一致性算法时是否能达到一致。拓扑图同题目 1。

3. 当切换拓扑的每一个子图都不能达到一致时，如何设计切换规则，使系统能达到一致？

4. 在双积分一致性算法中，通信拓扑图具有有向生成树是不是系统能达到一致的充分条件？为什么？

5. 试证明定理 3.5。

6. 请写出以下算法转换的具体过程：

(1) 算法(3.3)至算法(3.6)；

(2) 算法(3.9)至算法(3.10)。

程序设计题：

7. 采用算法(3.9)设计一致性算法，写出下列双积分系统的收敛结果状态初值为 $\boldsymbol{x}_1(0)=[5,\ 0]^{\mathrm{T}}$, $\boldsymbol{x}_2(0)=[1,\ -4]^{\mathrm{T}}$, $\boldsymbol{x}_3(0)=[4,\ 0]^{\mathrm{T}}$, $\boldsymbol{x}_4(0)=[-4,\ 3]^{\mathrm{T}}$。

通信拓扑图如下所示：

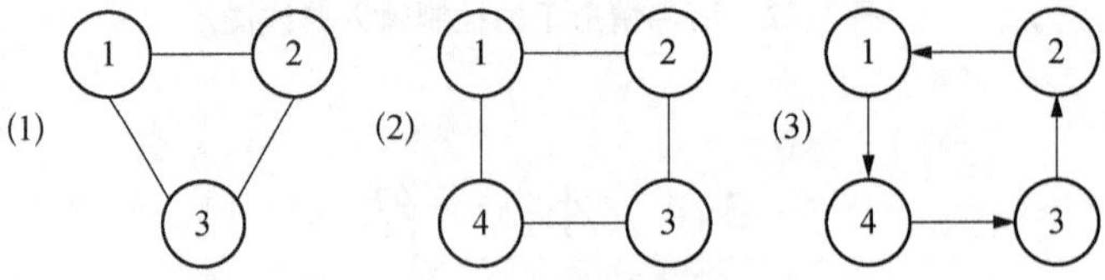

图 3.24　第 7 题通信拓扑图

8. 在下列通信拓扑图中选择两个或几个拓扑，设计单积分切换拓扑一致性算法使系统能达到一致。

状态初值为 $\boldsymbol{x}_1(0)=[5,\ 0]^{\mathrm{T}}$，$\boldsymbol{x}_2(0)=[1,\ -4]^{\mathrm{T}}$，$\boldsymbol{x}_3(0)=[4,\ 0]^{\mathrm{T}}$，$\boldsymbol{x}_4(0)=[-4,\ 3]^{\mathrm{T}}$。

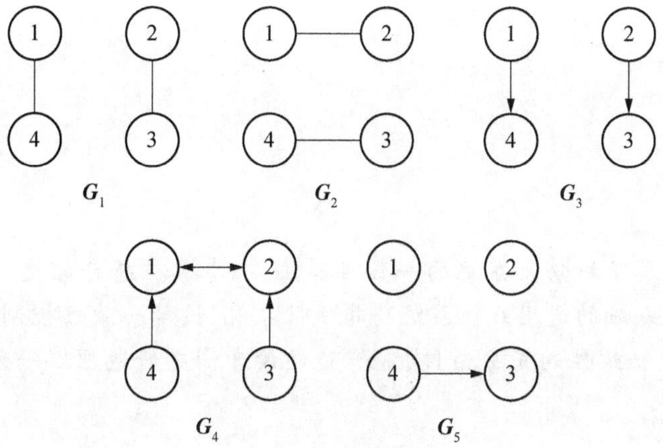

图 3.25　第 8 题通信拓扑

9. 请设计双积分一致性算法，实现多体系统二维平面内边长为 9 的正六边形编队。通信拓扑和状态初值可自行设计。

（系统最少有 6 个智能体，$\boldsymbol{x}_i \in \boldsymbol{R}^{2\times 1}$，每个智能体对应于最终收敛的一致位置存在一定偏差，最终形成一个六边形编队）

10. 请设计高阶一致性算法，实现下列高阶系统的一致性。其中每个个体的状态方程为

$$\boldsymbol{X}=\boldsymbol{A}\boldsymbol{X}+\boldsymbol{B}\boldsymbol{U}$$

其中，$\boldsymbol{A}=\begin{bmatrix}0&1&0\\0&0&1\\0&0&0\end{bmatrix}$，$\boldsymbol{B}=\begin{bmatrix}0\\0\\1\end{bmatrix}$。通信拓扑如下图所示，状态初值为 $\boldsymbol{x}_1(0)=[5,\ 4,\ 3]^{\mathrm{T}}$，$\boldsymbol{x}_2(0)=[2,\ 1,\ 0]^{\mathrm{T}}$，$\boldsymbol{x}_3(0)=[-3,\ -4,\ 0]^{\mathrm{T}}$，$\boldsymbol{x}_4(0)=[-1,\ 5,\ -2]^{\mathrm{T}}$。

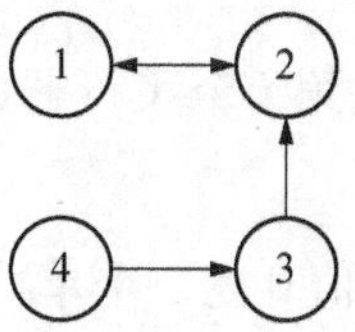

图 3.26　第 10 题通信拓扑

第四章 通用系统一致性算法研究

上一章讲解了积分器系统的一致性算法，在本章中将介绍更通用系统的一致性算法。从基础的通用线性系统到非线性系统，设计一致性控制器，并给出了系统能够实现一致性的充分条件，能够帮助读者们更好地理解一致性控制的设计思路。

学习要点

- 掌握：① 通用线性系统的一致性算法的设计思路。
- 熟悉：① 线性系统稳定性的证明方法；② 非线性系统一致性算法的设计思路；③ 仿真算例的原理及实现过程。
- 了解：① 通用系统的一致性轨迹的表达方式；② 非线性系统稳定性的证明方法。

4.1 通用线性系统一致性算法

考虑具有相同一般连续时间线性动力学特征的 N 个飞行器的网络，第 i 个飞行器的动力学描述如下：

$$\dot{\boldsymbol{x}}_i = \boldsymbol{A}\boldsymbol{x}_i + \boldsymbol{B}\boldsymbol{u}_i \tag{4.1}$$

式(4.1)中，$\boldsymbol{x}_i \in \boldsymbol{R}^n$ 和 $\boldsymbol{u}_i \in \boldsymbol{R}^m$ 分别是第 i 个飞行器的状态和控制输入，并且 $\boldsymbol{A} \in \boldsymbol{R}^{n\times n}$ 和 $\boldsymbol{B} \in \boldsymbol{R}^{n\times m}$ 是常数矩阵。

假设 4.1 拉普拉斯矩阵的特征值 0 是一个单特征值。

这一假设对于一致性控制是至关重要的。因为这意味着所有飞行器组成的网络中存在一个生成树连接系统中的任意两个飞行器。

本章主要介绍如何设计控制器，并且利用飞行器之间的相对状态信息使所有飞行器收敛到同一轨迹。

4.1.1　线性系统一致性算法

本节主要介绍如何利用飞行器之间的相对状态信息设计一致性控制器。控制器 $\boldsymbol{u}_i$ 为以下形式:

$$\boldsymbol{u}_i = \boldsymbol{K}\sum_{j=1}^{N} q_{ij}(\boldsymbol{x}_j - \boldsymbol{x}_i) \tag{4.2}$$

式(4.2)中,$\boldsymbol{K} \in \boldsymbol{R}^{m\times n}$ 为常数控制增益矩阵。从式(4.2)中可知,第 i 个飞行器的控制器仅需要该飞行器与其邻居飞行器相对状态信息,并不需要系统的全局信息。由邻接矩阵 $\boldsymbol{Q}$ 和拉普拉斯矩阵 $\boldsymbol{L}$ 间的关系,控制器还可以表示为

$$\boldsymbol{u}_i = -\boldsymbol{K}\sum_{j=1}^{N} l_{ij}\boldsymbol{x}_j \tag{4.3}$$

闭环系统可以表示为

$$\dot{\boldsymbol{x}} = (\boldsymbol{I}_N \otimes \boldsymbol{A} - \boldsymbol{L} \otimes \boldsymbol{BK})\boldsymbol{x} \tag{4.4}$$

式(4.4)中,$\otimes$表示矩阵的 Kronecker 积。

根据式(4.2)中的控制率,设计控制增益矩阵为

$$\boldsymbol{K} = \boldsymbol{B}^{\mathrm{T}}\boldsymbol{P} \tag{4.5}$$

式中,$\boldsymbol{P}$ 为满足特定条件的正定矩阵,利用李雅普诺夫函数分析可以获得 $\boldsymbol{P}$ 满足的条件,以确保通过使用式(4.2)中带有控制增益 $\boldsymbol{K}$ 的控制输入能够实现一致性控制。

4.1.2　稳定性分析

本节将给出控制增益矩阵 $\boldsymbol{K}$ 中正定矩阵 $\boldsymbol{P}$ 在系统稳定时需要满足的特定条件,并完成系统的稳定性证明。

定义 $\boldsymbol{r} \in \boldsymbol{R}^N$ 为拉普拉斯矩阵 $\boldsymbol{L}$ 对应特征值 0 的左特征向量,即 $\boldsymbol{r}^{\mathrm{T}}\boldsymbol{L} = \boldsymbol{0}$。令 $\boldsymbol{r}^{\mathrm{T}}\boldsymbol{1} = 1$。根据向量 $\boldsymbol{r}$,定义以下新的状态量:

$$\boldsymbol{\xi}_i = \boldsymbol{x}_i - \sum_{j=1}^{N} \boldsymbol{r}_j\boldsymbol{x}_j \tag{4.6}$$

其中,$i = 1, \cdots, N$,当 $\boldsymbol{\xi} = [\boldsymbol{\xi}_1^{\mathrm{T}}, \cdots, \boldsymbol{\xi}_N^{\mathrm{T}}]^{\mathrm{T}}$ 时,式(4.6)转变为

$$\boldsymbol{\xi} = \boldsymbol{x} - [(\boldsymbol{1}\boldsymbol{r}^{\mathrm{T}}) \otimes \boldsymbol{I}_N]\boldsymbol{x} = \boldsymbol{M} \otimes \boldsymbol{I}_N\boldsymbol{x} \tag{4.7}$$

式(4.7)中,$\boldsymbol{M} = \boldsymbol{I}_N - \boldsymbol{1}\boldsymbol{r}^{\mathrm{T}}$。

可知 $\boldsymbol{M}$ 的秩为 $N-1$,并且 1 为其 $N-1$ 重特征值,0 为其单特征值。并且对应特征值 0 的特征向量为 $\boldsymbol{1}$,即 $\boldsymbol{M}\boldsymbol{1} = \boldsymbol{0}$。由此得到当 $\boldsymbol{\xi} = \boldsymbol{0}$ 时可以实现一致性控制,即此时 $x_1 = x_2 = \cdots = x_N$。

为了便于分析系统稳定性，引入新的状态量 $\boldsymbol{\eta}$。在这之前，先给出以下引理，该引理将拉普拉斯矩阵转换成了约当块对角型矩阵。

引理 4.1 对于一个满足假设 4.1 的拉普拉斯矩阵，存在一个相似转换矩阵 $\boldsymbol{T}$，且 $T_{(1)} = \boldsymbol{1}$ 时，存在以下关系：

$$\boldsymbol{T}^{-1}\boldsymbol{L}\boldsymbol{T} = \boldsymbol{J} \tag{4.8}$$

$\boldsymbol{J}$ 为是一个具有约当形式的块对角矩阵：

$$\boldsymbol{J} = \begin{bmatrix} 0 & & & & & & \\ & J_1 & & & & & \\ & & \ddots & & & & \\ & & & J_p & & & \\ & & & & J_{p+1} & & \\ & & & & & \ddots & \\ & & & & & & J_q \end{bmatrix} \tag{4.9}$$

当 $k = 1, \cdots, p$ 时，$\boldsymbol{J}_k \in \boldsymbol{R}^{n_k}$ 为具有实特征值 $\lambda_k > 0$ 的约当块：

$$\boldsymbol{J}_k = \begin{bmatrix} \lambda_k & 1 & & & \\ & \lambda_k & 1 & & \\ & & \ddots & \ddots & \\ & & & \lambda_k & 1 \\ & & & & \lambda_k \end{bmatrix} \tag{4.10}$$

当 $k = p+1, \cdots, q$ 时，$\boldsymbol{J}_k \in \boldsymbol{R}^{2n_k}$ 为具有共轭特征值 $\alpha_k \pm j\beta_k$ 的约当块，并且 $\alpha_k > 0$，$\beta_k > 0$。此时 $\boldsymbol{J}_k$ 可以表示为

$$\boldsymbol{J}_k = \begin{bmatrix} \mu(\alpha_k, \beta_k) & \boldsymbol{I}_2 & & & \\ & \mu(\alpha_k, \beta_k) & \boldsymbol{I}_2 & & \\ & & \ddots & \ddots & \\ & & & \mu(\alpha_k, \beta_k) & \boldsymbol{I}_2 \\ & & & & \mu(\alpha_k, \beta_k) \end{bmatrix} \tag{4.11}$$

式(4.11)中，$\boldsymbol{I}_2$ 为 $\boldsymbol{R}^{2\times 2}$ 的单位矩阵，并且 $\boldsymbol{\mu}(\alpha_k, \beta_k) = \begin{bmatrix} \alpha_k & \beta_k \\ -\beta_k & \alpha_k \end{bmatrix} \in \boldsymbol{R}^{2\times 2}$。

证明： 根据文献[95]中的定理 3.4.5，通过相似变换矩阵 $\boldsymbol{T}$ 得到的拉普拉斯矩阵 $\boldsymbol{L}$ 的实约当型矩阵是可逆的。根据假设 4.1，0 为拉普拉斯矩阵的单特征值，由 Gershgorin 定

理可知其他特征值均具有正实部，重新排列 $\boldsymbol{T}$ 使 0 成为 $\boldsymbol{J}$ 中的第一个元素。令 $\boldsymbol{T}_{(1)}=\boldsymbol{1}$，$\boldsymbol{T}^{-1}$ 的第一行满足 $\boldsymbol{T}_{(1)}^{-1}=\boldsymbol{r}^{\mathrm{T}}$。

新的状态量可以表述为

$$\boldsymbol{\eta}=\boldsymbol{T}^{-1}\otimes\boldsymbol{I}_n\boldsymbol{\xi} \tag{4.12}$$

其动力学方程可表示为

$$\dot{\boldsymbol{\eta}}=(\boldsymbol{I}_N\otimes\boldsymbol{A}-\boldsymbol{J}\otimes\boldsymbol{BK})\boldsymbol{\eta} \tag{4.13}$$

因此，如果可以设计一个控制增益矩阵 $\boldsymbol{K}$ 确保 $\boldsymbol{\eta}$ 渐近收敛于零，那么一致性控制将会实现。$\boldsymbol{\eta}$ 可以表示为 $\boldsymbol{\eta}=[\boldsymbol{\eta}_1\quad\boldsymbol{\eta}_2\quad\cdots\quad\boldsymbol{\eta}_N]^{\mathrm{T}}$，其中 $\boldsymbol{\eta}_i\in\boldsymbol{R}^n$，并且 $i=1,\cdots,N$。根据式(4.7)和式(4.12)，得到以下式子：

$$\boldsymbol{\eta}_1=\boldsymbol{r}^{\mathrm{T}}\otimes\boldsymbol{L}_n\xi=(\boldsymbol{r}^{\mathrm{T}}\boldsymbol{M})\otimes\boldsymbol{I}_n\boldsymbol{x}\triangleq\boldsymbol{0}. \tag{4.14}$$

状态量 $\boldsymbol{\eta}$ 将用于稳定性分析中，基于式(4.9)拉普拉斯矩阵的结构，给出对应实特征值的约当块的分析结果。

$$N_k=1+\sum_{j=1}^{k}n_j \tag{4.15}$$

其中，$k=1,\cdots,q$，并且 $N_q=N$。

当 $i=2$ 到 $i=N_p$ 时，飞行器的状态量 $\boldsymbol{\eta}_i$ 与具有实特征值的约当标准块有关，当 $i=N_p+1$ 到 $i=N$ 时，其与具有共轭特征值的约当块有关。

当 $k\leqslant p$ 时，在每个实约当块中，动力学描述

$$\dot{\boldsymbol{\eta}}_i=(\boldsymbol{A}-\lambda_k\boldsymbol{BB}^{\mathrm{T}}\boldsymbol{P})\boldsymbol{\eta}_i-\boldsymbol{BB}^{\mathrm{T}}\boldsymbol{P}\boldsymbol{\eta}_{i+1} \tag{4.16}$$

其中，$i=N_{k-1}+1,\cdots,N_k-1$，当 $i=N_k$ 时，动力学为

$$\dot{\boldsymbol{\eta}}_i=(\boldsymbol{A}-\lambda_k\boldsymbol{BB}^{\mathrm{T}}\boldsymbol{P})\boldsymbol{\eta}_i \tag{4.17}$$

令 $\dot{\boldsymbol{W}}_i=\boldsymbol{\eta}_i^{\mathrm{T}}\boldsymbol{P}\boldsymbol{\eta}_i$，当 $i=N_{k-1}+1,\cdots,N_k-1$ 时，可以得到

$$\begin{aligned}\dot{\boldsymbol{W}}_i&=\boldsymbol{\eta}_i^{\mathrm{T}}(\boldsymbol{A}^{\mathrm{T}}\boldsymbol{P}+\boldsymbol{PA}-2\lambda_k\boldsymbol{PBB}^{\mathrm{T}}\boldsymbol{P})\boldsymbol{\eta}_i-2\boldsymbol{\eta}_i^{\mathrm{T}}\boldsymbol{PBB}^{\mathrm{T}}\boldsymbol{P}\boldsymbol{\eta}_{i+1}\\&\leqslant\boldsymbol{\eta}_i^{\mathrm{T}}\left[\boldsymbol{A}^{\mathrm{T}}\boldsymbol{P}+\boldsymbol{PA}-\left(2\lambda_k-\frac{1}{\sigma}\right)\boldsymbol{PBB}^{\mathrm{T}}\boldsymbol{P}\right]\boldsymbol{\eta}_i+\sigma\boldsymbol{\eta}_{i+1}^{\mathrm{T}}\boldsymbol{PBB}^{\mathrm{T}}\boldsymbol{P}\boldsymbol{\eta}_{i+1}\end{aligned} \tag{4.18}$$

式(4.18)中，σ 为正实数。

当 $i=N_{k-1}+1,\cdots,N_k-2$ 时，$\boldsymbol{W}_i+\sigma^2\boldsymbol{W}_{i+1}$ 的微分为

$$\begin{aligned}\dot{\boldsymbol{W}}_i+\sigma^2\dot{\boldsymbol{W}}_{i+1}\leqslant{}&\boldsymbol{\eta}_i^{\mathrm{T}}\left[\boldsymbol{A}^{\mathrm{T}}\boldsymbol{P}+\boldsymbol{PA}-\left(2\lambda_k-\frac{1}{\sigma}\right)\boldsymbol{PBB}^{\mathrm{T}}\boldsymbol{P}\right]\boldsymbol{\eta}_i^{\mathrm{T}}\\&+\sigma^2\boldsymbol{\eta}_{i+1}^{\mathrm{T}}\left[\boldsymbol{A}^{\mathrm{T}}\boldsymbol{P}+\boldsymbol{PA}-\left(2\lambda_k-\frac{1}{\sigma}\right)\boldsymbol{PBB}^{\mathrm{T}}\boldsymbol{P}\right]\boldsymbol{\eta}_{i+1}+\sigma^3\boldsymbol{\eta}_{i+2}^{\mathrm{T}}\boldsymbol{PBB}^{\mathrm{T}}\boldsymbol{P}\boldsymbol{\eta}_{i+2}\end{aligned} \tag{4.19}$$

相似地，当 $i=N_k$ 时，存在

$$\dot{\boldsymbol{W}}_i \leqslant \boldsymbol{\eta}_i^{\mathrm{T}}(\boldsymbol{A}^{\mathrm{T}}\boldsymbol{P}+\boldsymbol{P}\boldsymbol{A}-2\lambda_k \boldsymbol{P}\boldsymbol{B}\boldsymbol{B}^{\mathrm{T}}\boldsymbol{P})\boldsymbol{\eta}_i \tag{4.20}$$

令 $V_k=\sum_{j=1}^{n_k}\sigma^{2(j-1)}\boldsymbol{W}_{j+N_{k-1}}$，根据式(4.21)和式(4.22)，可以得到以下式子：

$$\begin{aligned}\dot{V}_k \leqslant & \sum_{j=1}^{n_k}\sigma^{2(j-1)}\boldsymbol{\eta}_{j+N_{k-1}}^{\mathrm{T}}\left[\boldsymbol{A}^{\mathrm{T}}\boldsymbol{P}+\boldsymbol{P}\boldsymbol{A}-\left(2\lambda_k-\frac{1}{\sigma}\right)\boldsymbol{P}\boldsymbol{B}\boldsymbol{B}^{\mathrm{T}}\boldsymbol{P}\right]\boldsymbol{\eta}_{j+N_{k-1}} \\ & -\frac{1}{\sigma}\boldsymbol{\eta}_{1+N_{k-1}}^{\mathrm{T}}\boldsymbol{P}\boldsymbol{B}\boldsymbol{B}^{\mathrm{T}}\boldsymbol{P}\boldsymbol{\eta}_{1+N_{k-1}}-\sigma^{2n_k-3}\boldsymbol{\eta}_{N_{k-1}}^{\mathrm{T}}\boldsymbol{P}\boldsymbol{B}\boldsymbol{B}^{T}\boldsymbol{P}\boldsymbol{\eta}_{N_{k-1}}\end{aligned} \tag{4.21}$$

当 $k>p$ 时，即状态量与带有共轭特征值的约当块有关时，考虑状态量的动力学特性。令

$$\begin{aligned} i_1(j) &= N_{k-1}+2j-1, \\ i_2(j) &= N_{k-1}+2j, \end{aligned} \tag{4.22}$$

式(4.22)中，$j=1,\cdots,n_k/2$，当 $j=1,\cdots,n_k/2-1$ 时，$\boldsymbol{\eta}_{i_1}$ 和 $\boldsymbol{\eta}_{i_2}$ 的动力学方程表示为

$$\begin{aligned}\dot{\boldsymbol{\eta}}_{i_1} &= (\boldsymbol{A}-\alpha_k\boldsymbol{B}\boldsymbol{B}^{\mathrm{T}}\boldsymbol{P})\boldsymbol{\eta}_{i_1}-\beta_k\boldsymbol{B}\boldsymbol{B}^{\mathrm{T}}\boldsymbol{P}\boldsymbol{\eta}_{i_2}-\boldsymbol{B}\boldsymbol{B}^{\mathrm{T}}\boldsymbol{P}\boldsymbol{\eta}_{i_1+2} \\ \dot{\boldsymbol{\eta}}_{i_2} &= (\boldsymbol{A}-\alpha_k\boldsymbol{B}\boldsymbol{B}^{\mathrm{T}}\boldsymbol{P})\boldsymbol{\eta}_{i_2}-\beta_k\boldsymbol{B}\boldsymbol{B}^{\mathrm{T}}\boldsymbol{P}\boldsymbol{\eta}_{i_1}-\boldsymbol{B}\boldsymbol{B}^{\mathrm{T}}\boldsymbol{P}\boldsymbol{\eta}_{i_2+2}\end{aligned} \tag{4.23}$$

当 $j=n_k/2$ 时，存在

$$\begin{aligned}\dot{\boldsymbol{\eta}}_{i_1} &= (\boldsymbol{A}-\alpha_k\boldsymbol{B}\boldsymbol{B}^{\mathrm{T}}\boldsymbol{P})\boldsymbol{\eta}_{i_1}-\beta_k\boldsymbol{B}\boldsymbol{B}^{\mathrm{T}}\boldsymbol{P}\boldsymbol{\eta}_{i_2} \\ \dot{\boldsymbol{\eta}}_{i_2} &= (\boldsymbol{A}-\alpha_k\boldsymbol{B}\boldsymbol{B}^{\mathrm{T}}\boldsymbol{P})\boldsymbol{\eta}_{i_2}+\beta_k\boldsymbol{B}\boldsymbol{B}^{\mathrm{T}}\boldsymbol{P}\boldsymbol{\eta}_{i_1}\end{aligned} \tag{4.24}$$

此时可以利用相关的项来消掉 β_k，得到 $\boldsymbol{W}_{i_1}+\boldsymbol{W}_{i_2}$ 的微分：

$$\begin{aligned}\dot{\boldsymbol{W}}_{i_1}+\dot{\boldsymbol{W}}_{i_2} \leqslant & \boldsymbol{\eta}_{i_1}^{\mathrm{T}}(\boldsymbol{A}^{\mathrm{T}}\boldsymbol{P}+\boldsymbol{P}\boldsymbol{A}-2\alpha_k\boldsymbol{P}\boldsymbol{B}\boldsymbol{B}^{\mathrm{T}}\boldsymbol{P})\boldsymbol{\eta}_{i_1} \\ & +\boldsymbol{\eta}_{i_2}^{\mathrm{T}}(\boldsymbol{A}^{\mathrm{T}}\boldsymbol{P}+\boldsymbol{P}\boldsymbol{A}-2\alpha_k\boldsymbol{P}\boldsymbol{B}\boldsymbol{B}^{\mathrm{T}}\boldsymbol{P})\boldsymbol{\eta}_{i_2}\end{aligned} \tag{4.25}$$

当 $j=1,\cdots,n_k/2-1$ 时，可以得到

$$\begin{aligned}\dot{\boldsymbol{W}}_{i_1}+\dot{\boldsymbol{W}}_{i_2} \leqslant & \boldsymbol{\eta}_{i_1}^{\mathrm{T}}\left[\boldsymbol{A}^{\mathrm{T}}\boldsymbol{P}+\boldsymbol{P}\boldsymbol{A}-\left(2\alpha_k-\frac{1}{\sigma}\right)\boldsymbol{P}\boldsymbol{B}\boldsymbol{B}^{\mathrm{T}}\boldsymbol{P}\right]\boldsymbol{\eta}_{i_1}+\boldsymbol{\eta}_{i_2}^{\mathrm{T}}\left[\boldsymbol{A}^{\mathrm{T}}\boldsymbol{P}+\boldsymbol{P}\boldsymbol{A}\right. \\ & \left.-\left(2\alpha_k-\frac{1}{\sigma}\right)\boldsymbol{P}\boldsymbol{B}\boldsymbol{B}^{\mathrm{T}}\boldsymbol{P}\right]\boldsymbol{\eta}_{i_2}+\sigma\boldsymbol{\eta}_{i_1+2}^{\mathrm{T}}\boldsymbol{P}\boldsymbol{B}\boldsymbol{B}^{\mathrm{T}}\boldsymbol{P}\boldsymbol{\eta}_{i_1+2}+\sigma\boldsymbol{\eta}_{i_2+2}^{\mathrm{T}}\boldsymbol{P}\boldsymbol{B}\boldsymbol{B}^{\mathrm{T}}\boldsymbol{P}\boldsymbol{\eta}_{i_2+2}\end{aligned} \tag{4.26}$$

当 $k=p+1,\cdots,q$ 时，令 $V_k=\sum_{j=1}^{n_k/2}\sigma^{2(j-1)}(\boldsymbol{W}_{i_1(j)}+\boldsymbol{W}_{i_2(j)})$。此时，类似于具有实特征值

的约当块的情况，可以得到

$$\begin{aligned}\dot{V}_k \leqslant \sum_{j=1}^{n_k/2} \sigma^{2(j-1)} \boldsymbol{\eta}_{2j-1+N_{k-1}}^{\mathrm{T}} \left[\boldsymbol{A}^{\mathrm{T}}\boldsymbol{P} + \boldsymbol{PA} - 2\left(\alpha_k - \frac{1}{\sigma}\right) \boldsymbol{PBB}^{\mathrm{T}}\boldsymbol{P}\right] \boldsymbol{\eta}_{2j-1+N_{k-1}} \\ + \boldsymbol{\eta}_{2j+N_{k-1}}^{\mathrm{T}} \left[\boldsymbol{A}^{\mathrm{T}}\boldsymbol{P} + \boldsymbol{PA} - 2\left(\alpha_k - \frac{1}{\sigma}\right) \boldsymbol{PBB}^{\mathrm{T}}\boldsymbol{P}\right] \boldsymbol{\eta}_{2j+N_{k-1}} \\ - \frac{1}{\sigma}(\boldsymbol{\eta}_{1+N_{k-1}}^{\mathrm{T}} \boldsymbol{PBB}^{\mathrm{T}}\boldsymbol{P}\boldsymbol{\eta}_{1+N_{k-1}} + \boldsymbol{\eta}_{2+N_{k-1}}^{\mathrm{T}} \boldsymbol{PBB}^{\mathrm{T}}\boldsymbol{P}\boldsymbol{\eta}_{2+N_{k-1}}) \\ - \sigma^{2n_k-3}(\boldsymbol{\eta}_{N_{k-1}}^{\mathrm{T}} \boldsymbol{PBB}^{\mathrm{T}}\boldsymbol{P}\boldsymbol{\eta}_{N_{k-1}} + \boldsymbol{\eta}_{N_k}^{\mathrm{T}} \boldsymbol{PBB}^{\mathrm{T}}\boldsymbol{P}\boldsymbol{\eta}_{N_k})\end{aligned} \tag{4.27}$$

然后令

$$V = \sum_{k=1}^{q} V_k \tag{4.28}$$

最终可以得到

$$\begin{aligned}\dot{V} \leqslant \sum_{k=1}^{p} \sum_{j=1}^{n_k} \sigma^{2(j-1)} \boldsymbol{\eta}_{j+N_{k-1}}^{\mathrm{T}} \left[\boldsymbol{A}^{\mathrm{T}}\boldsymbol{P} + \boldsymbol{PA} - \left(2\lambda_k - \frac{1}{\sigma}\right) \boldsymbol{PBB}^{\mathrm{T}}\boldsymbol{P}\right] \boldsymbol{\eta}_{j+N_{k-1}} \\ + \sum_{k=p+1}^{q} \sum_{j=1}^{n_k/2} \sigma^{2(j-1)} \boldsymbol{\eta}_{2j-1+N_{k-1}}^{\mathrm{T}} \left[\boldsymbol{A}^{\mathrm{T}}\boldsymbol{P} + \boldsymbol{PA} - 2\left(\alpha_k - \frac{1}{\sigma}\right) \boldsymbol{PBB}^{\mathrm{T}}\boldsymbol{P}\right] \boldsymbol{\eta}_{2j-1+N_{k-1}} \\ + \boldsymbol{\eta}_{2j+N_{k-1}}^{\mathrm{T}} \left[\boldsymbol{A}^{\mathrm{T}}\boldsymbol{P} + \boldsymbol{PA} - 2\left(\alpha_k - \frac{1}{\sigma}\right) \boldsymbol{PBB}^{\mathrm{T}}\boldsymbol{P}\right] \boldsymbol{\eta}_{2j+N_{k-1}} \\ - \sum_{k=1}^{p} \left(\frac{1}{\sigma}\boldsymbol{\eta}_{1+N_{k-1}}^{\mathrm{T}} \boldsymbol{PBB}^{\mathrm{T}}\boldsymbol{P}\boldsymbol{\eta}_{1+N_{k-1}} + \sigma^{2n_k-3} \boldsymbol{\eta}_{N_k}^{\mathrm{T}} \boldsymbol{PBB}^{\mathrm{T}}\boldsymbol{P}\boldsymbol{\eta}_{N_k}\right) \\ - \sum_{k=p+1}^{q} \left(\frac{1}{\sigma}\boldsymbol{\eta}_{1+N_{k-1}}^{\mathrm{T}} \boldsymbol{PBB}^{\mathrm{T}}\boldsymbol{P}\boldsymbol{\eta}_{1+N_{k-1}} + \frac{1}{\sigma}\boldsymbol{\eta}_{2+N_{k-1}}^{\mathrm{T}} \boldsymbol{PBB}^{\mathrm{T}}\boldsymbol{P}\boldsymbol{\eta}_{2+N_{k-1}}\right. \\ \left. + \sigma^{n_k-3} \boldsymbol{\eta}_{N_k-1}^{\mathrm{T}} \boldsymbol{PBB}^{\mathrm{T}}\boldsymbol{P}\boldsymbol{\eta}_{N_k-1} + \sigma^{n_k-3} \boldsymbol{\eta}_{N_k}^{\mathrm{T}} \boldsymbol{PBB}^{\mathrm{T}}\boldsymbol{P}\boldsymbol{\eta}_{N_k}\right)\end{aligned} \tag{4.29}$$

以上分析可用于线性系统一致性控制的稳定性分析。

定理 4.1　对于一个满足假设 4.1 的线性动态系统，当满足以下条件时，通过式(4.4)中的控制器可以实现一致性控制：

$$\boldsymbol{A}^{\mathrm{T}}\boldsymbol{P} + \boldsymbol{PA} - 2\alpha\boldsymbol{PBB}^{\mathrm{T}}\boldsymbol{P} < 0 \tag{4.30}$$

式(4.30)中，$\alpha = \min\{\lambda_1, \cdots\lambda_p, \alpha_{p+1}, \cdots, \alpha_q\}$。

证明：根据式(4.29)和式(4.30)，存在一个极小的正实数 ε 使得

$$\boldsymbol{A}^{\mathrm{T}}\boldsymbol{P} + \boldsymbol{PA} - 2\alpha\boldsymbol{PBB}^{\mathrm{T}}\boldsymbol{P} + \varepsilon\boldsymbol{I} < 0 \tag{4.31}$$

令 $\sigma > 2\lambda_{\sigma}(\boldsymbol{PBB}^{\mathrm{T}}\boldsymbol{P})/\varepsilon$，根据式(4.30)和式(4.31)，可以得出 $\dot{V} < 0$，因此得出结论：$\boldsymbol{\eta}$ 渐近收敛于 0。至此，定理 4.1 证毕。

4.1.3 仿真分析

在本小节中,通过具体的例子来说明一致性控制的实现过程。考虑由 4 个智能体组成的系统,即假设系统中存在四个飞行器,并且每个飞行器的动力学模型均可以描述为

$$\dot{x}_i = \begin{bmatrix} -1 & 1 \\ 0 & 0 \end{bmatrix} x_i + \begin{bmatrix} 0 \\ 1 \end{bmatrix} u$$

假设邻接矩阵 Q 为

$$Q = \begin{bmatrix} 0 & 0 & 0 & 1 \\ 1 & 0 & 0 & 0 \\ 0 & 0 & 0 & 1 \\ 0 & 1 & 0 & 0 \end{bmatrix}$$

拉普拉斯矩阵 L 为

$$L = \begin{bmatrix} 1 & 0 & 0 & -1 \\ -1 & 1 & 0 & 0 \\ 0 & 0 & 1 & -1 \\ 0 & -1 & 0 & 1 \end{bmatrix}$$

拉普拉斯矩阵 L 的特征值为 $\left\{0,\ 1,\ \dfrac{3+\sqrt{3}j}{2},\ \dfrac{3-\sqrt{3}j}{2}\right\}$, 满足假设 4.1 并且各个特征值是不同的。可以得到

$$J = \begin{bmatrix} 0 & 0 & 0 & 0 \\ 0 & 1 & 0 & 0 \\ 0 & 0 & \dfrac{3}{2} & \dfrac{\sqrt{3}}{2} \\ 0 & 0 & -\dfrac{\sqrt{3}}{2} & \dfrac{3}{2} \end{bmatrix}$$

非奇异线性变换矩阵 T 为

$$T = \begin{bmatrix} 1 & 0 & \dfrac{1}{2} & \dfrac{\sqrt{3}}{2} \\ 1 & 0 & -1 & 0 \\ 1 & -2 & \dfrac{1}{2} & \dfrac{\sqrt{3}}{2} \\ 1 & 0 & \dfrac{1}{2} & -\dfrac{\sqrt{3}}{2} \end{bmatrix}$$

非奇异线性变换矩阵 T 的逆为

$$T^{-1}=\begin{bmatrix}\frac{1}{3} & \frac{1}{3} & 0 & \frac{1}{3}\\ \frac{1}{2} & 0 & -\frac{1}{2} & 0\\ \frac{1}{3} & -\frac{2}{3} & 0 & \frac{1}{3}\\ \frac{\sqrt{3}}{3} & 0 & 0 & -\frac{\sqrt{3}}{3}\end{bmatrix}$$

可以得到 $r^T=\begin{bmatrix}\frac{1}{3} & \frac{1}{3} & 0 & \frac{1}{3}\end{bmatrix}$。需要注意的是，此例中由于连接图是有向的，拉普拉斯矩阵 L 并不是对称的，所以文献[96]中的结果并不适用。此外，由于左特征向量 r 中第三个元素为零，所以文献[97]中的李雅普诺夫函数不能用于稳定性分析。

根据式 4.32 得到正定矩阵 P

$$P=\begin{bmatrix}0.979\,2 & -0.079\,2\\ -0.079\,2 & 0.442\,3\end{bmatrix}$$

相应的控制增益为

$$K=[-0.079\,2\quad 0.442\,3]$$

最终，得到系统各飞行器的状态和输入随时间的变化关系如图 4.1~图 4.2 所示。

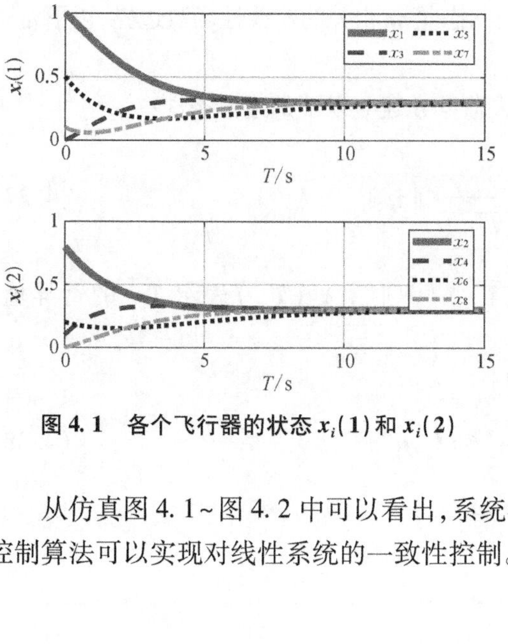

图 4.1　各个飞行器的状态 $x_i(1)$ 和 $x_i(2)$

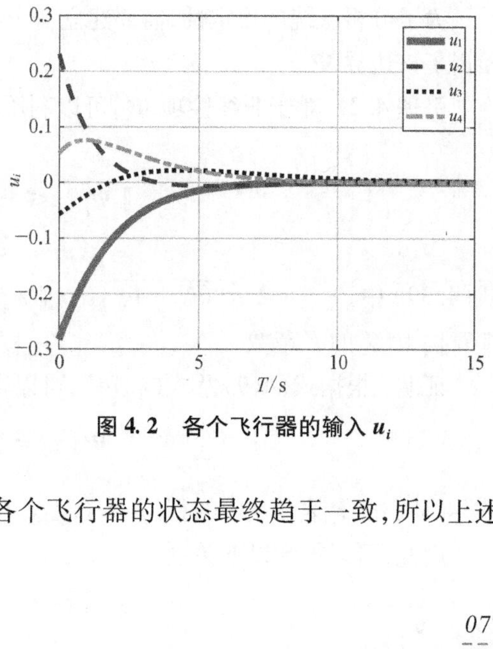

图 4.2　各个飞行器的输入 u_i

从仿真图 4.1~图 4.2 中可以看出，系统各个飞行器的状态最终趋于一致，所以上述控制算法可以实现对线性系统的一致性控制。

4.2 通用非线性系统一致性算法

4.2.1 非线性系统一致性算法

本节考虑具有相同非线性动力学的 N 个飞行器的网络。第 i 个飞行器的动力学方程描述如下：

$$\dot{\boldsymbol{x}}_i = \boldsymbol{A}\boldsymbol{x}_i + \boldsymbol{\phi}(\boldsymbol{x}_i) + \boldsymbol{B}\boldsymbol{u}_i \tag{4.32}$$

式中，$\boldsymbol{\phi}$: $\boldsymbol{R}^n \to \boldsymbol{R}^n$ 为带有利普希茨常数的非线性函数，对于任意两个常向量 $\boldsymbol{a}$，$\boldsymbol{b} \in \boldsymbol{R}^n$，存在以下关系：

$$\| \boldsymbol{\phi}(\boldsymbol{a}) - \boldsymbol{\phi}(\boldsymbol{b}) \| \leqslant \gamma \| \boldsymbol{a} - \boldsymbol{b} \| \tag{4.33}$$

上式被称为利普希茨条件，可以看出利普希茨连续函数限制了函数改变的速度，符合利普希茨条件的函数的斜率必小于利普希茨常数 γ。

与线性系统不同，此时，闭环系统为

$$\dot{\boldsymbol{x}} = (\boldsymbol{I}_N \otimes \boldsymbol{A} - \boldsymbol{L} \otimes \boldsymbol{B}\boldsymbol{K})\boldsymbol{x} + \boldsymbol{\Phi}(\boldsymbol{x}) \tag{4.34}$$

式(4.34)中，$\Phi(x) = [\phi^{\mathrm{T}}(x_1), \cdots, \phi^{\mathrm{T}}(x_N)]^{\mathrm{T}}$。此时，$\xi$ 的动力学方程可以表示为

$$\dot{\boldsymbol{\xi}} = (\boldsymbol{I}_N \otimes \boldsymbol{A} - \boldsymbol{L} \otimes \boldsymbol{B}\boldsymbol{K})\boldsymbol{\xi} + (\boldsymbol{M} \otimes \boldsymbol{I}_n)\boldsymbol{\Phi}(\boldsymbol{x}) \tag{4.35}$$

同样，另一个状态量 $\boldsymbol{\eta}$ 的动力学方程转变为

$$\dot{\boldsymbol{\eta}} = (\boldsymbol{I}_N \otimes \boldsymbol{A} - \boldsymbol{J} \otimes \boldsymbol{B}\boldsymbol{K})\boldsymbol{\eta} + \boldsymbol{\Psi}(\boldsymbol{x}) \tag{4.36}$$

式中，$\boldsymbol{\Psi}(\boldsymbol{x}) = [(\boldsymbol{T}^{-1}\boldsymbol{M}) \otimes \boldsymbol{I}_n]\boldsymbol{\Phi}(\boldsymbol{x})$。

为了分析系统的稳定性，需要建立一个与状态量 $\boldsymbol{\eta}$ 相关的非线性函数边界，以下定理给出了该边界 $\boldsymbol{\Psi}_i$。

引理 4.2 对于非线性项 $\boldsymbol{\Psi}_i$，可以利用状态量 $\boldsymbol{\eta}$ 建立以下的边界条件：

$$\| \boldsymbol{\Psi}_i \| \leqslant \frac{\gamma_0}{\sqrt{N-1}} \| \boldsymbol{\eta} \| \tag{4.37}$$

式(4.39)中，$\gamma_0 = 2\sqrt{N(N-1)}\gamma \| \boldsymbol{r} \| \lambda_\sigma(\boldsymbol{T}^{-1}) \| \boldsymbol{T} \|_F$，$\lambda_\sigma(\boldsymbol{T}^{-1})$ 表示 $\boldsymbol{T}^{-1}$ 的奇异值；$\| \boldsymbol{T} \|_F$ 为 $\boldsymbol{T}$ 的 F 范数。

证明： 根据式(4.9)及式(4.14)，可以得到

$$\boldsymbol{\Psi}_i(\boldsymbol{x}) = (\boldsymbol{\tau}_i \otimes \boldsymbol{I}_n)\boldsymbol{\mu} \tag{4.38}$$

式(4.38)中，$\boldsymbol{\tau}_i$ 表示 $\boldsymbol{T}^{-1}$ 的行，$\boldsymbol{\mu} = (\boldsymbol{M} \otimes \boldsymbol{I}_n)\boldsymbol{\Phi}$。

因此，可以得到以下关系：

$$\| \boldsymbol{\Psi}_i(\boldsymbol{x}) \| \leqslant \lambda_{\sigma}(\boldsymbol{T}^{-1}) \|\boldsymbol{\mu}\| \tag{4.39}$$

类似于 $\boldsymbol{\xi}$ 和 $\boldsymbol{\eta}$,当 $j = 1, \cdots, N$ 时,$\boldsymbol{\mu}$ 可以表示为

$$\boldsymbol{\mu}_j = \boldsymbol{\phi}(\boldsymbol{x}_j) - \sum_{k=1}^{N} \boldsymbol{r}_k \boldsymbol{\phi}(\boldsymbol{x}_k) = \sum_{k=1}^{N} \boldsymbol{r}_k [\boldsymbol{\phi}(\boldsymbol{x}_j) - \boldsymbol{\phi}(\boldsymbol{x}_k)] \tag{4.40}$$

该式满足以下关系:

$$\|\boldsymbol{\mu}_j\| \leqslant \sum_{k=1}^{N} |\boldsymbol{r}_k| \ \|\boldsymbol{\phi}(\boldsymbol{x}_j) - \boldsymbol{\phi}(\boldsymbol{x}_k)\| \leqslant \gamma \sum_{k=1}^{N} |\boldsymbol{r}_k| \ \|\boldsymbol{x}_j - \boldsymbol{x}_k\| \tag{4.41}$$

根据式(4.7)和式(4.12),可以得到

$$\boldsymbol{x}_j - \boldsymbol{x}_k = \boldsymbol{\xi}_j - \boldsymbol{\xi}_k = [(\boldsymbol{t}_j - \boldsymbol{t}_k) \otimes \boldsymbol{I}_n]\boldsymbol{\eta} \tag{4.42}$$

式(4.42)中,t_j 表示 $\boldsymbol{T}$ 的第 j 行,根据式(4.41)和式(4.42),可以得到以下关系式:

$$\begin{aligned}
\|\boldsymbol{\mu}_j\| &\leqslant \gamma \sum_{k=1}^{N} |\boldsymbol{r}_k| (\|\boldsymbol{t}_j\| + \|\boldsymbol{t}_k\|) \|\boldsymbol{\eta}\| \\
&\leqslant \gamma \|\boldsymbol{\eta}\| \left(\sum_{k=1}^{N} |\boldsymbol{r}_k| \ \|\boldsymbol{t}_j\| + \sum_{k=1}^{N} |\boldsymbol{r}_k| \ \|\boldsymbol{t}_k\| \right) \\
&\leqslant \gamma \|\boldsymbol{\eta}\| \left(\sum_{k=1}^{N} |\boldsymbol{r}_k| \ \|\boldsymbol{t}_j\| + \|\boldsymbol{r}\| \ \|\boldsymbol{T}\|_F \right)
\end{aligned} \tag{4.43}$$

根据式(4.43),可以得到

$$\begin{aligned}
\|\boldsymbol{\mu}\|^2 = \sum_{j=1}^{N} \|\boldsymbol{\mu}_j\|^2 &\leqslant 2\gamma^2 \|\boldsymbol{\eta}\|^2 \sum_{j=1}^{N} \left(\|\boldsymbol{t}_j\|^2 \left(\sum_{k=1}^{N} |\boldsymbol{r}_k| \right)^2 + \|\boldsymbol{r}\|^2 \|\boldsymbol{T}\|_F^2 \right) \\
&\leqslant 2\gamma^2 \|\boldsymbol{\eta}\|^2 \sum_{j=1}^{N} (\|\boldsymbol{t}_j\|^2 N \|\boldsymbol{r}\|^2 + \|\boldsymbol{r}\|^2 \|\boldsymbol{T}\|_F^2) \\
&= 4N\gamma^2 \|\boldsymbol{r}\|^2 \|\boldsymbol{T}\|_F^2 \|\boldsymbol{\eta}\|^2
\end{aligned} \tag{4.44}$$

最终得到以下关系式:

$$\|\boldsymbol{\Psi}_i(\boldsymbol{x})\| \leqslant 2\sqrt{N} \|\boldsymbol{r}\| \lambda_{\sigma}(\boldsymbol{T}^{-1}) \|\boldsymbol{T}\|_F \|\boldsymbol{\eta}\| = \frac{\gamma_0}{\sqrt{N-1}} \|\boldsymbol{\eta}\| \tag{4.45}$$

至此,引理4.2证毕。

与线性系统不同,由于非线性项的存在,此时式(4.18)转变为

$$\dot{\boldsymbol{\eta}}_i = (\boldsymbol{A} - \lambda_k \boldsymbol{B}\boldsymbol{B}^{\mathrm{T}}\boldsymbol{P})\boldsymbol{\eta}_i - \boldsymbol{B}\boldsymbol{B}^{\mathrm{T}}\boldsymbol{P}\boldsymbol{\eta}_{i+1} + \boldsymbol{\Psi}_i(\boldsymbol{x}) \tag{4.46}$$

式(4.18)相应的转变为

$$\begin{aligned}
\dot{\boldsymbol{W}}_i &= \boldsymbol{\eta}_i^{\mathrm{T}}(\boldsymbol{A}^{\mathrm{T}}\boldsymbol{P} + \boldsymbol{P}\boldsymbol{A} - 2\lambda_k \boldsymbol{P}\boldsymbol{B}\boldsymbol{B}^{\mathrm{T}}\boldsymbol{P})\boldsymbol{\eta}_i - 2\boldsymbol{\eta}_i^{\mathrm{T}}\boldsymbol{P}\boldsymbol{B}\boldsymbol{B}^{\mathrm{T}}\boldsymbol{P}\boldsymbol{\eta}_{i+1} + 2\boldsymbol{\eta}_i^{\mathrm{T}}\boldsymbol{P}\boldsymbol{\Psi}_i \\
&\leqslant \boldsymbol{\eta}_i^{\mathrm{T}} \left[\boldsymbol{A}^{\mathrm{T}}\boldsymbol{P} + \boldsymbol{P}\boldsymbol{A} - \left(2\lambda_k - \frac{1}{\sigma} \right) \boldsymbol{P}\boldsymbol{B}\boldsymbol{B}^{\mathrm{T}}\boldsymbol{P} + \kappa \boldsymbol{P}\boldsymbol{P} \right] \boldsymbol{\eta}_i \\
&\quad + \sigma \boldsymbol{\eta}_{i+1}^{\mathrm{T}} \boldsymbol{P}\boldsymbol{B}\boldsymbol{B}^{\mathrm{T}}\boldsymbol{P}\boldsymbol{\eta}_{i+1} + \frac{1}{\kappa} \|\boldsymbol{\Psi}_i\|^2
\end{aligned} \tag{4.47}$$

式(4.47)中，σ 和 κ 为两个正实数，并且满足以下不等式：

$$2\boldsymbol{a}^{\mathrm{T}}\boldsymbol{b} \leqslant \kappa\boldsymbol{a}^{\mathrm{T}}\boldsymbol{a} + \frac{1}{\kappa}\boldsymbol{b}^{\mathrm{T}}\boldsymbol{b}$$

其中，向量 $\boldsymbol{a}$ 和 $\boldsymbol{b}$ 维度相同。

与线性系统的分析推导步骤相同，最终可得到与式(4.29)相似的以下表达式：

$$\begin{aligned}\dot{V} \leqslant & \sum_{k=1}^{p}\sum_{j=1}^{n_k}\sigma^{2(j-1)}\boldsymbol{\eta}_{j+N_{k-1}}^{\mathrm{T}}\left[\boldsymbol{A}^{\mathrm{T}}\boldsymbol{P}+\boldsymbol{PA}-\left(2\lambda_k-\frac{1}{\sigma}\right)\boldsymbol{PBB}^{\mathrm{T}}\boldsymbol{P}+\kappa\boldsymbol{PP}\right]\boldsymbol{\eta}_{j+N_{k-1}} \\ & +\frac{1}{\kappa}\|\boldsymbol{\varPsi}_{j+N_{k-1}}\|^2+\sum_{k=p+1}^{q}\sum_{j=1}^{n_k/2}\sigma^{2(j-1)}\boldsymbol{\eta}_{2j-1+N_{k-1}}^{\mathrm{T}}\left[\boldsymbol{A}^{\mathrm{T}}\boldsymbol{P}+\boldsymbol{PA}-2\left(\alpha_k-\frac{1}{\sigma}\right)\boldsymbol{PBB}^{\mathrm{T}}\boldsymbol{P}\right. \\ & \left.+\kappa\boldsymbol{PP}\right]\boldsymbol{\eta}_{2j-1+N_{k-1}}+\boldsymbol{\eta}_{2j+N_{k-1}}^{\mathrm{T}}\left[\boldsymbol{A}^{\mathrm{T}}\boldsymbol{P}+\boldsymbol{PA}-2\left(\alpha_k-\frac{1}{\sigma}\right)\boldsymbol{PBB}^{\mathrm{T}}\boldsymbol{P}+\kappa\boldsymbol{PP}\right]\boldsymbol{\eta}_{2j+N_{k-1}} \\ & +\frac{1}{\kappa}(\|\boldsymbol{\varPsi}_{2j-1+N_{k-1}}\|^2+\|\boldsymbol{\varPsi}_{2j+N_{k-1}}\|^2)-\sum_{k=1}^{p}\left(\frac{1}{\sigma}\boldsymbol{\eta}_{1+N_{k-1}}^{\mathrm{T}}\boldsymbol{PBB}^{\mathrm{T}}\boldsymbol{P}\boldsymbol{\eta}_{1+N_{k-1}}\right. \\ & \left.+\sigma^{2n_k-3}\boldsymbol{\eta}_{N_k}^{\mathrm{T}}\boldsymbol{PBB}^{\mathrm{T}}\boldsymbol{P}\boldsymbol{\eta}_{N_k}\right)-\sum_{k=p+1}^{q}\left(\frac{1}{\sigma}\boldsymbol{\eta}_{1+N_{k-1}}^{\mathrm{T}}\boldsymbol{PBB}^{\mathrm{T}}\boldsymbol{P}\boldsymbol{\eta}_{1+N_{k-1}}\right. \\ & \left.+\frac{1}{\sigma}\boldsymbol{\eta}_{2+N_{k-1}}^{\mathrm{T}}\boldsymbol{PBB}^{\mathrm{T}}\boldsymbol{P}\boldsymbol{\eta}_{2+N_{k-1}}+\sigma^{n_k-3}\boldsymbol{\eta}_{N_{k-1}}^{\mathrm{T}}\boldsymbol{PBB}^{\mathrm{T}}\boldsymbol{P}\boldsymbol{\eta}_{N_{k-1}}+\sigma^{n_k-3}\boldsymbol{\eta}_{N_k}^{\mathrm{T}}\boldsymbol{PBB}^{\mathrm{T}}\boldsymbol{P}\boldsymbol{\eta}_{N_k}\right)\end{aligned} \tag{4.48}$$

定理 4.2 对于一个满足假设 4.1 的非线性动态系统，当满足以下两个条件之中的一个时，通过式(4.2)中的控制器可以实现一致性控制：

(1) 拉普拉斯矩阵的特征值是不同的，即当 $k=1,\ \cdots,\ q$ 时，$n_k=1$。并且矩阵 $\boldsymbol{P}$ 满足以下条件：

$$\boldsymbol{A}^{\mathrm{T}}\boldsymbol{P}+\boldsymbol{PA}-2\alpha\boldsymbol{PBB}^{\mathrm{T}}\boldsymbol{P}+\kappa\boldsymbol{PP}+\frac{\gamma_0^2}{\kappa}\boldsymbol{I}_n<\boldsymbol{0} \tag{4.49}$$

式(4.49)中，κ 可以为任意的正实数，$\alpha=\min\{\lambda_1,\ \cdots,\ \lambda_p,\ \alpha_{p+1},\ \cdots,\ \alpha_q\}$。

(2) 拉普拉斯矩阵有多重特征值，即当 $k=1,\ \cdots,\ q$ 时，$n_k>1$。则矩阵 $\boldsymbol{P}$ 需要满足以下条件：

$$\boldsymbol{A}^{\mathrm{T}}\boldsymbol{P}+\boldsymbol{PA}-2(\alpha-1)\boldsymbol{PBB}^{\mathrm{T}}\boldsymbol{P}+\kappa\boldsymbol{PP}+\frac{\gamma_0^2}{\kappa}\boldsymbol{I}_n<\boldsymbol{0} \tag{4.50}$$

式(4.50)中，κ 可以为任意的正实数。

证明：针对定理 4.2 中的条件(1)，当所有的特征值均不同时，根据式(4.50)，可以得到式子：

$$\dot{V} \leqslant \sum_{i=1}^{N}\left[\boldsymbol{\eta}_i^{\mathrm{T}}(\boldsymbol{A}^{\mathrm{T}}\boldsymbol{P}+\boldsymbol{PA}-2\alpha\boldsymbol{PBB}^{\mathrm{T}}\boldsymbol{P}+\kappa\boldsymbol{PP})\boldsymbol{\eta}_i+\frac{1}{\kappa}\|\boldsymbol{\varPsi}_i\|^2\right] \tag{4.51}$$

根据引理 4.2，可以得到

$$\dot{V} \leqslant \sum_{i=2}^{N}\left[\boldsymbol{\eta}_i^{\mathrm{T}}(\boldsymbol{A}^{\mathrm{T}}\boldsymbol{P}+\boldsymbol{P}\boldsymbol{A}-2\alpha\boldsymbol{P}\boldsymbol{B}\boldsymbol{B}^{\mathrm{T}}\boldsymbol{P}+\kappa\boldsymbol{P}\boldsymbol{P})\boldsymbol{\eta}_i+\frac{1}{\kappa}\frac{\gamma_0^2}{N-1}\|\boldsymbol{\eta}\|^2\right]$$
$$\leqslant \sum_{i=2}^{N}\left[\boldsymbol{\eta}_i^{\mathrm{T}}\left(\boldsymbol{A}^{\mathrm{T}}\boldsymbol{P}+\boldsymbol{P}\boldsymbol{A}-2\alpha\boldsymbol{P}\boldsymbol{B}\boldsymbol{B}^{\mathrm{T}}\boldsymbol{P}+\kappa\boldsymbol{P}\boldsymbol{P}+\frac{\gamma_0^2}{\kappa}\boldsymbol{I}_n\right)n_i\right] \tag{4.52}$$

式(4.52)中，$\|\boldsymbol{\eta}\|^2=\sum_{i=2}^{N}\|\boldsymbol{\eta}_i\|^2$，根据式(4.49)和式(4.52)，可以得到 $\dot{V}<0$，因此我们得出结论：$\boldsymbol{\eta}$ 渐近收敛于零。

针对定理4.2中的条件(2)，令 $\sigma=1$，根据式(4.48)，可以得到

$$\dot{V} \leqslant \sum_{i=2}^{N}\left\{\boldsymbol{\eta}_i^{\mathrm{T}}[\boldsymbol{A}^{\mathrm{T}}\boldsymbol{P}+\boldsymbol{P}\boldsymbol{A}-2(\alpha-1)\boldsymbol{P}\boldsymbol{B}\boldsymbol{B}^{\mathrm{T}}\boldsymbol{P}+\kappa\boldsymbol{P}\boldsymbol{P}]\boldsymbol{\eta}_i+\frac{1}{\kappa}\|\boldsymbol{\Psi}_i\|^2\right\} \tag{4.53}$$

根据引理4.2，并且与证明条件(1)的过程类似，我们同样得到 $\dot{V}<0$。所以 $\boldsymbol{\eta}_i$ 始终是渐近收敛于0的。

定理4.2虽然证明了可以实现一致性控制，但是并没有指明一致性参考轨迹，接下来推导一致性参考轨迹的表达式，定义以下状态量：

$$\boldsymbol{z}=\boldsymbol{T}^{-1}\otimes\boldsymbol{I}_n\boldsymbol{x} \tag{4.54}$$

$\boldsymbol{z}$ 的动力学方程可以表示为

$$\dot{\boldsymbol{z}}=(\boldsymbol{I}_N\otimes\boldsymbol{A}-\boldsymbol{J}\otimes\boldsymbol{B}\boldsymbol{K})\boldsymbol{z}+\boldsymbol{T}^{-1}\otimes\boldsymbol{I}_n\boldsymbol{\Phi}(\boldsymbol{x}) \tag{4.55}$$

式中，$\boldsymbol{z}$ 可以表示为 $\boldsymbol{z}=[\boldsymbol{z}_1,\boldsymbol{z}_2,\cdots,\boldsymbol{z}_n]^{\mathrm{T}}$。

最终得到以下式子：

$$\dot{\boldsymbol{z}}_1=\boldsymbol{A}\boldsymbol{z}_1+\boldsymbol{r}^{\mathrm{T}}\otimes\boldsymbol{I}_n\boldsymbol{\Phi}(\boldsymbol{x}) \tag{4.56}$$

式中，$\boldsymbol{z}_1=\boldsymbol{r}^{\mathrm{T}}\otimes\boldsymbol{I}_n\boldsymbol{x}$，如果非线性项不存在，$\boldsymbol{z}_1$ 则为一致性参考轨迹。但是由于非线性项的存在，非线性函数 $\boldsymbol{\phi}(\boldsymbol{x}_i)$ 会对参考轨迹产生影响，所以在一般情况下，该式并不能用来表示一致性参考轨迹。

4.2.2　仿真分析

在本小节中，通过两个例子来说明一致性控制的实现过程。首先考虑由4个带有非线性项的智能体组成的系统，即假设系统中存在四个飞行器，并且每个飞行器的动力学模型均可以描述为

$$\dot{\boldsymbol{x}}_i=\begin{bmatrix}-1 & 1\\ 0 & 0\end{bmatrix}\boldsymbol{x}_i+\begin{bmatrix}0\\ 1\end{bmatrix}\boldsymbol{u}+\begin{bmatrix}0.05\sin(\boldsymbol{C}\boldsymbol{x}_i)\\ 0\end{bmatrix} \tag{4.57}$$

式(4.57)中，$\boldsymbol{C}=[1\quad 0]$。

为方便起见，选取与4.1.3节中相同的邻接矩阵 $\boldsymbol{Q}$ 和拉普拉斯矩阵 $\boldsymbol{L}$。系统动力学中的非线性函数 $0.05\sin(\boldsymbol{C}\boldsymbol{x}_i)$ 为全局利普希茨函数，并且 $\gamma=0.05$，$\gamma_0=0.6734$。根据拉普拉斯矩阵 $\boldsymbol{L}$，可以推出 $\alpha=1$。所以当 $\kappa=1$ 时。可以得到一个满足式(4.49)的正定矩阵：

$$\boldsymbol{P}=\begin{bmatrix}2.0527 & 2.7372\\ 2.7372 & 12.3170\end{bmatrix} \tag{4.58}$$

相应的控制增益为

$$\boldsymbol{K}=[2.7372 \quad 12.3170] \tag{4.59}$$

最终,得到系统各飞行器的状态和输入随时间的变化关系如图 4.3~图 4.4 所示。

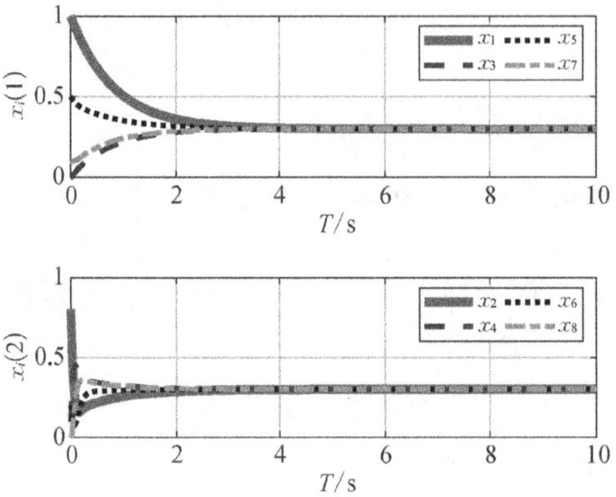

图 4.3 $\gamma=0.05$ 时各个飞行器的状态 $x_i(1)$ 和 $x_i(2)$

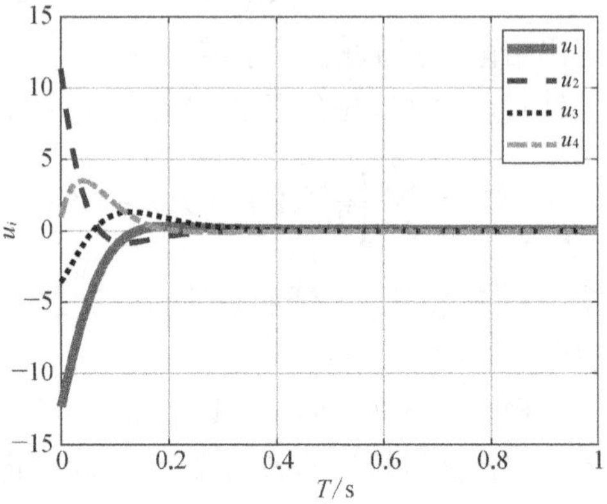

图 4.4 $\gamma=0.05$ 时各个飞行器的输入 u_i

当系统中存在非线性项时,式(4.49)所规定的条件是系统能够达到一致性的充分条件。对于给定的利普希茨非线性函数,该条件在控制增益设计中是非常保守的。事实上,同样的控制增益也可以实现对利普希茨常数远大于 0.05 的非线性系统的一致性控制,该系统的非线性函数可以表示为

$$\boldsymbol{\phi}(x_i)=\begin{bmatrix}\sin(\boldsymbol{C}\boldsymbol{x}_i)\\ 0\end{bmatrix}$$

最终得到以下仿真结果。

仿真图 4.5~图 4.6 表明了可以用相同的控制增益实现对强非线性系统的一致性控制,但是从图中可以看出,由于系统具有较强的非线性,所以需要更长的时间来实现一致性。

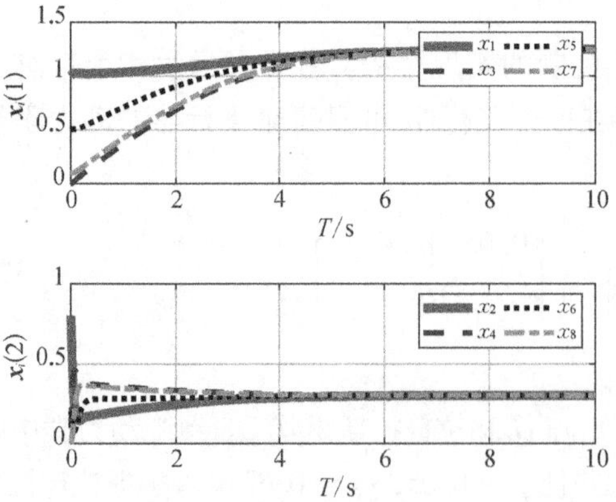

图 4.5 $\gamma=1$ 时各个飞行器的状态 $x_i(1)$ 和 $x_i(2)$

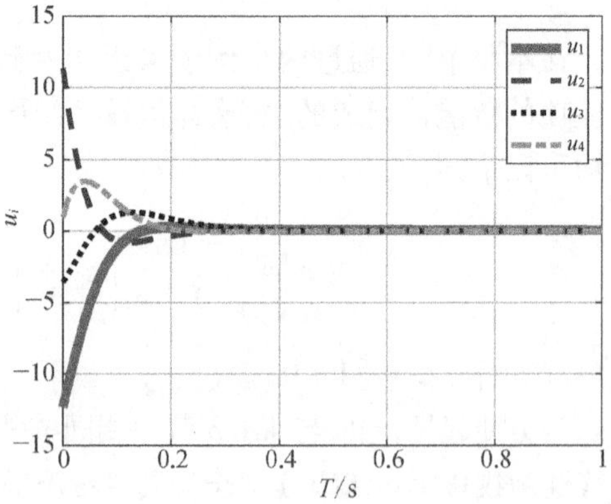

图 4.6 $\gamma=1$ 时各个飞行器的输入 u_i

4.3 小　　结

本章主要介绍了通用系统的一致性算法,包括线性系统和满足利普希茨条件的非线性系统。除此之外,还给出了一致性控制算法的整个设计步骤以及能够实现一致性算法的前提条件,并通过严格的理论分析证明了系统的稳定性。

4.4 课后练习

思考题:

1. 是否系统的非线性越强,实现一致性所需时间也越长? 不断改变利普希茨常数的值进行仿真,绘制实现一致性所需时间的关系图。

2. 观察定理 4.1 和定理 4.2,影响系统状态一致性收敛速度的参数除了拉普拉斯矩阵的特征值 λ_k, $\alpha_k \pm j\beta_k$, 还有什么?

3. 若式(4.6)新定义的状态为 $\boldsymbol{\xi}_i = \boldsymbol{x}_i - \sum_{j=1}^{N} a_{ij}\boldsymbol{x}_j \Big/ N$, 那么系统状态一致性如何分析?

4. 给出下列系统的一致性算法实现:

(1) $\dot{\boldsymbol{x}}_i = \boldsymbol{A}\boldsymbol{x}_i + \boldsymbol{B}\boldsymbol{u}$

(2) $\dot{\boldsymbol{x}}_i = \boldsymbol{A}\boldsymbol{x}_i + \begin{bmatrix} \cos(\boldsymbol{C}_1\boldsymbol{x}_i) \\ 0 \end{bmatrix} + \boldsymbol{B}\boldsymbol{u}$,

其中 $\boldsymbol{A} = \begin{bmatrix} -1 & 1 \\ 0 & 0 \end{bmatrix}$, $\boldsymbol{B} = \begin{bmatrix} 0 \\ 1 \end{bmatrix}$, $\boldsymbol{C}_1 = \begin{bmatrix} 0 \\ 1 \end{bmatrix}$。通信拓扑如图所示。

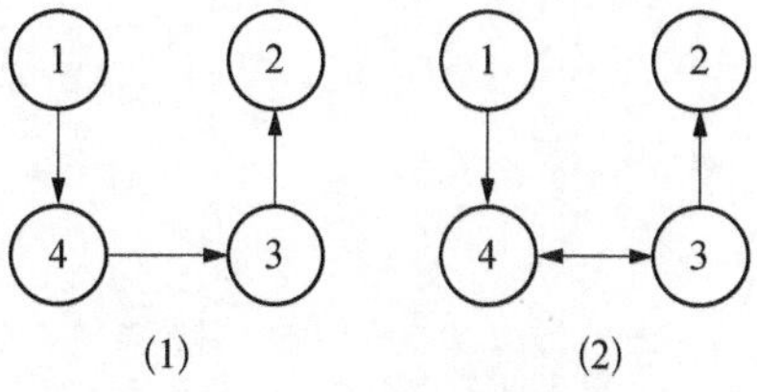

图 4.7　第 4 题通信拓扑

5. 请找一篇通用线性系统一致性算法文章与教材所提算法进行对比。

6. 请找一篇通用非线性系统一致性算法文章与教材所提算法进行对比。

程序设计题:

7. 在仿真分析中, 如果飞行器的通信拓扑图是无向的,此时拉普拉斯矩阵 L 是否满足假设 4.1 中的条件? 若满足,控制增益 K 如何取值能够实现一致性控制?

8. 请设计通用线性系统一致性算法,实现下列线性系统的一致性。其中每个个体的状态方程为

$$\boldsymbol{x}_i = \boldsymbol{A}\boldsymbol{x}_i + \boldsymbol{B}\boldsymbol{U}$$

其中 $\boldsymbol{A} = \begin{bmatrix} 0 & 1 & 0 \\ 0 & 0 & 1 \\ -1 & -2 & 3 \end{bmatrix}$, $\boldsymbol{B} = \begin{bmatrix} 0 \\ 0 \\ 1 \end{bmatrix}$。通信拓扑如下图所示,状态初值为 $\boldsymbol{x}_1(0) = [4, 2,$

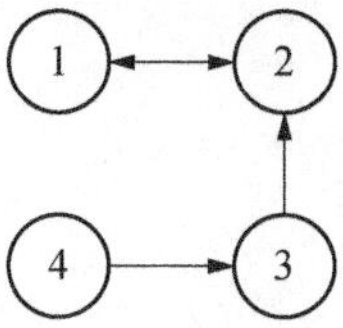

图 4.8　第 8 题通信拓扑

$1]^{\mathrm{T}}$, $\boldsymbol{x}_2(0)=[0, 1, -3]^{\mathrm{T}}$, $\boldsymbol{x}_3(0)=[-5, -2, 1]^{\mathrm{T}}$, $\boldsymbol{x}_4(0)=[6, 0, 0]^{\mathrm{T}}$。

9. 考虑如下非线性系统：$\dot{x}_i=\cos(x_i)+u$，请设计非线性系统一致性算法实现算法一致性。系统初值为 $x_1(0)=5$, $x_2(0)=-3$, $x_3(0)=1$。通信拓扑如下图所示。

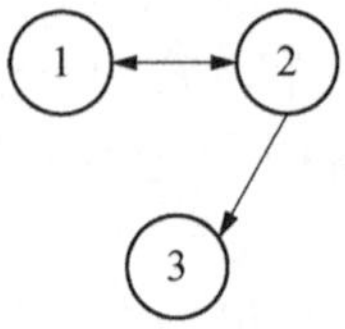

图 4.9　第 9 题通信拓扑

10. 考虑如下非线性系统：$\dot{\boldsymbol{x}}_i=\boldsymbol{A}\boldsymbol{x}_i+\begin{bmatrix}\cos(\boldsymbol{C}_1\boldsymbol{x}_i)\\ \sin(\boldsymbol{C}_2\boldsymbol{x}_i)\end{bmatrix}+\boldsymbol{B}u$，其中 $\boldsymbol{A}=\begin{bmatrix}0 & 1\\ 0 & 0\end{bmatrix}$，$\boldsymbol{B}=\begin{bmatrix}0\\ 1\end{bmatrix}$，$\boldsymbol{C}_1=\begin{bmatrix}0\\ 1\end{bmatrix}$，$\boldsymbol{C}_2=\begin{bmatrix}1\\ -1\end{bmatrix}$.

请设计非线性系统一致性算法实现算法一致性，通信拓扑同第 8 题。系统状态初值为 $\boldsymbol{x}_1(0)=[2, 2]^{\mathrm{T}}$, $\boldsymbol{x}_2(0)=[0, -1]^{\mathrm{T}}$, $\boldsymbol{x}_3(0)=[9, 1]^{\mathrm{T}}$。

第五章 最优一致性算法

本书前几章主要介绍了线性系统的一致性算法以及算法的稳定性分析。在控制系统研究过程中,有时还希望能够实现更多的目标,例如控制消耗最小、一致性成本最低、消耗时间最少等。

在现代控制理论中,对于单体系统,可以通过构造代价函数(也称性能指标),利用最优控制理论方法中的欧拉-拉格朗日方程对最少时间消耗、最小能量消耗等问题进行研究。对于多飞行器系统,也可以通过构造适当的一致性代价函数,对多飞行器在达成一致时的消耗最少问题进行研究。此外,可以利用逆最优控制方法,在代价函数中加入避障函数,并将控制的成本消耗问题、一致性问题和避障问题统一到最优控制的框架中共同解决。

本章的结构主要如下:5.1 节简单介绍最优控制理论中的一些基本概念以及最优一致性算法的发展历程;5.2 节为单积分器系统的最优一致性算法;5.3 节介绍双积分器系统的最优一致性算法;5.4 节介绍考虑避障的多飞行器系统最优一致性算法;5.5 节为本章内容的小结;5.6 节为课后练习题。

学习要点

• 掌握:① 单积分器系统的最优一致性控制算法;② 双积分器系统的最优一致性控制算法;③ 具有避障功能的最优一致性控制算法。

• 熟悉:① 单积分器系统的代价函数设计;② 双积分器系统的代价函数设计;③ 具有避障功能的无人机最优一致性算法的代价函数设计。

• 了解:① 设计控制器过程中,闭环系统需满足的性能指标;② 最优控制的发展背景和发展历史;③ 变分法、极小值原理及动态规划在最优控制中的应用。

5.1 最优控制

5.1.1 基本概念

在控制系统的设计过程中,为了使系统能够较好地运行,需要使闭环控制系统满足某些给定的数量性能指标,例如稳定性指标(相角裕度和增益裕度)、响应快速性指标(增益穿越频率、频带宽度、闭环主导极点的阻尼系数)以及稳态精度指标(各种静态误差系数)等。于是,人们提出了一些用来表示系统优良程度的性能指标,表示系统性能的指标不再是某几个数量,而是某种函数表达式。设计控制器的方法则是选择系统的参数使这些表达系统性能的指标达到极小值,譬如时间最短、能量消耗最少、生产成本最低而收益最大等等。本章将这些函数表达式称为代价函数(或性能指标、目标函数)。因为不同的控制器产生不同的系统响应,所以设计适当的控制器,就可能使受控系统的性能指标达到极值,这就是所谓的最优控制问题。

在第二次世界大战及其后的一段时间内,经典控制理论已经发展得十分完善。不过,经典控制理论主要解决单输入单输出线性时不变系统的控制问题,它利用表示系统输入输出关系的传递函数来描述系统,采用工程的概念和方法来对系统进行分析与设计,而且它所涉及的参数选择是一个反复调试的过程。在解决时变系统、非线性系统、多变量系统的问题以及需要满足高精度、低成本、快速性的要求时,经典控制理论存在一定的局限。所以,状态空间方法逐渐成为控制理论研究中的一种重要表达形式,最优控制就是在状态空间方法的基础上、由于空间技术的迫切需要而发展起来的。

20 世纪 50 年代中期,美国的贝尔曼(R. E. Bellman)、苏联的加姆克列利策(P. B. Гамкрелидэе)及博尔强斯基(B. Г. Болтянский)研究了最短时间问题,证明了理论解的存在性和唯一性,他们发现解决该问题的核心是变分法,然而,古典变分理论只能解决一类简单的最优控制问题,因为它只对容许控制、属于开集的问题有效。在实际问题中,更多遇到的却是容许控制、属于闭集的一类最优控制问题,譬如变量的幅值、变量的变化速度只能在一定范围内变化。苏联的庞特里亚金(Л. С. Понтрягин)等于 1956~1958 年提出了解决约束最优问题的极大值原理(在最优控制中被称为极小值原理),并于 1962 年和加姆克列利策及博尔强斯基一起给出了证明,极大值原理能够解决更广范围的最优控制问题,是最优控制中的一种主要方法。另外,在一些复杂的问题中,根本无法显式求解最优控制问题中的微分方程,采用数值解法就变得不可避免,考虑到这种需要,且随着计算机的功能日益强大,贝尔曼于 1957 年提出动态规划方法。动态规划方法的核心是贝尔曼最优化原理,它将多阶段决策问题转化为一系列的分段决策问题。动态规划方法不仅是一种可供选择的求解最优控制问题的方法,而且也具有重要的理论价值。

通常一个系统可以用以下的通用状态方程来表示

$$\dot{\boldsymbol{x}} = f[\boldsymbol{x}(t), \boldsymbol{u}(t), t] \tag{5.1}$$

式(5.1)中,$\boldsymbol{x} \in \boldsymbol{R}^n$ 是系统状态;$\boldsymbol{u} \in \boldsymbol{R}^m$ 是控制输入;f 是关于 $\boldsymbol{x}(t)$、$\boldsymbol{u}(t)$ 和 t 的函数向量。对于线性定常系统,可以表示为状态空间的形式

$$\dot{\boldsymbol{x}}(t) = \boldsymbol{A}\boldsymbol{x}(t) + \boldsymbol{B}\boldsymbol{u}(t) \tag{5.2}$$

为了在各种可行的控制器中找出一种效果最好的控制函数,首先需要建立评价控制效果好坏或控制品质优劣的性能指标函数。一般情况下,性能指标函数可以表示为

$$J = \phi[\boldsymbol{x}(t_f), t_f] + \int_{t_0}^{t_f} L[\boldsymbol{x}(t), \boldsymbol{u}(t), t]\mathrm{d}t \tag{5.3}$$

性能指标包括两个部分，即积分指标 $\int_{t_0}^{t_f} L[\boldsymbol{x}(t),\ \boldsymbol{u}(t),\ t]\mathrm{d}t$ 和终端指标 $\phi[\boldsymbol{x}(t_f),\ t_f]$，这种综合性能指标所对应的最优控制问题一般称为波尔扎(Bolza)问题。当只有终端指标时，称为迈耶尔(Mayer)问题。当只有积分指标时，称为拉格朗日(Lagrange)问题。有的文献中也把性能指标称为代价函数或目标函数。

动态系统的运动过程，归根结底是系统从其状态空间的一个状态到另一个状态的转移，为了求解状态方程，需要确定初始状态和末端状态，即边界条件。在最优控制问题中，初始时刻 t_0 及初始状态 $\boldsymbol{x}(t_0)$ 通常是已知的，末端时刻 t_f 和末端状态 $\boldsymbol{x}(t_f)$ 则需要视具体问题而定。一般可用如下的目标集进行概括：

$$\boldsymbol{\psi}[\boldsymbol{x}(t_f),\ t_f] = 0 \tag{5.4}$$

式(5.4)中，$\boldsymbol{\psi} \in \boldsymbol{R}^r$；$r \leqslant N$，表达目标集函数的维数小于系统(5.1)状态的维数；$\boldsymbol{x}(t_f) \in \boldsymbol{\psi}(\cdot)$。

控制向量 $\boldsymbol{u}(t)$ 的各个分量 $\boldsymbol{u}_i(t)$ 通常受客观条件的限制，只能在一定的范围内取值。因此，在实际中一般存在变化范围受限和不受限的两类控制。在受限制的控制中，控制向量 $\boldsymbol{u}(t)$ 的取值范围称为控制域，以 $\boldsymbol{\Omega}$ 表示。凡属于集合 $\boldsymbol{\Omega}$ 且分段连续的控制向量 $\boldsymbol{u}(t)$，称为容许控制，用 $\boldsymbol{u}(t) \in \boldsymbol{\Omega}$ 表示。

5.2　单积分器系统的最优一致性算法

一致性算法从最优化的角度发展了两条路线：(1) 最快的收敛时间，算法被设计为通过找到最优加权矩阵来实现最快的收敛时间[98]，构建一个最大化拉普拉斯算子的次小特征值[99]，并探讨了平均一致性问题的最佳通信拓扑[100]；(2) 最优控制律设计，在最优控制律设计中，将一致性问题表述为最优控制问题，并发展出了以下的一些求解方法，如线性矩阵不等式方法[101]、基于线性二次调节器(LQR)的最优线性一致性算法[102]、一种多飞行器优化的分布式次梯度方法[103]和非线性一致性的策略[104]。

5.2.1　问题描述

N 个具有相同单一积分器动力学的飞行器为

$$\dot{\boldsymbol{x}}_i = \boldsymbol{u}_i,\ i = 1,\ \cdots,\ N \tag{5.5}$$

将所有飞行器状态写成一个矩阵形式

$$\dot{\boldsymbol{X}} = \boldsymbol{U} \tag{5.6}$$

式(5.6)中，$\boldsymbol{X} = [\boldsymbol{x}_1^{\mathrm{T}},\ \cdots,\ \boldsymbol{x}_N^{\mathrm{T}}]^{\mathrm{T}}$；$\boldsymbol{U} = [\boldsymbol{u}_1^{\mathrm{T}},\ \cdots,\ \boldsymbol{u}_N^{\mathrm{T}}]^{\mathrm{T}}$。$\boldsymbol{x}_i(t) \in \boldsymbol{R}^n$ 和 $\boldsymbol{u}_i(t) \in \boldsymbol{R}^n$ 分别是第 i 个飞行器的状态和控制输入。

接下来，将一致性问题表述为最优控制问题。为了便于推导，定义误差量

$$\hat{\boldsymbol{X}} = [\hat{\boldsymbol{x}}_1^{\mathrm{T}}\quad \hat{\boldsymbol{x}}_2^{\mathrm{T}}\quad \cdots\quad \hat{\boldsymbol{x}}_N^{\mathrm{T}}]^{\mathrm{T}} \triangleq \boldsymbol{X} - \boldsymbol{X}_{\mathrm{cs}} \tag{5.7}$$

式(5.7)中,$\boldsymbol{X}_{cs}=[\boldsymbol{1}_{1\times N}\otimes\boldsymbol{x}_{cs}^{T}]^{T}$是最终一致性状态。例如在平面运动中,$\boldsymbol{x}_{cs}=[\boldsymbol{\alpha}_x \quad \boldsymbol{\alpha}_y]^{T}$,其中$\boldsymbol{\alpha}_x$、$\boldsymbol{\alpha}_y$是在$x$轴和$y$轴上的最终的一致性位置。

由图论内容可知,$\boldsymbol{L}\cdot\boldsymbol{1}=\boldsymbol{0}$。因此当飞行器达成一致时有式(5.8)

$$(\boldsymbol{L}\otimes\boldsymbol{I}_n)\boldsymbol{X}_{cs}=\boldsymbol{0}_{Nn\times 1} \tag{5.8}$$

式(5.8)中,最终的一致性状态$\boldsymbol{X}_{cs}$将是一个常量。当飞行器状态达成一致时,一致性控制器$\boldsymbol{U}$变为$\boldsymbol{0}$。

然后,误差动态方程变为

$$\dot{\hat{\boldsymbol{X}}}=\boldsymbol{U} \tag{5.9}$$

当系统(5.9)渐近稳定时达成一致。

最优一致性控制由以下两个代价函数组成。

$$\begin{aligned}\min:\ & J=J_1+J_2\\ \text{s.t.}\quad & \dot{\hat{\boldsymbol{X}}}=\boldsymbol{U}\end{aligned} \tag{5.10}$$

式(5.10)中,J_1、J_2分别代表一致性代价函数和控制消耗代价函数。一致性代价函数的形式如下:

$$J_1=\int_0^{\infty}\hat{\boldsymbol{X}}^{T}\boldsymbol{R}_1\hat{\boldsymbol{X}}\mathrm{d}t=\int_0^{\infty}[\hat{\boldsymbol{X}}^{T}(w_p^2\boldsymbol{L}^2\otimes\boldsymbol{I}_n)\hat{\boldsymbol{X}}]\mathrm{d}t \tag{5.11}$$

式(5.11)中,$\boldsymbol{L}$是由无向连通图建立的对称拉普拉斯矩阵,w_p代表一致性误差的权重。为了表明$\boldsymbol{J}_1$是一个有意义的一致性代价函数,本章提出以下引理。

引理5.1 如果一个图是无向连通的,那么$\boldsymbol{L}^2$是半正定的,且$\boldsymbol{L}^2\boldsymbol{1}_{N\times 1}=\boldsymbol{0}_{N\times 1}$。

证明: 基于这个假设,$\boldsymbol{L}$是一个对称的拉普拉斯矩阵,并且是半正定的。对于给定的拉普拉斯矩阵$\boldsymbol{L}$,存在由$\boldsymbol{L}$的特征向量组成的矩阵$\boldsymbol{Q}$,使得

$$\boldsymbol{L}=\boldsymbol{Q}\boldsymbol{\Lambda}\boldsymbol{Q}^{-1} \tag{5.12}$$

式(5.12)中,$\boldsymbol{\Lambda}$是对角线矩阵,对角线元素是$\boldsymbol{L}$的特征值。由于$\boldsymbol{L}$是对称拉普拉斯矩阵,所以特征值都是实数。另外,其中一个特征值是0,而其他特征值都是正值。

可以看出,$\boldsymbol{L}^2$的特征值是$\boldsymbol{L}$的特征值的平方并且具有相同的相应特征向量。因此,$\boldsymbol{L}^2$是半正定的。此外,从式(5.12)可以看出:

$$\begin{aligned}\boldsymbol{L}^2&=\boldsymbol{Q}\boldsymbol{\Lambda}\boldsymbol{Q}^{-1}\boldsymbol{Q}\boldsymbol{\Lambda}\boldsymbol{Q}^{-1}=\boldsymbol{Q}\boldsymbol{\Lambda}^2\boldsymbol{Q}^{-1}\\ \boldsymbol{L}^2\boldsymbol{1}_{N\times 1}&=\boldsymbol{L}\cdot\boldsymbol{L}\boldsymbol{1}_{N\times 1}=\boldsymbol{L}\cdot\boldsymbol{0}_{N\times 1}=\boldsymbol{0}_{N\times 1}\end{aligned} \tag{5.13}$$

注5.1 引理5.1表明$\boldsymbol{R}_1$是半正定的,因此J_1是有一个有意义的一致性代价函数。式(5.11)中$\boldsymbol{R}_1$的表达式是为了保证所提出的最优控制律是拉普拉斯矩阵$\boldsymbol{L}$的线性函数,因此它也是完全依赖于通信拓扑结构,这将在定理5.1的证明中得到验证。文献[102]也分析了类似形式的一致性代价函数。

控制消耗代价函数具有正则二次型

$$J_2 = \int_0^{\infty} \boldsymbol{U}^{\mathrm{T}} \boldsymbol{R}_2 \boldsymbol{U} \mathrm{d}t \tag{5.14}$$

式(5.14)中，$\boldsymbol{R}_2 = w_c^2 \boldsymbol{I}_N \otimes \boldsymbol{I}_n$ 是正定的，w_c 是标量加权参数。

5.2.2　算法设计

本节的主要内容在以下定理中给出。

定理 5.1　给定多飞行器系统(5.6)，假设系统间通信拓扑连通，满足指标函数(5.10)的最优一致性算法如下：

$$\boldsymbol{\phi}(\boldsymbol{X}) = -\frac{w_p}{w_c}(\boldsymbol{L} \otimes \boldsymbol{I}_n)\boldsymbol{X} \tag{5.15}$$

证明：根据线性二次调节(LQR)定理，

$$\boldsymbol{U}^* = \boldsymbol{\phi}(\hat{X}) = -\frac{1}{2}\boldsymbol{R}_2^{-1} V'(\hat{X}) = -\boldsymbol{R}_2^{-1}\boldsymbol{P}\hat{\boldsymbol{X}} \tag{5.16}$$

式(5.16)中，$\boldsymbol{P}$ 是黎卡提方程 $\boldsymbol{PA} + \boldsymbol{A}^{\mathrm{T}}\boldsymbol{P} + \boldsymbol{R}_1 - \boldsymbol{PBR}_2^{-1}\boldsymbol{B}^{\mathrm{T}}\boldsymbol{P} = \boldsymbol{0}$ 的解。代入 $\boldsymbol{A} = \boldsymbol{0}_N$、$\boldsymbol{B} = \boldsymbol{I}_N$ 可得

$$\boldsymbol{R}_1 - \boldsymbol{PR}_2^{-1}\boldsymbol{P} = \boldsymbol{0} \tag{5.17}$$

代入 $\boldsymbol{R}_1 = w_p^2 \boldsymbol{L}^2 \otimes \boldsymbol{I}_n$，$R_2 = w_c^2 \boldsymbol{I}_N \otimes \boldsymbol{I}_n$ 可得

$$\boldsymbol{P} = w_p w_c \boldsymbol{L} \otimes \boldsymbol{I}_n \tag{5.18}$$

将式(5.18)代入(5.16)，可得系统最优一致性算法，证毕。

5.2.3　仿真算例

在本节中，给出了几个数学仿真来验证所提出的最优一致性算法。考虑四个平面飞行的飞行器，其通信拓扑 $\boldsymbol{L}$ 由下式给出：

$$\boldsymbol{L} = \begin{bmatrix} 2 & -1 & 0 & -1 \\ -1 & 2 & -1 & 0 \\ 0 & -1 & 2 & -1 \\ -1 & 0 & -1 & 2 \end{bmatrix}$$

四架飞行器的初始位置分别任意给为(−7.5，5)、(2.5，−7.5)、(10，10)和(−3，4)(单位为 m)。最优控制形式中的权重设定为 $w_p = 0.8$ 和 $w_c = 4$。

在图 5.1~图 5.3 中显示了最优一致性定律下的四个飞行器的运动仿真结果，图 5.1 给出了轨迹；图 5.2 和图 5.3 分别显示了最优控制输入和位置的时间变化。最终的一致性点位于(0.5，0.375)(单位为 m)。

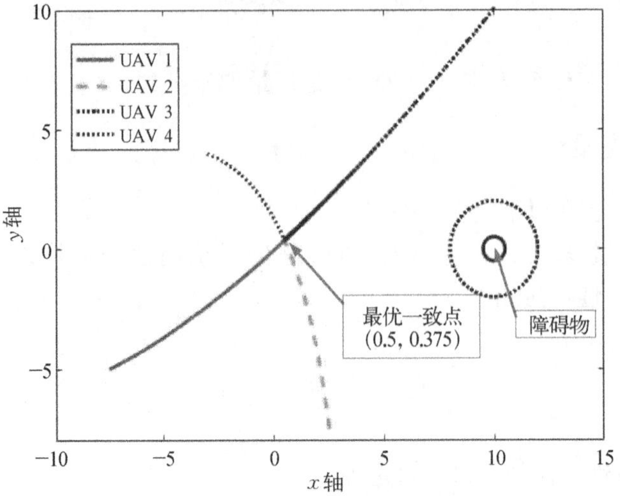

图 5.1　四架无人机最优一致飞行轨迹

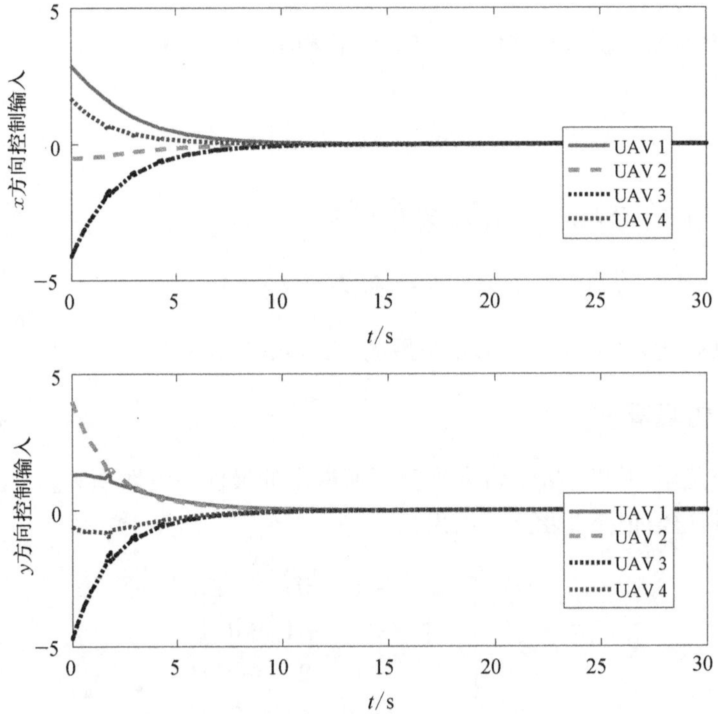

图 5.2　四架无人机控制输入

单积分系统的最优一致性算法为 $\boldsymbol{U}^* = -\frac{w_p}{w_c}(\boldsymbol{L}\otimes\boldsymbol{I}_n)\boldsymbol{X}$，除了加权参数外，其形式与单积分系统的传统一致性算法相同[94]。正是由于加权参数的选取不同，在最小化成本函数 $J_1 + J_2$ 的情景下，本小节所提的一致性算法是最优的。

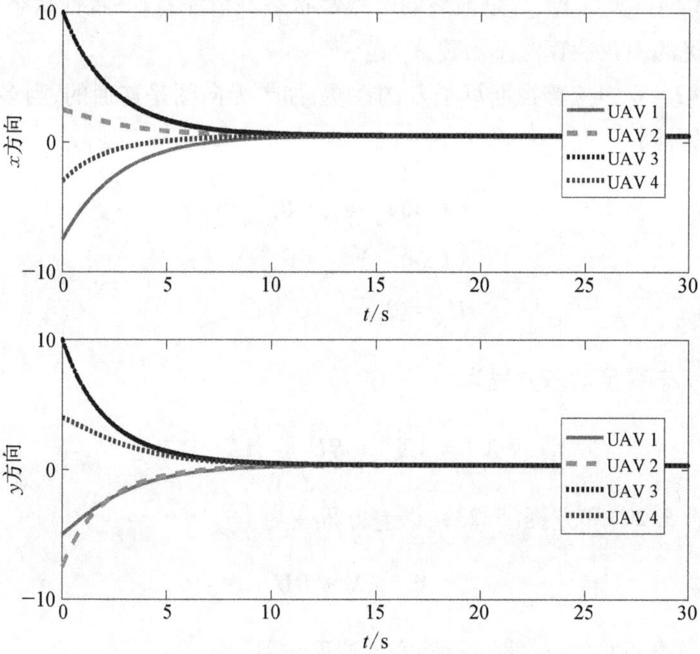

图 5.3　四架无人机 x、y 方向位置

5.3　双积分器系统的最优一致性算法

5.3.1　问题描述

N 个具有相同双积分器动力学的飞行器系统如下：

$$\begin{cases}\dot{\boldsymbol{p}}_i = \boldsymbol{v}_i \\ \dot{\boldsymbol{v}}_i = \boldsymbol{u}_i\end{cases},\ i = 1,\ \cdots,\ N \tag{5.19}$$

写成向量形式如下：

$$\dot{\boldsymbol{X}} = \boldsymbol{A}\boldsymbol{X} + \boldsymbol{B}\boldsymbol{U} \tag{5.20}$$

式(5.19)和式(5.20)中，$\boldsymbol{p}_i(t) \in \boldsymbol{R}^n$、$\boldsymbol{v}_i(t) \in \boldsymbol{R}^n$ 和 $\boldsymbol{u}_i(t) \in \boldsymbol{R}^n$ 分别是第 i 个飞行器的位置、速度和控制输入；$\boldsymbol{X} = [\boldsymbol{p}_1^{\mathrm{T}},\ \cdots,\ \boldsymbol{p}_N^{\mathrm{T}},\ \boldsymbol{v}_1^{\mathrm{T}},\ \cdots,\ \boldsymbol{v}_N^{\mathrm{T}}]^{\mathrm{T}}$；$\boldsymbol{U} = [\boldsymbol{u}_1^{\mathrm{T}},\ \cdots,\ \boldsymbol{u}_N^{\mathrm{T}}]^{\mathrm{T}}$；$\boldsymbol{A} = \begin{bmatrix}\boldsymbol{0}_{N\times N} & \boldsymbol{I}_N \\ \boldsymbol{0}_{N\times N} & \boldsymbol{0}_{N\times N}\end{bmatrix} \otimes \boldsymbol{I}_n$，$\boldsymbol{B} = \begin{bmatrix}\boldsymbol{0}_{N\times N} \\ \boldsymbol{I}_N\end{bmatrix} \otimes \boldsymbol{I}_n$。

为方便后文的推导过程，定义误差状态

$$\hat{\boldsymbol{X}} = [\hat{\boldsymbol{p}}^{\mathrm{T}}\quad \hat{\boldsymbol{v}}^{\mathrm{T}}]^{\mathrm{T}} = \boldsymbol{X} - \boldsymbol{X}_{\mathrm{cs}} \tag{5.21}$$

式(5.21)中，$\boldsymbol{X}_{cs}=[\boldsymbol{p}_{cs}^{T}\quad \boldsymbol{v}_{cs}^{T}]^{T}$ 是最终的一致性状态。请注意，一致性状态 $\boldsymbol{X}_{cs}$ 是未知的。下面将证明最优的一致性算法不需要 $\boldsymbol{X}_{cs}$。

根据式 $\boldsymbol{L}\cdot\boldsymbol{1}=\boldsymbol{0}$ 中拉普拉斯算子 $\boldsymbol{L}$ 的性质，如果无向图是连通的，当多飞行器速度达成一致时，可以得到

$$\begin{aligned}&(\boldsymbol{L}\otimes\boldsymbol{I}_n)\boldsymbol{p}_{cs}=\boldsymbol{0}_{Nn\times1}\\&(\boldsymbol{L}\otimes\boldsymbol{I}_n)\boldsymbol{v}_{cs}=\boldsymbol{0}_{Nn\times1}\\&\boldsymbol{U}_{cs}=\boldsymbol{0}_{Nn\times1}\end{aligned}\tag{5.22}$$

最终的一致性状态满足动态方程为

$$\dot{\boldsymbol{X}}_{cs}=\boldsymbol{A}\boldsymbol{X}_{cs}+\boldsymbol{B}\boldsymbol{U}_{cs}=\boldsymbol{A}\boldsymbol{X}_{cs}\tag{5.23}$$

那么，根据方程(5.20)和方程(5.23)，误差方程变为

$$\dot{\hat{\boldsymbol{X}}}=\boldsymbol{A}\hat{\boldsymbol{X}}+\boldsymbol{B}\boldsymbol{U}\tag{5.24}$$

当式(5.24)系统渐近稳定时，多飞行器实现速度一致。

下面将一致性问题建模为最优控制问题，性能指标函数由两部分组成：

$$\begin{aligned}&\min: J=J_1+J_2\\&\text{s.t.}\quad \dot{\hat{\boldsymbol{X}}}=\boldsymbol{A}\hat{\boldsymbol{X}}+\boldsymbol{B}\boldsymbol{U}\end{aligned}\tag{5.25}$$

式(5.25)中，J_1、J_2 分别代表一致性代价函数和控制消耗代价函数。

一致性代价函数的形式如下：

$$J_1=\int_0^{\infty}\hat{\boldsymbol{X}}^{T}\boldsymbol{R}_1\hat{\boldsymbol{X}}\mathrm{d}t\tag{5.26}$$

式(5.26)中，$\boldsymbol{R}_1=\begin{bmatrix}w_p^2\boldsymbol{L}^2 & \boldsymbol{0}_N\\ \boldsymbol{0}_N & w_v^2\boldsymbol{L}^2-2w_pw_c\boldsymbol{L}\end{bmatrix}\otimes\boldsymbol{I}_n$，$\boldsymbol{L}$ 是由无向和连通图建立的对称拉普拉斯矩阵。w_p、w_v 和 w_c 分别代表位置一致性，速度一致性和控制消耗的权重。下面证明 $\boldsymbol{R}_1$ 是半正定的。

引理 5.2 如果一个图是无向连通的且

$$w_v^2e_i^2-2w_pw_ce_i\geqslant0\tag{5.27}$$

那么 $w_v^2\boldsymbol{L}^2-2w_pw_c\boldsymbol{L}\geqslant\boldsymbol{0}$ 且 $(w_v^2\boldsymbol{L}^2-2w_pw_c\boldsymbol{L})\cdot\boldsymbol{1}_{N\times1}=\boldsymbol{0}_{N\times1}$，$e_i$ 是 $\boldsymbol{L}$ 的特征值。

证明： 从引理 5.1 可得

$$\begin{aligned}w_v^2\boldsymbol{L}^2-2w_pw_c\boldsymbol{L}&=w_v^2\boldsymbol{Q}\boldsymbol{\Lambda}^2\boldsymbol{Q}^{-1}-2w_pw_c\boldsymbol{Q}\boldsymbol{\Lambda}\boldsymbol{Q}^{-1}\\&=\boldsymbol{Q}(w_v^2\boldsymbol{\Lambda}^2-2w_pw_c\boldsymbol{\Lambda})\boldsymbol{Q}^{-1}\end{aligned}$$

$$=Q\begin{bmatrix} w_v^2e_1^2-2w_pw_ce_1 & 0 & \cdots & 0 \\ 0 & w_v^2e_2^2-2w_pw_ce_2 & \cdots & 0 \\ \vdots & \vdots & \ddots & \vdots \\ 0 & 0 & \cdots & w_v^2e_N^2-2w_pw_ce_N \end{bmatrix}Q^{-1}$$

(5.28)

式(5.28)中,e_i 是 $\boldsymbol{L}$ 的特征值, $i=1, \cdots, N$。由于 $\boldsymbol{L}$ 是假设的对称拉普拉斯矩阵,$e_i \geqslant 0$。因此,如果 $w_v^2e_i^2-2w_pw_c \geqslant 0$,则 $w_v^2\boldsymbol{L}^2-2w_pw_c\boldsymbol{L}$ 为正半正定。

同样可以得到:

$$(w_v^2\boldsymbol{L}^2-2w_pw_c\boldsymbol{L})\cdot \boldsymbol{1}_{N\times 1}=w_v^2\boldsymbol{L}^2\cdot \boldsymbol{1}_{N\times 1}-2w_pw_c\boldsymbol{L}\cdot \boldsymbol{1}_{N\times 1}=\boldsymbol{0}_{N\times 1} \tag{5.29}$$

注 5.2 总是可以选取合适的权重来满足式(5.27)。例如,由于 $e_i \geqslant 0$, 足够大的 w_v 和足够小的 w_p 和 w_c 即可满足式(5.27)。

注 5.3 一致性代价函数式(5.26)中的项 $-2w_pw_c\boldsymbol{L}$ 用于保证最优控制律的黎卡提方程的解析解是拉普拉斯矩阵 $\boldsymbol{L}$ 的线性函数,因此完全依赖于通信拓扑,这将在定理 5.2 证明中给出。

控制消耗代价函数具有规则的二次形式

$$J_3=\int_0^{\infty}\boldsymbol{U}^{\mathrm{T}}\boldsymbol{R}_2\boldsymbol{U}\mathrm{d}t \tag{5.30}$$

式中, $\boldsymbol{R}_2=w_c^2\boldsymbol{I}_N\otimes \boldsymbol{I}_n$ 是正定的,w_c 是加权参数。

5.3.2 算法设计

定理 5.2 给定多飞行器系统(5.19),假设系统间通信无向连通,满足指标函数(5.25)的最优一致性算法如下

$$\phi(X)=-\frac{w_p}{w_c}(\boldsymbol{L}\otimes \boldsymbol{I}_n)\boldsymbol{p}-\frac{w_v}{w_c}(\boldsymbol{L}\otimes \boldsymbol{I}_n)\boldsymbol{v} \tag{5.31}$$

证明: 根据 LQR 定理,

$$\boldsymbol{U}^*=\phi(\hat{X})=-\frac{1}{2}\boldsymbol{R}_2^{-1}V'(\hat{X})=-\boldsymbol{R}_2^{-1}\boldsymbol{P}\hat{X} \tag{5.32}$$

式(5.32)中, $\boldsymbol{P}=\begin{bmatrix}\boldsymbol{P}_1 & \boldsymbol{P}_2 \\ \boldsymbol{P}_2 & \boldsymbol{P}_3\end{bmatrix}\otimes \boldsymbol{I}_n$ 是黎卡提方程 $\boldsymbol{PA}+\boldsymbol{A}^{\mathrm{T}}\boldsymbol{P}+\boldsymbol{R}_1-\boldsymbol{PBR}_2^{-1}\boldsymbol{B}^{\mathrm{T}}\boldsymbol{P}=0$ 的解。代入 $\boldsymbol{A}=\begin{bmatrix}\boldsymbol{0}_{N\times N} & \boldsymbol{I}_N \\ \boldsymbol{0}_{N\times N} & \boldsymbol{0}_{N\times N}\end{bmatrix}\otimes \boldsymbol{I}_n$, $\boldsymbol{B}=\begin{bmatrix}\boldsymbol{0}_{N\times N} \\ \boldsymbol{I}_N\end{bmatrix}\otimes \boldsymbol{I}_n$, $\boldsymbol{R}_1=\begin{bmatrix}w_p^2\boldsymbol{L}^2 & \boldsymbol{0}_N \\ \boldsymbol{0}_N & w_v^2\boldsymbol{L}^2-2w_pw_c\boldsymbol{L}\end{bmatrix}\otimes \boldsymbol{I}_n$, $\boldsymbol{R}_2=w_c^2\boldsymbol{I}_N\otimes \boldsymbol{I}_n$ 可得

$$\left(\begin{bmatrix}\boldsymbol{0}_{N\times N} & \boldsymbol{P}_1\\ \boldsymbol{0}_{N\times N} & \boldsymbol{P}_2\end{bmatrix}+\begin{bmatrix}\boldsymbol{0}_{N\times N} & \boldsymbol{0}_{N\times N}\\ \boldsymbol{P}_1 & \boldsymbol{P}_2\end{bmatrix}+\begin{bmatrix}w_p^2\boldsymbol{L}^2 & \boldsymbol{0}_N\\ \boldsymbol{0}_N & w_v^2\boldsymbol{L}^2-2w_pw_c\boldsymbol{L}\end{bmatrix}-\frac{1}{w_c^2}\begin{bmatrix}\boldsymbol{P}_2^2 & \boldsymbol{P}_2\boldsymbol{P}_3\\ \boldsymbol{P}_3\boldsymbol{P}_2 & \boldsymbol{P}_3^2\end{bmatrix}\right)\otimes\boldsymbol{I}_n=\boldsymbol{0}$$

$$\Rightarrow\begin{cases}w_p^2\boldsymbol{L}^2-\dfrac{1}{w_c^2}\boldsymbol{P}_2^2=\boldsymbol{0}\\ \boldsymbol{P}_1-\dfrac{1}{w_c^2}\boldsymbol{P}_2\boldsymbol{P}_3=\boldsymbol{0}\\ 2\boldsymbol{P}_2+w_v^2\boldsymbol{L}^2-2w_pw_c\boldsymbol{L}-\dfrac{1}{w_c^2}\boldsymbol{P}_3^2=\boldsymbol{0}\end{cases}$$

$$\Rightarrow\boldsymbol{P}_1=w_pw_v\boldsymbol{L}^2,\ \boldsymbol{P}_2=w_pw_c\boldsymbol{L},\ \boldsymbol{P}_3=w_vw_c\boldsymbol{L}\tag{5.33}$$

$$\boldsymbol{P}=\begin{bmatrix}w_pw_v\boldsymbol{L}^2 & w_pw_c\boldsymbol{L}\\ w_pw_c\boldsymbol{L} & w_vw_v\boldsymbol{L}\end{bmatrix}\tag{5.34}$$

将式(5.33)代入式(5.32),可得双积分器系统最优一致性算法,证毕。

5.3.3 仿真算例

本节将验证定理 5.2 所提出的最优一致性算法。在图 5.4 的场景中。本文仿真的运动为平面运动,因此 $n=2$。根据拉普拉斯矩阵的定义,$\boldsymbol{L}$ 的表达式如下:

$$\boldsymbol{L}=\begin{bmatrix}2 & -1 & 0 & -1\\ -1 & 2 & -1 & 0\\ 0 & -1 & 2 & -1\\ -1 & 0 & -1 & 2\end{bmatrix}$$

四个飞行器的初始位置分别为(−2, −2)、(2, −2)、(2, 2)和(−2, 2)(单位为 m)。假设四个飞行器的初始速度为(0.2, 0.4)、(−0.4, 0.2)、(−0.2, −0.4)和(0.2, −0.2)(单位为 m)。一致性算法中的相关权重设置为 w_p = 0.04、w_v = 1.2 和 w_c = 0.8 以满足定理 5.2 中的权重条件。

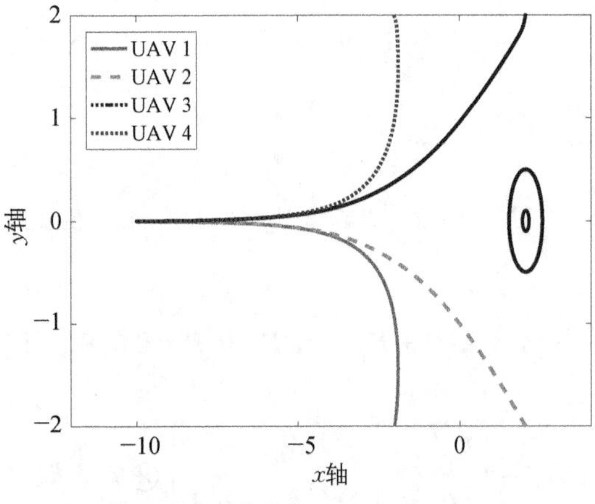

图 5.4 在任何飞行器的轨迹上都没有障碍的四个飞行器的一致性轨迹

假设障碍物出现在(2, 0)(单位为 m)处,不在任何飞行器的轨迹上。障碍物的半径和检测区域设定为 r = 0.1 m 和 R = 0.5 m。在所提出的最优一致性定律下,四个飞行器的运动的仿真结果如图 5.4 所示。总仿真时间为 200 s。从图 5.4 中可以看出,在任何飞行器的轨迹上都没有障碍的情形下,四个飞行器的轨迹达成一致。图

5.5 显示了四个飞行器的位置和速度的随时间的变化。最优控制输入如图 5.6 所示

这种网络化双积分器系统的最优控制律就变成了

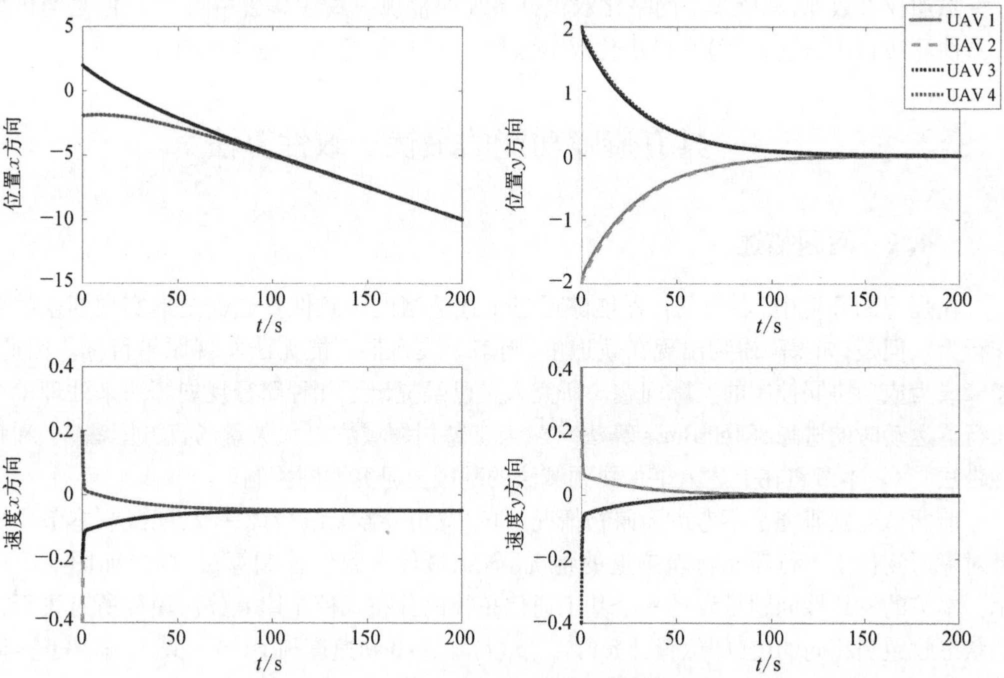

图 5.5　四个飞行器的位置和速度随时间的变化

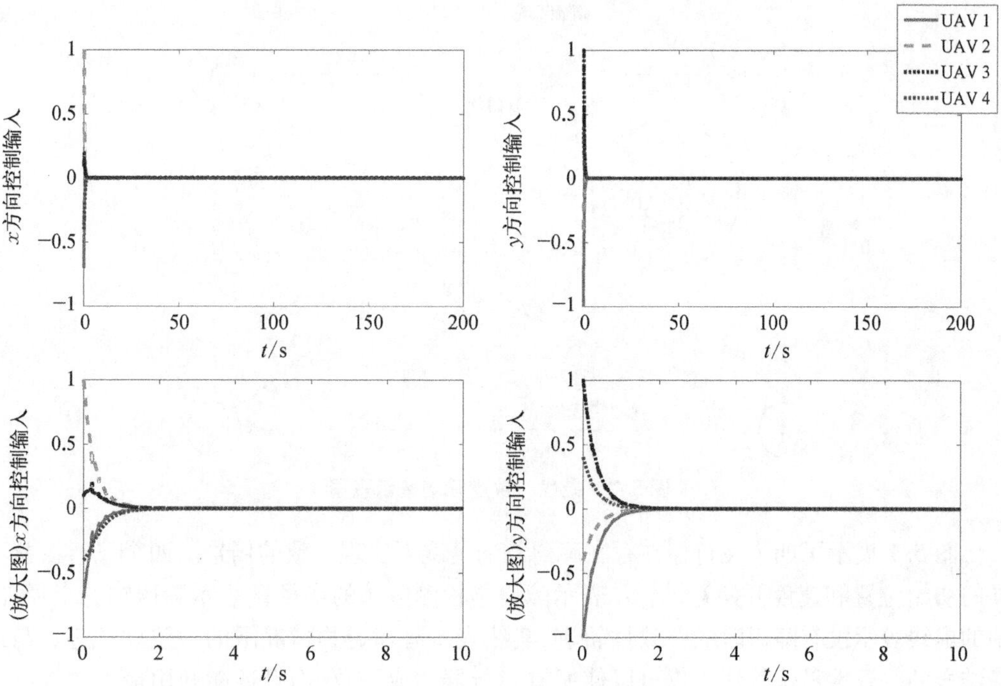

图 5.6　四个飞行器的最优控制输入

$$U^{*}=-\frac{w_{p}}{w_{c}}(L\otimes I_{n})p--\frac{w_{p}}{w_{c}}(L\otimes I_{n})v \tag{5.35}$$

除加权参数外，其形式与网络化双积分系统的常规一致性算法相同[94]。但是与传统一致性算法相比，式(5.35)在最小化成本函数 J_1+J_3 的意义上是最优的。

5.4 具有避障功能的最优一致性算法

5.4.1 问题描述

在理想的环境中，多个飞行器能够通过上述适当的一致性算法安全地实现期望的合作行为。但是，如果障碍物出现在轨道上，则多个飞行器可能无法实现原始目标。因此，避障成为成功协同控制的实际问题。研究人员已经提出了几种路径规划算法来处理单个飞行器运动时的避障，例如 Bug's 算法[105]、人工惩罚领域法[106]、矢量场直方图法[107]和弹性带法[108]。本章将在上述人工惩罚领域法的基础上研究协同控制。

前两节分别研究了不考虑障碍物情况下单、双积分器系统最优一致性算法，本节主要针对障碍物位于飞行器飞行轨迹上的情况，研究最优一致性控制算法，场景如图 5.7 所示。本节的一致性问题是设计一个基于通信拓扑的分布式控制律 $\boldsymbol{u}_i(t)$，使得所有飞行器的状态收敛到相同的值，即位置 $\|\boldsymbol{p}_i(t)-\boldsymbol{p}_j(t)\|\to\mathbf{0}$ 和速度 $\|\boldsymbol{v}_i(t)-\boldsymbol{v}_j(t)\|\to\mathbf{0}$。同时，每个飞行器都以最优的方式避开其轨迹上的障碍。

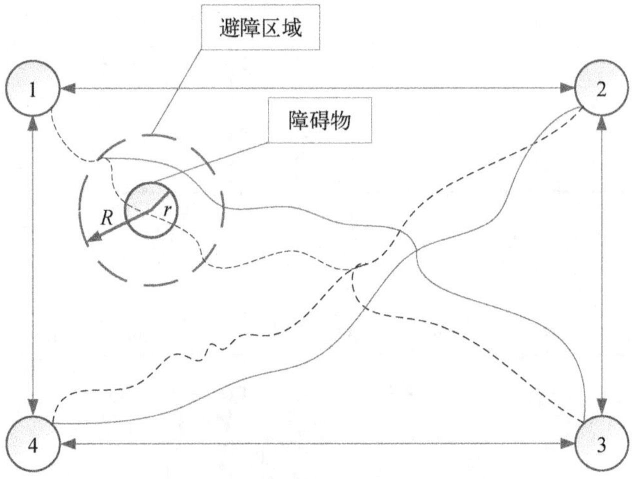

图 5.7　最优一致避障场景示意图

图 5.7 展示了四个飞行器在存在障碍物的情况下实现一致的场景。四个飞行器从不同的初始位置和速度开始运动。R 表示障碍物检测区域的半径；r 表示障碍物的半径；图中的虚线表示没有障碍时的一致性轨迹；实线表示有障碍物情况下的一致性轨迹。与避障结合的一致性最优算法不仅可以使所有飞行器达成一致，而且还能利用最少的控制消耗实现避障。

为了便于问题的表述,对图 5.7 中的区域进行定义:

第 j 个障碍的碰撞区域:$\boldsymbol{\Lambda}_j \triangleq \{\boldsymbol{x} \mid \boldsymbol{x} \in \boldsymbol{R}^n,\ \|\boldsymbol{x} - \boldsymbol{O}_{bj}\| \leqslant r_j\}$;

第 j 个障碍的检测区域:$\boldsymbol{\Psi}_j \triangleq \{\boldsymbol{x} \mid \boldsymbol{x} \in \boldsymbol{R}^n,\ \|\boldsymbol{x} - \boldsymbol{O}_{bj}\| \leqslant R_j\}$;

第 j 个障碍的反应区域:$\boldsymbol{\Gamma}_j \triangleq \{\boldsymbol{x} \mid \boldsymbol{x} \in \boldsymbol{R}^n,\ r_j < \|\boldsymbol{x} - \boldsymbol{O}_{bj}\| \leqslant R_j\}$。

相应地,安全区域可以表示为 $\boldsymbol{\Theta} = (\cup \boldsymbol{\Lambda}_j)^c$,并且检测外部区域可以表示为 $\boldsymbol{\Pi} = (\cup \boldsymbol{\Psi}_j)^c$。符号"∪"表示并集,上标 c 表示补集。

在本节中,对于障碍物给出以下三个假设:

假设 5.1 所有障碍物都可以建模为圆形物体。

假设 5.2 $\boldsymbol{\Psi}_j \cap \boldsymbol{\Psi}_k = \varnothing,\ j \neq k_a$。

假设 5.3 假设飞行器之间的信息交换拓扑是无向和连通的。

假设 5.2 意味着多个障碍物的检测区域没有交集,这个假设是为了排除飞行器进入障碍的交集区域后不能自主确定避免哪个障碍的情形,这意味着每个飞行器在任何时刻都只会遇到一个障碍。

5.4.2 单积分器系统的最优避障一致性算法设计

在式(5.5)~式(5.9)N 个飞行器一致性控制问题的基础上,设计最优避障一致性控制代价函数,由三部分组成:

$$\begin{aligned} \min:\ & J = J_1 + J_2 + J_3 \\ \text{s.t.}\ & \dot{\hat{\boldsymbol{X}}} = \boldsymbol{U} \end{aligned} \tag{5.36}$$

式(5.36)中,J_1 和 J_3 的定义分别与式(5.11)和式(5.14)定义相同,J_2 定义如下:

$$J_2 = \int_0^{\infty} h(\hat{X})\,\mathrm{d}t \tag{5.37}$$

引入引理 5.3 推导出本节的主要结果,并用于证明所提避障一致性算法的渐近稳定性和最优性。

引理 5.3 考虑非线性控制的动力学系统

$$\dot{\hat{X}}(t) = f[\hat{\boldsymbol{X}}(t),\ \boldsymbol{U}(t)],\ \hat{\boldsymbol{X}}(0) = \hat{\boldsymbol{X}}_0,\ t \geqslant 0 \tag{5.38}$$

式(5.38)中,$f(0,\ 0) = 0$,则代价函数为

$$J[\hat{\boldsymbol{X}}_0,\ \boldsymbol{U}(\cdot)] \triangleq \int_0^{\infty} T[\hat{\boldsymbol{X}}(t),\ \boldsymbol{U}(t)]\,\mathrm{d}t \tag{5.39}$$

式(5.39)中,$\boldsymbol{U}(\cdot)$是一个允许的控制。令 $\boldsymbol{D} \subseteq \boldsymbol{R}^N$ 是一个开集且 $\boldsymbol{\Omega} \subseteq \boldsymbol{R}^n$。假设存在一个连续可微函数 $V\colon \boldsymbol{D} \to \boldsymbol{R}$ 和控制律 $\phi\colon \boldsymbol{D} \to \boldsymbol{\Omega}$,使得

$$V(0) = 0 \tag{5.40}$$

$$V(\hat{\boldsymbol{X}}) > 0,\ \hat{\boldsymbol{X}} \in \boldsymbol{D},\ \hat{\boldsymbol{X}} \neq \boldsymbol{0} \tag{5.41}$$

$$\phi\colon (0) = 0 \tag{5.42}$$

$$V^{\mathrm{T}}(\hat{\boldsymbol{X}})f[\hat{\boldsymbol{X}}(t),\ \phi(\hat{\boldsymbol{X}})] < 0,\ \hat{\boldsymbol{X}}(0) \in \boldsymbol{D} \quad \hat{\boldsymbol{X}} \neq \boldsymbol{0} \tag{5.43}$$

$$H[\hat{\boldsymbol{X}}(t),\ \phi(\hat{\boldsymbol{X}})] = 0,\ \hat{\boldsymbol{X}} \in \boldsymbol{D} \tag{5.44}$$

$$H(\hat{\boldsymbol{X}},\ \boldsymbol{U}) \geqslant 0,\ \hat{\boldsymbol{X}} \in \boldsymbol{D},\ \boldsymbol{U} \in \boldsymbol{\Omega} \tag{5.45}$$

式(5.44)和式(5.45)中，$H(\hat{\boldsymbol{X}},\ \boldsymbol{U}) \triangleq T(\hat{\boldsymbol{X}},\ \boldsymbol{U}) + V'^{\mathrm{T}}(\hat{\boldsymbol{X}})f[\hat{\boldsymbol{X}}(t),\ \boldsymbol{U}]$ 是哈密尔顿函数。上标“′”表示关于 $\hat{\boldsymbol{X}}$ 的偏微分。

那么，用反馈控制律

$$\boldsymbol{U}(\cdot) = \phi[\hat{\boldsymbol{X}}(\cdot)] \tag{5.46}$$

则闭环系统的解 $\hat{\boldsymbol{X}}(t) = \boldsymbol{0}$ 是局部渐近稳定的，并且存在原点的邻域 $\boldsymbol{D}_0 \subseteq \boldsymbol{D}$，使得

$$J\{\hat{\boldsymbol{X}}_0,\ \phi[\hat{\boldsymbol{X}}(\cdot)]\} = V(\hat{\boldsymbol{X}}_0),\ \hat{\boldsymbol{X}} \in \boldsymbol{D}_0 \tag{5.47}$$

此外，如果 $\hat{\boldsymbol{X}}_0 \in \boldsymbol{D}_0$，那么当

$$J\{\hat{\boldsymbol{X}}_0,\ \phi[\hat{\boldsymbol{X}}(\cdot)]\} = \min_{\boldsymbol{U}(\cdot) \in S(\hat{\boldsymbol{X}}_0)} J[\hat{\boldsymbol{X}}_0,\ \boldsymbol{U}(\cdot)] \tag{5.48}$$

则反馈控制 $\boldsymbol{U}(\cdot) = \phi[\hat{\boldsymbol{X}}(\cdot)]$ 可使 $J[\hat{\boldsymbol{X}}_0,\ \boldsymbol{U}(\cdot)]$ 最小化，其中 $S(\hat{\boldsymbol{X}}_0)$ 表示每个初始条件 $\hat{\boldsymbol{X}}_0 \in \boldsymbol{D}$ 的渐近稳定控制器的集合。如果 $\boldsymbol{D} \in \boldsymbol{R}^N$，$\boldsymbol{\Omega} \in \boldsymbol{R}^n$，且

$$V(\hat{\boldsymbol{X}}) \to \infty,\text{当 } \|\hat{\boldsymbol{X}}\| \to \infty$$

闭环系统的解 $\hat{\boldsymbol{X}} = \boldsymbol{0}$ 是全局渐近稳定的。

这个引理强调了 Hamilton-Jacobi-Bellman 方程的稳态解是非线性系统的李雅普诺夫函数，从而保证了稳定性和最优性。

定理 5.3 对于满足假设 5.1~假设 5.3 的多飞行器系统(图 5.7)，总是存在参数 w_p 和 w_c，使得反馈控制律

$$\phi(\boldsymbol{X}) = -\frac{w_p}{w_c}(\boldsymbol{L} \otimes \boldsymbol{I}_n)\boldsymbol{X} - \frac{1}{2w_c^2}g'(\boldsymbol{X}) \tag{5.49}$$

对于一致性问题(5.36)来说是一个最优控制，在式(5.37)中：

$$h(\hat{\boldsymbol{X}}) = \frac{w_p}{w_c}g'^{\mathrm{T}}(\hat{\boldsymbol{X}})(\boldsymbol{L} \otimes \boldsymbol{I}_n)\hat{\boldsymbol{X}} + \frac{1}{4w_c^2}g'^{\mathrm{T}}(\hat{\boldsymbol{X}})g'(\hat{\boldsymbol{X}}) \tag{5.50}$$

式(5.50)中，$g(\hat{\boldsymbol{X}})$ 是避障势函数，定义为

$$g(\hat{\boldsymbol{X}}) = \sum_{i=1}^{n} m(\boldsymbol{x}_i) = g(\boldsymbol{X}) \tag{5.51}$$

式(5.51)中，

$$m(x_i) = \begin{cases} 0 & \boldsymbol{x}_i \in \boldsymbol{\Pi}_j \\ \left(\dfrac{R_j^2 - \|\boldsymbol{x}_j - \boldsymbol{O}_{bj}\|^2}{\|\boldsymbol{x}_j - \boldsymbol{O}_{bj}\|^2 - r_j^2}\right)^2 & \boldsymbol{x}_i \in \boldsymbol{\Gamma}_j \quad i = 1,\ \cdots,\ N \\ \text{无定义} & \boldsymbol{x}_i \in \boldsymbol{\Lambda}_j \end{cases} \tag{5.52}$$

及

$$\begin{aligned} g'(\hat{\boldsymbol{X}}) &= \left[\left(\frac{\mathrm{d}m(\boldsymbol{x}_1)}{\mathrm{d}\hat{\boldsymbol{x}}_1}\right)^{\mathrm{T}}\left(\frac{\mathrm{d}m(\boldsymbol{x}_2)}{\mathrm{d}\hat{\boldsymbol{x}}_2}\right)^{\mathrm{T}}\cdots\left(\frac{\mathrm{d}m(\boldsymbol{x}_N)}{\mathrm{d}\hat{\boldsymbol{x}}_N}\right)^{\mathrm{T}}\right]^{\mathrm{T}} \\ &= \left[\left(\frac{\mathrm{d}m(\boldsymbol{x}_1)}{\mathrm{d}\boldsymbol{x}_1}\right)^{\mathrm{T}}\left(\frac{\mathrm{d}m(\boldsymbol{x}_2)}{\mathrm{d}\boldsymbol{x}_2}\right)^{\mathrm{T}}\cdots\left(\frac{\mathrm{d}m(\boldsymbol{x}_N)}{\mathrm{d}\boldsymbol{x}_N}\right)^{\mathrm{T}}\right]^{\mathrm{T}} \\ &= g'(\boldsymbol{X}) \end{aligned} \tag{5.53}$$

$g'(\hat{\boldsymbol{X}})$是$g(\hat{\boldsymbol{X}})$相对于$\hat{\boldsymbol{X}}$的导数。

此外,闭环系统是全局渐近稳定的,或者能够保证一致性用$\boldsymbol{X}(t)\to\boldsymbol{X}_{\mathrm{cs}}$。

证明: 使用引理5.3来求解最优一致性问题,可得

$$\begin{gathered} T(\hat{\boldsymbol{X}},\ \boldsymbol{U}) = \hat{\boldsymbol{X}}^{\mathrm{T}}\boldsymbol{R}_1\hat{\boldsymbol{X}} + h(\hat{\boldsymbol{X}}) + \boldsymbol{U}^{\mathrm{T}}\boldsymbol{R}_2\boldsymbol{U} \\ f(\hat{\boldsymbol{X}},\ \boldsymbol{U}) = \boldsymbol{U} \end{gathered} \tag{5.54}$$

其满足$f(\boldsymbol{0}_{nN\times 1},\ \boldsymbol{0}_{nN\times 1}) = \boldsymbol{0}_{nN\times 1}$。

候选的李雅普诺夫函数选定为

$$V(\hat{\boldsymbol{X}}) = \hat{\boldsymbol{X}}^{\mathrm{T}}\boldsymbol{P}\hat{\boldsymbol{X}} + g(\hat{\boldsymbol{X}}) \tag{5.55}$$

式(5.55)中,$\boldsymbol{P}$是黎卡提方程的解,在后面给出。

为了使函数$V(\hat{\boldsymbol{X}})$是一个有效的李雅普诺夫函数,它必须是关于$\hat{\boldsymbol{X}}$连续可微分的等价于$g(\hat{\boldsymbol{X}})$必须关于$\hat{\boldsymbol{X}}$连续可微。事实上,如果$m(\boldsymbol{x}_i)$和$\dfrac{\mathrm{d}m(\boldsymbol{x}_i)}{\mathrm{d}\boldsymbol{x}_i}$在检测区域的边界$\|\boldsymbol{x}_i - \boldsymbol{O}_{bj}\| = R_j$处连续。由于$\lim_{\|x_i - O_{bj}\|\to R_j^-} m(\boldsymbol{x}_i) = 0 = \lim_{\|x_i - O_{bj}\|\to R_j^+} m(\boldsymbol{x}_i)$,因此$m(\boldsymbol{x}_i)$是在$\|\boldsymbol{x}_i - \boldsymbol{O}_{bj}\| = R_j$处是连续的。此外,由于

$$\frac{\mathrm{d}m(\boldsymbol{x}_i)}{\mathrm{d}(\boldsymbol{x}_i)} = \begin{cases} 0 & \boldsymbol{x}_i \in \boldsymbol{\Pi} \\ \dfrac{-4(R_j^2 - r_j^2)(R_j^2 - \|\boldsymbol{x}_i - \boldsymbol{O}_{bj}\|^2)}{(\|\boldsymbol{x}_j - \boldsymbol{O}_{bj}\|^2 - r_j^2)^3}(\boldsymbol{x}_i - \boldsymbol{O}_{bj})^2 & \boldsymbol{x}_i \in \boldsymbol{\Gamma}_j \\ \text{无定义} & \boldsymbol{x}_i \in \boldsymbol{\Lambda}_j \end{cases} \tag{5.56}$$

可知$\lim_{\|x_i - O_{bj}\|\to R_j^-}\dfrac{\mathrm{d}m(\boldsymbol{x}_i)}{\mathrm{d}\boldsymbol{x}_i} = \boldsymbol{0}_{n\times 1} = \lim_{\|x_i - O_{bj}\|\to R_j^+}\dfrac{\mathrm{d}m(\boldsymbol{x}_{\mathrm{id}})}{\mathrm{d}\boldsymbol{x}_i}$,这意味着$\dfrac{\mathrm{d}m(\boldsymbol{x}_i)}{\mathrm{d}\boldsymbol{x}_i}$在$\|\boldsymbol{x}_i - \boldsymbol{O}_{bj}\| = R_j$处是连续的,因此在$\boldsymbol{\Theta}$上连续。因此$g(\hat{\boldsymbol{X}})$和李雅普诺夫方程$V(\hat{\boldsymbol{X}})$对于$\hat{\boldsymbol{X}}$在$\boldsymbol{\Theta}$内是连续可微的。

针对一致性问题,哈密顿函数可表示为

$$\begin{aligned} H(\hat{\boldsymbol{X}},\ \boldsymbol{U}) &= T(\hat{\boldsymbol{X}},\ \boldsymbol{U}) + V'^{\mathrm{T}}(\hat{\boldsymbol{X}})f(\hat{\boldsymbol{X}},\ \boldsymbol{U}) \\ &= \hat{\boldsymbol{X}}^{\mathrm{T}}\boldsymbol{R}_1\hat{\boldsymbol{X}} + h(\hat{\boldsymbol{X}}) + \boldsymbol{U}^{\mathrm{T}}\boldsymbol{R}_2\boldsymbol{U} + [2\hat{\boldsymbol{X}}^{\mathrm{T}}\boldsymbol{P} + g'^{\mathrm{T}}(\hat{\boldsymbol{X}})]\boldsymbol{U} \end{aligned} \tag{5.57}$$

令$(\partial/\partial\boldsymbol{U})H(\hat{\boldsymbol{X}},\ \boldsymbol{U}) = \boldsymbol{0}$得到最优的控制律:

$$\boldsymbol{U}^* = \phi(\hat{\boldsymbol{X}}) = -\frac{1}{2}\boldsymbol{R}_2^{-1}V'(\hat{\boldsymbol{X}}) = -\boldsymbol{R}_2^{-1}\boldsymbol{P}\hat{\boldsymbol{X}} - \frac{1}{2}\boldsymbol{R}_2^{-1}g'(\hat{\boldsymbol{X}}) \tag{5.58}$$

由上式可得

$$\begin{aligned} V'^{\mathrm{T}}(\hat{\boldsymbol{X}})f[\hat{\boldsymbol{X}},\ \phi(\hat{\boldsymbol{X}})] = & -2\hat{\boldsymbol{X}}^{\mathrm{T}}\boldsymbol{P}\boldsymbol{R}_2^{-1}\boldsymbol{P}\hat{\boldsymbol{X}} - \hat{\boldsymbol{X}}^{\mathrm{T}}\boldsymbol{P}\boldsymbol{R}_2^{-1}g'(\hat{\boldsymbol{X}}) \\ & - g'(\hat{\boldsymbol{X}})\boldsymbol{R}_2^{-1}\boldsymbol{P}\hat{\boldsymbol{X}} - \frac{1}{2}g'^{\mathrm{T}}(\hat{\boldsymbol{X}})\boldsymbol{R}_2^{-1}g'(\hat{\boldsymbol{X}}) \end{aligned} \tag{5.59}$$

将式(5.58)和式(5.59)代入式(5.57)得到

$$\begin{aligned} H[\hat{\boldsymbol{X}},\ \phi(\hat{\boldsymbol{X}})] = & \hat{\boldsymbol{X}}^{\mathrm{T}}(\boldsymbol{R}_1 - \boldsymbol{P}\boldsymbol{R}_2^{-1}\boldsymbol{P})\hat{\boldsymbol{X}} - g'^{\mathrm{T}}(\hat{\boldsymbol{X}})\boldsymbol{R}_2^{-1}\boldsymbol{P}\hat{\boldsymbol{X}} + h(\hat{\boldsymbol{X}}) \\ & - \frac{1}{4}g'^{\mathrm{T}}(\hat{\boldsymbol{X}})\boldsymbol{R}_2^{-1}g'(\hat{\boldsymbol{X}}) \end{aligned} \tag{5.60}$$

为了证明式(5.58)控制律是一致性问题(5.36)的最优解,需要验证引理 5.3 中的条件[式(5.40)~式(5.45)]。为了满足条件式(5.44)或者令方程式(5.60)为 0,令

$$\boldsymbol{R}_1 - \boldsymbol{P}\boldsymbol{R}_2^{-1}\boldsymbol{P} = \boldsymbol{0} \tag{5.61}$$

且

$$-g'^{\mathrm{T}}(\hat{\boldsymbol{X}})\boldsymbol{R}_2^{-1}\boldsymbol{P}\hat{\boldsymbol{X}} + h(\hat{\boldsymbol{X}}) - \frac{1}{4}g'^{\mathrm{T}}(\hat{\boldsymbol{X}})\boldsymbol{R}_2^{-1}g'(\hat{\boldsymbol{X}}) = 0 \tag{5.62}$$

结合式(5.58)、式(5.61)和式(5.62)有

$$\begin{aligned} & H[\hat{\boldsymbol{X}},\ \boldsymbol{U},\ V'^{\mathrm{T}}(\hat{\boldsymbol{X}})] \\ = & \boldsymbol{U}^{\mathrm{T}}\boldsymbol{R}_2\boldsymbol{U} + h(\hat{\boldsymbol{X}}) + \hat{\boldsymbol{X}}^{\mathrm{T}}\boldsymbol{R}_1\hat{\boldsymbol{X}} + [2\hat{\boldsymbol{X}}^{\mathrm{T}}\boldsymbol{P} + g'^{\mathrm{T}}(\hat{\boldsymbol{X}})]\boldsymbol{U} \\ = & \boldsymbol{U}^{\mathrm{T}}\boldsymbol{R}_2\boldsymbol{U} + h(\hat{\boldsymbol{X}}) + \hat{\boldsymbol{X}}^{\mathrm{T}}\boldsymbol{R}_1\hat{\boldsymbol{X}} + [2\hat{\boldsymbol{X}}^{\mathrm{T}}\boldsymbol{P} + g'^{\mathrm{T}}(\hat{\boldsymbol{X}})]\boldsymbol{U} \\ & - \hat{\boldsymbol{X}}^{\mathrm{T}}(\boldsymbol{R}_1 - \boldsymbol{P}\boldsymbol{R}_2^{-1}\boldsymbol{P})\hat{\boldsymbol{X}} \\ = & \boldsymbol{U}^{\mathrm{T}}\boldsymbol{R}_2\boldsymbol{U} + \frac{1}{4}g'^{\mathrm{T}}(\hat{\boldsymbol{X}})\boldsymbol{R}_2^{-1}g'(\hat{\boldsymbol{X}}) + g'^{\mathrm{T}}(\hat{\boldsymbol{X}})\boldsymbol{R}_2^{-1}\boldsymbol{P}g'(\hat{\boldsymbol{X}}) \\ & + \hat{\boldsymbol{X}}^{\mathrm{T}}\boldsymbol{P}\boldsymbol{R}_2^{-1}\hat{\boldsymbol{X}} + [2\hat{\boldsymbol{X}}^{\mathrm{T}}\boldsymbol{P} + g'^{\mathrm{T}}(\hat{\boldsymbol{X}})]\boldsymbol{U} \\ = & \boldsymbol{U}^{\mathrm{T}}\boldsymbol{R}_2\boldsymbol{U} + \frac{1}{4}[2\hat{\boldsymbol{X}}^{\mathrm{T}}\boldsymbol{P} + g'^{\mathrm{T}}(\hat{\boldsymbol{X}})]\boldsymbol{R}_2^{-1}[2\hat{\boldsymbol{X}}^{\mathrm{T}}\boldsymbol{P} + g'^{\mathrm{T}}(\hat{\boldsymbol{X}})]^{\mathrm{T}} \\ & + [2\hat{\boldsymbol{X}}^{\mathrm{T}}\boldsymbol{P} + g'^{\mathrm{T}}(\hat{\boldsymbol{X}})]\boldsymbol{U} \\ = & \boldsymbol{U}^{\mathrm{T}}\boldsymbol{R}_2\boldsymbol{U} + \frac{1}{4}V'^{\mathrm{T}}(\hat{\boldsymbol{X}})\boldsymbol{R}_2^{-1}V'(\hat{\boldsymbol{X}}) + \boldsymbol{U}^{\mathrm{T}}V'(\hat{\boldsymbol{X}}) \\ = & \boldsymbol{U}^{\mathrm{T}}\boldsymbol{R}_2\boldsymbol{U} + \phi^{\mathrm{T}}(\hat{\boldsymbol{X}})\boldsymbol{R}_2\phi(\hat{\boldsymbol{X}}) \\ = & [\boldsymbol{U}^{\mathrm{T}} + \phi^{\mathrm{T}}(\hat{\boldsymbol{X}})]\boldsymbol{R}_2[\boldsymbol{U} + \phi(\hat{\boldsymbol{X}})] \geqslant 0 \end{aligned} \tag{5.63}$$

上面验证了如式(5.45)所示的条件。将 $\boldsymbol{R}_1$、$\boldsymbol{R}_2$ 的表达式代入式(5.61),可以解出 $\boldsymbol{P}$:

$$\boldsymbol{P} = w_p w_c(\boldsymbol{L} \otimes \boldsymbol{I}_n) \tag{5.64}$$

然后,李雅普诺夫方程式(5.55)变为

$$V'(\hat{X}) = \hat{X}^{\mathrm{T}}P\hat{X}^{\mathrm{T}} + g'(\hat{X})$$
$$= \begin{cases} w_p w_c \boldsymbol{X}^{\mathrm{T}}(\boldsymbol{L} \otimes \boldsymbol{I}_n)\boldsymbol{X} & \boldsymbol{x}_i \in \boldsymbol{\Pi}_j \\ w_p w_c \boldsymbol{X}^{\mathrm{T}}(\boldsymbol{L} \otimes \boldsymbol{I}_n)\boldsymbol{X} + g(\boldsymbol{X}) & \boldsymbol{x}_i \in \boldsymbol{\Gamma}_j \\ \text{无定义} & \boldsymbol{x}_i \in \boldsymbol{\Lambda}_j \end{cases} \tag{5.65}$$

注意，在式(5.65)中使用了 $\boldsymbol{L}$ 的性质，即等式(5.8)，将 $V(\hat{\boldsymbol{X}})$ 转换成 $V(\boldsymbol{X})$。如果 $\hat{\boldsymbol{X}} \neq \boldsymbol{0}$ 或 $\boldsymbol{X} \neq \boldsymbol{X}_{cs}$，根据拉普拉斯矩阵的性质，$\boldsymbol{X}^{\mathrm{T}}(\boldsymbol{L} \otimes \boldsymbol{I}_n)\boldsymbol{X}$ 不会为零，而是正值。注意 $\boldsymbol{X} = \boldsymbol{0}$ 导致 $\boldsymbol{X}^{\mathrm{T}}(\boldsymbol{L} \otimes \boldsymbol{I}_n)\boldsymbol{X} = \boldsymbol{0}$ 是 $\boldsymbol{X} = \boldsymbol{X}_{cs}$ 的一个特例，即当 $\boldsymbol{X}_{cs} = \boldsymbol{0}$ 时 $\hat{\boldsymbol{X}} = \boldsymbol{0}$。因此，如果 $\hat{\boldsymbol{X}} \neq \boldsymbol{0}$，则有 $\boldsymbol{X}^{\mathrm{T}}(\boldsymbol{L} \otimes \boldsymbol{I}_n)\boldsymbol{X} > 0$。另外，从式(5.51)和式(5.52)中 $g(\boldsymbol{X})$ 的定义可以知道 $g(\boldsymbol{X}) > 0$。因为 $w_p w_c \boldsymbol{X}^{\mathrm{T}}(\boldsymbol{L} \otimes \boldsymbol{I}_n)\boldsymbol{X} + g(\boldsymbol{X}) > 0$ 对于 $\hat{\boldsymbol{X}} \neq \boldsymbol{0}$，所以式(5.41)所示条件(即 $\hat{V} > 0$) $\hat{\boldsymbol{X}} \neq \boldsymbol{0}$ 时能够被满足。

接下来，J_2 中的 $h(\hat{\boldsymbol{X}})$ 通过求解(5.62)来构造

$$h(\hat{\boldsymbol{X}}) = \frac{w_p}{w_c} g'^{\mathrm{T}}(\hat{\boldsymbol{X}})(\boldsymbol{L} \otimes \boldsymbol{I}_n)\hat{\boldsymbol{X}} + \frac{1}{4w_c^2} g'^{\mathrm{T}}(\hat{\boldsymbol{X}}) g'(\hat{\boldsymbol{X}}) \tag{5.66}$$

其结果就是式(5.50)。可以通过选取合适的权重参数值来保证 $h(\hat{\boldsymbol{X}}) \geqslant 0$。具体来说，对于一个给定的 w_c，总是可以找到一个足够小的 w_p 来让正定项 $\frac{1}{4w_c^2} g'^{\mathrm{T}}(\hat{\boldsymbol{X}}) g'(\hat{\boldsymbol{X}})$。

将式(5.61)和式(5.62)代入式(5.59)，可得

$$V'(\hat{\boldsymbol{X}}) f[\hat{\boldsymbol{X}}, \phi(\hat{\boldsymbol{X}})] = -\left\{\hat{\boldsymbol{X}}^{\mathrm{T}}\boldsymbol{R}_1\hat{\boldsymbol{X}}^{\mathrm{T}} + h(\hat{\boldsymbol{X}}) + \left[\hat{\boldsymbol{X}}^{\mathrm{T}}\boldsymbol{P} + \frac{1}{2}g'^{\mathrm{T}}(\hat{\boldsymbol{X}})\right] R_2^{-1} \left[\boldsymbol{P}\hat{\boldsymbol{X}} + \frac{1}{2}g'(\hat{\boldsymbol{X}})\right]\right\} \tag{5.67}$$

因为 $\hat{\boldsymbol{X}}^{\mathrm{T}}\boldsymbol{R}_1\hat{\boldsymbol{X}} \geqslant 0$，$h(\hat{\boldsymbol{X}}) \geqslant 0$ 且

$$\left[\hat{\boldsymbol{X}}^{\mathrm{T}}\boldsymbol{P} + \frac{1}{2}g'^{\mathrm{T}}(\hat{\boldsymbol{X}})\right] \boldsymbol{R}_2^{-1} \left[\boldsymbol{P}\hat{\boldsymbol{X}} + \frac{1}{2}g'(\hat{\boldsymbol{X}})\right] > 0 \tag{5.68}$$

因此，当 $\hat{\boldsymbol{X}} \neq \boldsymbol{0}$ 时，可以满足条件(5.43)。接下来验证满足式(5.40)和式(5.42)条件。从式(5.55)和式(5.58)可以看出，当 $\hat{\boldsymbol{X}} = \boldsymbol{0}$ 时，$g(\hat{\boldsymbol{X}}) = 0$ 且 $g'(\hat{\boldsymbol{X}}) = 0$，条件式(5.40)和式(5.42)满足。式(5.49)、式(5.53)和式(5.56)意味着如果所有飞行器收敛到反应区域，则回避力不为零，此时飞行器将被驱赶到反应区域之外，直到它们达到新的一致点。当一致点($\hat{\boldsymbol{X}} = \boldsymbol{0}$)在障碍物的反应区域之外时，有 $g(\hat{\boldsymbol{X}}) = 0$ 和 $g'(\hat{\boldsymbol{X}}) = 0$，这验证了条件式(5.40)和式(5.42)。

将式(5.64)和 $\hat{\boldsymbol{X}} = \boldsymbol{X} - \boldsymbol{X}_{cs}$ 代入式(5.58)中导出如式(5.49)所示的最优控制律。请值得注意的是，由于式(5.58)，包含最优一致性状态 $\boldsymbol{X}_{cs}$ 的项变为零。因此，控制律式(5.49)仅取决于 $\boldsymbol{X}$ 而不是 $\boldsymbol{X}_{cs}$。因为 $\boldsymbol{X}_{cs}$ 不能提前得到，所以这个计算结果是符合预期的，所有条件式(5.40)~式(5.45)的所有条件都得以满足。因此，根据引理5.3，控制律式(5.49)是式(5.36)所示问题的最优控制律，并且闭环系统是渐近稳定的。它意味着

$\boldsymbol{X} = \boldsymbol{X}_{\mathrm{cs}}$ 和一致性已经实现。

另外,从式(5.55)中很容易看出 $V(\hat{\boldsymbol{X}}) \to \infty$ 当 $\|\hat{\boldsymbol{X}}\| \to \infty$。因此,闭环系统是全局渐近稳定的。全局渐近稳定区域排除了碰撞区域 Λ_j,因为没有任何飞行器可以从障碍物内部启动。

注 5.4 根据定理 5.3 的证明,可以注意到最优一致性算法是从逆优化控制方法推得,因为 J_2 中的代价函数 $h(\hat{\boldsymbol{X}})$之前没有给出具体形式,而是从最优性条件式(5.62)构建出来的。从式(5.50)、式(5.52)和式(5.53)中看出:如果飞行器在检测区域之外,这意味着 $h(\hat{\boldsymbol{X}}) = 0$,原问题转化为一个没有障碍的常规最优一致性问题,即 $J_2 = 0$;如果飞行器位于反应区域内并且接近障碍物,则它在 $h(\hat{\boldsymbol{X}})$ 中的分母 $\|\boldsymbol{x}_i - \boldsymbol{O}_{bj}\|^2 - r_j^2$[参见式(5.52)中的 $m(\boldsymbol{x}_i)$]将接近零,使得 $h(\hat{\boldsymbol{X}})$ 和 J_2 增加。由于最优控制总是使包括 $J_2 = \int_0^\infty h(\hat{\boldsymbol{X}})\mathrm{d}t$ 的成本函数最小化,最小化 $J_2 = \int_0^\infty h(\hat{\boldsymbol{X}})\mathrm{d}t$ 等价于在 $h(\hat{\boldsymbol{X}})$ 中增加分母 $\|\boldsymbol{x}_i - \boldsymbol{O}_{bj}\|^2 - r_j^2$,这意味着飞行器被驱动远离障碍。因此,如果在定理 5.3 中证明了最优性和渐近稳定性,则避障就可以实现。

注 5.5 为了概括最优一致性算法的设计,w_p 和 w_c 分别是可调整的加权参数以惩罚一致性误差和控制消耗,也用于确保 $h(\hat{\boldsymbol{X}}) \geqslant 0$ 的条件。调整这些参数类似于在传统的 LQR 问题中调整加权矩阵 $\boldsymbol{Q}$ 和 $\boldsymbol{R}$:

$$\int_0^\infty [\hat{\boldsymbol{X}}^{\mathrm{T}}\boldsymbol{Q}\hat{\boldsymbol{X}} + \boldsymbol{U}\boldsymbol{R}^{\mathrm{T}}\boldsymbol{U}]\mathrm{d}t \tag{5.69}$$

调整 w_p 和 w_c 并不困难,因为本节处理的是线性单积分系统。另一方面,这不是像 LQR 那样的常规线性最优控制问题,因为避障成本函数是非二次型非线性函数。然而,为了使得该函数是有意义的,w_p 和 w_c 需要满足唯一的约束条件 $h(\hat{\boldsymbol{X}}) \geqslant 0$。由于 $h(\hat{\boldsymbol{X}})$,即 $h(\hat{\boldsymbol{X}}) = \frac{w_p}{w_c}g'^{\mathrm{T}}(\hat{\boldsymbol{X}})(\boldsymbol{L}\otimes\boldsymbol{I}_n)\hat{\boldsymbol{X}} + \frac{1}{4w_c^2}g'^{\mathrm{T}}(\hat{\boldsymbol{X}})g'(\hat{\boldsymbol{X}})$ 中只包含两个参数,它们的基本选择规则,除了平衡一致性误差和控制消耗外,还要对于一个给定的 w_c 选择足够小的 w_p,使得正项 $\frac{1}{4w_c^2}g'^{\mathrm{T}}(\hat{\boldsymbol{X}})g'(\hat{\boldsymbol{X}})$ 总是大于符号不确定$\frac{w_p}{w_c}g'^{\mathrm{T}}(\hat{\boldsymbol{X}})(\boldsymbol{L}\otimes\boldsymbol{I}_n)\hat{\boldsymbol{X}}$ 以满足条件 $h(\hat{\boldsymbol{X}}) \geqslant 0$。

注 5.6 从式(5.49)的 $\phi(\boldsymbol{X})$可以看出,最优控制律包含一致法则和避障法则两个部分。每个飞行器的一致性定律是一个 $(\boldsymbol{L}\otimes\boldsymbol{I}_n)\boldsymbol{X}$ 的线性函数,因此只需要基于通信拓扑的邻居的局部信息,而不是所有飞行器的信息。避障法则 $g'(\hat{\boldsymbol{X}}) = \boldsymbol{0}$ 只需要飞行器与障碍物之间的相对位置信息。因此,所提出的最优控制法则只需要利用局部信息。

注 5.7 注意方程式(5.52)与 Stipanovic 等使用的势能函数相同。然而本文中的实际避障函数是式(5.50)中的代价函数 $h(\hat{\boldsymbol{X}})$,与 Stipanovic 等人的代数函数不同。本文讨论避障的一致性问题,并且每个飞行器并不知道他们的先验最终一致性状态,而参考文献则是解决多个飞行器避障并接近预定的点并假设每个飞行器事先知道其预期位置的问题。更重要的区别在于,通信拓扑的拉普拉斯矩阵包含在一致性算法中。此外,通过这种逆向最优控制方法可以实现一致的最优性,而在参考文献中,当飞行器进入检测区域时,不保证其最优性。

注 5.8　参考文献[102]中,Cao 和 Ren 也使用 LQR 方法从最优控制角度解决了一致性问题[102]。但是,本节提出的算法在以下几个方面与参考文献[102]有很大的不同:

从问题的角度出发,本节算法将避障与一致性算法结合在一个最优控制框架中,而参考文献并未考虑避障。该最优控制问题更具挑战性,因为避障不能被表述为二次型的成本函数,因此参考文献中使用的常规 LQR 方法不能解决该问题;

从控制理论的角度出发,采用逆最优控制理论来解决非二次型避障成本函数,从而得到解析解。这是解决最优一致性问题的传统 LQR 方法的重要扩展;

从设计的角度出发,本节算法采用加权一致性成本,参数可调,为调整系统性能和稳定性带来更大的灵活性。

5.4.3　双积分器系统的最优避障一致性算法设计

在式(5.19)~式(5.24)N 个飞行器一致性控制问题的基础上,设计最优避障一致性控制代价函数,由三部分组成:

$$\begin{aligned} \min:\ & J = J_1 + J_2 + J_3 \\ \text{s.t.}\ & \dot{\hat{X}} = A\hat{X} + BU \end{aligned} \tag{5.70}$$

式中,J_1、J_2、J_3 分别代表一致性代价函数,避障代价函数和控制消耗代价函数。J_1 的定义与式(5.26)相同,J_2 定义如下:

$$J_2 = \int_0^\infty h(\hat{X})\mathrm{d}t \tag{5.71}$$

定理 5.4　对于如式(5.19)和式(5.20)所示的具有无向连通通信拓扑图的多飞行器系统,总是存在足够大的 w_v,足够小的 w_p 和 w_c,使得反馈控制律

$$\phi(X) = -\frac{w_p}{w_c}(L\otimes I_n)p - \frac{w_v}{w_c}(L\otimes I_n)v - \frac{1}{2w_c^2}g_v'(X) \tag{5.72}$$

满足下述方程的一致性问题式(5.70)的最优控制律

$$\begin{aligned} h(\hat{X}) = {} & \frac{w_p}{w_c}\hat{v}^{\mathrm{T}}(L\otimes I_n)(G_p\otimes I_n)(L\otimes I_n)\hat{p} + \frac{w_v}{w_c}\hat{v}^{\mathrm{T}}(L\otimes I_n)(G_p\otimes I_n)(L\otimes I_n)\hat{v} \\ & - g_p'^{\mathrm{T}}(\hat{X})\hat{v} + \frac{1}{4w_c^2}\hat{v}^{\mathrm{T}}(L\otimes I_n)(G_p^2\otimes I_n)(L\otimes I_n)\hat{v} \end{aligned} \tag{5.73}$$

式(5.72)和式(5.73)中的 $g_v'(X)$ 和 $g_p'^{\mathrm{T}}(\hat{X})$ 是从下文中定义的避障势能函数:

$$g(\hat{X}) = \frac{1}{2}\hat{v}^{\mathrm{T}}(G_p\otimes I_n)(L\otimes I_n)\hat{v} \tag{5.74}$$

式(5.74)中,$G_p = \mathrm{diag}[g(p_1)g(p_2)\cdots g(p_N)]$,

$$g(\boldsymbol{p}_i)=\begin{cases}0 & R<\|\boldsymbol{p}_i-\boldsymbol{O}_b\|^2\\ \left(\dfrac{R^2-\|\boldsymbol{p}_i-\boldsymbol{O}_b\|^2}{\|\boldsymbol{p}_i-\boldsymbol{O}_b\|^2-r^2}\right)^2 & r<\|\boldsymbol{p}_i-\boldsymbol{O}_b\|^2\leqslant R\quad i=1,\cdots,N\\ \text{无定义} & \|\boldsymbol{p}_i-\boldsymbol{O}_b\|^2\leqslant r\end{cases}\tag{5.75}$$

式(5.75)中,O_b 是障碍物的中心;r 是障碍物的半径;R 是检测区域的半径。

$$\begin{aligned}&g'(\hat{\boldsymbol{X}})=[g'^{\mathrm{T}}_p(\hat{\boldsymbol{X}})\quad g'^{\mathrm{T}}_v(\hat{\boldsymbol{X}})]^{\mathrm{T}}\\&g'^{\mathrm{T}}_p(\hat{\boldsymbol{X}})=\left[\left(\frac{\partial g'(\hat{\boldsymbol{X}})}{\partial\hat{\boldsymbol{p}}_1}\right)^{\mathrm{T}}\quad\left(\frac{\partial g'(\hat{\boldsymbol{X}})}{\partial\hat{\boldsymbol{p}}_2}\right)^{\mathrm{T}}\quad\cdots\quad\left(\frac{\partial g'(\hat{\boldsymbol{X}})}{\partial\hat{\boldsymbol{p}}_N}\right)^{\mathrm{T}}\right]^{\mathrm{T}}\\&g'_v(\hat{\boldsymbol{X}})=(\boldsymbol{G}_p\otimes\boldsymbol{I}_n)(\boldsymbol{L}\otimes\boldsymbol{I}_n)\hat{\boldsymbol{v}}=(\boldsymbol{G}_p\otimes\boldsymbol{I}_n)(\boldsymbol{L}\otimes\boldsymbol{I}_n)\boldsymbol{v}=g'_v(\boldsymbol{X})\end{aligned}\tag{5.76}$$

式(5.76)中,$g_p'(\hat{\boldsymbol{X}})$ 和 $g_v'(\hat{\boldsymbol{X}})$ 分别代表 $g(\hat{\boldsymbol{X}})$ 相对于位置误差 $\hat{\boldsymbol{p}}$ 和速度误差 $\hat{\boldsymbol{v}}$ 的偏微分。另外,闭环系统[式(5.70)]是全局渐近稳定的。

证明: 具体到这个最优一致性问题,有以下方程与引理 5.3 对应。

候选李雅普诺夫函数 $V(\hat{\boldsymbol{X}})$ 被选择为

$$\begin{aligned}&T(\hat{\boldsymbol{X}},\boldsymbol{U})=\hat{\boldsymbol{X}}^{\mathrm{T}}\boldsymbol{R}_1\hat{\boldsymbol{X}}+h(\hat{\boldsymbol{X}})+\boldsymbol{U}^{\mathrm{T}}\boldsymbol{R}_2\boldsymbol{U}\\&f(\hat{\boldsymbol{X}},\boldsymbol{U})=\boldsymbol{A}\hat{\boldsymbol{X}}+\boldsymbol{B}\boldsymbol{U}\end{aligned}\tag{5.77}$$

式(5.77)中,$\boldsymbol{P}$ 是一个黎卡提方程(采用一致状态表示)的解,将在后面给出具体表达式。

$$V(\boldsymbol{X})=\hat{\boldsymbol{X}}^{\mathrm{T}}\boldsymbol{P}\hat{\boldsymbol{X}}+g(\hat{\boldsymbol{X}})\tag{5.78}$$

为了使式(5.78)中的函数 $V(\hat{\boldsymbol{X}})$ 是一个有效的李雅普诺夫函数,它必须是关于 $\hat{\boldsymbol{X}}$ 的连续可微分的,或者等价地,$g(\hat{\boldsymbol{X}})$ 必须关于 $\hat{\boldsymbol{X}}$ 连续可微。从式(5.74)和式(5.75),足以证明 $g(\boldsymbol{p}_i)$ 在安全区域 $\{\boldsymbol{p}\mid\|\boldsymbol{p}_i-\boldsymbol{O}_b\|>r\}$ 中是连续可微分的。事实上,如果 $g(\boldsymbol{p}_i)$ 和 $\dfrac{\mathrm{d}g(\boldsymbol{p}_i)}{\mathrm{d}\boldsymbol{p}_i}$ 在 $\|\boldsymbol{p}_i-\boldsymbol{O}_b\|=R$ 处连续,它就成立。根据式(5.75)可以得出 $\lim_{\|p_i-O_b\|\to R^-}g(\boldsymbol{p}_i)=0=\lim_{\|p_i-O_b\|\to R^+}g(\boldsymbol{p}_i)$,根据连续性的定义,$g(\boldsymbol{p}_i)$ 在 $\|\boldsymbol{p}_i-\boldsymbol{O}_b\|=R$ 处是连续的,从而在安全区域 $\{\boldsymbol{p}\mid\|\boldsymbol{p}_i-\boldsymbol{O}_b\|>r\}$ 上连续。此外,

$$\frac{\mathrm{d}g(\boldsymbol{p}_i)}{\mathrm{d}\boldsymbol{p}_i}=\begin{cases}0 & R<\|\boldsymbol{p}_i-\boldsymbol{O}_b\|^2\\ \dfrac{-4(R^2-r^2)(R^2-\|\boldsymbol{p}_i-\boldsymbol{O}_b\|^2)}{(\|\boldsymbol{p}_i-\boldsymbol{O}_b\|^2-r^2)^3}(\boldsymbol{p}_i-\boldsymbol{O}_b)^{\mathrm{T}} & r<\|\boldsymbol{p}_i-\boldsymbol{O}_b\|^2\leqslant R\quad i=1,\cdots,N\\ \text{无定义} & \|\boldsymbol{p}_i-\boldsymbol{O}_b\|\leqslant r\end{cases}\tag{5.79}$$

可计算出:

$$\lim_{\|\boldsymbol{p}_i-\boldsymbol{O}_b\|\to R^-}\frac{\mathrm{d}g(\boldsymbol{p}_i)}{\mathrm{d}\boldsymbol{p}_i}=\boldsymbol{0}_{n\times 1}=\lim_{\|\boldsymbol{p}_i-\boldsymbol{O}_b\|\to R^+}\frac{\mathrm{d}g(\boldsymbol{p}_i)}{\mathrm{d}\boldsymbol{p}_i}\tag{5.80}$$

所以，$\frac{\mathrm{d}g(\boldsymbol{p}_i)}{\mathrm{d}\boldsymbol{p}_i}$在 $\|\boldsymbol{p}_i-\boldsymbol{O}_b\|=R$ 连续，因此在安全区域$\{\boldsymbol{p}\mid \|\boldsymbol{p}_i-\boldsymbol{O}_b\|>r\}$ 内连续。因此，$g(\hat{\boldsymbol{X}})$ 和李雅普诺夫函数 $V(\hat{\boldsymbol{X}})$ 在安全区域$\{\boldsymbol{p}\mid \|\boldsymbol{p}_i-\boldsymbol{O}_b\|>r\}$ 中关于 $\hat{\boldsymbol{X}}$ 是连续可微的。

在证明 $V(\hat{\boldsymbol{X}})$是连续可微的后，这个最优一致性问题的哈密尔顿函数可写为

$$\begin{aligned}H(\hat{\boldsymbol{X}},\boldsymbol{U},V^{\mathrm{T}}(\hat{\boldsymbol{X}}))&=T(\hat{\boldsymbol{X}},\boldsymbol{U})+V^{\mathrm{T}}(\hat{\boldsymbol{X}})f(\hat{\boldsymbol{X}},\boldsymbol{U})\\&=\hat{\boldsymbol{X}}^{\mathrm{T}}\boldsymbol{R}_1\hat{\boldsymbol{X}}+h(\hat{\boldsymbol{X}})+\boldsymbol{U}^{\mathrm{T}}\boldsymbol{R}_2\boldsymbol{U}+[2\hat{\boldsymbol{X}}^{\mathrm{T}}\boldsymbol{P}+g'^{\mathrm{T}}_v(X)][\boldsymbol{A}\hat{\boldsymbol{X}}+\boldsymbol{B}\boldsymbol{U}]\end{aligned}\tag{5.81}$$

令 $(\partial/\partial\boldsymbol{U})H[\hat{\boldsymbol{X}},\boldsymbol{U},V'^{\mathrm{T}}(\hat{\boldsymbol{X}})]=0$ 得到最优控制律：

$$\boldsymbol{U}^*=\phi(\hat{\boldsymbol{X}})=-\frac{1}{2}\boldsymbol{R}_2^{-1}\boldsymbol{B}^{\mathrm{T}}V'(\hat{\boldsymbol{X}})=\boldsymbol{R}_2^{-1}\boldsymbol{B}^{\mathrm{T}}\boldsymbol{P}\hat{\boldsymbol{X}}-\frac{1}{2}\boldsymbol{R}_2^{-1}\boldsymbol{B}^{\mathrm{T}}g'(\hat{\boldsymbol{X}})\tag{5.82}$$

除了式(5.82)以外还有

$$\begin{aligned}V'^{\mathrm{T}}(\hat{\boldsymbol{X}})f[\hat{\boldsymbol{X}},\phi(\hat{\boldsymbol{X}})]&=\hat{\boldsymbol{X}}^{\mathrm{T}}(\boldsymbol{A}^{\mathrm{T}}\boldsymbol{P}+\boldsymbol{P}\boldsymbol{A}-2\boldsymbol{P}\boldsymbol{S}\boldsymbol{P})\hat{\boldsymbol{X}}-\hat{\boldsymbol{X}}^{\mathrm{T}}\boldsymbol{P}\boldsymbol{S}g'(\hat{\boldsymbol{X}})\\&\quad+g'^{\mathrm{T}}(\hat{\boldsymbol{X}})(\boldsymbol{A}-\boldsymbol{S}\boldsymbol{P})\hat{\boldsymbol{X}}+h(\hat{\boldsymbol{X}})-\frac{1}{4}g'^{\mathrm{T}}(\hat{\boldsymbol{X}})\boldsymbol{S}g'(\hat{\boldsymbol{X}})\end{aligned}\tag{5.83}$$

式(5.83)中，$\boldsymbol{S}\triangleq\boldsymbol{B}\boldsymbol{R}_2^{-1}\boldsymbol{B}^{\mathrm{T}}$。将式(5.82)和式(5.83)代入式(5.81)得到

$$\begin{aligned}H[\hat{\boldsymbol{X}},\phi(\hat{\boldsymbol{X}}),V^{\mathrm{T}}(\hat{\boldsymbol{X}})]&=\hat{\boldsymbol{X}}^{\mathrm{T}}(\boldsymbol{A}^{\mathrm{T}}\boldsymbol{P}+\boldsymbol{P}\boldsymbol{A}+\boldsymbol{R}_1-\boldsymbol{P}\boldsymbol{S}\boldsymbol{P})\hat{\boldsymbol{X}}\\&\quad+g'^{\mathrm{T}}(\hat{\boldsymbol{X}})(\boldsymbol{A}-\boldsymbol{S}\boldsymbol{P})\hat{\boldsymbol{X}}+h(\hat{\boldsymbol{X}})-\frac{1}{4}g'^{\mathrm{T}}(\hat{\boldsymbol{X}})\boldsymbol{S}g'(\hat{\boldsymbol{X}})\end{aligned}\tag{5.84}$$

为了证明控制律式(5.82)是基于引理 5.3 的一致性问题(5.70)的最优解，需要验证条件式(5.40)~式(5.45)。

因为

$$\boldsymbol{B}=\begin{bmatrix}\boldsymbol{0}_{N\times N}\\ \boldsymbol{I}_N\end{bmatrix}\tag{5.85}$$

可以看出：

$$\phi(\hat{\boldsymbol{X}})=\boldsymbol{R}_2^{-1}\boldsymbol{B}^{\mathrm{T}}\boldsymbol{P}\hat{\boldsymbol{X}}-\frac{1}{2}\boldsymbol{R}_2^{-1}g'_v(\hat{\boldsymbol{X}})\tag{5.86}$$

因此，考虑式(5.76)中的 $g'_v(\hat{\boldsymbol{X}})$ 的形式，满足条件(24)，即 $\phi(\boldsymbol{0})=\boldsymbol{0}$。为了满足引理 5.3 中的条件式(5.44)，或让方程式(5.84)为零，令

$$\boldsymbol{A}^{\mathrm{T}}\boldsymbol{P}+\boldsymbol{P}\boldsymbol{A}+\boldsymbol{R}_1-\boldsymbol{P}\boldsymbol{S}\boldsymbol{P}=\boldsymbol{0}\tag{5.87}$$

且

$$g'^{\mathrm{T}}(\hat{X})(\boldsymbol{A}-\boldsymbol{SP})\hat{X}+h(\hat{X})-\frac{1}{4}g'^{\mathrm{T}}(\hat{X})\boldsymbol{S}g'(\hat{X})=\boldsymbol{0} \tag{5.88}$$

对于式(5.82)、式(5.87)和式(5.88),计算

$$\begin{aligned}
H[\hat{X},\boldsymbol{U},V^{\mathrm{T}}(\hat{X})] &= \hat{X}^{\mathrm{T}}\boldsymbol{R}_1\hat{X}+h(\hat{X})+\boldsymbol{U}^{\mathrm{T}}\boldsymbol{R}_2\boldsymbol{U}+[2\hat{X}^{\mathrm{T}}\boldsymbol{P}+g'^{\mathrm{T}}_v(X)](\boldsymbol{A}\hat{X}+\boldsymbol{BU})\\
&= \boldsymbol{U}^{\mathrm{T}}\boldsymbol{R}_2\boldsymbol{U}+h(\hat{X})+\hat{X}^{\mathrm{T}}\boldsymbol{R}_1\hat{X}+[2\hat{X}^{\mathrm{T}}\boldsymbol{P}+g'^{\mathrm{T}}_v(X)](\boldsymbol{A}\hat{X}+\boldsymbol{BU})\\
&\quad -\hat{X}^{\mathrm{T}}(\boldsymbol{A}^{\mathrm{T}}\boldsymbol{P}+\boldsymbol{PA}-2\boldsymbol{PSP})\hat{X}\\
&= \boldsymbol{U}^{\mathrm{T}}\boldsymbol{R}_2\boldsymbol{U}+h(\hat{X})+g'^{\mathrm{T}}(\hat{X})(\boldsymbol{A}\hat{X}+\boldsymbol{BU})+2\hat{X}^{\mathrm{T}}\boldsymbol{PBU}+\hat{X}^{\mathrm{T}}\boldsymbol{PSP}\hat{X}\\
&= \boldsymbol{U}^{\mathrm{T}}\boldsymbol{R}_2\boldsymbol{U}+\frac{1}{4}g'^{\mathrm{T}}(\hat{X})\boldsymbol{S}g'(\hat{X})+g'^{\mathrm{T}}(\hat{X})\boldsymbol{SP}\hat{X}+\hat{X}^{\mathrm{T}}\boldsymbol{PSP}\hat{X}\\
&\quad +[2\hat{X}^{\mathrm{T}}\boldsymbol{P}+g'^{\mathrm{T}}(\hat{X})]\boldsymbol{BU}\\
&= \boldsymbol{U}^{\mathrm{T}}\boldsymbol{R}_2\boldsymbol{U}+\frac{1}{4}[2\hat{X}^{\mathrm{T}}\boldsymbol{P}+g'^{\mathrm{T}}(\hat{X})]^{\mathrm{T}}\boldsymbol{S}[2\hat{X}^{\mathrm{T}}\boldsymbol{P}+g'^{\mathrm{T}}(\hat{X})]\\
&\quad +[2\hat{X}^{\mathrm{T}}\boldsymbol{P}+g'^{\mathrm{T}}(\hat{X})]\boldsymbol{BU}\\
&= \boldsymbol{U}^{\mathrm{T}}\boldsymbol{R}_2\boldsymbol{U}+\frac{1}{4}V'^{\mathrm{T}}(\hat{X})\boldsymbol{S}V'(\hat{X})+\boldsymbol{U}^{\mathrm{T}}\boldsymbol{B}^{\mathrm{T}}V'(\hat{X})\\
&= \boldsymbol{U}^{\mathrm{T}}\boldsymbol{R}_2\boldsymbol{U}+\phi(\hat{X})^{\mathrm{T}}\boldsymbol{R}_2\phi(\hat{X})-2\boldsymbol{U}^{\mathrm{T}}\boldsymbol{R}_2\phi(\hat{X})\\
&= [\boldsymbol{U}-\phi(\hat{X})]^{\mathrm{T}}\boldsymbol{R}_2[\boldsymbol{U}-\phi(\hat{X})]\geqslant 0
\end{aligned} \tag{5.89}$$

因此,满足条件式(5.45)。

接下来,在式(5.87)中代入$\boldsymbol{A}$、$\boldsymbol{B}$、$\boldsymbol{R}_1$、$\boldsymbol{R}_2$并假设$\boldsymbol{P}=\begin{bmatrix}\boldsymbol{P}_1 & \boldsymbol{P}_2\\ \boldsymbol{P}_2 & \boldsymbol{P}_3\end{bmatrix}\otimes\boldsymbol{I}_n$得到

$$\begin{bmatrix}-\dfrac{1}{w_c^2}\boldsymbol{P}_2^2 & \boldsymbol{P}_1-\dfrac{1}{w_c^2}\boldsymbol{P}_2\boldsymbol{P}_3\\ \boldsymbol{P}_1-\dfrac{1}{w_c^2}\boldsymbol{P}_3\boldsymbol{P}_2 & 2\boldsymbol{P}_2-\dfrac{1}{w_c^2}\boldsymbol{P}_3^2\end{bmatrix}+\begin{bmatrix}w_p^2\boldsymbol{L}^2 & \boldsymbol{0}_{N\times N}\\ \boldsymbol{0}_{N\times N} & w_v^2\boldsymbol{L}^2-2w_pw_c\boldsymbol{L}\end{bmatrix}=\boldsymbol{0} \tag{5.90}$$

然后,$\boldsymbol{P}$可以以解析形式给出:

$$\boldsymbol{P}=\begin{bmatrix}w_pw_v\boldsymbol{L}^2 & w_pw_c\boldsymbol{L}\\ w_pw_c\boldsymbol{L} & w_vw_c\boldsymbol{L}\end{bmatrix}\otimes\boldsymbol{I}_n \tag{5.91}$$

注意,在$\boldsymbol{R}_1$[式(5.26)]中引入项$-2w_pw_c\boldsymbol{L}$的意图是当从等式(5.90)求解$\boldsymbol{P}_3$时消去$2\boldsymbol{P}_2$,以使$\boldsymbol{P}_3$成为拉普拉斯矩阵$\boldsymbol{L}$的线性函数。

接下来,通过求解方程(5.88)和使用式(5.91)来构造J_2中的成本函数项$h(\hat{X})$:

$$h(\hat{X})=\frac{w_p}{w_c}\hat{\boldsymbol{v}}^{\mathrm{T}}(\boldsymbol{L}\otimes\boldsymbol{I}_n)(\boldsymbol{G}_p\otimes\boldsymbol{I}_n)(\boldsymbol{L}\otimes\boldsymbol{I}_n)\hat{\boldsymbol{p}}+\frac{w_v}{w_c}\hat{\boldsymbol{v}}^{\mathrm{T}}(\boldsymbol{L}\otimes\boldsymbol{I}_n)(\boldsymbol{G}_p\otimes\boldsymbol{I}_n)(\boldsymbol{L}\otimes\boldsymbol{I}_n)\hat{\boldsymbol{v}}$$

$$-g'^{\mathrm{T}}_p(\hat{X})\hat{v}+\frac{1}{4w_c^2}(L\otimes I_n)(G_p\otimes I_n)(L\otimes I_n)\hat{v} \tag{5.92}$$

结果即式(5.73)。

使用式(5.87)和式(5.88),式(5.83)变成式(5.93)

$$V'^{\mathrm{T}}(\hat{X})f[\hat{X},\ \phi(\hat{X})]=-\left\{\hat{X}^{\mathrm{T}}R_1\hat{X}+h(\hat{X})+\left[\hat{X}^{\mathrm{T}}P+\frac{1}{2}g'^{\mathrm{T}}(\hat{X})\right]S\left[P\hat{X}+\frac{1}{2}g'(\hat{X})\right]\right\} \tag{5.93}$$

从式(5.93)可以看出,条件式(5.43)在 $h(\hat{X})\geqslant 0$ 能够得到保证,因为 $\hat{X}^{\mathrm{T}}R_1\hat{X}$ 是正半正定的且

$$\left[\hat{X}^{\mathrm{T}}P+\frac{1}{2}g'^{\mathrm{T}}(\hat{X})\right]S\left[P\hat{X}+\frac{1}{2}g'(\hat{X})\right] \tag{5.94}$$

是正定的。通过选择权重 w_p、w_v 和 w_c 的适当值,可使得 $h(\hat{X})\geqslant 0$。具体来说,如果所有飞行器都在检测区域之外,那么根据式(5.75)中 G_p 的定义,有 $h(\hat{X})=0$。如果可以选择足够大的 w_v,足够小的 w_p 和 w_c,那么就可以保证 $h(\hat{X})>0$,且式(5.92)中的正项 $\hat{v}^{\mathrm{T}}(L\otimes I_n)(G_p\otimes I_n)(L\otimes I_n)\hat{v}$ 和 $\hat{v}^{\mathrm{T}}(L\otimes I_n)(G_p^2\otimes I_n)(L\otimes I_n)\hat{v}$ 总是大于其他负的项。注意,G_p 和 $g'_p(\hat{X})$ 在安全区域 $\{p\mid \|p_i-O_b\|>r\}$ 中都是有限的。

接下来,验证条件式(5.40)和式(5.41)。注意 $\hat{X}^{\mathrm{T}}P\hat{X}$ 可以写为

$$\begin{aligned}\hat{X}^{\mathrm{T}}P\hat{X}&=\hat{X}^{\mathrm{T}}\begin{bmatrix}w_pw_vL^2 & w_pw_cL\\ w_pw_cL & w_vw_cL\end{bmatrix}\otimes I_n\hat{X}\\&=w_pw_v\hat{p}^{\mathrm{T}}(L^2\otimes I_n)\hat{p}+w_vw_c\hat{v}^{\mathrm{T}}(L\otimes I_n)v+2w_pw_c\hat{p}^{\mathrm{T}}(L\otimes I_n)v\end{aligned} \tag{5.95}$$

李雅普诺夫函数最终可以写为

$$V(\hat{X})=\begin{cases}w_pw_v\hat{p}^{\mathrm{T}}(L^2\otimes I_n)\hat{p}+w_vw_cv^{\mathrm{T}}(L\otimes I_n)v+2w_pw_c\hat{p}^{\mathrm{T}}(L\otimes I_n)v\\ \qquad\qquad R<\|p_i-O_b\|^2\\ w_pw_v\hat{p}^{\mathrm{T}}(L^2\otimes I_n)\hat{p}+w_vw_cv^{\mathrm{T}}(L\otimes I_n)v+2w_pw_c\hat{p}^{\mathrm{T}}(L\otimes I_n)v\\ \quad+\frac{1}{2}\hat{v}^{\mathrm{T}}(G_p\otimes I_n)(L\otimes I_n)\hat{v}\qquad r<\|p_i-O_b\|^2\leqslant R\\ \text{无定义}\qquad\qquad \|p_i-O_b\|^2\leqslant r\end{cases} \tag{5.96}$$

从式(5.95)和式(5.96)可以看出当 $\hat{X}=0$ 时,$V(\hat{X})=0$ 这样就可以满足条件式(5.40)。此外,如果 $\hat{X}\neq 0$,即 $X\neq X_{\mathrm{cs}}$ 或 $p\neq p_{\mathrm{cs}}$,$v\neq v_{\mathrm{cs}}$,那么根据拉普拉斯矩阵的性质,即等式(5.22),$p^{\mathrm{T}}(L^2\otimes I_n)p$ 和 $v^{\mathrm{T}}(L\otimes I_n)v$ 将不等于0且恒为正。注意 $p=0$ 和 $v=0$ 将导致 $p^{\mathrm{T}}(L^2\otimes I_n)p=0$ 和 $v^{\mathrm{T}}(L\otimes I_n)v=0$,它是当 $p_{\mathrm{cs}}=0$ 和 $v_{\mathrm{cs}}=0$ 时,使 $p=p_{\mathrm{cs}}$ 和 $v=$

$\boldsymbol{v}_{\mathrm{cs}}$ 的一个特例,且此时有 $\hat{\boldsymbol{X}}=\boldsymbol{0}$。因此,如果 $\hat{\boldsymbol{X}}\neq\boldsymbol{0}$,则 $\boldsymbol{p}^{\mathrm{T}}(\boldsymbol{L}^2\otimes\boldsymbol{I}_n)\boldsymbol{p}>\boldsymbol{0}$ 且 $\boldsymbol{v}^{\mathrm{T}}(\boldsymbol{L}\otimes\boldsymbol{I}_n)\boldsymbol{v}>\boldsymbol{0}$。因此,通过为给定的 $\boldsymbol{w}_p$ 和 $\boldsymbol{w}_c$ 选择足够大的 $\boldsymbol{w}_v$ 可以保证当 $\hat{\boldsymbol{X}}\neq\boldsymbol{0}$ 时,$V(\hat{\boldsymbol{X}})>0$,使得正项 $w_pw_v\boldsymbol{p}^{\mathrm{T}}(\boldsymbol{L}^2\otimes\boldsymbol{I}_n)\boldsymbol{p}$ 和 $w_cw_v\boldsymbol{v}^{\mathrm{T}}(\boldsymbol{L}\otimes\boldsymbol{I}_n)\boldsymbol{v}$ 总是大于式中的符号不定项,因此满足条件(5.41)。

将 $\boldsymbol{p}$ 和 $g'(\hat{\boldsymbol{X}})$ 代入式(5.82)导出最优控制律

$$\phi(\hat{\boldsymbol{X}})=-\frac{w_p}{w_c}(\boldsymbol{L}\otimes\boldsymbol{I}_n)\hat{\boldsymbol{p}}-\frac{w_v}{w_c}(\boldsymbol{L}\otimes\boldsymbol{I}_n)\hat{\boldsymbol{v}}-\frac{1}{2w_c^2}g_v'(\hat{\boldsymbol{X}}) \tag{5.97}$$

通过替换 $\hat{\boldsymbol{p}}=\boldsymbol{p}-\boldsymbol{p}_{\mathrm{cs}}$ 和 $\hat{\boldsymbol{v}}=\boldsymbol{v}-\boldsymbol{v}_{\mathrm{cs}}$ 到式(5.97)并注意到公式(5.76)中 $g_v'(\hat{\boldsymbol{X}})=g_v'(\boldsymbol{X})$,可以得到等式(5.98)

$$\phi(\boldsymbol{X})=-\frac{w_p}{w_c}(\boldsymbol{L}\otimes\boldsymbol{I}_n)\boldsymbol{p}-\frac{w_v}{w_c}(\boldsymbol{L}\otimes\boldsymbol{I}_n)\boldsymbol{v}-\frac{1}{2w_c^2}g_v'(\boldsymbol{X}) \tag{5.98}$$

注 5.9 注意,根据拉普拉斯矩阵的性质,即等式(5.22),可知式(5.97)中包含最终一致性状态 $\boldsymbol{p}_{\mathrm{cs}}$ 和 $\boldsymbol{v}_{\mathrm{cs}}$ 的项变为0。然后,最优控制律式(5.72)不包含 $\boldsymbol{X}_{\mathrm{cs}}$ 的 $\boldsymbol{X}$ 的函数。这是我们所期望的,因为 $\boldsymbol{X}_{\mathrm{cs}}$ 是预先不知道的。

现在,通过选择足够大的 w_v、足够小的 w_p 和 w_c,可以满足引理5.3中的所有条件式(5.40)~式(5.45)。此外,这种权重选取规则也适用于满足条件式(5.27),以使代价函数式(5.70)有意义。因此,根据引理5.3,控制律式(5.72)是最优控制律,并且闭环系统是渐近稳定的。它意味着 $\boldsymbol{X}=\boldsymbol{X}_{\mathrm{cs}}$ 和一致性得以实现。

另外,从式(5.78)可以很容易地看出当 $\|\hat{\boldsymbol{X}}\|\to\infty$ 时,$V(\hat{\boldsymbol{X}})\to\infty$。因此,闭环系统是全局渐近稳定的。注意,全局渐近稳定区域排除未定义区域 $\{\boldsymbol{p}\mid\|\boldsymbol{p}_i-\boldsymbol{O}_b\|\leqslant r\}$,这在物理上是有意义的,因为没有飞行器可以从障碍物内部启动。

注 5.10 从定理5.4可以看出,最优一致性算法是利用逆最优控制方法设计的,因为代价函数 $h(\hat{\boldsymbol{X}})$ 是由最优性条件式(5.88)构造的,这导致 $\boldsymbol{G}_p$ 构成非二次代价函数在 $h(\hat{\boldsymbol{X}})$。$h(\hat{\boldsymbol{X}})$ 在避障方面具有物理意义。从式(5.73)、式(5.75)和式(5.76)可以看出:如果飞行器在检测区域之外,意味着 $h(\hat{\boldsymbol{X}})=0$,因此,飞行器将继续相互接近而不关心障碍,即 $J_2=0$;如果飞行器在检测区域内并接近障碍物,则 $h(\hat{\boldsymbol{X}})$ 中的分母 $\|\boldsymbol{p}_i-\boldsymbol{O}_b\|^2-r^2)^2$[参见式(5.73)和式(5.75)中的 $\boldsymbol{G}_p$ 和 $g(\boldsymbol{p}_i)$]将变得更小,使得惩罚为 $h(\hat{\boldsymbol{X}})$ 和 J_2 增加,因为最优控制会使飞行器远离障碍物,使 J_2 变小,所以避障就会生效。

注 5.11 从(5.76)中的 $g_v'(\boldsymbol{X})$ 可以看出每个飞行器的最优控制律只需要来自其邻居的信息,因为最优控制律是拉普拉斯矩阵 $\boldsymbol{L}$ 的线性函数。

5.4.4 仿真算例

情景 A:单积分器系统最优避障控制

在这种情况下,考虑出现在不同地点和时间的两个障碍物。假设第一个障碍物位于(7, 7)(单位为m)的飞行器3的轨迹上,障碍物的半径和检测区域为 $r_1=0.5$ m 和 $R_1=2.5$ m。假设另一个出现在(−1, −1)(单位为m),即飞行器1的轨迹上,障碍物的半径和

检测区域为 $r_2 = 0.2$ m 和 $R_2 = 1$ m。此时，只考虑障碍物避障，不涉及无人机间的避碰，$w_p = 0.8$；$w_c = 1$。

图 5.8 表明，所有飞行器能够避免其轨迹上的多重障碍，并达到(0.97，-0.04)的最终一致点，这与以前的一致点(0.5，0.375)不同。图 5.9 和图 5.10 分别显示了飞行器的位置和控制输入随时间变化的。可以看出，避障控制发生在[0.2，2]和[2.5，6]时间间隔内(单位为秒)。仿真结果表明，提出的最优控制律能够在避开多重障碍的前提下实现一致。

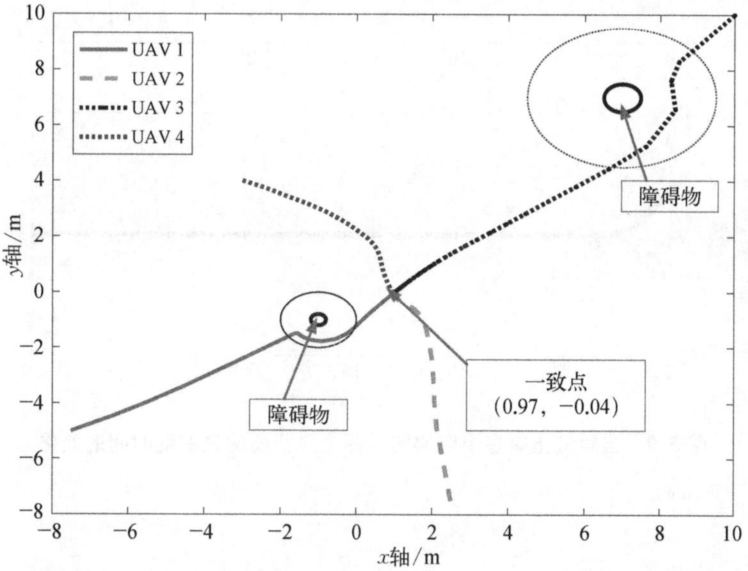

图 5.8　在飞行器 1 和 3 的轨迹上具有多个障碍时的四个飞行器的最优避障轨迹图

情景 B：双积分器系统最优避障控制

在这种情况下，假设障碍物出现在(1，1)(单位为 m)上，它位于飞行器 3 的轨迹上。障碍物和探测区域的半径设置与情景 A 相同。

在这种情况下，$h(\hat{X})$ 不再总是 0。一旦飞行器 3 进入检测区域内，惩罚代价函数 J_2 将起作用以防止飞行器 3 移动靠近障碍物。从图 5.11 中可以看出，所提出的最优控制律使飞行器 3 远离障碍，然后所有四个飞行器达到一致性轨迹，这与场景 A 中的一致性轨迹完全不同。图 5.12 和图 5.13 显示了随时间变化四个飞行器在 200 s 和前 10 s 的位置和速度变化。比较图 5.12 和图 5.6，可以观察到情景 B 中的四个飞行器的轨迹与飞行器 3 步入检测区域之前的情形 B 中的轨迹完全相同。图 5.14 显示了最优控制输入的时间变化。在图 5.14 的底部两个子图中，显示了前 50 s 中的最优控制输入，以便更清晰地反映瞬态响应。可以看出，当飞行器 3 在约 6 s 处进入检测区域时，避障控制采取行动，然后当飞行器 3 避开障碍物并朝向一致性移动时，在约 13 s 时回到零。此外，根据图 5.13 中的速度响应的平滑变化和图 5.14 中的加速度曲线，控制消耗并不大。

情景 C：具有双积分器模型的飞行器轨迹存在多重障碍的一致性

在这种情况下，考虑两个障碍。第一个障碍物出现在与场景 B 完全相同的位置。假

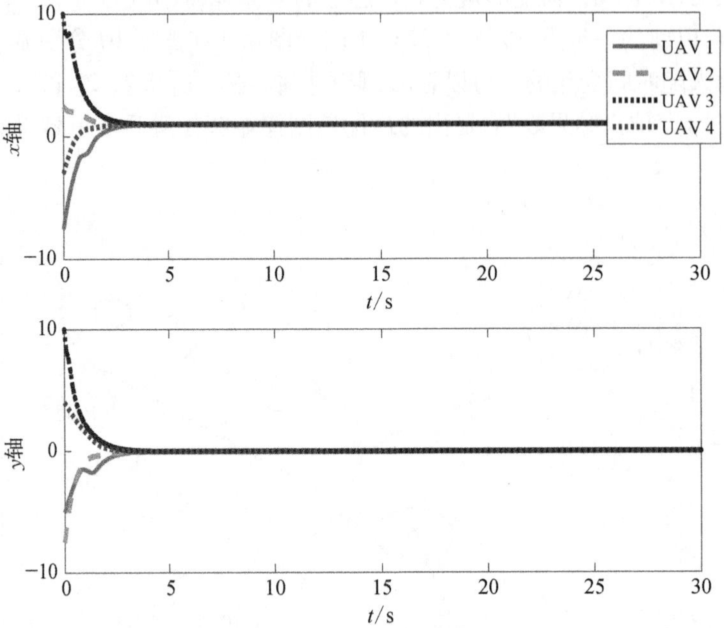

图 5.9　当轨迹上有多个障碍物时四个飞行器的位置随时间的变化

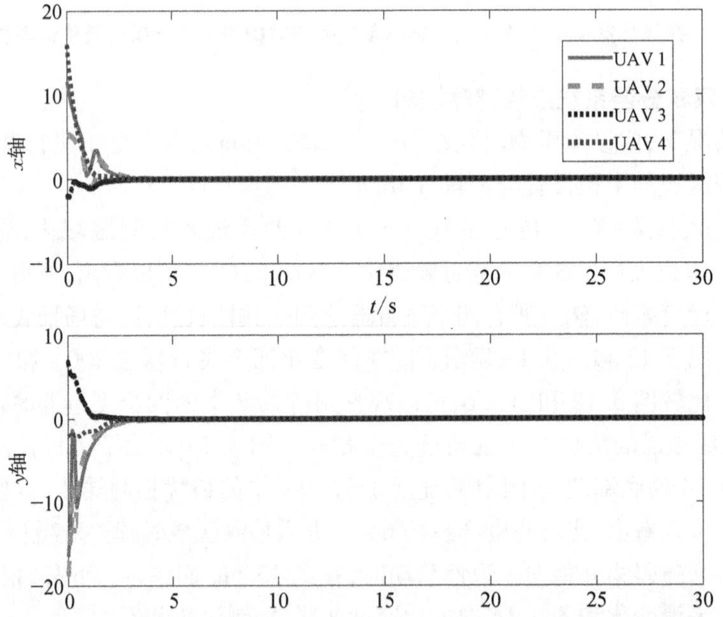

图 5.10　当轨迹上有多个障碍物时四个飞行器的控制输入随时间的变化

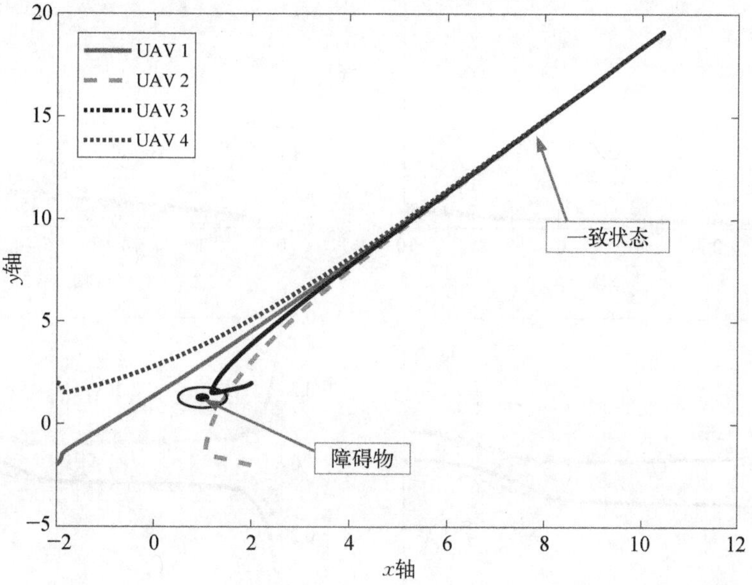

图 5.11　在一个飞行器的轨迹上有一个障碍时的四个飞行器的一致性轨迹

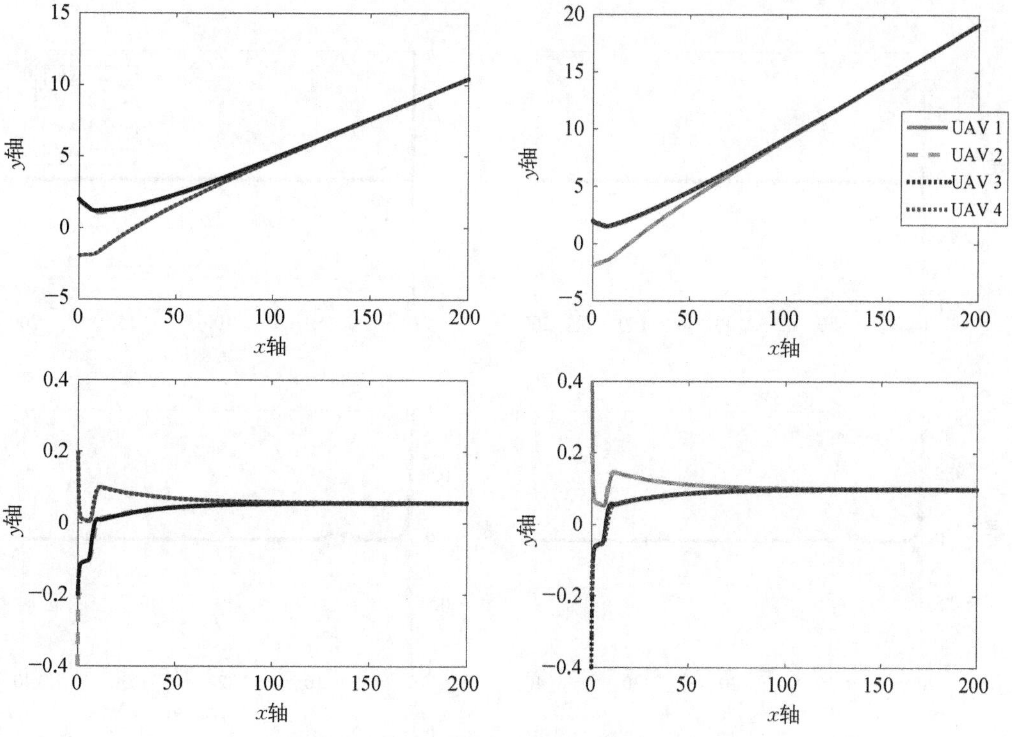

图 5.12　四架无人机的位置和速度的时间变化

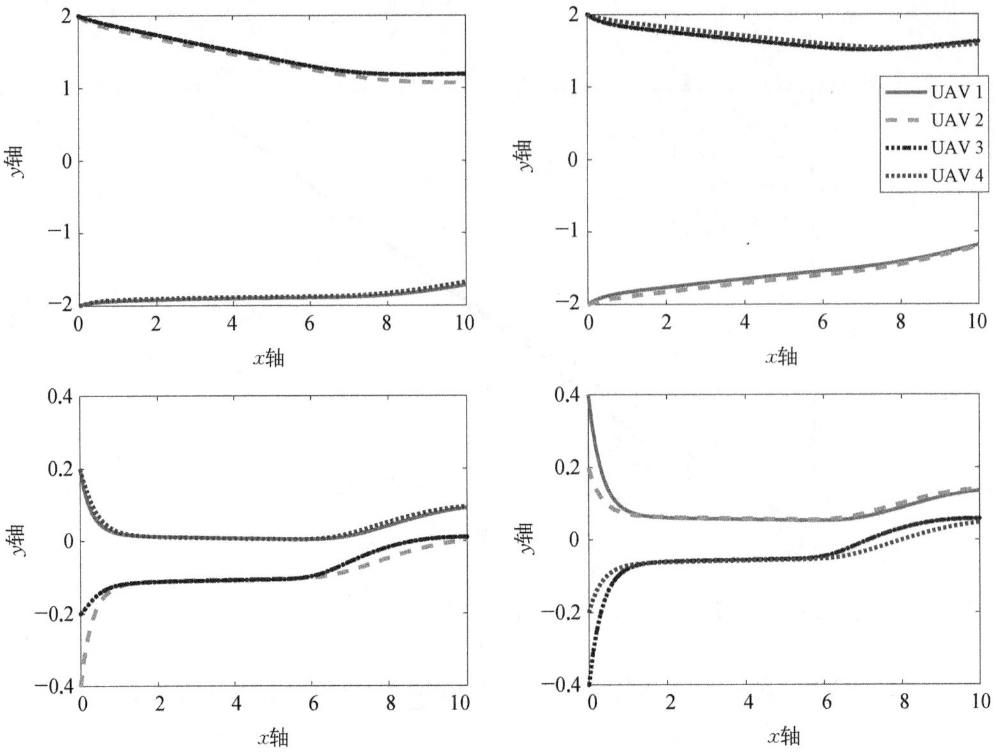

图 5.13　四架无人机的位置和速度的时间变化(前 10 s)

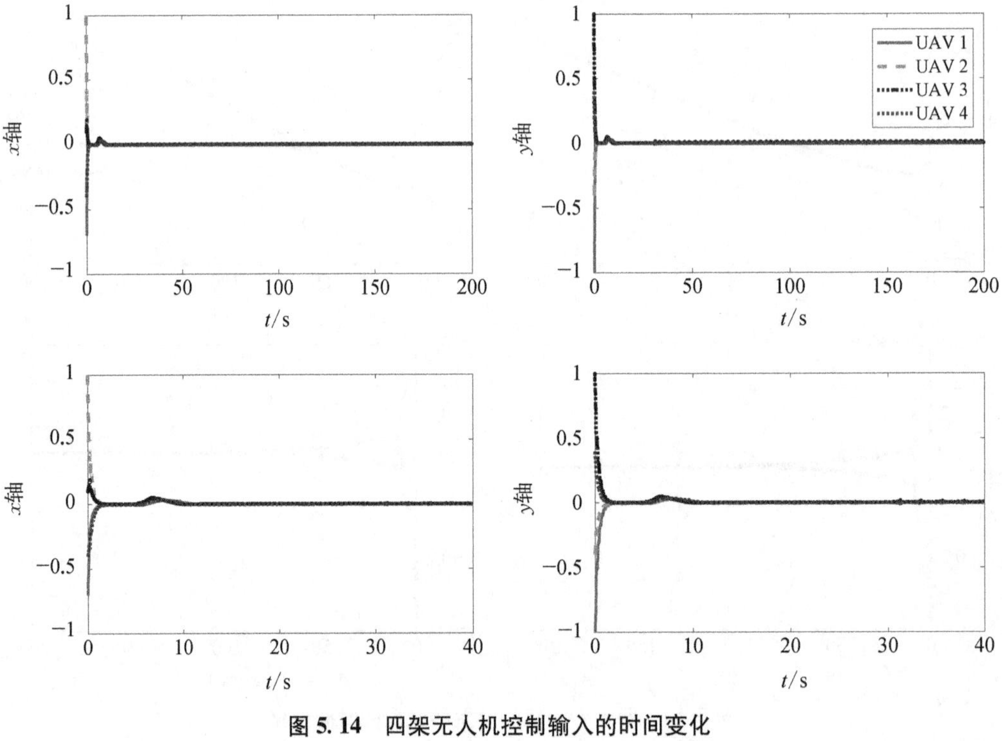

图 5.14　四架无人机控制输入的时间变化

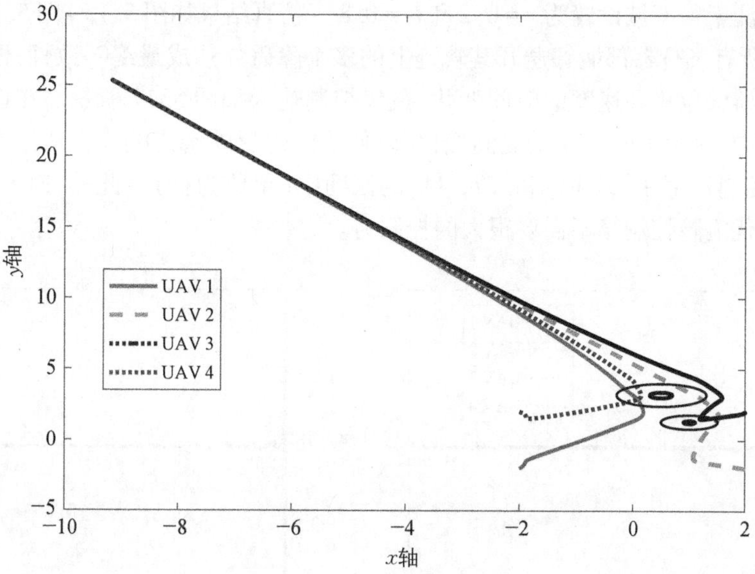

图 5. 15　在三个飞行器的轨迹上有两个障碍时四个飞行器的一致性轨迹

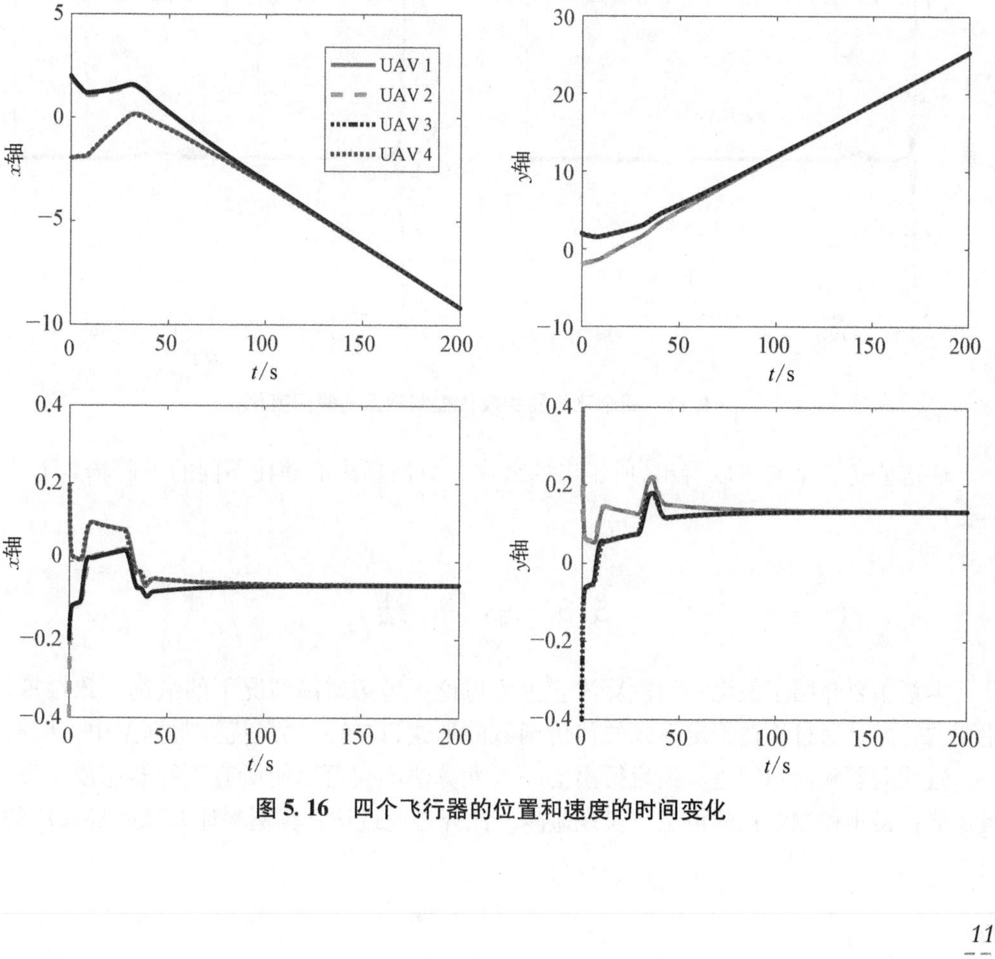

图 5. 16　四个飞行器的位置和速度的时间变化

设另一个障碍物出现在(0.5, 3.2)上,它位于飞行器4和飞行器1的轨迹上。该障碍物的半径和探测半径区域设置为$r=0.2$和$R=0.8$。仿真结果如图5.15~图5.17所示。图5.15表明,所有飞行器都能够避开其轨迹上的多个障碍并达成最终一致性;图5.16分别显示了飞行器的位置和速度的时间变化;最优控制输入如图5.17所示。在图5.17的底部两个子图中,显示了前45 s的时间变化,以便清晰地反映瞬态响应。从图5.17中可以看出,避障控制发生在[6, 13]和[27, 44]的区间中(单位为秒)。此外,速度响应和控制响应表明最优避障控制律不需要很大的控制力。

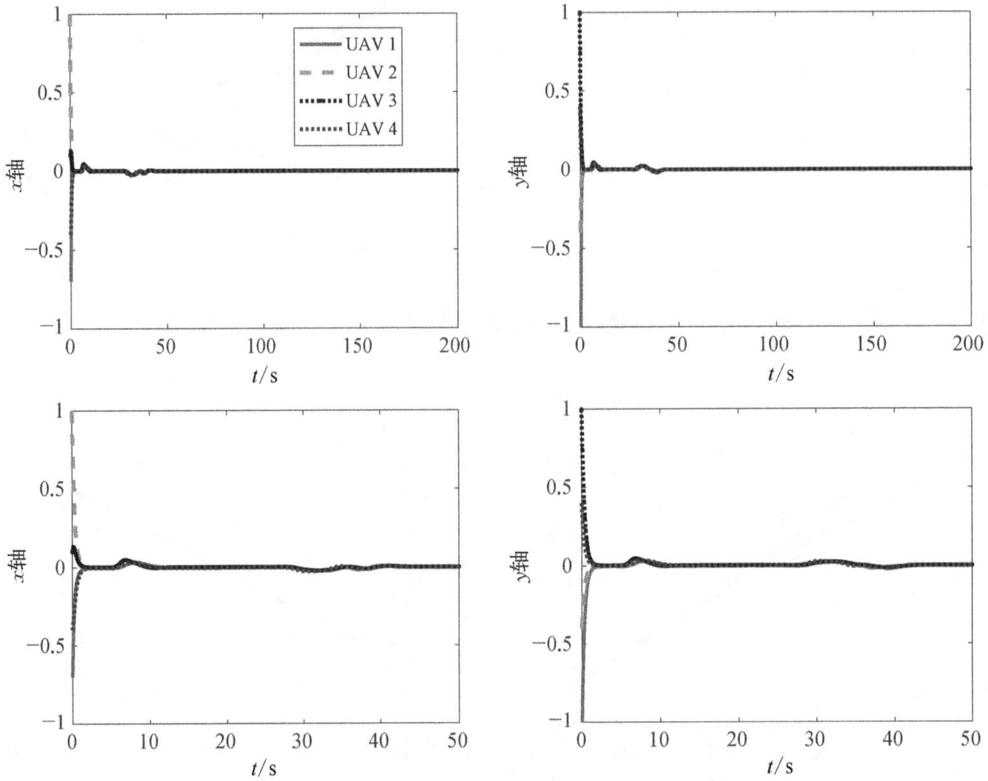

图5.17　四个飞行器的最优控制输入的时间变化

从这些仿真结果可以看出,所提出的最优一致性算法能够在不同的障碍场景下达成一致性。

5.5 小　　结

本章主要介绍了最优一致性算法。主要讨论了考虑避障情况下的最优一致性算法。主要的思想是通过构造特定形式的代价函数的形式,在统一的最优控制框架中去同时解决一致性问题和避障问题。最后得出的一致性算法不仅可以使所有飞行器达成一致,而且还能在最小控制消耗的情况下实现避障。此外还通过仿真算例验证本章所提算法的有效性。

5.6 课后练习

思考题：

1. 思考本章中的最终一致性状态 X_{cs} 是每架飞行器都需要获取的吗？解释原因。

2. 总结最优一致性算法的设计思路。

3. 若想实现能量最优，该如何设计性能指标？请给出算法设计思路。

4. 能函数可以实现飞行器避碰的原理是什么？从式(5.52)或式(5.56)给出解释。

5. 对于移动的障碍物，如何设计避障函数、最优性能指标呢？

6. 飞行器飞行不但需要实现一致性，通常还以编队的形式进行飞行。请查阅文献设计多飞行器最优编队算法，并与本教材一致性算法进行对比。

7. 对比第十一章所给的编队控制算法，对比两种算法之间的异同。

程序设计题：

8. 尝试给出障碍物在最终一致性状态 X_{cs} 上，并且障碍物移动速度为 0.1 m/s，给出仿真设计。

9. 考虑单积分器飞行器系统，$\boldsymbol{x}_i \in R^{2\times 1}$，系统通信拓扑如下图所示。$\boldsymbol{x}_1(0) = [5, -1]^{\mathrm{T}}$，$\boldsymbol{x}_2(0) = [0, -3]^{\mathrm{T}}$，$\boldsymbol{x}_3(0) = [-4, 3]^{\mathrm{T}}$，请设计最优一致性算法实现系统一致，选取参数 $w_p = 0.8$ 和 $w_c = 3$。

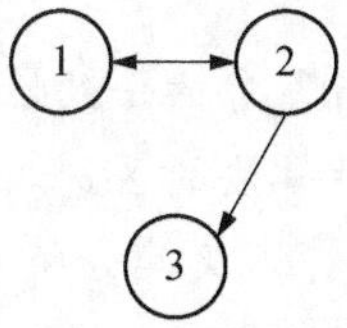

图 5.18　第 9 题通信拓扑

10. 考虑双积分器飞行器系统 $\boldsymbol{x}_i \in R^{2\times 1}$，系统通信拓扑同第 9 题。$\boldsymbol{x}_1(0) = [5, -1]^{\mathrm{T}}$，$\boldsymbol{x}_2(0) = [0, -3]^{\mathrm{T}}$，$\boldsymbol{x}_3(0) = [-4, 3]^{\mathrm{T}}$，飞行器初速度均为 0，请设计最优一致性算法实现系统一致，选取参数 $w_p = 0.1$，$w_v = 1.5$，$w_c = 3$。

第六章 鲁棒一致性算法

本章将讨论多飞行器系统的鲁棒一致性问题,飞行器模型为一类特殊的线性系统,即具有负虚频率响应的系统,也称负虚系统,体的协同控制。本章着重研究多飞行器系统在外部干扰和模型不确定影响下的鲁棒输出一致性问题。6.1 节给出负虚系统的定义和负虚系统中的典型结果;在 6.2 节和 6.3 节将分别给出同构、异构多飞行器系统的鲁棒一致性算法设计及仿真验证;6.4 节为本章的小结;6.5 节给出了本章课后练习题。

学习要点

- 掌握: ① 负虚系统相关概念;② 同构、异构飞行器鲁棒一致性算法设计原理。
- 熟悉: ① 同构、异构多飞行器鲁棒一致性算法的稳定性证明;② 同构、异构飞行器系统的区别以及相应一致性算法的区别。
- 了解: ① 负虚系统的基本特性及其分析手段;② 同构、异构无人机鲁棒一致性算法的仿真效果及基本特性。

6.1 负虚系统

6.1.1 负虚系统定义

考虑一阶传递函数 $P_1(s) = \dfrac{b}{\tau s + 1}$,其中 $b > 0, \tau > 0$。该传递函数的频率特性可由图6.1中的伯德图或奈奎斯特图表述。同样,对于二阶传递函数 $P_2(s) = \dfrac{\psi_i^2}{s^2 + 2\zeta_i \omega_i s + \omega_i^2}$,其中,阻尼系数 $\zeta_i \geqslant 0$,无阻尼自然振荡频率 $\omega_i > 0$,伯德图和奈奎斯特图如图 6.2 所示。

观察图 6.1 和图 6.2 中传递函数的相频特性,从伯德图中发现传递函数的相位角满足 $\angle P_i(j\omega) \in (0, -\pi)$, $\omega \in (0, \infty)$, $i = 1, 2$;从奈奎斯特图中发现传递函数的虚部满

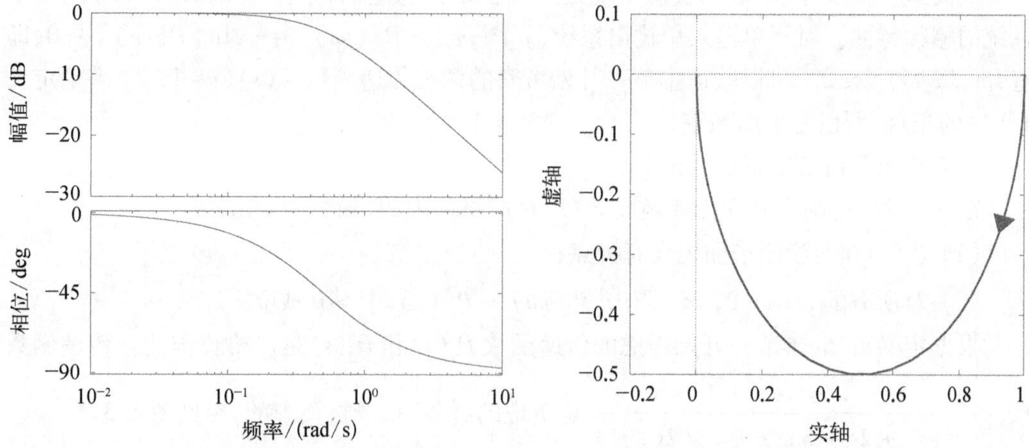

(a) 伯德图 (b) 奈奎斯特图

图 6.1 传递函数 P_1 的频率特性

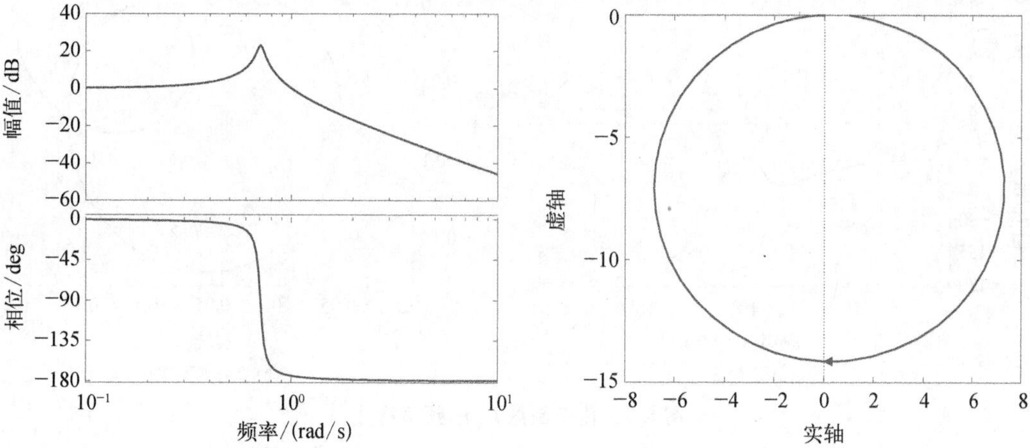

(a) 伯德图 (b) 奈奎斯特图

图 6.2 传递函数 P_2 的频率特性

足 $\mathrm{Im}[P_i(j\omega)] < 0,\ \omega \in (0,\ \infty),\ i = 1,\ 2$，因此这类系统称为负虚系统。通俗地讲，对于单输入单输出系统，负虚系统是奈奎斯特图中具有负虚部的动态系统，即一类频率特性满足负虚性质的动态系统。下面给出多输入多输出负虚系统的定义。

定义 6.1 如果正则实有理的传递函数矩阵 $\boldsymbol{P}(s)$ 在右半开平面内没有极点，那么 $\boldsymbol{P}(s)$ 是负虚的；

(1) 对于 $\omega \in (0,\ \infty)$，若 $j\omega$ 不是极点，则有 $j[\boldsymbol{P}(j\omega) - \boldsymbol{P}^*(j\omega)] \geqslant 0$ 成立；

(2) 对于 $\omega_0 \in (0,\ \infty)$，若 $j\omega_0$ 是极点，则它只能是单极点，且留数矩阵 $\boldsymbol{K} \triangleq \lim\limits_{s \to j\omega_0}(s - j\omega_0)j\boldsymbol{P}(s)$ 是半正定的埃尔米特矩阵；

(3) 若零是极点，则有 $\lim\limits_{s \to 0} s^k \boldsymbol{P}(s) = 0,\ \forall k \geqslant 3$ 且 $\boldsymbol{P}_2 = \lim\limits_{s \to 0} s^2 \boldsymbol{P}(s)$ 是半正定的埃尔米特矩阵。

定义 6.1 中条件(1)表明负虚系统是李雅普诺夫稳定的,条件(2)和条件(3)刻画了系统的相频特性。对于单输入单输出系统,$j[P(j\omega) - P^*(j\omega)] = -2\mathrm{Im}[P(j\omega)] \geqslant 0$,即有 $\mathrm{Im}[P(j\omega)] \leqslant 0$。可以验证本节一开始考察的两类传递函数 $G_i(s)\,(i=1,\,2)$ 满足定义 6.1 中的条件,所以是负虚系统。

下面给出严格负虚系统的定义。

定义 6.2 正则实有理传递函数 $\boldsymbol{P}_s(s)$ 是严格负虚的,如果

(1) $\boldsymbol{P}_s(s)$ 在右半闭平面内没有极点;

(2) 对所有的 $\omega \in (0,\,\infty)$,有 $j[\boldsymbol{P}_s(j\omega) - \boldsymbol{P}_s^*(j\omega)] > 0$ 成立。

根据定义可知,本节一开始考虑的传递函数 $P_1(s)$ 和 $P_2(s)$ 是严格负虚的。传递函数 $P_3(s) = \dfrac{2s^2 + s + 1}{(s^2 + 2s + 5)(s + 1)(2s + 1)}$ 是负虚的,但不是严格负虚的,参见图 6.3。

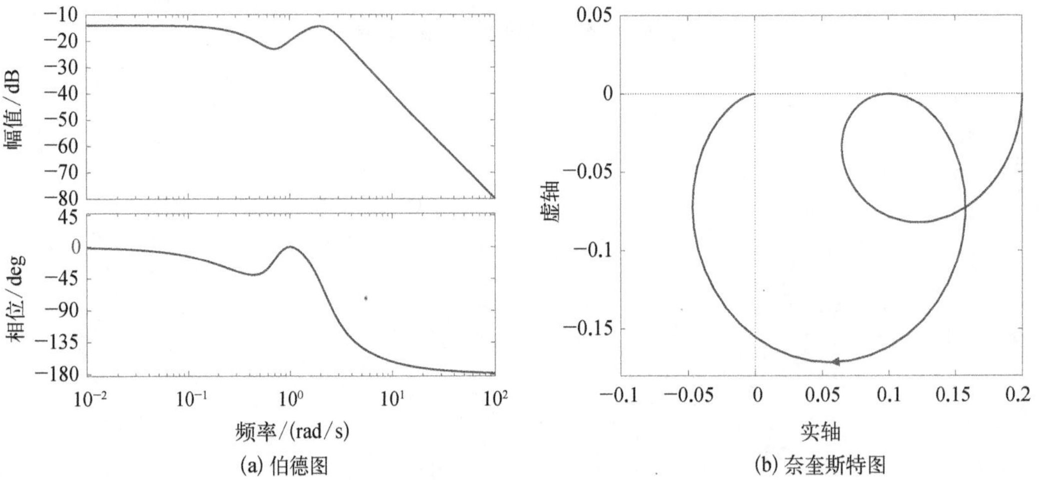

图 6.3 传递函数 P_3 的频率特性

6.1.2 负虚系统中的典型结果

对于一个传递函数,如何判断它是不是负虚的呢?目前大致有四种方法,一是直接利用定义来判定,这种方法对简单的单输入单输出传递函数是有效的,比如一阶二阶系统,但对于多输入多输出或高阶或在虚轴上有极点的传递函数,该方法就不可行了;二是利用伯德图或奈奎斯特图来判断,该方法非常形象直观,但仅适用于单输入单输出且在虚轴上无极点的传递函数;三是基于"枚举"的数值验证,该方法利用计算机善于重复计算的优点,试图枚举所有的"$\omega \in (0,\,\infty)$",对于枚举的每一个 ω,在数值上验证定义中的条件是否成立。由于不能枚举完所有的 ω,且不能有效处理虚轴上存在极点的情况,因此该方法并不能从理论上保证可靠性;四是依据传递函数的状态空间实现来判断传递函数的负虚性质。这类结果在数值上容易验证,且理论上保证可靠,是负虚系统理论中的一类典型结果。

引理 6.1(负虚引理) 令 $(\boldsymbol{A},\,\boldsymbol{B},\,\boldsymbol{C},\,\boldsymbol{D})$ 是传递函数 $\boldsymbol{P}(s)$ 的最小实现,其中 $\boldsymbol{A} \in$

$\boldsymbol{R}^{N\times N}$；$\boldsymbol{B}\in\boldsymbol{R}^{N\times n}$；$\boldsymbol{C}\in\boldsymbol{R}^{n\times N}$；$\boldsymbol{D}\in\boldsymbol{R}^{n\times n}$；$n\leqslant N$。传递函数$\boldsymbol{P}(s)$是负虚的当且仅当下面两条都成立：

(1) $\det(\boldsymbol{A})\neq 0$, $\boldsymbol{D}=\boldsymbol{D}^{\mathrm{T}}$；

(2) 存在对称正定阵$\boldsymbol{Y}\in\boldsymbol{R}^{N\times N}$满足$\boldsymbol{AY}+\boldsymbol{YA}^{\mathrm{T}}\leqslant\boldsymbol{0}$, $\boldsymbol{B}+\boldsymbol{AYC}^{\mathrm{T}}=\boldsymbol{0}$。

引理6.1提供了一种基于状态空间实现的方法来判断动态系统是否满足负虚性质。引理6.1的条件(1)很容易验证,条件(2)的可行解集为凸集。当系统阶数不高时,可以直接使用MATLAB的YALMIP工具箱求解。当系统阶数高时,可以使用数值迭代算法求解。对于非最小实现情况,引理6.1中的两个条件为判定负虚系统的充分条件。

正反馈相连的负虚系统稳定性结果是负虚系统理论中的另一种典型结果。考虑如图6.4所示的互联系统的稳定性问题,可以建立下面的稳定性条件。

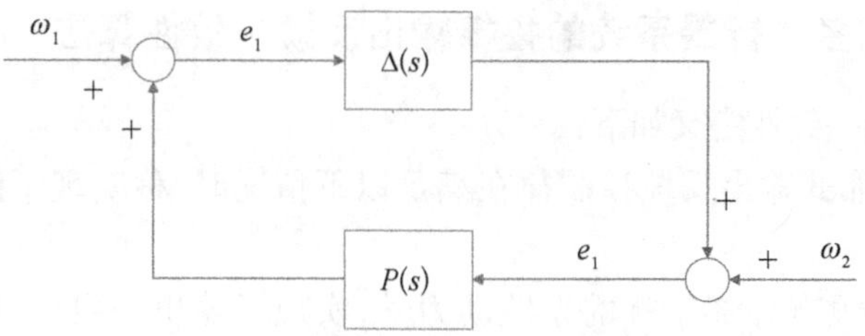

图6.4　互联负虚/H_∞系统的稳定性

引理6.2(负虚系统定理)　设$\boldsymbol{\Delta}(s)$是严格负虚系统,$\boldsymbol{P}(s)$是负虚系统,且$\boldsymbol{\Delta}(\infty)\boldsymbol{P}(\infty)=0$, $\boldsymbol{\Delta}(\infty)\geqslant 0$。则图6.4中的互联系统当且仅当$\lambda_{\max}[\boldsymbol{\Delta}(0)\boldsymbol{P}(0)]<0$时是稳定的。

引理6.2表明如果已知互联的系统具有负虚性质,则互联系统的稳定性取决于系统在频率为零和无穷远处的增益。特别地,当严格负虚系统为严格真时,互联负虚系统的稳定性仅取决于系统在频率为零处的增益。

负虚系统的例子可以在很多文献中找到,其中包括单积分器系统、双积分器系统、二阶系统(如无阻尼和有阻尼的柔性结构系统或惯性系统)等。双积分器系统常常作为飞行器系统运动回路的模型,因此关于多负虚系统协同控制的研究可以用来解决多飞行器系统的协同控制问题。

6.2　同构多飞行器系统鲁棒一致性算法

6.2.1　同构多飞行器系统描述

在本节中,假设多飞行器系统由负虚系统描述并且飞行器是同构的,第i个飞行器系统在频域中的描述为

$$\boldsymbol{y}_i=\boldsymbol{P}(s)\boldsymbol{u}_i,\ i=1,\ \cdots,\ N \tag{6.1}$$

式(6.1)中,$\boldsymbol{P}(s)$是传递函数；$\boldsymbol{y}_i\in\boldsymbol{R}^n$和$\boldsymbol{u}_i\in\boldsymbol{R}^n$是系统的输出和输入；$N$是飞行器的数

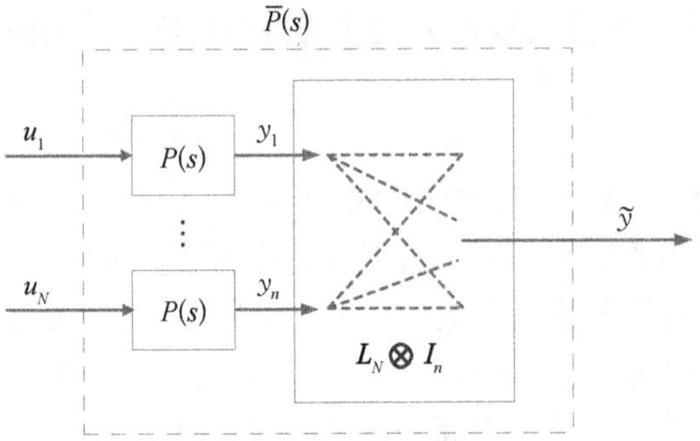

图 6.5 网络化 *NI* 系统

量。由于 $\boldsymbol{P}(s)$ 通常是多输入多输出系统，因此通过 Kronecker 乘积将描述网络连通性的拉普拉斯矩阵修改为 $\boldsymbol{L}_N \otimes \boldsymbol{I}_n$，并且所考虑的网络化系统如图 6.5 所示。

$$\begin{aligned}\tilde{\boldsymbol{y}} &= \bar{\boldsymbol{P}}(s)\boldsymbol{u} = (\boldsymbol{L}_N \otimes \boldsymbol{I}_n)[\boldsymbol{I}_N \otimes \boldsymbol{P}(s)]\boldsymbol{u} \\ &= [\boldsymbol{L}_N \otimes \boldsymbol{P}(s)]\boldsymbol{u}\end{aligned} \tag{6.2}$$

式(6.2)中，$\bar{\boldsymbol{P}}(s) = \boldsymbol{L}_N \otimes \boldsymbol{P}(s)$ 是增广系统，$\tilde{\boldsymbol{y}} = [\boldsymbol{y}_1^{\mathrm{T}}, \cdots, \boldsymbol{y}_N^{\mathrm{T}}]^{\mathrm{T}} \in R^{Nn\times 1}$ 和 $\boldsymbol{u} = [\boldsymbol{u}_1^{\mathrm{T}}, \cdots, \boldsymbol{u}_N^{\mathrm{T}}]^{\mathrm{T}} \in R^{Nn\times 1}$。

6.2.2 同构多飞行器系统的鲁棒输出反馈一致性算法

鲁棒输出反馈一致性定义如下：

定义 6.3 分布式输出反馈控制律在满足以下情况时，称实现了网络系统的鲁棒输出反馈一致：

(1) 对于一类没有外部干扰的系统动力学，实现了输出一致性，即 $\boldsymbol{y}_i \to \boldsymbol{y}_{ss}$，$\forall i \in \{1, \cdots, N\}$，其中 $\boldsymbol{y}_{ss}$ 是最终的收敛轨迹。

(2) 当输入和输出都存在 $\boldsymbol{L}_2[0, \infty]$ 扰动时，$\boldsymbol{y}_{ss}$ 受到加性 $\boldsymbol{L}_2[0, \infty]$ 信号的干扰。通过拉普拉斯算子的性质

$$\boldsymbol{L}_N \geqslant 0,\ N(\boldsymbol{L}_N) = \mathrm{span}\{1_N\} \tag{6.3}$$

可以看出，当 $\tilde{\boldsymbol{y}} \to 0$ 时，输出 $\boldsymbol{y}$ 达到一致。式(6.3)实际上将输出一致性问题转换为内部稳定性问题，该问题更容易解决，且可以通过标准控制理论方法研究系统鲁棒性。

下面给出四个初步引理：

引理 6.3[109] 设 λ_j 和 $\gamma_k(j = 1, \cdots, N,\ k = 1, \cdots, n)$ 分别是矩阵 $\boldsymbol{\Lambda}_{N\times N}$ 和 $\boldsymbol{\Gamma}_{n\times n}$ 的特征值，则 $\boldsymbol{\Lambda} \otimes \boldsymbol{\Gamma}$ 的特征值是 $\lambda_j\gamma_k$。

注意，引理 6.1 也适用于奇异值[109]。

引理 6.4 给定 $\boldsymbol{\Lambda} \in \boldsymbol{R}^{N\times N}$ 和 $\boldsymbol{\Gamma} \in \boldsymbol{R}^{n\times n}$，则

$$N(\boldsymbol{\Lambda} \otimes \boldsymbol{\Gamma}) = \{\boldsymbol{a} \otimes \boldsymbol{b} : \boldsymbol{b} \in \boldsymbol{R}^{n\times 1}, \boldsymbol{a} \in N(\boldsymbol{\Lambda})\} \cup \{\boldsymbol{c} \otimes \boldsymbol{d} : \boldsymbol{c} \in \boldsymbol{R}^{n\times 1}, \boldsymbol{d} \in N(\boldsymbol{\Gamma})\}。$$

证明：根据零空间的定义和 Kronecker 积的属性容易证得。

以下引理表明增广的网络化系统 $\bar{\boldsymbol{P}}(s) = \boldsymbol{L}_N \otimes \boldsymbol{P}(s)$ 是负虚系统当且仅当每个系统 $\boldsymbol{P}(s)$ 都是负虚系统。

引理 6.5 当且仅当 $\boldsymbol{P}(s)$ 是负虚系统时，$\bar{\boldsymbol{P}}(s)$ 也是负虚系统。

证明：注意 $\boldsymbol{L}_N \geqslant 0$。通过将引理 6.3 应用于定义 6.1，可以直接证明充分性和必要性。

由于引理 6.5 需要 $\boldsymbol{L}_N$ 的半正定性，因此该结论不能应用于有向图。如果 $\bar{\boldsymbol{P}}(s)$ 在一些控制器的作用下达到内部稳定性，那么输出 $\tilde{\boldsymbol{y}} \to 0$。从文献[93]、文献[109]和文献[110]中总结了以下内部稳定性结论。

引理 6.6　给定负虚系统 $\boldsymbol{P}(s)$ 及严格负虚系统 $\boldsymbol{P}_s(s)$、$\boldsymbol{P}_2=\lim\limits_{s\to 0}s^2\boldsymbol{P}(s)$、$\boldsymbol{P}_1=\lim\limits_{s\to 0}s\left(\boldsymbol{P}(s)-\dfrac{\boldsymbol{P}_2}{s^2}\right)$ 和 $\boldsymbol{P}_0=\lim\limits_{s\to 0}\left(\boldsymbol{P}(s)-\dfrac{\boldsymbol{P}_2}{s^2}-\dfrac{\boldsymbol{P}_1}{s}\right)$，正反馈互联系统 $[\boldsymbol{P}(s),\ \boldsymbol{P}_s(s)]$ 内部稳定，当且仅当满足以下任何一个条件：

（1）当 $\boldsymbol{P}(s)$ 在原点没有极点时 $\bar{\lambda}[\boldsymbol{P}(0)\boldsymbol{P}_2(0)]<1$，且 $\boldsymbol{P}(\infty)\boldsymbol{P}_s(\infty)=0$，$\boldsymbol{P}_s(\infty)\geqslant 0$；

（2）当 $\boldsymbol{P}(s)$ 在原点有极点并且严格适当时 $\boldsymbol{J}^{\mathrm{T}}\boldsymbol{P}_s(0)\boldsymbol{J}<0$，$\boldsymbol{P}_2\neq 0$，$\boldsymbol{P}_1=0$，矩阵的零空间[111] $N(\boldsymbol{P}_2)\subseteq N(\boldsymbol{P}_0^{\mathrm{T}})$，其中 $\boldsymbol{P}_2=\boldsymbol{J}\boldsymbol{J}^{\mathrm{T}}$，$\boldsymbol{J}$ 列满秩；

（3）当 $\boldsymbol{P}(s)$ 在原点有极点且严格适当时 $\boldsymbol{F}_1^{\mathrm{T}}\boldsymbol{P}_s(0)\boldsymbol{F}_1<0$，$\boldsymbol{P}_2=0$，$\boldsymbol{P}_1\neq 0$，矩阵的零空间 $N(\boldsymbol{P}_1^{\mathrm{T}})\subseteq N(\boldsymbol{P}_0^{\mathrm{T}})$，其中 $\boldsymbol{P}_1=\boldsymbol{F}_1\boldsymbol{V}_1^{\mathrm{T}}$，$\boldsymbol{F}_1$ 和 $\boldsymbol{V}_1$ 列满秩，$\boldsymbol{V}_1^{\mathrm{T}}\boldsymbol{V}_1=\boldsymbol{I}$。

上述结论实际上是一个鲁棒稳定性结论。因为飞行器系统 $\boldsymbol{P}(s)$ 可以受到任何未建模的动力学 $\boldsymbol{\Delta}(s)$ 的干扰，使得扰动的系统 $\boldsymbol{P}_{\boldsymbol{\Delta}}(s)$ 取代引理 6.4 中的标称系统 $\boldsymbol{P}(s)$ 并且保留了系统负虚属性，所以仍然满足引理 6.6 中的任何一个条件。类似地，$\boldsymbol{P}_s(s)$ 受扰后成为受制于条件(1)、(2)、(3)的严格负虚系统控制器。下文中为了简化符号，本章不区分 $\boldsymbol{P}(s)$ 和 $\boldsymbol{P}_{\boldsymbol{\Delta}}(s)$。显然存在一大类允许的标称动力学动态扰动，因为所有条件仅在频率 $\omega=0$ 或 $\omega=0$ 处 $\boldsymbol{P}(2)$ 的残差上对 $\boldsymbol{P}(s)$ 施加限制，并没有限制负虚系统的增益或阶数[112]。一些容许扰动的例子包括：加性负虚扰动[112]；反馈扰动，其反馈互连中的两个系统都是负虚；基于 Redheffer Star 积和线性分数变换的更一般的扰动[113]。例如，$\dfrac{1}{s+5}$ 和 $\dfrac{2s^2+s+1}{(s^2+2s+5)(s+1)(2s+1)}$ 都是具有相同增益的负虚特性。

现给出本章的第一个主要定理。

定理 6.1　无向拓扑图 G 用来描述同构飞行器系统的通信链路，并给定任意严格负虚控制律 $\boldsymbol{P}_s(s)$，在任何外部干扰 $\boldsymbol{d}_1$、$\boldsymbol{d}_2\in\boldsymbol{L}_2[0,\ \infty)$ 和任何保证受扰系统 $\boldsymbol{P}(s)$ 为负虚的模型不确定性下，通过以下协议实现鲁棒的输出反馈一致性

$$\boldsymbol{U}_{\mathrm{cs}}=\boldsymbol{P}_s(s)\tilde{\boldsymbol{y}}=\boldsymbol{C}_{\mathrm{cs}}(s)\boldsymbol{y}=[\boldsymbol{L}_n\otimes\boldsymbol{P}_s(s)]\boldsymbol{y}\tag{6.4}$$

如图 6.5 所示，或者对每个飞行器 i 以分布式形式，

$$\boldsymbol{u}_i=\boldsymbol{P}_s(s)\sum_{j=1}^{N}a_{ij}(\boldsymbol{y}_i-\boldsymbol{y}_j)\tag{6.5}$$

当且仅当 $\boldsymbol{P}(s)$ 和 $\boldsymbol{P}_s(s)$ 满足引理 6.6 中的条件(1)、条件(2)或条件(3)，除了在条件(1)中用 $\bar{\lambda}[\boldsymbol{P}(0)\boldsymbol{P}_s(0)]<\dfrac{1}{\bar{\lambda}(\boldsymbol{L}_N)}$ 替换 $\bar{\lambda}[\boldsymbol{P}(0)\boldsymbol{P}_s(0)]<1$。

证明： 在论述一致性结论之前，先使用引理 6.6 证明 $[\bar{\boldsymbol{P}}(s),\ \bar{\boldsymbol{P}}_s(s)]$ 的内部稳定性。从图 6.5 中可以得到 $\bar{\boldsymbol{P}}(s)=\boldsymbol{L}_N\otimes\boldsymbol{P}(s)$，它在引理 6.5 中已被证明是负虚系统。由于 $\boldsymbol{P}_s(s)$ 是严格负虚，容易得到 $\bar{\boldsymbol{P}}_s(s)=\boldsymbol{I}_N\otimes\boldsymbol{P}_s(s)$ 也是严格负虚。

(⇐)充分性：由引理6.6可以得出结论$[\bar{P}(s),\ \bar{P}_s(s)]$是内部稳定的,因为：

(1) 当$P(s)$在原点没有极点时,$\bar{P}(s)$在原点也没有极点。由于引理6.3以及$[P(s),\ P_s(s)]$对满足引理6.6的条件(1),可知

$$\bar{P}(\infty)\bar{P}_s(\infty)=[L_N\otimes P(\infty)][I_N\otimes P_S(\infty)]=L_N\otimes[P(\infty)P_s(\infty)]=0$$

其中,$\bar{P}_s(\infty)=L_N\otimes P_s(\infty)\geqslant 0$。最后根据引理6.3中$\bar{\lambda}[P(0)P_s(0)]<\left(\frac{1}{\bar{\lambda}(L_N)}\right)$,可得$\bar{\lambda}[\bar{P}(0)\bar{P}_s(0)]=\bar{\lambda}\{L_N\otimes[P(0)P_s(0)]\}<1$。

(2) 当$P(s)$在原点有极点时,$\bar{P}(s)$在原点也有极点。在$P_2\neq 0$、$P_1=0$的情况下,由于引理6.4和$N(P_2)\subseteq N(P_0^{\mathrm{T}})$,易得$N(L_N\otimes P_2)=N(\bar{P}_2)\subseteq N(\bar{P}_0^{\mathrm{T}})=N(L_N\otimes P_0^{\mathrm{T}})$。进一步由于$L_N$和$P_2$都是埃尔米特矩阵和半正定的,$\bar{P}_2=L_N\otimes P_2=(J_LJ_L^{\mathrm{T}})\otimes(JJ^{\mathrm{T}})=(J_LJ_L^{\mathrm{T}})\otimes(JJ^{\mathrm{T}})$,其中$J_L$列满秩且阶数为$N-1$。定义$\bar{J}=J_L\otimes J$,由于$J_L^{\mathrm{T}}J_L>0$,根据引理6.3以及引理6.6的条件(2),可以得到

$$\begin{aligned}\bar{J}^{\mathrm{T}}\bar{P}_s(0)\bar{J}&=(J_L\otimes J)^{\mathrm{T}}[I_N\otimes P_s(0)](J_L\otimes J)\\&=(J_L^{\mathrm{T}}I_NJ_L)\otimes[J^{\mathrm{T}}P_s(0)J]\\&=(J_L^{\mathrm{T}}J_L)\otimes[J^{\mathrm{T}}P_s(0)J]<0\end{aligned}\tag{6.6}$$

(3) 注意到$\bar{F}_1=J_L\otimes F_1$,当$P_2=\mathbf{0}$、$P_1\neq\mathbf{0}$时,可采用与情况(2)类似的方式进行分析。

(⇒)通过倒叙证明上述论点,很容易证明定理6.1的必要性。

当$d_1=d_2=0$时,$[\bar{P}(s),\ \bar{P}_s(s)]$的内部稳定性意味着输出一致,注意到$\tilde{y}\to 0\Leftrightarrow y\to 1_N\otimes y_{ss}$,即$y_i\to y_{ss}\in R^{n\times 1}$,当$G$无向连通时,这是$L_N\otimes I_n$的零空间。

此外,图6.6中输入u和输出y的外部干扰d_2、d_1等于输入u和输出$\tilde{y}$上的外部干扰d_2、$(L_N\otimes I_n)d_1$,它是L_2干扰的子集。因此,对于所有L_2的干扰d_1、d_2,控制器式(6.4)或式(6.5)将在输出y上实现扰动的L_2一致性信号(由于线性系统的叠加原理)。

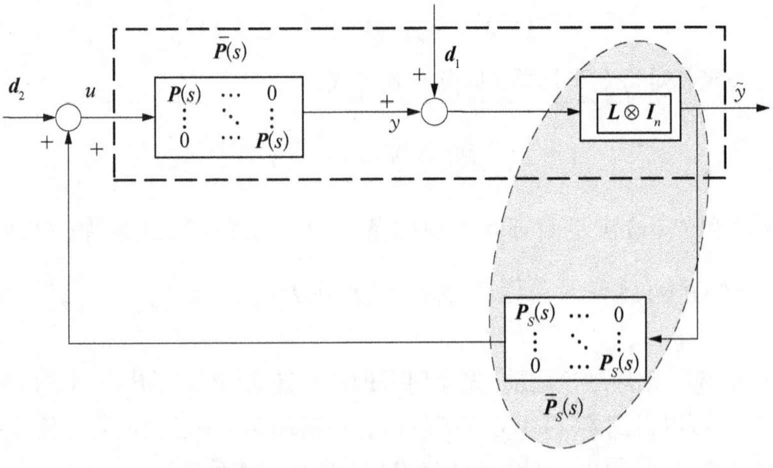

图6.6 严格负虚控制器闭环系统

注 6.1 可以看出,由于网络互连,不等式(6.6)中的条件比引理 6.6 条件(1)中的不等式更严格。如果初始 $\boldsymbol{P}_s(0)$ 满足 $0 < \bar{\lambda}[\boldsymbol{P}(0)\boldsymbol{P}_s(0)] < 1$,则需要针对较小的特征值调整控制器 $\boldsymbol{P}_s(s)$ 以满足不等式(6.6)。另一方面,如果 $\bar{\lambda}[\boldsymbol{P}(0)\boldsymbol{P}_s(0)] < 0$,则不需要进一步调整。

从图 6.6 和文献[113]可以很方便地定义输入循环传递矩阵

$$\boldsymbol{L}_i = -[\boldsymbol{I}_N \otimes \boldsymbol{P}_s(s)][\boldsymbol{L}_N \otimes \boldsymbol{P}(s)] = -\boldsymbol{L}_N \otimes [\boldsymbol{P}_s(s)\boldsymbol{P}(s)]$$

和输出循环传递矩阵

$$\boldsymbol{L}_0 = -[\boldsymbol{L}_N \otimes \boldsymbol{P}(s)][\boldsymbol{I}_N \otimes \boldsymbol{P}_s(s)] = -\boldsymbol{L}_N \otimes [\boldsymbol{P}(s)\boldsymbol{P}_s(s)]$$

输入和输出灵敏度矩阵定义为 $\boldsymbol{S}_i = (\boldsymbol{I} + \boldsymbol{L}_i)^{-1}$ 和 $\boldsymbol{S}_0 = (\boldsymbol{I} + \boldsymbol{L}_0)^{-1}$。如果闭环系统内部稳定,则以下等式成立:

$$\begin{aligned}\tilde{\boldsymbol{y}} &= \boldsymbol{S}_0(\boldsymbol{L}_N \otimes \boldsymbol{I}_n)\boldsymbol{d}_1 + \boldsymbol{S}_0[\boldsymbol{L}_N \otimes \boldsymbol{P}(s)]\boldsymbol{d}_2 \\ \boldsymbol{u} &= \boldsymbol{S}_i[\boldsymbol{L}_N \otimes \boldsymbol{P}_s(s)]\boldsymbol{d}_1 + \boldsymbol{S}_i\boldsymbol{d}_2\end{aligned} \tag{6.7}$$

文献[113]给出了对高频未建模动态具有良好鲁棒性的条件:如果 n 足够小,对于无向连通图而言,有 $\bar{\sigma}(\boldsymbol{L}_N) = \bar{\lambda}(\boldsymbol{L}_N)$。

注 6.2 不等式(6.8)意味着网络系统的鲁棒条件总是比单个系统更严格,注意 $\bar{\sigma}(\boldsymbol{L}_N) = \bar{\lambda}(\boldsymbol{L}_N) > 1$,这再次证实了文献[113]的结论。

$$\begin{aligned}&\bar{\sigma}[-\boldsymbol{L}_N \otimes \boldsymbol{P}(j\omega)\boldsymbol{P}_s(j\omega)] \ll^{①} 1,\ \bar{\sigma}[-\boldsymbol{L}_N \otimes \boldsymbol{P}_s(j\omega)\boldsymbol{P}(j\omega)] \ll 1, \\ &\bar{\sigma}[-\boldsymbol{I}_n \otimes \boldsymbol{P}_s(j\omega)] \ll M \\ &\Leftrightarrow \bar{\sigma}[\boldsymbol{P}(j\omega)\boldsymbol{P}_s(j\omega)] \ll \frac{1}{\bar{\sigma}(\boldsymbol{L}_N)},\ \bar{\sigma}[\boldsymbol{P}_s(j\omega)\boldsymbol{P}(j\omega)] \ll \frac{1}{\bar{\sigma}(\boldsymbol{L}_N)}, \\ &\bar{\sigma}[-\boldsymbol{P}_s(j\omega)] \ll \frac{M}{\bar{\sigma}(\boldsymbol{L}_N)}\end{aligned} \tag{6.8}$$

6.2.3 收敛集研究

前面章节提供了在外部干扰和负虚模型不确定性下,一类能够保证多飞行器系统输出 $\boldsymbol{y}_i$ 收敛的通用鲁棒输出反馈一致性协议。本节主要在提出的输出反馈一致性协议下研究 $\boldsymbol{y}_{ss}$ 的稳态标称值。为了确定精确的收敛集,本节不考虑外部干扰和模型不确定性。

给定第 i 个飞行器系统 $\boldsymbol{P}(s)$ 的最小实现

$$\begin{cases}\dot{\boldsymbol{x}}_i^{p\times1} = \boldsymbol{A}^{p\times p}\boldsymbol{x}_i^{p\times1} + \boldsymbol{B}^{p\times n}\boldsymbol{u}_i^{n\times1} \\ \boldsymbol{y}_i^{n\times1} = \boldsymbol{C}^{n\times p}\boldsymbol{x}_i^{p\times1} + \boldsymbol{D}^{n\times n}\boldsymbol{u}_i^{n\times1}\end{cases} \quad i = 1, \cdots, N \tag{6.9}$$

---

① “≪”表示远远小于。

以及第 i 个控制器 $\boldsymbol{P}_s(s)$ 的最小实现

$$\begin{cases}\dot{\bar{\boldsymbol{x}}}_i^{q\times 1} = \bar{\boldsymbol{A}}^{q\times q}\bar{\boldsymbol{x}}_i^{q\times 1} + \bar{\boldsymbol{B}}^{q\times n}\bar{\boldsymbol{u}}_i^{n\times 1} \\ \bar{\boldsymbol{y}}_i^{n\times 1} = \bar{\boldsymbol{C}}^{n\times q}\bar{\boldsymbol{x}}_i^{q\times 1} + \bar{\boldsymbol{D}}^{n\times n}\bar{\boldsymbol{u}}_i^{n\times 1}\end{cases} \quad i = 1, \cdots, N \tag{6.10}$$

式(6.10)中,p 和 q 分别是飞行器系统和控制器的状态维数。图 6.6 中闭环系统给出为

$$\begin{bmatrix}\dot{\bar{\boldsymbol{x}}} \\ \dot{\boldsymbol{x}}\end{bmatrix} = \begin{bmatrix}\boldsymbol{I}_N \otimes \bar{\boldsymbol{A}} + \boldsymbol{L}_N \otimes \bar{\boldsymbol{B}}\boldsymbol{D}\bar{\boldsymbol{C}} & \boldsymbol{L}_N \otimes \bar{\boldsymbol{B}}\boldsymbol{C} \\ \boldsymbol{I}_N \otimes \boldsymbol{B}\bar{\boldsymbol{C}} & \boldsymbol{I}_N \otimes \boldsymbol{A} + \boldsymbol{L}_N \otimes \boldsymbol{B}\bar{\boldsymbol{D}}\boldsymbol{C}\end{bmatrix}\begin{bmatrix}\bar{\boldsymbol{x}} \\ \boldsymbol{x}\end{bmatrix} = \boldsymbol{\Psi}\begin{bmatrix}\bar{\boldsymbol{x}} \\ \boldsymbol{x}\end{bmatrix} \tag{6.11}$$

$\boldsymbol{\Psi}$ 的谱将决定系统收敛集,尤其是 $\boldsymbol{\Psi}$ 在虚轴上的特征值将决定稳态行为。为此,给出以下引理来表征 $\boldsymbol{\Psi}$ 的频谱。

引理 6.7 令 λ_L^i 是 $\boldsymbol{L}_N$ 对应于特征向量 $\boldsymbol{v}_L^i$ 的第 i 个特征值。$\boldsymbol{\Psi}$ 的谱由以下矩阵谱的并集给出:

$$\boldsymbol{\Psi}_i = \begin{bmatrix}\bar{\boldsymbol{A}} + \lambda_L^i\bar{\boldsymbol{B}}\boldsymbol{D}\bar{\boldsymbol{C}} & \lambda_L^i\bar{\boldsymbol{B}}\boldsymbol{C} \\ \boldsymbol{B}\bar{\boldsymbol{C}} & \boldsymbol{A} + \lambda_L^i\boldsymbol{B}\bar{\boldsymbol{D}}\boldsymbol{C}\end{bmatrix}, \ i = 1, \cdots, N$$

此外,令 $[(\boldsymbol{v}_1^i)^{\mathrm{T}} \quad (\boldsymbol{v}_2^i)^{\mathrm{T}}]^{\mathrm{T}}$ 为 $\boldsymbol{\Psi}_i$ 的特征向量。然后,$\boldsymbol{\Psi}$ 的相应特征向量是 $\begin{bmatrix}\boldsymbol{v}_L^i \otimes \boldsymbol{v}_1^i \\ \boldsymbol{v}_L^i \otimes \boldsymbol{v}_2^i\end{bmatrix}$。

证明: 设 λ_{Ψ_i} 为 $\boldsymbol{\Psi}_i$ 的特征值且

$$\boldsymbol{\Psi}\begin{bmatrix}\boldsymbol{v}_L^i \otimes \boldsymbol{v}_1^i \\ \boldsymbol{v}_L^i \otimes \boldsymbol{v}_2^i\end{bmatrix} = \begin{bmatrix}\boldsymbol{v}_L^i \otimes (\bar{\boldsymbol{A}}\boldsymbol{v}_1^i + \lambda_L^i\bar{\boldsymbol{B}}\boldsymbol{D}\bar{\boldsymbol{C}}\boldsymbol{v}_1^i + \lambda_L^i\bar{\boldsymbol{B}}\boldsymbol{C}\boldsymbol{v}_2^i) \\ \boldsymbol{v}_L^i \otimes (\boldsymbol{B}\bar{\boldsymbol{C}}\boldsymbol{v}_1^i + \boldsymbol{A}\boldsymbol{v}_2^i + \lambda_L^i\boldsymbol{B}\bar{\boldsymbol{D}}\boldsymbol{C}\boldsymbol{v}_2^i)\end{bmatrix} = \begin{bmatrix}\boldsymbol{v}_L^i \otimes \lambda_{\Psi_i}\boldsymbol{v}_1^i \\ \boldsymbol{v}_L^i \otimes \lambda_{\Psi_i}\boldsymbol{v}_2^i\end{bmatrix} = \lambda_{\Psi_i}\begin{bmatrix}\boldsymbol{v}_L^i \otimes \boldsymbol{v}_1^i \\ \boldsymbol{v}_L^i \otimes \boldsymbol{v}_2^i\end{bmatrix}$$

这表明 λ_{Ψ_i} 也是 $\boldsymbol{\Psi}$ 的特征值,对应的特征向量是 $\begin{bmatrix}\boldsymbol{v}_L^i \otimes \boldsymbol{v}_1^i \\ \boldsymbol{v}_L^i \otimes \boldsymbol{v}_2^i\end{bmatrix}$。

根据文献[94]的结论可知,当图 G 无向连通时,$\boldsymbol{L}_n$ 中只有一个零特征值,$\lambda_L^i = 0$。在这种情况下,由于 $\boldsymbol{\Psi}_i = \begin{bmatrix}\bar{\boldsymbol{A}} & 0 \\ \boldsymbol{B}\bar{\boldsymbol{C}} & \boldsymbol{A}\end{bmatrix}$,$\boldsymbol{\Psi}_i$ 具有特征值 λ_A 和 $\lambda_{\bar{A}}$,对应的特征向量分别为 $\begin{bmatrix}0 \\ \boldsymbol{v}_A\end{bmatrix}$ 和 $\begin{bmatrix}\boldsymbol{v}_{\bar{A}} \\ (\lambda_{\bar{A}}\boldsymbol{I}_N - \boldsymbol{A})^{-1}\boldsymbol{B}\bar{\boldsymbol{C}}\boldsymbol{v}_{\bar{A}}\end{bmatrix}$,其中 λ_A 和 $\lambda_{\bar{A}}$ 是 $\boldsymbol{A}$ 和 $\bar{\boldsymbol{A}}$ 的特征值;$\boldsymbol{v}_A$ 和 $\boldsymbol{v}_{\bar{A}}$ 是分别对应 $\boldsymbol{A}$ 和 $\bar{\boldsymbol{A}}$ 的特征向量。这也表明 $\boldsymbol{\Psi}$ 的特征值包括 λ_A 和 $\lambda_{\bar{A}}$;相应的特征向量为 $\begin{bmatrix}0 \\ \boldsymbol{1} \otimes \boldsymbol{v}_A\end{bmatrix}$ 和 $\begin{bmatrix}\boldsymbol{1} \otimes \boldsymbol{v}_{\bar{A}} \\ \boldsymbol{1} \otimes (\lambda_{\bar{A}}\boldsymbol{I}_N - \boldsymbol{A})^{-1}\boldsymbol{B}\bar{\boldsymbol{C}}\boldsymbol{v}_{\bar{A}}\end{bmatrix}$。由于可以始终选择严格负虚控制器使得 $\lambda_{\bar{A}} \neq \lambda_A$,因此保证了 $\boldsymbol{A} - \lambda_{\bar{A}}\boldsymbol{I}_N$ 的可逆性。

在 $\lambda_L^i > 0$ 且 $\det(\boldsymbol{A}) \neq 0$ 的情况下,可以用与文献[93]中的定理 5 类似的方式表述为

$$\boldsymbol{\Psi}_i=\begin{bmatrix}\bar{\boldsymbol{A}}+\lambda_L^i\bar{\boldsymbol{B}}\boldsymbol{D}\bar{\boldsymbol{C}} & \lambda_L^i\bar{\boldsymbol{B}}\boldsymbol{C}\\ \boldsymbol{B}\bar{\boldsymbol{C}} & \boldsymbol{A}+\lambda_L^i\boldsymbol{B}\bar{\boldsymbol{D}}\boldsymbol{C}\end{bmatrix}=\begin{bmatrix}\bar{\boldsymbol{A}} & 0\\ \boldsymbol{B}\bar{\boldsymbol{C}} & \boldsymbol{A}\end{bmatrix}+\lambda_L^i\begin{bmatrix}\bar{\boldsymbol{B}}\\ \boldsymbol{B}\bar{\boldsymbol{D}}\end{bmatrix}\begin{bmatrix}\boldsymbol{D}\bar{\boldsymbol{C}} & \boldsymbol{C}\end{bmatrix}=\boldsymbol{\Phi}\boldsymbol{T}\tag{6.12}$$

式(6.12)中，$\boldsymbol{T}=\begin{bmatrix}\bar{\boldsymbol{Y}}^{-1}-\lambda_L^i\bar{\boldsymbol{C}}^*\boldsymbol{D}\bar{\boldsymbol{C}} & -\lambda_L^i\bar{\boldsymbol{C}}^*\boldsymbol{C}\\ -\boldsymbol{C}^*\bar{\boldsymbol{C}} & \boldsymbol{Y}^{-1}-\lambda_L^i\boldsymbol{C}^*\bar{\boldsymbol{D}}\boldsymbol{C}\end{bmatrix}$；$\boldsymbol{\Phi}=\begin{bmatrix}\bar{\boldsymbol{A}}\bar{\boldsymbol{Y}} & 0\\ 0 & \boldsymbol{A}\boldsymbol{Y}\end{bmatrix}$。$\boldsymbol{\Psi}_i$ 是 Hurwitz 当且仅当 $\bar{\lambda}[\boldsymbol{P}(0)\boldsymbol{P}_s(0)]<\left(\dfrac{1}{\lambda_L^i}\right)$ 和 $\lambda_L^i=\bar{\lambda}(\boldsymbol{L}_N)$ 时，这与定理 6.1 中的条件一致。

在 $\lambda_L^i>0$ 且 $\det(\boldsymbol{A})=0$ 的情况下，由于 $\boldsymbol{D}=\boldsymbol{0}$，可以用与文献[111]类似的方式验证

$$\boldsymbol{\Psi}_i=\begin{bmatrix}\bar{\boldsymbol{A}} & \lambda_L^i\bar{\boldsymbol{B}}\boldsymbol{C}\\ \boldsymbol{B}\bar{\boldsymbol{C}} & \boldsymbol{A}+\lambda_L^i\boldsymbol{B}\bar{\boldsymbol{D}}\boldsymbol{C}\end{bmatrix}\tag{6.13}$$

当引理 6.6 中的条件(2)和(3)成立时，$\boldsymbol{\Psi}_i$ 也是 Hurwitz。从上述分析中直接观察到：因为 $\bar{\boldsymbol{A}}$ 是 Hurtwiz，虚轴上 $\boldsymbol{\Psi}$ 的特征值数量等于虚轴上 $\boldsymbol{A}$ 的特征值数量，并且所有其他特征值都位于左半开平面中[111]。因此闭环系统(6.11)的稳态通常仅取决于虚轴上 $\boldsymbol{A}$ 的特征值，如下面的定理所示：

定理 6.2 给定式(6.10)中的闭环系统，稳态可以用一般形式表示为

$$\begin{bmatrix}\bar{\boldsymbol{x}}(t)\\ \boldsymbol{x}(t)\end{bmatrix}\xrightarrow{t\to\infty}\begin{bmatrix}\boldsymbol{\omega}_j & \cdots & \boldsymbol{\omega}_k^g\end{bmatrix}\mathrm{e}^{\boldsymbol{J}'t}\begin{bmatrix}\boldsymbol{v}_j^{\mathrm{T}}\\ \vdots\\ \boldsymbol{v}_k^{g\mathrm{T}}\end{bmatrix}\begin{bmatrix}\bar{\boldsymbol{x}}(0)\\ \boldsymbol{x}(0)\end{bmatrix}\tag{6.14}$$

式(6.14)中，$\boldsymbol{J}'$是与由 λ_A 表示的虚轴上 $\boldsymbol{\Psi}$ 的 N_0 个特征值相关联的 Jordan 块，$\boldsymbol{w}_j$ 和 $\boldsymbol{v}_j$ 是与 λ_A 相关的 $\boldsymbol{\Psi}$ 的右和左特征向量。

$$\boldsymbol{w}_j=\begin{bmatrix}0\\ \boldsymbol{1}\otimes\boldsymbol{v}_A^r\end{bmatrix},\ \boldsymbol{v}_j=\begin{bmatrix}\boldsymbol{1}\otimes\left(\dfrac{1}{N}(\lambda_A\boldsymbol{I}_q-\bar{\boldsymbol{A}})^{-1}\bar{\boldsymbol{C}}^{\mathrm{T}}\boldsymbol{B}^{\mathrm{T}}\boldsymbol{v}_A^l\right)\\ \boldsymbol{1}\otimes\dfrac{1}{N}\boldsymbol{v}_A^l\end{bmatrix}\tag{6.15}$$

$\forall j=1,\cdots,N_0-(N_a-N_g)$，其中，$N_a$ 和 N_g 分别表示 λ_A 的代数和几何多重性；$\boldsymbol{v}_A^r$，$\boldsymbol{v}_A^l$ 是与 λ_A 相关的 $\boldsymbol{A}$ 的右和左特征向量。此外，当 $N_a>N_g$ 时，$\boldsymbol{w}_k^g$ 和 $\boldsymbol{v}_k^g$ 是由下式给出的广义右和左特征向量

$$\boldsymbol{w}_k^g=\begin{bmatrix}0\\ \boldsymbol{1}\otimes\boldsymbol{v}_A^{r_g}\end{bmatrix},\ \boldsymbol{v}_k^g=\begin{bmatrix}\boldsymbol{1}\otimes\left(\dfrac{1}{N}(\lambda_A\boldsymbol{I}_q-\bar{\boldsymbol{A}})^{-1}\bar{\boldsymbol{C}}^{\mathrm{T}}\boldsymbol{B}^{\mathrm{T}}\boldsymbol{v}_A^{l_g}\right)\\ \boldsymbol{1}\otimes\dfrac{1}{N}\boldsymbol{v}_A^{l_g}\end{bmatrix}\tag{6.16}$$

式(6.16)中，$k=1,\cdots,N_a-N_g$，$\boldsymbol{v}_A^{r_g}$ 和 $\boldsymbol{v}_A^{l_g}$ 是与 λ_A 相关的 $\boldsymbol{A}$ 的广义右和左特征向量。

证明：容易证得

$$\begin{bmatrix}\bar{\boldsymbol{x}}(t)\\ \boldsymbol{x}(t)\end{bmatrix} = \mathrm{e}^{\boldsymbol{\Psi}_t}\begin{bmatrix}\bar{\boldsymbol{x}}(0)\\ \boldsymbol{x}(0)\end{bmatrix} = \boldsymbol{P}\mathrm{e}^{\boldsymbol{J}t}\boldsymbol{P}^{-1}\begin{bmatrix}\bar{\boldsymbol{x}}(0)\\ \boldsymbol{x}(0)\end{bmatrix} \xrightarrow{t\to\infty} \boldsymbol{P}\begin{bmatrix}\mathrm{e}^{\boldsymbol{J}'t} & 0\\ 0 & 0\end{bmatrix}\boldsymbol{P}^{-1}\begin{bmatrix}\bar{\boldsymbol{x}}(0)\\ \boldsymbol{x}(0)\end{bmatrix} \tag{6.17}$$

式(6.17)中，$\boldsymbol{J}'$是与虚轴上N_0个特征值相关联的Jordan块。另外，$\boldsymbol{P}=[\boldsymbol{w}_1, \cdots, \boldsymbol{w}_{N_0}, \cdots, \boldsymbol{w}_{(p+q)N}]$，其中$\boldsymbol{w}_i$是$\boldsymbol{\Psi}$的右特征向量，$\boldsymbol{P}^{-1}=[\boldsymbol{v}_1, \cdots, \boldsymbol{v}_{N_0}, \cdots, \boldsymbol{v}_{(p+q)N}]^{\mathrm{T}}$，其中$\boldsymbol{v}_i$是$\boldsymbol{\Psi}$的左特征向量。

不失一般性，可以发现，与虚轴上特征值相关联的$\boldsymbol{\Psi}$的右和左特征向量已经在(6.15)中给出。因此，稳态通常会收敛到

$$\begin{bmatrix}\bar{\boldsymbol{x}}(t)\\ \boldsymbol{x}(t)\end{bmatrix} \xrightarrow{t\to\infty} [\boldsymbol{w}_j \quad \cdots \quad \boldsymbol{w}_k^g]\,\mathrm{e}^{\boldsymbol{J}'t}\begin{bmatrix}\boldsymbol{v}_1^{\mathrm{T}}\\ \vdots\\ \boldsymbol{v}_{N_0}^{\mathrm{T}}\end{bmatrix}\begin{bmatrix}\bar{\boldsymbol{x}}(0)\\ \boldsymbol{x}(0)\end{bmatrix} \tag{6.18}$$

然而，在$N_a > N_g$的情况下，式(6.16)中已经给出了广义的右和左特征向量。因此，稳态收敛于式(6.14)而不是式(6.18)。

接下来，详细给出了几个特殊飞行器系统的收敛集：

推论6.1 在飞行器系统是单积分器的情况下，即$\dot{\boldsymbol{x}}_i=\boldsymbol{u}_i$、$\boldsymbol{y}_i=\boldsymbol{x}_i$，式(6.11)的收敛集是$\boldsymbol{y}_{ss}=-\bar{\boldsymbol{C}}\bar{\boldsymbol{A}}^{-\mathrm{T}}\cdot \mathrm{ave}[\bar{\boldsymbol{x}}(0)]+\mathrm{ave}[\boldsymbol{x}(0)]$。

证明：由于特征向量$\boldsymbol{w}_j=[\boldsymbol{0}^{\mathrm{T}} \quad \boldsymbol{1}_N^{\mathrm{T}}]^{\mathrm{T}}$，$\boldsymbol{v}_j=\left[-\dfrac{1}{N}\bar{\boldsymbol{C}}\bar{\boldsymbol{A}}^{-\mathrm{T}}\boldsymbol{1}_N^{\mathrm{T}} \quad \dfrac{1}{N}\boldsymbol{1}_N^{\mathrm{T}}\right]^{\mathrm{T}}$，在定理6.2中应用式(6.18)可获得收敛集。

推论6.2 在飞行器系统是双积分器的情况下，即$\dot{\boldsymbol{\xi}}_i=\boldsymbol{\zeta}_i$；$\dot{\boldsymbol{\zeta}}_i=\boldsymbol{u}_i$；$\boldsymbol{y}_i=\boldsymbol{\xi}_i$。式(6.11)的收敛集是$\boldsymbol{y}_{ss}=-\bar{\boldsymbol{C}}\bar{\boldsymbol{A}}^{-\mathrm{T}}\cdot\mathrm{ave}[\bar{\boldsymbol{x}}(0)]t+\mathrm{ave}[\boldsymbol{\xi}(0)]+\mathrm{ave}[\boldsymbol{\zeta}(0)]t$。

证明：在双积分器系统中，对于$\lambda(\boldsymbol{A})=0$，有$N_a=2>1=N_g$。在重新定义$\boldsymbol{x}=[\boldsymbol{\xi}^{\mathrm{T}} \quad \boldsymbol{\zeta}^{\mathrm{T}}]^{\mathrm{T}}$，并应用于式(6.14)后，可得$\boldsymbol{w}_j=[\boldsymbol{0}^{\mathrm{T}} \quad \boldsymbol{1}_N^{\mathrm{T}} \quad \boldsymbol{0}^{\mathrm{T}}]^{\mathrm{T}}$；$\boldsymbol{v}_j=\left[\boldsymbol{0}^{\mathrm{T}} \quad \dfrac{1}{N}\boldsymbol{1}_N^{\mathrm{T}} \quad \boldsymbol{0}^{\mathrm{T}}\right]^{\mathrm{T}}$；$\boldsymbol{w}_k^g=[\boldsymbol{0}^{\mathrm{T}} \quad \boldsymbol{0}^{\mathrm{T}} \quad \boldsymbol{1}_N^{\mathrm{T}}]^{\mathrm{T}}$；$\boldsymbol{v}_k^g=\left[-\dfrac{1}{N}\bar{\boldsymbol{C}}\bar{\boldsymbol{A}}^{-\mathrm{T}}\boldsymbol{1}_N^{\mathrm{T}} \quad \boldsymbol{0}^{\mathrm{T}} \quad \dfrac{1}{N}\boldsymbol{1}_N^{\mathrm{T}}\right]^{\mathrm{T}}$，从而直接得到收敛集。

6.2.4 仿真算例

在本节中，给出了典型飞行器系统的数值仿真示例说明本文的主要结果。考虑3个飞行器系统的场景，并且如图6.7所示给出通信图G。因此，G的拉普拉斯矩阵可以根据第二章导出：

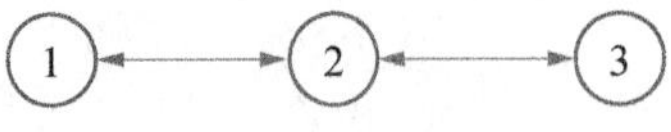

$$\boldsymbol{L}=\begin{bmatrix}1 & -1 & 0\\ -1 & 2 & -1\\ 0 & -1 & 1\end{bmatrix}$$

图6.7 通信拓扑图及其拉普拉斯矩阵L

(1) 单积分器系统

飞行器系统具有相同的如推论 6.1 所示的单积分动力学，初始条件为 $\boldsymbol{x}(0)=[1\quad 2\quad 3]^{\mathrm{T}}$。严格负虚控制器的设计如定理 6.1 中所示。$\bar{A}=-2$；$\bar{B}=1$；$\bar{C}=1$；$\bar{D}=-1$；初始条件为 $\bar{\boldsymbol{x}}(0)=[0.1\quad 0.2\quad 0.3]^{\mathrm{T}}$。首先在不考虑干扰的情况下，根据推论 6.1 有 $\boldsymbol{y}_{\mathrm{ss}}=-\bar{C}\bar{A}^{-\mathrm{T}}\cdot \mathrm{ave}[\bar{\boldsymbol{x}}(0)]+\mathrm{ave}[\boldsymbol{x}(0)]=\dfrac{1}{2}\times 0.2+2=2.1$［如图 6.8(a) 所示］。如果插入外部干扰，则鲁棒输出反馈一致性也可以实现，且稳态一致性值受到滤波后扰动的干扰（如图 6.8(b) 所示）。通过调节 $\bar{D}$，负虚控制器可以提高控制律的鲁棒性能，例如 $\bar{D}=-5$（如图 6.8(c) 和(d) 所示）。单积分器系统控制器如图 6.9 所示。

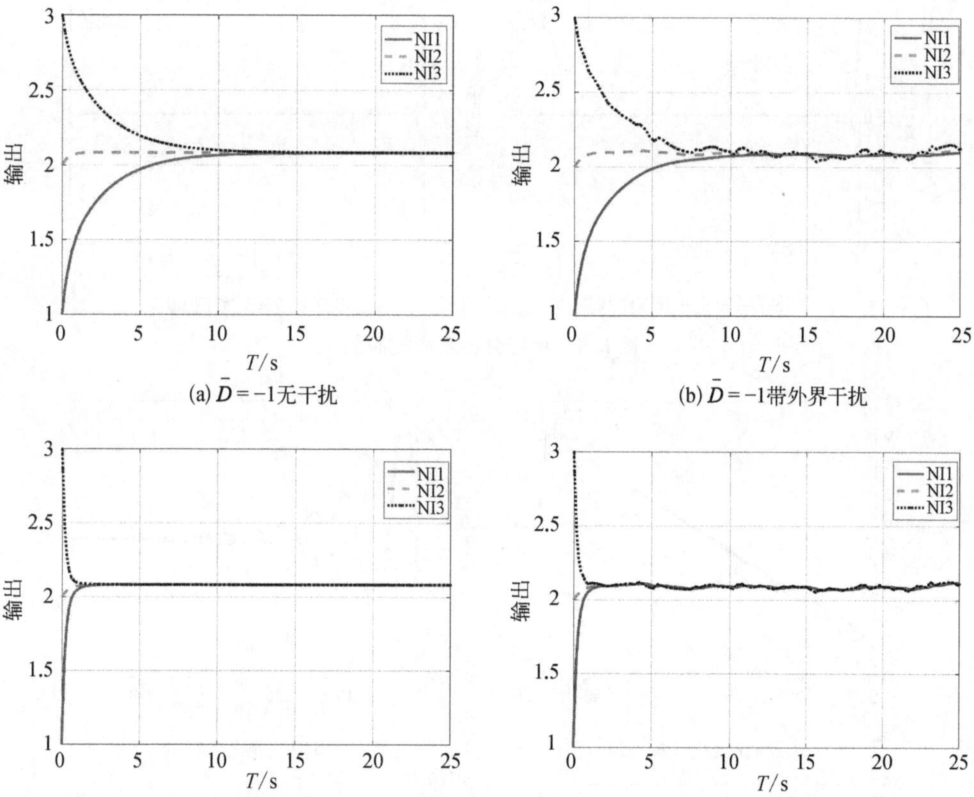

(a) $\bar{D}=-1$无干扰　(b) $\bar{D}=-1$带外界干扰

(c) $\bar{D}=-5$无干扰　(d) $\bar{D}=-5$带外界干扰

图 6.8　单积分器系统鲁棒一致性算法

当控制器 $\bar{\boldsymbol{x}}(0)$ 的初始条件设置为零（设计者决定控制器时的一个合理选择）时，收敛集自然地成为初始模式的质心，即 $\boldsymbol{y}_{\mathrm{ss}}=\mathrm{ave}[\boldsymbol{x}(0)]$，反过来，这表明文献[94]中有关平均一致性协议的结论是所提出结论的一个特例。或者可以通过适当地初始化 S 负虚控制器来选择期望的收敛点，这可以被视为更一般的结果。

(2) 双积分器系统

飞行器系统具有相同的如推论 6.2 所示的双积分动力学，初始条件为 $\boldsymbol{\xi}(0)=[1\quad 2\quad 3]^{\mathrm{T}}$（单位为 m）；$\boldsymbol{\zeta}(0)=[0.1\quad 0.2\quad 0.3]^{\mathrm{T}}$（单位为 m/s）。可以采用与上述单积

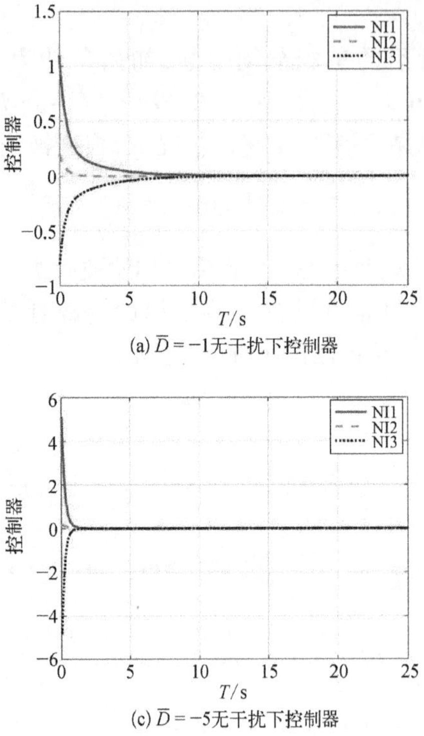

(a) $\overline{D}=-1$无干扰下控制器 (b) $\overline{D}=-1$有干扰下控制器

(c) $\overline{D}=-5$无干扰下控制器 (d) $\overline{D}=-5$有干扰下控制器

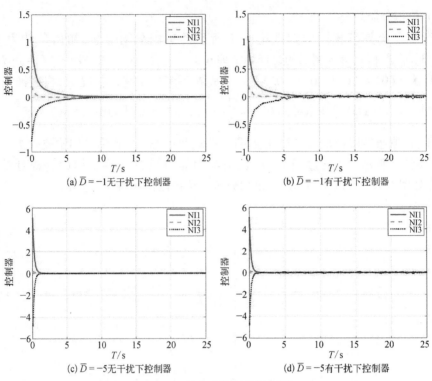

图 6.9 单积分器系统控制器

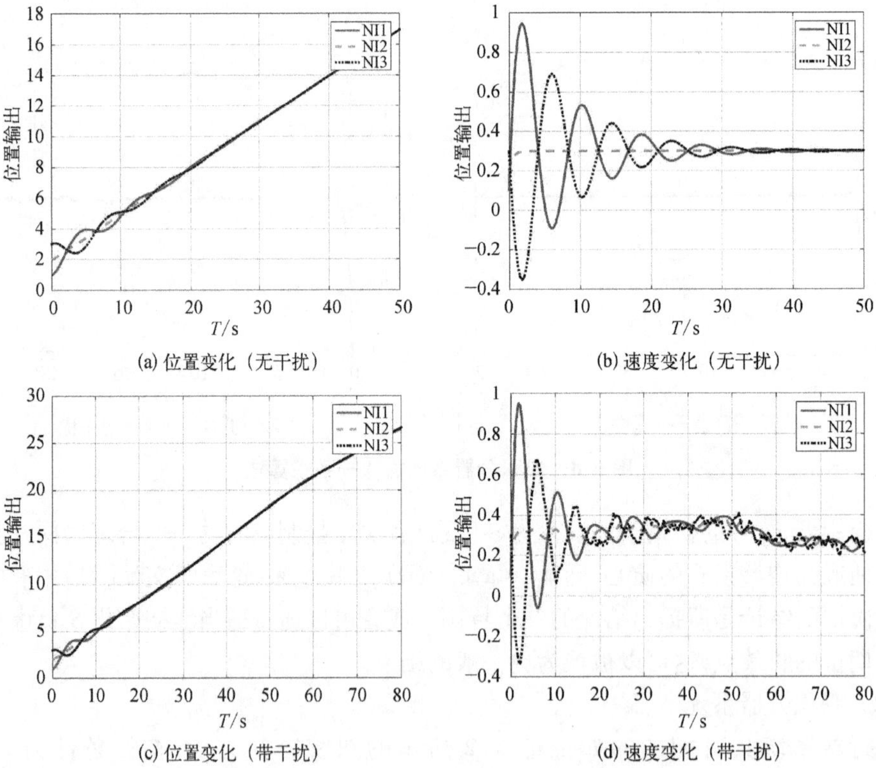

(a) 位置变化（无干扰） (b) 速度变化（无干扰）

(c) 位置变化（带干扰） (d) 速度变化（带干扰）

图 6.10 双积分系统的鲁棒一致性算法

分器系统相同的严格负虚控制器。首先在不考虑干扰的情况下,可以使用推论 6.2 验证

$$\boldsymbol{y}_{ss}=\boldsymbol{\xi}_i(\infty)=-\bar{\boldsymbol{C}}\bar{\boldsymbol{A}}^{-T}\cdot \text{ave}[\bar{\boldsymbol{x}}(0)]t+\text{ave}[\boldsymbol{\xi}(0)]t=2.1+0.2t$$

以及

$$\boldsymbol{\zeta}_i(\infty)=-\bar{\boldsymbol{C}}\bar{\boldsymbol{A}}^{-T}\cdot \text{ave}[\bar{\boldsymbol{x}}(0)]+\text{ave}[\boldsymbol{\zeta}(0)]=\frac{1}{2}\times 0.2+0.2=0.3$$

这完全如图 6.10(a)、(b)所示。如果插入与上述单积分器系统相同的干扰,也可以通过滤波干扰扰动的稳态值实现输出一致性(如图 6.10(c)、(d)所示)。并且可以通过对严格负虚控制器进行适当的选择以最小化外部干扰的影响,这里省略。双积分器系统控制器如图 6.11 所示。

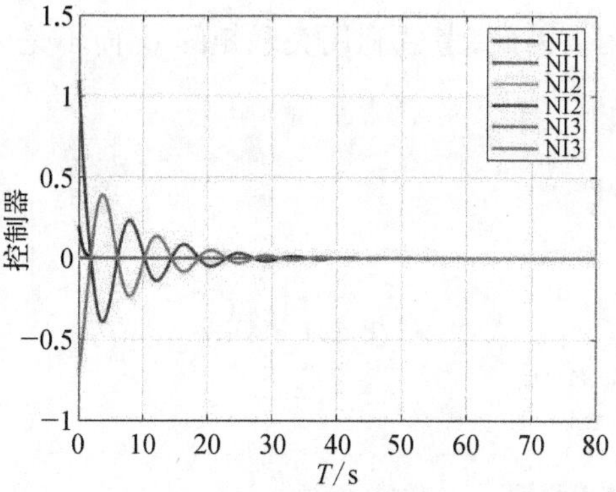

(a) 无干扰下控制器

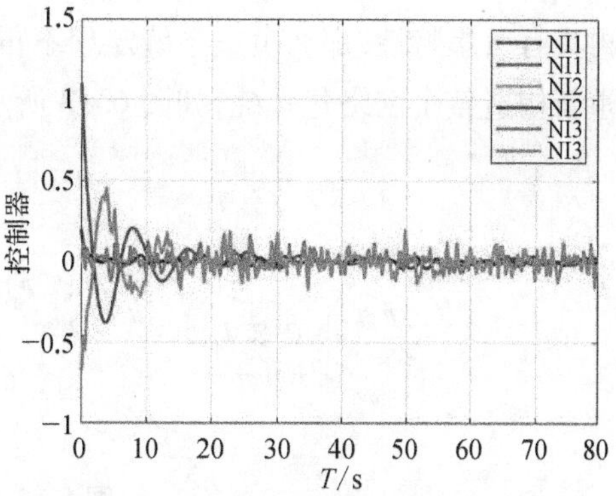

(b) 有干扰下控制器

图 6.11　双积分器系统控制器

也可以选择控制器的初始条件为 $\bar{\boldsymbol{x}}(0)=0$,来获得自然收敛集 $\boldsymbol{y}_{ss}=\boldsymbol{\xi}_{ss}=\text{ave}[\boldsymbol{\xi}(0)]+\text{ave}[\boldsymbol{\zeta}(0)]t$ 和 $\boldsymbol{\zeta}_{ss}=\text{ave}[\boldsymbol{\zeta}(0)]$。因此可以得出与上述单积分器系统相同的结论。

6.3　异构多飞行器系统鲁棒一致性算法

6.3.1　异构多飞行器系统描述

对于 N 个异构多飞行器系统,其传递函数定义为

$$\hat{\boldsymbol{y}}_i=\hat{\boldsymbol{P}}_i(s)\hat{\boldsymbol{u}}_i,\ i=1,\ \cdots,\ N \tag{6.19}$$

式(6.19)中,$\hat{\boldsymbol{y}}_i\in\boldsymbol{R}^{n_i\times 1}$ 和 $\hat{\boldsymbol{u}}_i\in\boldsymbol{R}^{n_i\times 1}$ 分别是飞行器 i 的输出和输入。为了处理不同维飞行器系统的一致性,$\hat{\boldsymbol{P}}_i(s)$ 可以用零填充直到 $n=\max_{i=1}^{N}\{n_i\}$ 维度,并且填充零的位置取决于要协调的输出量。例如,$\boldsymbol{P}_i(s)=\begin{bmatrix}\hat{\boldsymbol{P}}_i(s) & 0\\ 0 & 0\end{bmatrix}$ 维数为 n,那么前面 n_i 维输出将被协同;或者

$\boldsymbol{P}_i(s)=\begin{bmatrix}0 & 0\\ 0 & \hat{\boldsymbol{P}}_i(s)\end{bmatrix}$ 也具有 n 的维数,但是后面 n_i 维输出将被协同。因此,输入 $\hat{\boldsymbol{u}}_i$ 和输出 $\hat{\boldsymbol{y}}_i$ 分别被扩展为 $\boldsymbol{u}_i=[\hat{\boldsymbol{u}}_i^{\mathrm{T}}\quad 0]^{\mathrm{T}}$ 或 $\boldsymbol{u}_i=[0\quad \hat{\boldsymbol{u}}_i^{\mathrm{T}}]^{\mathrm{T}}\in\boldsymbol{R}^{n_i\times 1}$、$\boldsymbol{y}_i=[\hat{\boldsymbol{y}}_i^{\mathrm{T}}\quad 0]^{\mathrm{T}}$ 或 $\boldsymbol{y}_i=[0\quad \hat{\boldsymbol{y}}_i^{\mathrm{T}}]^{\mathrm{T}}\in\boldsymbol{R}^{n_i\times 1}$。值得注意的是 $\boldsymbol{P}_i(s)$ 内允许增添相应的零行或列,同时上述操作将保存系统负虚属性。因此,整个系统可以描述为图 6.12。其中,$\boldsymbol{y}=[\boldsymbol{y}_1^{\mathrm{T}},\cdots,\boldsymbol{y}_2^{\mathrm{T}}]^{\mathrm{T}}\in\boldsymbol{R}^{nN\times 1}$ 和 $\boldsymbol{u}=[\boldsymbol{u}_1^{\mathrm{T}},\cdots,\boldsymbol{u}_2^{\mathrm{T}}]^{\mathrm{T}}\in\boldsymbol{R}^{nN\times 1}$。

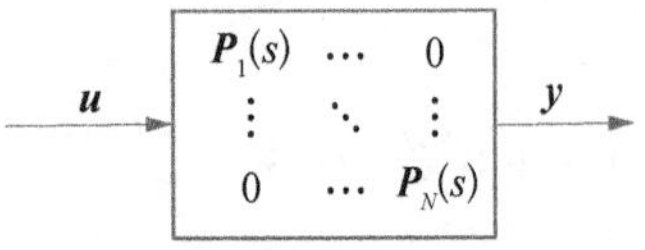

图 6.12　系统描述

如果仍然用拉普拉斯矩阵 $\boldsymbol{L}_N$ 来构造整个异构飞行器 $\boldsymbol{P}_i(s)$ 系统网络模型,$(\boldsymbol{L}_N\otimes\boldsymbol{I}_N)\cdot\operatorname*{diag}_{i=1}^{N}\{\boldsymbol{P}_i(s)\}$,此时系统不对称,尽管每个异构飞行器都是负虚系统,但是整个网络不再具有负虚特性,那么负虚系统定理不再适用。因此,考虑利用关联矩阵 $\boldsymbol{Q}$ 而不是 $\boldsymbol{L}_N$ 来重新构造整个网络化系统,如图 6.13 所示。

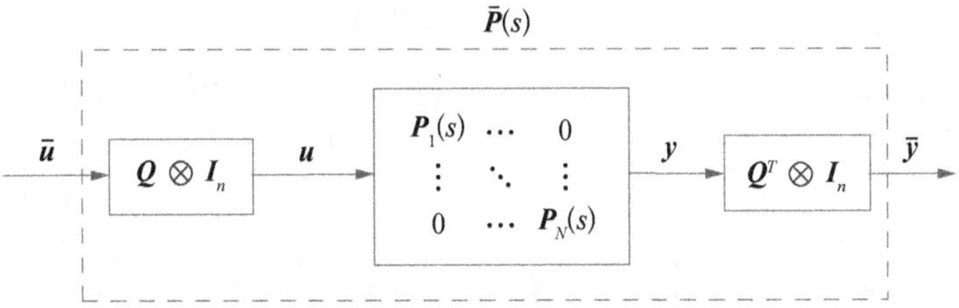

图 6.13　整体流程图

采用关联矩阵 $\boldsymbol{Q}$ 而不是拉普拉斯矩阵 $\boldsymbol{L}_n=\boldsymbol{Q}\boldsymbol{Q}^{\mathrm{T}}$ 的原因是为了保证最终的控制器是分布式且仅使用局部信息,后面会详细介绍。全系统可以推导为

$$\bar{\boldsymbol{y}}=\bar{\boldsymbol{P}}(s)\bar{\boldsymbol{u}}=(\boldsymbol{Q}^{\mathrm{T}}\otimes\boldsymbol{I}_n)\begin{bmatrix}\boldsymbol{P}_1(s) & 0 & 0\\ 0 & \ddots & 0\\ 0 & 0 & \boldsymbol{P}_N(s)\end{bmatrix}(\boldsymbol{Q}\otimes\boldsymbol{I}_n)\bar{\boldsymbol{u}}\tag{6.20}$$

式(6.20)中,$\bar{\boldsymbol{y}}=[\bar{\boldsymbol{y}}_1^{\mathrm{T}},\cdots,\bar{\boldsymbol{y}}_2^{\mathrm{T}}]^{\mathrm{T}}\in\boldsymbol{R}^{ln\times 1}$ 和 $\bar{\boldsymbol{u}}=[\bar{\boldsymbol{u}}_1^{\mathrm{T}},\cdots,\bar{\boldsymbol{u}}_2^{\mathrm{T}}]^{\mathrm{T}}\in\boldsymbol{R}^{ln\times 1}$ 是整个系统的输出和输入向量。根据以下引理,可知整个系统 $\bar{\boldsymbol{P}}(s)$ 仍然是负虚系统。

引理 6.8　当且仅当 $\boldsymbol{P}_i(s)$ 都是负虚系统,$\forall i\in\{1,\cdots,N\}$ 时,式(6.20) $\operatorname*{diag}_{i=1}^{N}\{\boldsymbol{P}_i(s)\}$ 是负虚系统。

引理 6.8 的证明可直接参考负虚系统的定义,同样适用于严格负虚系统。根据负虚系统的定义,有如下引理。

引理 6.9　对于任意的多输入多输出负虚系统 $\boldsymbol{P}(s)$,如果 $\boldsymbol{F}$ 为常数矩阵,则 $\bar{\boldsymbol{P}}(s)=\boldsymbol{F}\boldsymbol{P}(s)\boldsymbol{F}^*$ 仍为负虚系统,$\boldsymbol{F}^*$ 为 $\boldsymbol{F}$ 的共轭转置。

根据关联矩阵 $\boldsymbol{Q}$ 的性质,当 $\bar{\boldsymbol{y}}_i\to\boldsymbol{0}\in\boldsymbol{R}^{ln\times 1}$ 时,输出 $y\in\boldsymbol{R}^{Nn\times 1}$ 达到一致性(即 $\boldsymbol{y}_i=\boldsymbol{y}_j$,$\forall i,j$)。该等式将输出一致性问题转换为等效的内部稳定性问题,然后可以通过标准控

制理论方法来研究鲁棒特性,从而给出鲁棒一致性结果。本节提出以下假设:

假设 6.1　$\boldsymbol{\Delta}_i(s)(\forall i \in \{1, \cdots, N\})$ 是满足 $\bar{\lambda}[\boldsymbol{\Delta}_i(0)] < \mu$, $\boldsymbol{\Delta}_i(\infty) = 0$, $\forall i \in \{1, \cdots, N\}$ 和 $0 < \mu \in R$ 的任意严格负虚系统。

6.3.2　异构飞行器系统的鲁棒输出反馈一致性算法

在本小节中,将从两个方向(飞行器系统中是否含有自由体动力学)讨论鲁棒输出反馈一致性。

1. 没有自由体动力学的飞行器系统

考虑没有自由体动力学的负虚系统,这意味着 $\boldsymbol{P}_i(s)$ 没有位于原点的极点。

引理 6.10[114]　给定 $\boldsymbol{M} \in \boldsymbol{R}^{N \times n}$, $\bar{\lambda}(\boldsymbol{M}\boldsymbol{M}^{\mathrm{T}}) = \bar{\lambda}(\boldsymbol{M}^{\mathrm{T}}\boldsymbol{M})$。

引理 6.11　假设 $\boldsymbol{M}$ 是埃尔米特矩阵且 $\bar{\lambda}(\boldsymbol{M}) \geqslant 0$、$N \geqslant 0$, 有 $\bar{\lambda}(\boldsymbol{M}\boldsymbol{N}) \leqslant \bar{\lambda}(\boldsymbol{M})\bar{\lambda}(N)$。

证明: 由于 $\boldsymbol{M} \leqslant \bar{\lambda}(\boldsymbol{M})\boldsymbol{I}$, 可以得到 $\boldsymbol{N}^{\frac{1}{2}}\boldsymbol{M}\boldsymbol{N}^{\frac{1}{2}} \leqslant \bar{\lambda}(\boldsymbol{M})\boldsymbol{N}$。当 $\bar{\lambda}(M) \geqslant 0$, 可以得到 $\boldsymbol{N}^{\frac{1}{2}}\boldsymbol{M}\boldsymbol{N}^{\frac{1}{2}} \leqslant \bar{\lambda}(\boldsymbol{M})\boldsymbol{N} \leqslant \bar{\lambda}(\boldsymbol{M})\bar{\lambda}(\boldsymbol{N})\boldsymbol{I}$。因此, $\bar{\lambda}(\boldsymbol{M}\boldsymbol{N}) = \bar{\lambda}(\boldsymbol{N}^{\frac{1}{2}}\boldsymbol{M}\boldsymbol{N}^{\frac{1}{2}}) \leqslant \bar{\lambda}(\boldsymbol{M})\bar{\lambda}(\boldsymbol{N})$。

引理 6.12[112-114]　给定一个在原点没有极点的负虚传递函数 $\boldsymbol{P}(s)$ 和一个严格负虚函数 $\boldsymbol{P}_s(s)$, 满足 $\boldsymbol{P}(\infty)\boldsymbol{P}_s(\infty) = 0$, 且 $\boldsymbol{P}_s(\infty) \geqslant 0$。那么 $[\boldsymbol{P}(s), \boldsymbol{P}_s(s)]$ 在内部是稳定的, 当且仅当 $\bar{\lambda}[\boldsymbol{P}(0)\boldsymbol{P}_s(0)] < 1$ 时。

接下来为本节的第一个主要结果, 定义 $\bar{\boldsymbol{P}}_s(s) = \operatorname{diag}_{j=1}^{l}\{\boldsymbol{P}_{s,j}(s)\}$, 其中 $\boldsymbol{P}_{s,j}(s)$ 是任意的严格负虚补偿器。

定理 6.3　给定无向连通图 $\boldsymbol{G}$ 及其关联矩阵 $\boldsymbol{Q}$, 描述多个飞行器 $\hat{\boldsymbol{P}}_i(s)$ 之间的通信链路, $\hat{\boldsymbol{P}}_i(s)$ 在原点没有极点, 且按照需要填充零行和零列以获得同维数的系统 $\boldsymbol{P}_i(s)$。在任何外部扰动 $\boldsymbol{w}_1 \in \mathrm{Im}_{L_2}(\boldsymbol{Q} \otimes \boldsymbol{I}_n)$ 和 $\boldsymbol{w}_2 \in \boldsymbol{L}_2$ 下, 通过如下输出反馈控制律可以实现鲁棒的输出反馈一致性,

$$\boldsymbol{u} = (\boldsymbol{Q} \otimes \boldsymbol{I}_n)\bar{\boldsymbol{P}}_s(s)(\boldsymbol{Q} \otimes \boldsymbol{I}_n)\boldsymbol{y} \tag{6.21}$$

或分布式形式表示飞行器 i 的控制器如下

$$\boldsymbol{u}_i = \sum_{k=1}^{N} a_{ik}\boldsymbol{P}_{s,j}(s)(\boldsymbol{y}_i - \boldsymbol{y}_k) \tag{6.22}$$

式(6.22)中, a_{ik} 是邻接矩阵的元素; j 是连接顶点 i 到顶点 k 的边。如果存在 $i \in \{1, \cdots, N\}$: $\bar{\lambda}[\boldsymbol{P}_i(0)] \geqslant 0$ 且任意 $i \in \{1, \cdots, N\}$、$j \in \{1, \cdots, l\}$, 则以下所有条件成立。

$\bar{\lambda}[\boldsymbol{P}_i(0)]\bar{\lambda}[\boldsymbol{P}_{s,j}(0)] < \dfrac{1}{\bar{\lambda}(\boldsymbol{L}_N)}$, $\boldsymbol{P}_i(\infty)\boldsymbol{P}_{s,j}(\infty) = 0$(其中 i 是边 j 的顶点)且 $\boldsymbol{P}_{s,j}(\infty) \geqslant 0$。输出反馈一致性控制器(6.21)对所有满足假设 6.1 的模型不确定性 $\boldsymbol{\Delta}_i(s)(i \in \{1, \cdots, N\})$ 都是鲁棒的, 如果严格负虚补偿器的 $\bar{\boldsymbol{P}}_s(s)$ 的 D. C 增益被更严格地调整, 使得 $\forall i \in \{1, \cdots, N\}$、$j \in \{1, \cdots, l\}$, 有

$$\bar{\lambda}[\boldsymbol{P}_i(0)] + \mu < \frac{1}{\bar{\lambda}(\boldsymbol{L}_n)\bar{\lambda}[\boldsymbol{P}_{s,j}(0)]} \tag{6.23}$$

证明： 从图 6.14、引理 6.8 和 6.9 可以看出，$\bar{\boldsymbol{P}}(s)$ 是在原点没有极点的负虚系统，而 $\bar{\boldsymbol{P}}_s(s)$ 是严格负虚系统。根据引理 6.10，可以得到

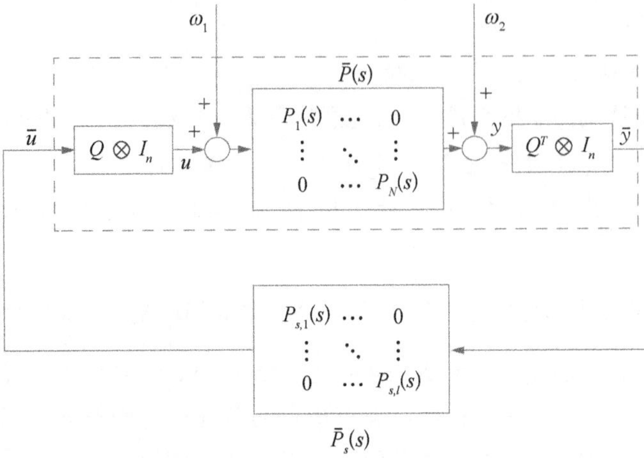

图 6.14 正反馈网络示意图

$$\begin{aligned}
\bar{\lambda}[\bar{\boldsymbol{P}}(0)\bar{\boldsymbol{P}}_s(0)] &= \bar{\lambda}(\boldsymbol{Q}^{\mathrm{T}} \otimes \boldsymbol{I}_n)\operatorname*{diag}_{i=1}^{N}[\boldsymbol{P}_i(0)](\boldsymbol{Q} \otimes \boldsymbol{I}_n)\operatorname*{diag}_{j=1}^{l}[\boldsymbol{P}_{s,j}(0)]) \\
&\leqslant \bar{\lambda}(\boldsymbol{Q}^{\mathrm{T}} \otimes \boldsymbol{I}_n)\operatorname*{diag}_{i=1}^{N}[\boldsymbol{P}_i(0)](\boldsymbol{Q} \otimes \boldsymbol{I}_n)\max_{j=1}^{l}\{\bar{\lambda}[\boldsymbol{P}_{s,j}(0)]\} \\
&\leqslant \max_{i=1}^{N}\{\bar{\lambda}[\boldsymbol{P}_i(0)]\}\bar{\lambda}(\boldsymbol{Q}^{\mathrm{T}}Q)\max_{j=1}^{l}\{\bar{\lambda}[\boldsymbol{P}_{s,j}(0)]\} \\
&\quad (\text{因为 } \exists i\text{：} \bar{\lambda}[\boldsymbol{P}_i(0)] \geqslant 0) \\
&= \max_{i=1}^{N}\{\bar{\lambda}[\boldsymbol{P}_i(0)]\}\max_{j=1}^{l}\{\bar{\lambda}[\boldsymbol{P}_{s,j}(0)]\}\bar{\lambda}(\boldsymbol{L}_N)
\end{aligned} \tag{6.24}$$

因为 $\bar{\lambda}[\bar{\boldsymbol{P}}(0)] \geqslant 0(\exists i: \bar{\lambda}[\boldsymbol{P}_i(0)] \geqslant 0)$ 和 $\boldsymbol{P}_{s,j}(0) > \boldsymbol{P}_{s,j}(\infty) \geqslant 0(\forall j \in \{1, \cdots, l\})$（根据文献[112]中引理 2 的 $\boldsymbol{P}_{s,j}(\infty) \geqslant 0$ 假设）。因此，由于 $\exists i \in \{1, \cdots, N\}$ ：$\bar{\lambda}(\boldsymbol{P}_i(0)) \geqslant 0$ 且 $\forall i \in \{1, \cdots, N\}$，$\forall j \in \{1, \cdots, l\}$，以下所有条件成立：$\bar{\lambda}[\boldsymbol{P}_i(0)]\bar{\lambda}[\boldsymbol{P}_{s,j}(0)] < \dfrac{1}{\bar{\lambda}(\boldsymbol{L}_N)}$，$\boldsymbol{P}_i(\infty)\boldsymbol{P}_{s,j}(\infty) = 0$（其中 i 是边 j 的顶点）且 $\boldsymbol{P}_{s,j}(\infty) \geqslant 0$，根据引理 6.12 中负虚系统理论 $[\bar{\boldsymbol{P}}(s), \bar{\boldsymbol{P}}_s(s)]$ 是内稳定的。这意味着当干扰 $\boldsymbol{w}_1$ 和 $\boldsymbol{w}_2$ 被设置为零时，因为图 G 是无向连通的，$\bar{\boldsymbol{y}} \to 0 \Leftrightarrow \boldsymbol{y} - 1_N \otimes \boldsymbol{y}_{ss} \to 0$，即 $\boldsymbol{y}_i - \boldsymbol{y}_{ss} \to 0$，从而可知标称输出达到一致性。

此外，$[\bar{\boldsymbol{P}}(s), \bar{\boldsymbol{P}}_s(s)]$ 的内部稳定性和线性系统叠加原理[113]，保证了对于所有 $\boldsymbol{L}_2$ 外源信号注入扰动信号 $\bar{\boldsymbol{u}}$ 和 $\bar{\boldsymbol{y}}$，有 $\boldsymbol{y}_i \to \boldsymbol{y}_{ss} + \delta$，其中 $\boldsymbol{\delta} \in \boldsymbol{L}_2$。这又意味着任何 $\boldsymbol{w}_1 \in \mathrm{Im}_{\boldsymbol{L}_2}(\boldsymbol{Q} \otimes \boldsymbol{I}_n)$ 和 $\boldsymbol{w}_2 \in \boldsymbol{L}_2$ 都可以注入图 6.14 中。因此，由于线性系统的叠加原理，对于所

有扰动 $\boldsymbol{w}_2 \in \mathrm{Im}_{L_2}(\boldsymbol{Q} \otimes \boldsymbol{I}_n)$ 和 $\boldsymbol{w}_2 \in \boldsymbol{L}_2$，控制协议(6.21)将在输出 $\boldsymbol{y}$ 上实现扰动的 $\boldsymbol{L}_2$ 一致性信号。

满足假设6.1的加性模型不确定性 $\boldsymbol{\Delta}_i(s)$ $(i \in \{1, \cdots, N\})$ 可以如文献[114]中所述处理，如图6.15所示。

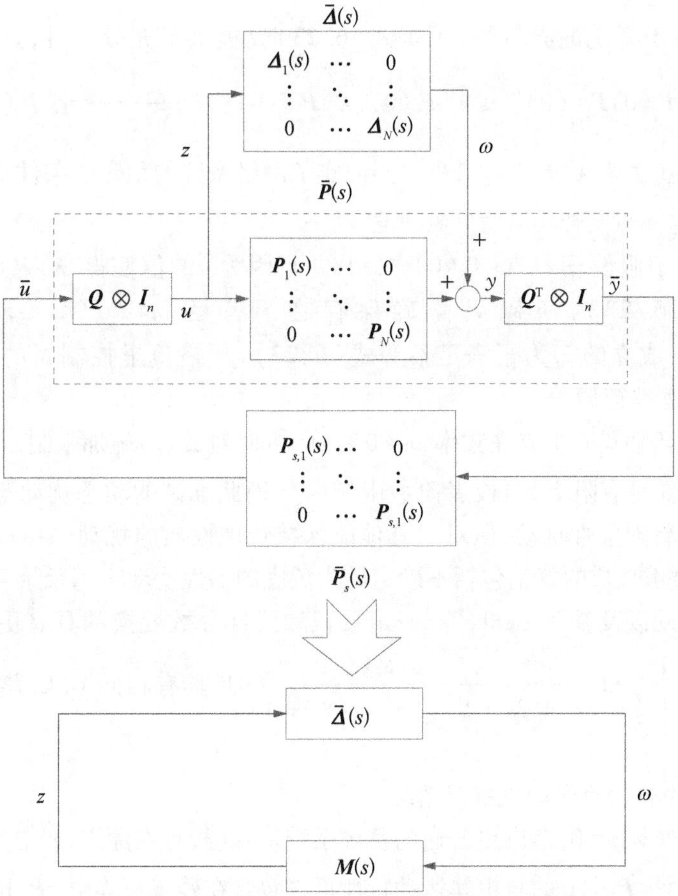

图6.15　利用负虚理论设计干扰鲁棒控制系统

图6.15上方可以通过 $\boldsymbol{M}(s) = (\boldsymbol{Q} \otimes \boldsymbol{I}_n)\bar{\boldsymbol{P}}_s(s)[\boldsymbol{I} - \bar{\boldsymbol{P}}(s)\bar{\boldsymbol{P}}_s(s)]^{-1}(\boldsymbol{Q}^{\mathrm{T}} \otimes \boldsymbol{I}_n)$ 转化为图6.15下方。根据文献[94]中的定理或 $\boldsymbol{P}_i(s)$ 在虚轴上没有极点时文献[112]中的定理，由内部稳定性可以得到 $\boldsymbol{M}(s) = \boldsymbol{RH}_\infty$，并且 $\boldsymbol{M}(s)$ 是负虚。该负虚系统 $\boldsymbol{M}(s)$ 与满足假设6.1的 $\bar{\boldsymbol{\Delta}}(s)$ 有如下关系：

$$
\begin{aligned}
\bar{\lambda}[\boldsymbol{\Delta}(0)\boldsymbol{M}(0)] &\leqslant \bar{\lambda}[\boldsymbol{\Delta}(0)]\bar{\lambda}\{(\boldsymbol{Q} \otimes \boldsymbol{I}_n)\bar{\boldsymbol{P}}_s(0)[\boldsymbol{I} - \bar{\boldsymbol{P}}(0)\bar{\boldsymbol{P}}_s(0)]^{-1}(\boldsymbol{Q}^{\mathrm{T}} \otimes \boldsymbol{I}_n)\} \\
&\leqslant \mu\bar{\lambda}(\boldsymbol{L}_N)\bar{\lambda}\{\bar{\boldsymbol{P}}_s(0)[\boldsymbol{I} - \bar{\boldsymbol{P}}(0)\bar{\boldsymbol{P}}_s(0)]^{-1}\} \\
&\leqslant \frac{\mu\bar{\lambda}(\boldsymbol{L}_N)\bar{\lambda}[\bar{\boldsymbol{P}}(0)]}{1 - \bar{\lambda}[\bar{\boldsymbol{P}}(0)\bar{\boldsymbol{P}}_s(0)]}
\end{aligned}
$$

$$\leqslant \frac{\mu\bar{\lambda}(\boldsymbol{L}_N)\max_{j=1}^{l}\{\bar{\lambda}[\boldsymbol{P}_{s,j}(0)]\}}{1-\max_{i=1}^{N}\{\bar{\lambda}[\boldsymbol{P}_i(0)]\}\bar{\lambda}(\boldsymbol{L}_N)\max_{j=1}^{l}\{\bar{\lambda}[\boldsymbol{P}_{s,j}(0)]\}} \tag{6.25}$$

上述不等式保证了 $\bar{\lambda}[\boldsymbol{\Delta}(0)\boldsymbol{M}(0)] < 1$，这又意味着对于所有满足假设 6.1 的不确定性都具有鲁棒稳定性。

注 6.3 由于系统的异构性，不等式(6.23)仅提供了充分条件，这说明了由引理 6.11 得到的 $\bar{\lambda}[\boldsymbol{P}_i(0)\boldsymbol{P}_{s,j}(0)] \leqslant \bar{\lambda}[\boldsymbol{P}_i(0)]\bar{\lambda}[\boldsymbol{P}_{s,j}(0)] < \frac{1}{\bar{\lambda}(\boldsymbol{L}_N)}$ 比 $[\boldsymbol{P}_i(s), \boldsymbol{P}_{s,j}(s)]$ 的内稳定性更严格（由于 $\bar{\lambda}(\boldsymbol{L}_N) > 1$）[112]，证实了网络系统的稳定性条件比单一系统更严格的论述[113]，这一点同样契合直观物理含义。

注 6.4 由于假设 $\exists i$: $\bar{\lambda}[\boldsymbol{P}_i(0)] \geqslant 0$ 并且因为 i 的值使得 $\bar{\lambda}[\boldsymbol{P}_i(0)] \leqslant 0$ 自动满足不等式(6.23)，所以只需确保存在 i 满足 $\bar{\lambda}[\boldsymbol{P}_i(0)] > 0$。对于使 $\bar{\lambda}[\boldsymbol{P}_i(0)] > 0$ 成立的 i，为了满足不等式(6.23)，严格负虚控制器的增益总是需要针对小的特征值进行调整。

注 6.5 由于假设 6.1 仅在频率 $\omega = 0$ 和 $\omega = 8$ 时对 $\boldsymbol{\Delta}_i(s)$ 施加限制，并且严格负虚类型没有增益（只要是有限增益）或者阶数限制[112]，因此准许的动态扰动范围很广。定理 6.3 中的结果是针对加性扰动，但对于其他能保持负虚性质的扰动同样可以进行类似分析。能够保持负虚性质的扰动包括不确定性为负虚的加性扰动[112]，反馈互联系统均为负虚[112]的反馈扰动以及基于 Redheffer Star 乘积和线性分数变换的具有更一般形式的扰动[94]。例如，$\frac{1}{s+5}$ 和 $\frac{2s^2+s+1}{(s^2+2s+5)(s+1)(2s+1)}$ 是具有相同 D. C. 增益的严格负虚系统。

2. 具有自由体动力学的飞行器系统

本节假设 $\boldsymbol{P}_i(\infty) = 0$，考虑更普通的负虚系统形式（极点在原点，极点数量限制在 2 以下）。负虚系统 $\boldsymbol{y} = \boldsymbol{P}(s)\boldsymbol{u}$ 的自由体运动特性可以包含在残基矩阵中：$\boldsymbol{P}_2 \lim_{s\to 0} s^2\boldsymbol{P}(s)$；$\boldsymbol{P}_1 = \lim_{s\to 0} s\left(\boldsymbol{P}(s) - \frac{\boldsymbol{P}_2}{s^2}\right)$；$\boldsymbol{P}_0 = \lim_{s\to 0}\left(\boldsymbol{P}(s) - \frac{\boldsymbol{P}_2}{s^2} - \frac{\boldsymbol{P}_1}{s}\right)$，其中 $\boldsymbol{P}(s) \in \boldsymbol{R}^{n\times n}$。可以观察到 $\boldsymbol{P}_1 = 0$、$\boldsymbol{P}_2 = 0$ 意味着没有自由体动力学；$\boldsymbol{P}_1 \neq 0$、$\boldsymbol{P}_2 = 0$ 意味着是系统在原点有 1 个极点的自由体动力学；$\boldsymbol{P}_2 \neq 0$ 意味着系统在原点有两个极点的自由体动力学。接下来，可以定义 Hankel 矩阵 $\boldsymbol{\Gamma}$ 为：$\boldsymbol{\Gamma} = \begin{bmatrix} \boldsymbol{P}_1 & \boldsymbol{P}_2 \\ \boldsymbol{P}_2 & 0 \end{bmatrix} \in \boldsymbol{R}^{2n\times 2n}$，其中 $\boldsymbol{P}_1$、$\boldsymbol{P}_2 \in \boldsymbol{R}^{n\times n}$。

如果 $\boldsymbol{P}_1 \neq 0$ 或 $\boldsymbol{P}_2 \neq 0$，那么 $\boldsymbol{\Gamma} \neq 0$。$\boldsymbol{\Gamma}$ 可以通过奇异值分解变为

$$\boldsymbol{\Gamma} = [\boldsymbol{U}_1 \quad \boldsymbol{U}_2]\begin{bmatrix} \boldsymbol{S} & 0 \\ 0 & 0 \end{bmatrix}\begin{bmatrix} \boldsymbol{V}_1^{\mathrm{T}} \\ \boldsymbol{V}_2^{\mathrm{T}} \end{bmatrix} = \boldsymbol{U}_1\boldsymbol{S}\boldsymbol{V}_1^{\mathrm{T}} = \boldsymbol{H}\boldsymbol{V}_1^{T} = \begin{bmatrix} \boldsymbol{H}_1 \\ \boldsymbol{H}_2 \end{bmatrix}\boldsymbol{V}_1^{\mathrm{T}} \tag{6.26}$$

式(6.26)中,对角矩阵 $\boldsymbol{S}>0$,矩阵$[\boldsymbol{U}_1\quad \boldsymbol{U}_2]$和$[\boldsymbol{V}_1\quad \boldsymbol{V}_2]$是正交的,$\boldsymbol{H}=\boldsymbol{U}_1\boldsymbol{S}\in \boldsymbol{R}^{2n\times\tilde{N}}$,$\boldsymbol{H}_1$、$\boldsymbol{H}_2\in \boldsymbol{R}^{n\times\tilde{N}}$,矩阵 $\boldsymbol{H}$ 和 $\boldsymbol{V}_1$ 具有正交列。首先可以通过奇异值分解将矩阵 $\boldsymbol{H}_1^{\mathrm{T}}\boldsymbol{H}_2$,进一步分解为:$\boldsymbol{H}_1^{\mathrm{T}}\boldsymbol{H}_2=\hat{\boldsymbol{U}}\hat{\boldsymbol{S}}\hat{\boldsymbol{V}}^{\mathrm{T}}=\hat{\boldsymbol{U}}\begin{bmatrix}\boldsymbol{S}_1 & 0\\ 0 & 0\end{bmatrix}\begin{bmatrix}\hat{\boldsymbol{V}}_1^{\mathrm{T}}\\ \hat{\boldsymbol{V}}_2^{\mathrm{T}}\end{bmatrix}$,其中 $\hat{\boldsymbol{U}}$、$\hat{\boldsymbol{V}}=[\hat{\boldsymbol{V}}_1\quad \hat{\boldsymbol{V}}_2]^{\mathrm{T}}\in \boldsymbol{R}^{\tilde{N}\times\tilde{N}}$ 是正交矩阵,$\hat{\boldsymbol{V}}_2\in \boldsymbol{R}^{\tilde{N}\times\tilde{N}}$ 且对角矩阵 $\boldsymbol{S}_1>0$。然后定义 $\boldsymbol{F}=\boldsymbol{H}_1\hat{\boldsymbol{V}}_2\in \boldsymbol{R}^{n\times\tilde{N}}$ 和 $\boldsymbol{N}_f=\boldsymbol{P}_s(0)-\boldsymbol{P}_s(0)\boldsymbol{F}[\boldsymbol{F}^{\mathrm{T}}\boldsymbol{P}_s(0)\boldsymbol{F}]^{-1}\boldsymbol{F}^{\mathrm{T}}\boldsymbol{P}_s(0)$,其中 $\boldsymbol{P}_s(s)$ 是严格负虚控制器。当 $\boldsymbol{P}_2\neq 0$ 时,定义 $\boldsymbol{N}_2=\boldsymbol{P}_s(0)-\boldsymbol{P}_s(0)\boldsymbol{J}[\boldsymbol{J}^{\mathrm{T}}\boldsymbol{P}_s(0)\boldsymbol{J}]^{-1}\boldsymbol{J}^{\mathrm{T}}\boldsymbol{P}_s(0)$,其中 $\boldsymbol{J}$ 是满足 $\boldsymbol{J}\boldsymbol{J}^{\mathrm{T}}=\boldsymbol{P}_2$ 的列满秩矩阵。当 $\boldsymbol{P}_2=0$ 且 $\boldsymbol{P}_1\neq 0$ 时,$\boldsymbol{P}_1$ 可以通过奇异值分解变为 $\boldsymbol{P}_1=[\tilde{\boldsymbol{U}}_1\quad \tilde{\boldsymbol{U}}_2]\begin{bmatrix}\boldsymbol{S}_2 & 0\\ 0 & 0\end{bmatrix}\begin{bmatrix}\boldsymbol{V}_1^{\mathrm{T}}\\ \boldsymbol{V}_2^{\mathrm{T}}\end{bmatrix}=\boldsymbol{F}_1\boldsymbol{V}_1^{\mathrm{T}}$,其中 $[\tilde{\boldsymbol{U}}_1\quad \tilde{\boldsymbol{U}}_2]$ 和 $[\boldsymbol{V}_1\quad \boldsymbol{V}_2]$ 是正交矩阵,对角矩阵 $\boldsymbol{S}_2>0$ 并且 $\boldsymbol{F}_1$ 和 $\boldsymbol{V}_1$ 具有正交列。最后,定义 $\boldsymbol{N}_1=\boldsymbol{P}_s(0)-\boldsymbol{P}_s(0)\boldsymbol{F}_1[\boldsymbol{F}_1^{\mathrm{T}}\boldsymbol{P}_s(0)\boldsymbol{F}_1]^{-1}\boldsymbol{F}_1^{\mathrm{T}}\boldsymbol{P}_s(0)$。接下来,具有自由体动力学的正反馈负虚系统$[\boldsymbol{P}(s),\boldsymbol{P}_s(s)]$的内部稳定性可以总结在下面的引理中。

引理 6.13[112]　$\boldsymbol{P}(s)$是严格正则的负虚系统,$\boldsymbol{P}_s(s)$是严格负虚控制器。

(1) 假设 $\boldsymbol{P}_2\neq 0$,$\boldsymbol{N}_f$ 是正定或负定的,并且 $\boldsymbol{F}^{\mathrm{T}}\boldsymbol{P}_s(0)\boldsymbol{F}$ 是非奇异的。当且仅当 $\boldsymbol{F}^{\mathrm{T}}\boldsymbol{P}_s(0)\boldsymbol{F}<0$ 时,$[\boldsymbol{P}(s),\boldsymbol{P}_s(s)]$ 内部稳定,并且当 $\boldsymbol{N}_f\geqslant 0$ 时,$\boldsymbol{I}-\boldsymbol{N}_f^{\frac{1}{2}}\boldsymbol{P}_0\boldsymbol{N}_f^{\frac{1}{2}}-\boldsymbol{N}_f^{\frac{1}{2}}\boldsymbol{P}_1\boldsymbol{J}(\boldsymbol{J}^{\mathrm{T}}\boldsymbol{J})^{-2}\boldsymbol{J}^{\mathrm{T}}\boldsymbol{P}_1^{\mathrm{T}}\boldsymbol{N}_f^{\frac{1}{2}}>0$;或者当 $\boldsymbol{N}_f\leqslant 0$ 时,$\det[\boldsymbol{I}+\tilde{\boldsymbol{N}}_f\boldsymbol{P}_0\tilde{\boldsymbol{N}}_f+\tilde{\boldsymbol{N}}_f\boldsymbol{P}_1\boldsymbol{J}(\boldsymbol{J}^{\mathrm{T}}\boldsymbol{J})^{-2}\boldsymbol{J}^{\mathrm{T}}\boldsymbol{P}_1^{\mathrm{T}}\tilde{\boldsymbol{N}}_f]\neq 0$,其中 $\tilde{\boldsymbol{N}}_f=(-\tilde{\boldsymbol{N}}_f)^{1/2}$。

如果 $\boldsymbol{P}_1=0$,$\boldsymbol{N}_2$ 是正定或负定的,且 $\boldsymbol{J}^{\mathrm{T}}\boldsymbol{P}_s(0)\boldsymbol{J}$ 是非奇异的,那么$[\boldsymbol{P}(s),\boldsymbol{P}_s(s)]$内部稳定的充分必要条件简化为 $\boldsymbol{J}^{\mathrm{T}}\boldsymbol{P}_s(0)\boldsymbol{J}<0$,且当 $\boldsymbol{N}_2\geqslant 0$ 时,$\boldsymbol{I}-\boldsymbol{N}_2^{\frac{1}{2}}\boldsymbol{P}_0\boldsymbol{N}_2^{\frac{1}{2}}\geqslant 0$;或者当 $\boldsymbol{N}_2\leqslant 0$ 时,$\det(\boldsymbol{I}+\tilde{\boldsymbol{N}}_2\boldsymbol{P}_0\tilde{\boldsymbol{N}}_2)\neq 0$,其中 $\tilde{\boldsymbol{N}}_2=(-\boldsymbol{N}_2)^{1/2}$。

如果 $\ker(\boldsymbol{P}_2)\subseteq\ker(\boldsymbol{P}_0^{\mathrm{T}})$,$[\boldsymbol{P}(s),\boldsymbol{P}_s(s)]$ 内部稳定的充分必要条件就会简化为 $\boldsymbol{J}^{\mathrm{T}}\boldsymbol{P}_s(0)\boldsymbol{J}<0$。当 $\boldsymbol{P}_2>0$ 时,$[\boldsymbol{P}(s),\boldsymbol{P}_s(s)]$ 内部稳定的充分必要条件简化为 $\boldsymbol{P}_s(0)<0$。

(2) 假设 $\boldsymbol{P}_2=0$,$\boldsymbol{P}_1\neq 0$,$\boldsymbol{N}_1$ 为正定或负定,$\boldsymbol{F}_1^{\mathrm{T}}\boldsymbol{P}_s(0)\boldsymbol{F}_1$ 为非奇异。那么$[\boldsymbol{P}(s),\boldsymbol{P}_s(s)]$内部稳定,当且仅当 $\boldsymbol{F}_1^{\mathrm{T}}\boldsymbol{P}_s(0)\boldsymbol{F}_1<0$ 且当 $\boldsymbol{N}_1\geqslant 0$ 时,$\boldsymbol{I}-\boldsymbol{N}_1^{\frac{1}{2}}\boldsymbol{P}_0\boldsymbol{N}_1^{\frac{1}{2}}\geqslant 0$;或者当 $\boldsymbol{N}_1\leqslant 0$ 时,$\det(\boldsymbol{I}+\tilde{\boldsymbol{N}}_1\boldsymbol{P}_0\tilde{\boldsymbol{N}}_1)\neq 0$,其中 $\tilde{\boldsymbol{N}}_1=(-\boldsymbol{N}_1)^{1/2}$。

如果 $\ker(\boldsymbol{P}_1^{\mathrm{T}})\subseteq\ker(\boldsymbol{P}_0^{\mathrm{T}})$,则$[\boldsymbol{P}(s),\boldsymbol{P}_s(s)]$ 内部稳定的充分必要条件简化为 $\boldsymbol{F}_1^{\mathrm{T}}\boldsymbol{P}_s(0)\boldsymbol{F}_1<0$。当 $\boldsymbol{P}_1$ 是可逆的,$[\boldsymbol{P}(s),\boldsymbol{P}_s(s)]$ 内部稳定的充分必要条件简化为 $\boldsymbol{P}_s(0)<0$。

下面给出本章的第二个主要结果,定义 $\bar{\boldsymbol{P}}_2=\lim\limits_{s\to 0}s^2\bar{\boldsymbol{P}}(s)$、$\bar{\boldsymbol{P}}_1=\lim\limits_{s\to 0}s\left(\bar{\boldsymbol{P}}(s)-\dfrac{\bar{\boldsymbol{P}}_2}{s^2}\right)$ 和

$\bar{\boldsymbol{P}}_0 = \lim\limits_{s\to 0}\left(\bar{\boldsymbol{P}}(s) - \dfrac{\bar{\boldsymbol{P}}_2}{s^2} - \dfrac{\bar{\boldsymbol{P}}_1}{s}\right)$。

定理 6.4 给定一个无向连通图 G 及其关联矩阵 $\boldsymbol{Q}$，描述异构飞行器系统 $\hat{\boldsymbol{P}}_i(s)$ 之间的通信链路，将其扩展到图 6.12 所示的 $\boldsymbol{P}_i(s)$，在任何外部扰动 $\boldsymbol{\omega}_1 \in \mathrm{Im}_{L_2}(\boldsymbol{Q}\otimes\boldsymbol{I}_n)$、$\boldsymbol{\omega}_2 \in L_2$ 以及任何满足假设 6.1 的模型不确定性 $\boldsymbol{\Delta}_i(s)(i \in \{1, \cdots, N\})$ 下，通过式(6.20)中的反馈控制律可以实现异构飞行器系统的鲁棒输出一致，当且仅当 $[\bar{\boldsymbol{P}}(s), \bar{\boldsymbol{P}}_s(s)]$ 满足引理 6.9 中的充分必要条件。

证明： 引理 6.13 保证了 $[\bar{\boldsymbol{P}}(s), \bar{\boldsymbol{P}}_s(s)]$ 的内部稳定性。根据定理 6.3 证明中所讨论的内部稳定性，在不考虑外部扰动 $\boldsymbol{\omega}_1$ 和 $\boldsymbol{\omega}_2$ 的情况下，可以实现标称输出一致性。然后，通过与定理 6.3 证明类似的分析可以保证对外部干扰和加性负虚模型不确定性均具有鲁棒性。

下面给出特殊情况下的异构负虚系统鲁棒输出一致性定理：

定理 6.5 给定一个无向连通图 G 及其关联矩阵 $\boldsymbol{Q}$，描述 N_2 个在原点处具有双极点(即没有单极点)的飞行器 $\hat{\boldsymbol{P}}_i(s)$(允许在原点存在极点)和 N_1(至少 1)个没有自由体动力学飞行器(即原点没有极点)之间的通信链路。在外部扰动 $\boldsymbol{\omega}_1 \in \mathrm{Im}_{L_2}(\boldsymbol{Q}\otimes\boldsymbol{I}_n)$、$\boldsymbol{\omega}_2 \in L_2$ 以及任何满足假设 6.1 的模型不确定性下，当且仅当 $\boldsymbol{J}_{N_2}^{\mathrm{T}}\boldsymbol{L}_{e,11}\boldsymbol{J}_{N_2} < 0$ 时，通过式(6.20)中的反馈控制律可以实现鲁棒的输出反馈一致性，其中对于 N_2 个多飞行器 $\boldsymbol{J}_{N_2} \triangleq \operatorname*{diag}\limits_{i=1}^{N_2}\{\boldsymbol{J}_{2,i}\}$，$\boldsymbol{J}_{2,i}$ 是满足 $\boldsymbol{J}_{2,i}\boldsymbol{J}_{2,i}^{\mathrm{T}} = \lim\limits_{s\to 0} s^2\boldsymbol{P}_i(s) \neq 0$ 的列满秩矩阵；$\boldsymbol{L}_{e,11} \in \boldsymbol{R}^{N_2n\times N_2n}$ 是加权拉普拉斯矩阵的一部分，构造如下：

$$\boldsymbol{L}_e = \begin{bmatrix} \boldsymbol{L}_{e,11} & \boldsymbol{L}_{e,12} \\ \boldsymbol{L}_{e,12}^{\mathrm{T}} & \boldsymbol{L}_{e,22} \end{bmatrix} = \boldsymbol{\chi}(\boldsymbol{Q}\otimes\boldsymbol{I}_n)\operatorname*{diag}_{j=1}^{l}\{\boldsymbol{P}_{s,j}(0)\}(\boldsymbol{Q}^{\mathrm{T}}\otimes\boldsymbol{I}_n)\boldsymbol{\chi}^{\mathrm{T}} \tag{6.27}$$

式(6.27)中，$\boldsymbol{\chi}$ 是置换矩阵，使得

$$\boldsymbol{\chi}\lim_{s\to 0} s^2\operatorname*{diag}_{i=1}^{N}\{\boldsymbol{P}_i(s)\}\boldsymbol{\chi}^{\mathrm{T}} = \begin{bmatrix} \operatorname*{diag}\limits_{i=1}^{N_2}\{\boldsymbol{P}_{2,i}\} & 0 \\ 0 & 0_{nN_1\times nN_1} \end{bmatrix} \tag{6.28}$$

式(6.28)中，$\boldsymbol{P}_{s,j}(s)(\forall j \in \{1, \cdots, l\})$ 是严格负虚补偿器。

证明： 可以看出，这种情况对应于定理 6.4 中的 $\bar{\boldsymbol{P}}_1 = 0$、$\bar{\boldsymbol{P}}_2 \neq 0$ 和 $\ker(\bar{\boldsymbol{P}}_2) \subseteq \ker(\bar{\boldsymbol{P}}_0^{\mathrm{T}})$。

$$\begin{aligned}\bar{\boldsymbol{P}}_2 &= \lim_{s\to 0} s^2\bar{\boldsymbol{P}}(s) \\ &= \lim_{s\to 0}(\boldsymbol{Q}^{\mathrm{T}}\otimes\boldsymbol{I}_n)s^2\operatorname*{diag}_{i=1}^{N}\{\boldsymbol{P}_i(s)\}(\boldsymbol{Q}\otimes\boldsymbol{I}_n)\end{aligned}$$

$$= (Q^{\mathrm{T}} \otimes I_n)\chi^{\mathrm{T}} \begin{bmatrix} \operatorname*{diag}_{i=1}^{N_2}\{P_{2,i}\} & 0 \\ 0 & 0_{nN_1 \times nN_1} \end{bmatrix} \chi(Q \otimes I_n)$$

$$= (Q^{\mathrm{T}} \otimes I_n)\chi^{\mathrm{T}} \underbrace{\begin{bmatrix} \operatorname*{diag}_{i=1}^{N_2}\{J_{2,i}\} \\ 0 \end{bmatrix}}_{J_p} \underbrace{\begin{bmatrix} \operatorname*{diag}_{i=1}^{N_2}\{J_{2,i}^{\mathrm{T}}\} & 0 \end{bmatrix}}_{J_p^{\mathrm{T}}} \chi(Q \otimes I_n)$$

$$= \overline{JJ}^{\mathrm{T}} \tag{6.29}$$

根据引理 6.9,在这种情况下鲁棒输出反馈一致性充分必要条件是:$\bar{J}^{\mathrm{T}}\bar{P}_s(0)\bar{J} < 0$,其中 $\bar{P}_2 = \overline{JJ}^{\mathrm{T}}$,$\bar{J}$ 是列满秩。因为

$$\bar{P}_2 = \lim_{s\to 0} s^2 \bar{P}(s)$$

$$= \lim_{s\to 0}(Q^{\mathrm{T}} \otimes I_n)s^2 \operatorname*{diag}_{i=1}^{N}\{P_i(s)\}(Q \otimes I_n)$$

$$= (Q^{\mathrm{T}} \otimes I_n)\chi^{\mathrm{T}} \begin{bmatrix} \operatorname*{diag}_{i=1}^{N_2}\{P_{2,i}\} & 0 \\ 0 & 0_{nN_1 \times nN_1} \end{bmatrix} \chi(Q \otimes I_n)$$

$$= (Q^{\mathrm{T}} \otimes I_n)\chi^{\mathrm{T}} \underbrace{\begin{bmatrix} \operatorname*{diag}_{i=1}^{N_2}\{J_{2,i}\} \\ 0 \end{bmatrix}}_{J_p} \underbrace{\begin{bmatrix} \operatorname*{diag}_{i=1}^{N_2}\{J_{2,i}^{\mathrm{T}}\} & 0 \end{bmatrix}}_{J_p^{\mathrm{T}}} \chi(Q \otimes I_n)$$

$$= \overline{JJ}^{\mathrm{T}} \tag{6.30}$$

式(6.30)中,χ 是置换矩阵,可以表示为$\chi = (\gamma \otimes I_n)$,$\gamma$ 也是置换矩阵,对于 N_2 个在原点有双极点的飞行器 $P_s(s)$,$P_{2,i} = \lim_{s\to 0} s^2 P_i(s) \neq 0$,且 $J_{2,i}J_{2,i}^{\mathrm{T}} = P_{2,i}$,其中 $J_{2,i}$ 是列满秩矩阵。可以看出,由于至少存在一个飞行器,所以 J_p 至少有 n 个零行。因此

$$\begin{aligned} \bar{J} &= (Q^{\mathrm{T}} \otimes I_n)\chi^{\mathrm{T}} J_p = (Q^{\mathrm{T}}\gamma^{\mathrm{T}} \otimes I_n)J_p \\ &= ([\hat{Q}_1^{\mathrm{T}} \quad \hat{Q}_2^{\mathrm{T}}] \otimes I_n)\, J_p = (\hat{Q}_1^{\mathrm{T}} \otimes I_n) \operatorname*{diag}_{i=1}^{N_2}\{J_{2,i}\}, \end{aligned} \tag{6.31}$$

式(6.31)中,$\hat{Q}_1$, $\hat{Q}_2$ 是 $\gamma Q = \begin{bmatrix} \hat{Q}_1 \\ \hat{Q}_2 \end{bmatrix}$ 的行子矩阵。根据无向连通属性,Q 的秩属性和置换矩阵 γ 的可逆性,$\hat{Q}_2 \otimes I_n$ 的去除产生 $\hat{Q}_1^{\mathrm{T}}$ 的列满秩,从而 $\mathrm{rank}(\bar{J}) = \mathrm{rank}\left(\operatorname*{diag}_{i=1}^{N_2}\{J_{2,i}\}\right)$,这也意味着由于 $J_{2,i}$ 是列满秩矩阵,$\bar{J}$ 是列满秩。然后,根据 $J_{N_2} \triangleq \operatorname*{diag}_{i=1}^{N_2}\{J_{2,i}\}$,通过与定理

6.1 的类似的证明过程，可以看出对于外部干扰以及加性严格负虚不确定性均具有鲁棒性。

$$\bar{J}^{\mathrm{T}}\bar{P}_s(0)\bar{J} < 0 \Leftrightarrow [J_{N_2}^{\mathrm{T}} \quad 0]\chi(Q\otimes I_n)\operatorname*{diag}_{j=1}^{l}\{Ps,j(0)\}(Q^{\mathrm{T}}\otimes I_n)\chi^{\mathrm{T}}\begin{bmatrix} J_{N_2} \\ 0 \end{bmatrix} < 0$$

$$\Leftrightarrow [J_{N_2}^{\mathrm{T}} \quad 0]L_e\begin{bmatrix} J_{N_2} \\ 0 \end{bmatrix} = [J_{N_2}^{\mathrm{T}} \quad 0]\begin{bmatrix} L_{e,11} & L_{e,12} \\ L_{e,12}^{\mathrm{T}} & L_{e,22} \end{bmatrix}\begin{bmatrix} J_{N_2} \\ 0 \end{bmatrix} < 0$$

$$\Leftrightarrow J_{N_2}^{\mathrm{T}}L_{e,11}J_{N_2} < 0 \tag{6.32}$$

上述定理直接在图和严格负虚控制器的增益上给出了鲁棒输出反馈一致性的充分必要条件。边值权重(即与原点上具有双极点的飞行器相连接的严格负虚控制器增益)对于确定 $J_{N_2}^{\mathrm{T}}L_{e,11}J_{N_2}$ 的正定性或负定性，也就是网络系统的内部稳定性具有非常重要的作用。其余严格负虚控制器增益的选取只要保证是非奇异的即可。

注 6.6 当严格负虚控制器同构时，一致性控制器(6.21)简化为

$$u = (Q\otimes I_n)[I_N\otimes P_s(s)](Q^{\mathrm{T}}\otimes I_n)y = I_N\otimes P_s(s)y \tag{6.33}$$

或分布式形式 $u_i = P_s(s)\sum_{k=1}^{N}a_{ik}(y_i - y_k)$。可以看出，这证明了文献[112]在同构情况下的主要结果，同时也将结果推广到异构情形。在异构严格负虚控制器的情况下，控制器表示为 $u = (Q\otimes I_n)\bar{P}_s(s)(Q^{\mathrm{T}}\otimes I_n)y = \bar{L}_e(s)y$，这可以理解为加权图 G 的边值权重由控制器传递函数 $P_{s,j}(s)(j = 1, \cdots, l)$ 给出，或者用分布式形式 $u_i = \sum_{k=1}^{N}a_{ik}P_{s,j}(s)(y_i - y_k)$ 表示，其中 j 是连接顶点 i 和 k 的边。上述事实直观地解释了采用分布式特性的关联矩阵而不是前面指出的拉普拉斯矩阵的原因。

6.3.3 仿真算例

下文中给出了两个仿真算例来验证本节的主要结果。第一种情况考虑在原点没有极点但是允许系统是双正则飞行器系统；第二种情况在严格正则系统要求下，通过考虑在原点具有极点的飞行器系统来说明更一般的情况。

1. *原点没有极点的双正则飞行器系统*

为了说明定理 6.3，本例中不包含具有自由体动力学的系统。飞行器系统动力学可以表示为 $M_i\ddot{x}_i + C_i\dot{x}_i + K_ix_i = u_i$，$y_i = x_i(i\in\{1, \cdots, 3\})$，其中，$x_i = \begin{bmatrix} x_{i,1} \\ x_{i,2} \end{bmatrix}$；$u_i = \begin{bmatrix} u_{i,1} \\ u_{i,2} \end{bmatrix}$；$M_i = \begin{bmatrix} m_{i,1} & 0 \\ 0 & m_{i,2} \end{bmatrix}$；$C_i = \begin{bmatrix} c_{i,1} + c_i & c_i \\ -c_i & c_{i,2} + c_i \end{bmatrix}$；$K_i = \begin{bmatrix} k_{i,1} + k_i & -k_i \\ -k_i & k_{i,2} + k_i \end{bmatrix}$。参数设定如下。

飞行器系统 1：$k_1 = k_{1,1} = k_{1,2} = 0.5$、$c_1 = c_{1,1} = c_{1,2} = 0.2$、$m_{1,1} = m_{1,2} = 1$，初始条件为 $[0.5 \quad 0.1 \quad 1 \quad 0.2]^{\mathrm{T}}$(前两个量单位为 m，后两个量单位为 m/s)；

飞行器系统 2：$k_2 = k_{2,1} = k_{2,2} = 1$、$c_2 = c_{2,1} = c_{2,2} = 0.1$、$m_{2,1} = 1$、$m_{2,2} = 0.5$，初始条件为$[1\quad 0.1\quad 1.5\quad 0.2]^{\mathrm{T}}$（前两个量单位为 m，后两个量单位为 m/s）；

飞行器系统 3：$k_3 = k_{3,1} = k_{3,2} = 1$、$c_3 = c_{3,1} = c_{3,2} = 0$、$m_{3,1} = 1$、$m_{3,2} = 0.5$，初始条件为$[1.5\quad 0.1\quad 2\quad 0.2]^{\mathrm{T}}$（前两个量单位为 m，后两个量单位为 m/s）。

通信拓扑结构如图 6.16 所示，

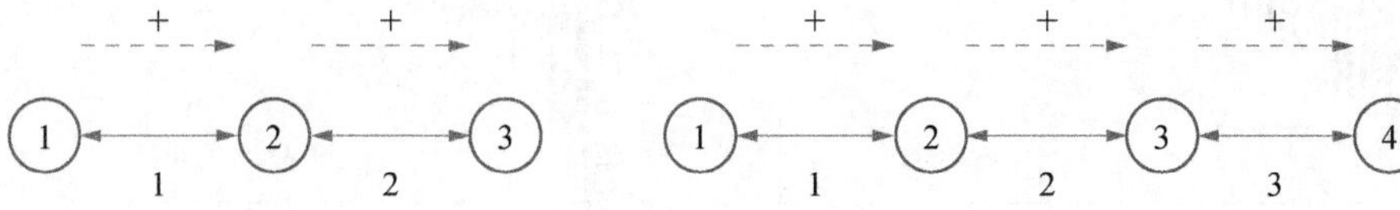

图 6.16 通信拓扑图

因此 $\boldsymbol{Q} = \begin{bmatrix} 1 & 0 \\ -1 & 1 \\ 0 & -1 \end{bmatrix}$，$\boldsymbol{L}_n = \begin{bmatrix} 1 & -1 & 0 \\ -1 & 2 & -1 \\ 0 & -1 & 1 \end{bmatrix}$。

同构双积分负虚系统鲁棒输出如图 6.17 所示，其控制器如图 6.18 所示。

容易看出，$\max\limits_{i=1}^{3} \bar{\lambda}(\boldsymbol{P}_i(0)) = 2 > 0$。两个 S 负虚控制器都选择为$\dfrac{1}{s+8}$，初始条件为 -1，使得$\bar{\lambda}[\boldsymbol{P}_i(0)]\bar{\lambda}[\boldsymbol{P}_{s,j}(0)] = 2 \times \dfrac{1}{8} = \dfrac{1}{4} < \dfrac{1}{3} = \dfrac{1}{\bar{\lambda}(\boldsymbol{L}_n)}$$(\forall i \in \{1, \cdots, n\}, \forall j \in \{1, \cdots, l\})$。此外，$\forall i \in \{1, \cdots, n\}$、$\forall j \in \{1, \cdots, l\}$、$\boldsymbol{P}_i(\infty)\boldsymbol{P}_{s,j}(\infty) = 0$、$\boldsymbol{P}_{s,j}(\infty) = 0$，它们都满足定理 6.3 的假设。首先，不考虑干扰和模型不确定性，通过式(6.21)或式(6.22)中的控制器实现标称输出反馈一致性，如图 6.17(a)和图 6.17(b)所示。然后引入加性S负虚模型不确定性，例如$\dfrac{1}{s+4}$，以及 $\boldsymbol{L}_2$ 外部干扰，同样也实现了鲁棒的输出反馈一致性，如图 6.17(a)和图 6.17(b)所示。

2. *原点存在极点的严格正则飞行器系统*

为了说明定理 6.4，本例中将包含具有自由体动力学的系统，1 个单积分器及 1 个双积分器系统。另外两个系统分别为 1 个双输入双输出无阻尼系统及 1 个双输入双输出有阻尼系统。为了维度一致，单积分器和双积分器分别扩展如下：$\mathrm{diag}\left\{\dfrac{1}{s}, 0\right\}$和$\mathrm{diag}\left\{0, \dfrac{1}{s^2}\right\}$，这也意味着单积分器的输出将与无阻尼和有阻尼系统的第一个输出量协调，而双积分器的输出将与无阻尼和有阻尼系统的第二个输出量协调。系统的所有参数设置如下。

飞行器系统 1：$\dfrac{1}{s^2}$，初始条件为$[1,\ 0.1]^{\mathrm{T}}$（第 1 个量单位为 m，第 2 个量单位为 m/s）；

飞行器系统 2：$\dfrac{1}{s}$，初始条件为 2（单位为 m）；

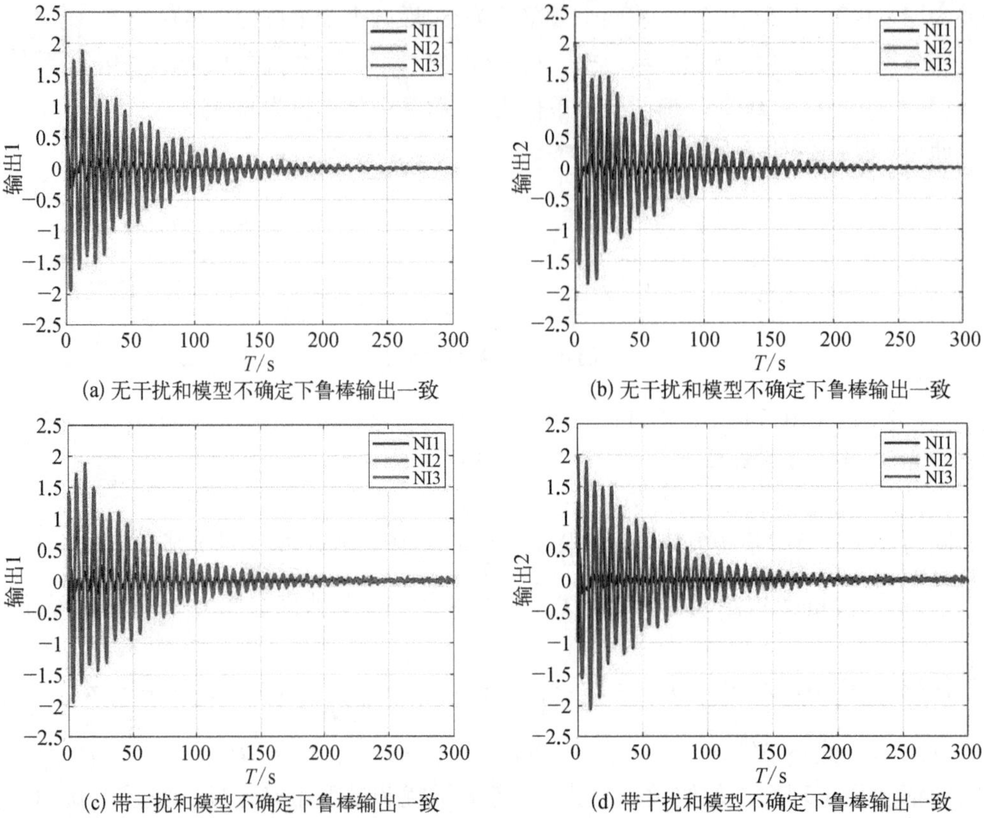

(a) 无干扰和模型不确定下鲁棒输出一致　(b) 无干扰和模型不确定下鲁棒输出一致

(c) 带干扰和模型不确定下鲁棒输出一致　(d) 带干扰和模型不确定下鲁棒输出一致

图 6.17　同构双积分负虚系统鲁棒输出一致

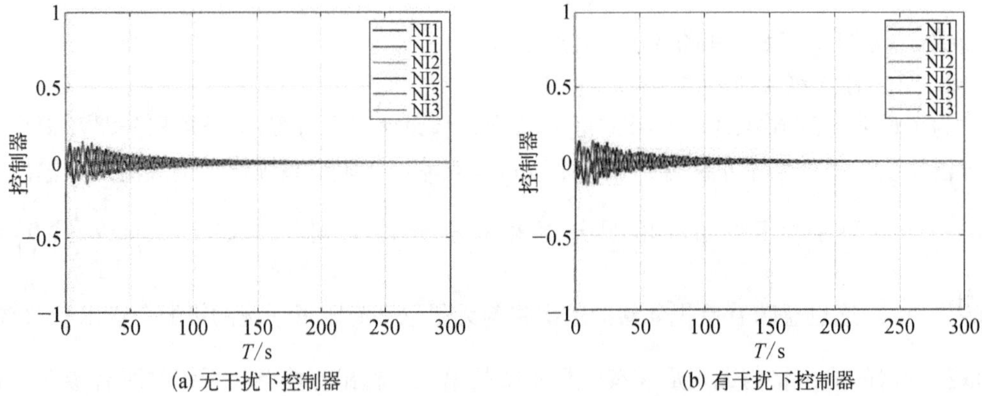

(a) 无干扰下控制器　(b) 有干扰下控制器

图 6.18　同构双积分负虚系统控制器

飞行器系统 3：$k_3 = k_{3,1} = k_{3,2} = 1$、$c_3 = c_{3,1} = c_{3,2} = 0$、$m_{3,1} = 1$、$m_{3,2} = 0.5$，初始条件为$[3\quad 0.1\quad 3\quad 0.2]^{\mathrm{T}}$（前两个量单位为 m，后两个量单位为 m/s）；

飞行器系统 4：$k_4 = k_{4,1} = k_{4,2} = 1$、$c_4 = c_{4,1} = c_{4,2} = 0.1$、$m_{4,1} = 1$、$m_{4,2} = 0.5$，初始条件为$[4\quad 0.1\quad 4\quad 0.2]^{\mathrm{T}}$（前两个量单位为 m，后两个量单位为 m/s）。通信拓扑结构如

图 6.14 所示,因此

$$
\boldsymbol{Q}=\begin{bmatrix}1&0&0\\-1&1&0\\0&-1&1\\0&0&-1\end{bmatrix},\ \boldsymbol{L}_n=\begin{bmatrix}1&-1&0&0\\-1&2&-1&0\\0&-1&2&-1\\0&0&-1&1\end{bmatrix}\tag{6.34}
$$

所有三个 S 负虚控制器都选择为 $-\dfrac{s+1}{s+2}$,初始条件为 0.1。通过前面讨论的计算过程,引理 6.13 中的不等式条件可以验证为:

$$
\det(\boldsymbol{I}+\tilde{\boldsymbol{N}}_f\bar{\boldsymbol{P}}_0\tilde{\boldsymbol{N}}_f+\tilde{\boldsymbol{N}}_f\bar{\boldsymbol{P}}_1\boldsymbol{J}(\boldsymbol{J}^{\mathrm{T}}\boldsymbol{J})^{-2}\boldsymbol{J}^{\mathrm{T}}\bar{\boldsymbol{P}}_1^{\mathrm{T}}\tilde{\boldsymbol{N}}_f)=3.7813\neq 0
$$

表示了 $[\bar{\boldsymbol{P}}(s),\bar{\boldsymbol{P}}_s(s)]$ 的内部稳定性。如果不考虑干扰和模型不确定性,通过输出反馈控制器式(6.21)或式(6.22)可以实现标称输出反馈一致性,如图 6.19(a)和 6.19(b)所示。如果考虑 3.3.1 节中的外部干扰和模型不确定性,通过输出反馈控制律式(6.21)或式(6.22)也可以实现鲁棒输出反馈一致性。如图 6.19(a)和 6.19(b)所示。图 6.19(a)和 6.19(c)表示即使在外部干扰和模型不确定的情况下,单积分器(系统 2)的输出可以与无

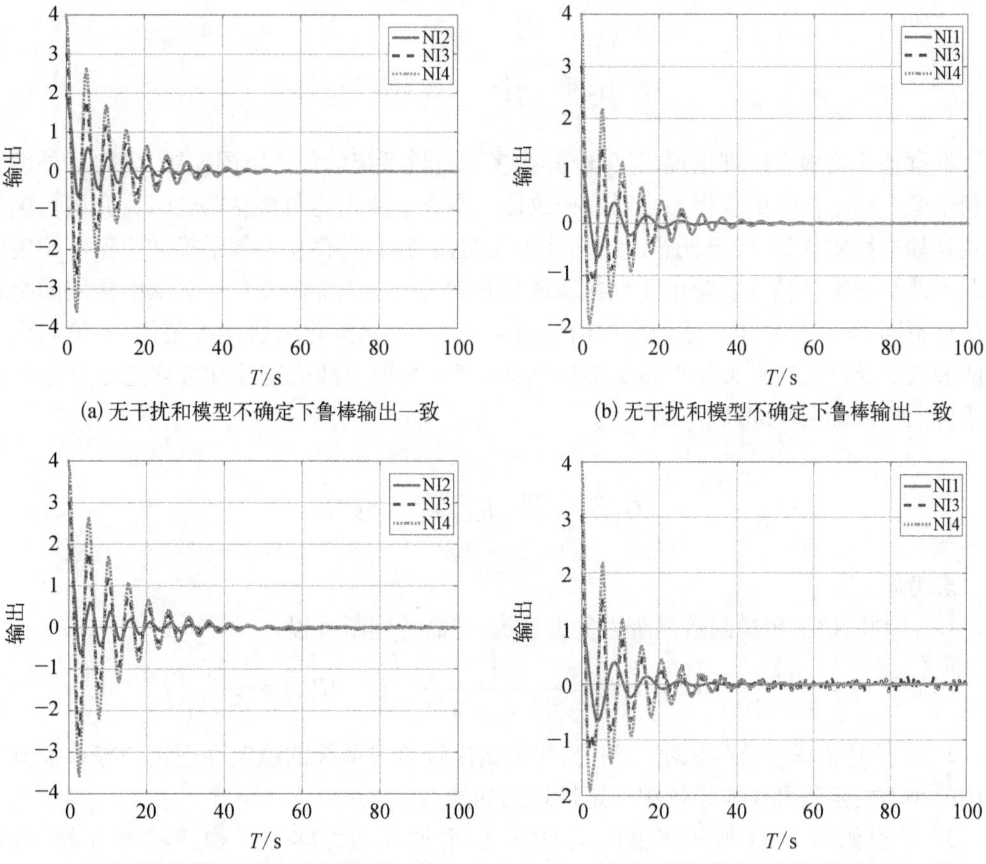

(a) 无干扰和模型不确定下鲁棒输出一致

(b) 无干扰和模型不确定下鲁棒输出一致

(c) 带干扰和模型不确定下鲁棒输出一致

(d) 带干扰和模型不确定下鲁棒输出一致

图 6.19　异构负虚系统鲁棒输出一致

阻尼系统(系统 3)和有阻尼系统(系统 4)的第一个输出量进行协调。类似地,图 6.19(b)和 6.19(d)表示尽管存在外部干扰和模型不确定性,双积分器(系统 1)的输出仍能与无阻尼系统(系统 3)和有阻尼系统(系统 4)的第二个输出变量协调一致。异构双积分负虚系统控制器如图 6.20 所示。

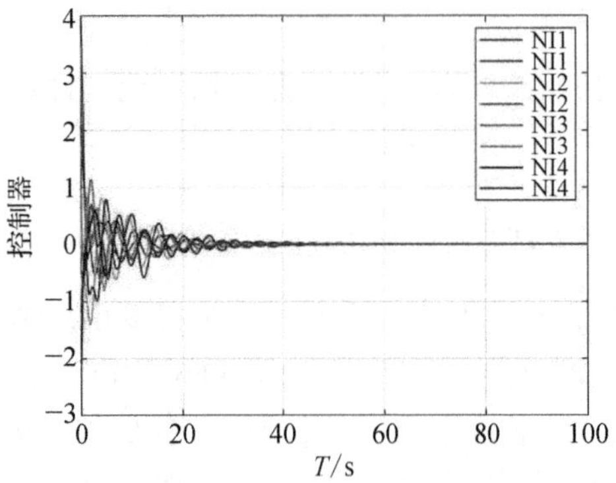

(a) 无干扰和模型不确定下控制器

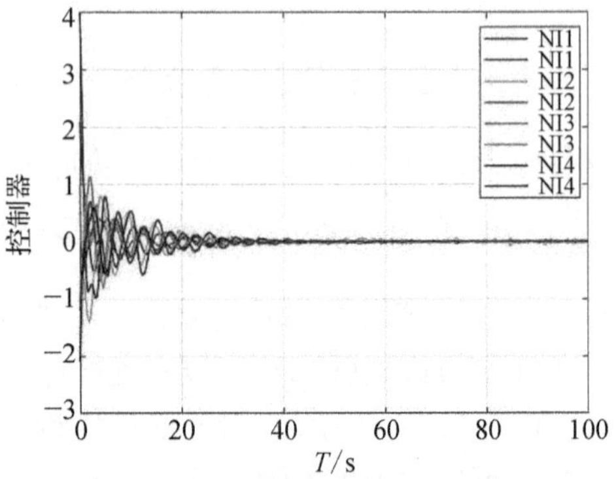

(b) 有干扰和模型不确定下控制器

图 6.20　异构负虚系统控制器

6.4　小　　结

本章基于负虚系统理论提出了同/异构多飞行器系统的鲁棒协同控制,研究了外部干扰和模型不确定性下的鲁棒输出反馈一致性。本章主要内容可概括为:(1) 介绍负虚系统及其基本性质;(2) 对于任意通信拓扑为无向连通图,且存在外部干扰和模型不确定的情况下,同/异构多输入多输出飞行器系统实现鲁棒协同控制;(3) 与文献中常用的全状态信息不同,本章仅利用了输出反馈信息;(4) 提供了系统化的协同控制律,即可以根据性能和表征条件进行调整的严格负虚控制器;(5) 利用内部稳定性和鲁棒稳定性结果提供了协同控制的解决思路。

6.5　课 后 练 习

思考题:

1. 试判断以下传递函数是否为负虚系统,并简述判断过程。

(1) $G(s)=\dfrac{1}{3s+10}$　(2) $G(s)=\dfrac{1}{2s^2+3s+2}$　(3) $G(s)=\dfrac{2s}{s^2-1}$

2. 请简述负虚系统的稳定性理论,并尝试比较负虚系统的稳定性理论与鲁棒控制理论中的小增益定理和正实系统中稳定性理论的特点。

3. 考虑如图 6.21 所示弹簧阻尼系统,试根据其动力学方程构造状态方程,并根据其传递函数判断该系统是否为负虚系统,若是负虚系统,请选取控制器镇定该系统。

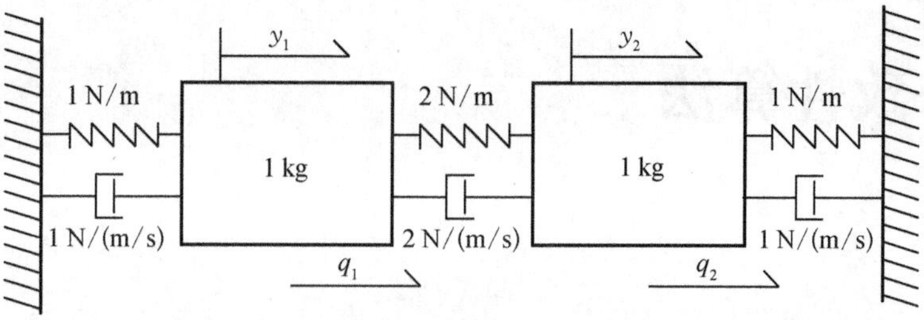

图 6.21 弹簧阻尼系统

程序设计题：

4. 假设某飞行器系统动力学可用 $\boldsymbol{M}_i\ddot{\boldsymbol{x}}_i+\boldsymbol{C}_i\dot{\boldsymbol{x}}_i+\boldsymbol{K}_i\boldsymbol{x}_i=\boldsymbol{u}_i$, $\boldsymbol{y}_i=\boldsymbol{x}_i(i\in\{1,\cdots,3\})$ 来进行表示，其中，$\boldsymbol{x}_i=\begin{bmatrix}x_{i,1}\\x_{i,2}\end{bmatrix}$；$\boldsymbol{u}_i=\begin{bmatrix}u_{i,1}\\u_{i,2}\end{bmatrix}$；$\boldsymbol{M}_i=\begin{bmatrix}m_{i,1}&0\\0&m_{i,2}\end{bmatrix}$；$\boldsymbol{C}_i=\begin{bmatrix}c_{i,1}+c_i&-c_i\\-c_i&c_{i,2}+c_i\end{bmatrix}$；$\boldsymbol{K}_i=\begin{bmatrix}k_{i,1}+k_i&-k_i\\-k_i&k_{i,2}+k_i\end{bmatrix}$。考虑由三个飞行器组成的多体系统，其通信拓扑结构如图6.16左图所示，其中飞行器1参数为：$k_1=k_{1,1}=k_{1,2}=1$、$c_1=c_{1,1}=c_{1,2}=0.5$、$m_{1,1}=m_{1,2}=2$、初始条件为$[1\quad 0.2\quad 2\quad 0.5]^{\mathrm{T}}$（前两个向量单位为m，后两个向量单位为m/s）；飞行器2参数为：$k_2=k_{2,1}=k_{2,2}=0.5$、$c_2=c_{2,1}=c_{2,2}=0.2$、$m_{2,1}=1.5$、$m_{2,2}=0.5$，初始条件为$[1\quad 0.2\quad 1.5\quad 0.4]^{\mathrm{T}}$（前两个向量单位为m，后两个向量单位为m/s）；飞行器3参数为：$k_3=k_{3,1}=k_{3,2}=2$、$c_3=c_{3,1}=c_{3,2}=0.3$、$m_{3,1}=2$、$m_{3,2}=1.5$，初始条件为$[1\quad 0.2\quad 1.5\quad 0.4]^{\mathrm{T}}$（前两个向量单位为m，后两个向量单位为m/s）。试设计控制器实现该系统的鲁棒输出反馈一致性，并验证系统稳定性。

5. 考虑具有自由体动力学的多体系统：系统1为题目4中飞行器，参数为 $k_1=k_{1,1}=k_{1,2}=2$，$c_1=c_{1,1}=c_{1,2}=1.5$，$m_{1,1}=m_{1,2}=2$，初始条件为$[2\quad 0.2\quad 3\quad 0.5]^{\mathrm{T}}$；系统2同为题目4中飞行器，参数为 $k_2=k_{2,1}=k_{2,2}=3$，$c_2=c_{2,1}=c_{2,2}=0.5$，$m_{2,1}=m_{2,2}=2$，初始条件为$[1.5\quad 0.2\quad 2\quad 0.6]^{\mathrm{T}}$（前两个向量单位为m，后两个向量单位为m/s）；系统3为$\dfrac{1}{s+1}$，初始条件为3；系统4为$\dfrac{1}{s^2}$，初始条件为1。该系统信息拓扑结构如图6.16右图所示，试设计控制器实现该系统的鲁棒输出反馈一致性，并验证系统稳定性。

第七章 时延一致性算法

在多智能体系统中，为了实现一致性控制，各个节点之间需要相互传输信息，而传输过程需要花费时间，故延迟是不可避免的。人们早已认识到解决延迟的重要性(参见文献[115]、文献[116]及其中的参考文献)。一些基于预测器的方法被用来分析时延对系统稳定性的影响，如 Artstein-Kwon-Pearson 预测器算法[117]以及对输入延迟的系统有效的截断预测器反馈方法[118]。在这些工具中，Artstein-Kwon-Pearson 预测器对于具有任何恒定输入延迟的线性系统是相对简单的。当传感器出现故障时，截断预测器反馈方法无须获取相对输入信息就可以对延时系统进行一致性控制，应用也十分广泛。

本章的结构主要如下：7.1 节介绍预测反馈控制算法；7.2 节介绍截断预测反馈算法；7.3 节给出时延系统一致性控制的仿真分析；7.4 节为本章内容的小结；7.5 节为课后练习题。

学习要点

- 掌握：① 预测反馈控制器设计；② 截断预测反馈控制器设计。
- 熟悉：① 李雅普诺夫函数设计；② 克拉索夫斯基函数设计。
- 了解：① 一致性证明过程中相关引理的应用；② 线性矩阵不等式的求解。

7.1 预测反馈控制算法

在本章中，考虑包含 N 个节点的传感器网络，考虑到延时问题，每个节点的系统方程如下

$$\dot{\boldsymbol{x}}_i(t)=\boldsymbol{A}\boldsymbol{x}_i(t)+\boldsymbol{B}\boldsymbol{u}_i(t-h)+\phi[\boldsymbol{x}_i(t)] \tag{7.1}$$

式(7.1)中，对于节点 $i(i=1, 2, \cdots, N)$，$\boldsymbol{x}_i\in\boldsymbol{R}^n$ 为状态向量，$\boldsymbol{u}_i\in\boldsymbol{R}^m$ 为控制输入，$\boldsymbol{A}\in\boldsymbol{R}^{N\times N}$ 和 $\boldsymbol{B}\in\boldsymbol{R}^{N\times n}$ 都为常数矩阵，$(\boldsymbol{A}, \boldsymbol{B})$ 能控，$h>0$ 是输入时延，$\phi[\boldsymbol{x}_i(t)]$ 表示带有利普希茨常数的非线性函数，初始条件 $\boldsymbol{x}_i(\theta)(\theta\in[-h, 0])$。对于任意两个常向量 $\boldsymbol{a}, \boldsymbol{b}\in\boldsymbol{R}^n$，存在以下关系：

$$\| \phi(\boldsymbol{a}) - \phi(\boldsymbol{b}) \| \leqslant \gamma \| \boldsymbol{a} - \boldsymbol{b} \| \tag{7.2}$$

假设 7.1　拉普拉斯矩阵特征值 0 的代数重复度为 1。

这个假设对于解决一致性问题是必要的。就网络集合而言,这种情况意味着网络具有连接系统中任何两个节点的生成树。

本章考虑的一致性控制问题是使用相对状态信息设计控制器,以确保所有节点渐近收敛到相同的轨迹。

7.1.1　控制器设计

在本节中,提出了一些初步结果,这些结果是本章后面的一致性分析的基础。首先概述了 Artstein-Kwon-Pearson 方法。

定义

$$z_i(t) = \boldsymbol{x}_i(t) + \int_t^{t+h} \mathrm{e}^{A(t-\tau)} \boldsymbol{B}\boldsymbol{u}_i(\tau - h)\mathrm{d}\tau \tag{7.3}$$

对 $z_i(t)$ 关于时间求导

$$\begin{aligned} \dot{z}_i(t) &= \boldsymbol{A}\boldsymbol{x}_i(t) + \mathrm{e}^{-Ah}\boldsymbol{B}\boldsymbol{u}_i(t) + \phi[\boldsymbol{x}_i(t)] + \boldsymbol{A}\int_t^{t+h} \mathrm{e}^{A(t-\tau)}\boldsymbol{B}\boldsymbol{u}_i(\tau - h)\mathrm{d}\tau \\ &= \boldsymbol{A}z_i(t) + \boldsymbol{D}\boldsymbol{u}_i(t) + \phi[\boldsymbol{x}_i(t)] \end{aligned} \tag{7.4}$$

式(7.4)中, $\boldsymbol{D} = \mathrm{e}^{-Ah}\boldsymbol{B}$。

注 7.1　$(\boldsymbol{A}, \boldsymbol{B})$ 和 $(\boldsymbol{A}, \mathrm{e}^{-Ah}\boldsymbol{B})$ 的能控性相同。由于非线性和一致性要求,需要附加条件。

考虑如下控制器

$$\boldsymbol{u}_i(t) = \boldsymbol{K}z_i(t) \tag{7.5}$$

由式(7.4),可得

$$\| \boldsymbol{x}(t) \| \leqslant \| z(t) \| + h(\max_{-h\leqslant\theta\leqslant 0} \| \mathrm{e}^{A\theta} \|) \| \boldsymbol{B} \| \| \boldsymbol{K} \| \| z_t(\theta) \| \tag{7.6}$$

其中, $z_t(\theta) \triangleq z(t+\theta)(-h \leqslant \theta \leqslant 0)$,因此 $\boldsymbol{x}(t) \to 0$ 意味着 $z(t) \to 0$。换句话说,如果控制器式(7.5)能够镇定转换后的系统式(7.4),那么该控制器同样能使原系统式(7.1)稳定。

注 7.2　给定有界的初始条件 $\boldsymbol{u}(\theta)(\theta \in [-h, 0])$,稳定的反馈控制器式(7.5)意味着式(7.3)中的 $\boldsymbol{u}(t)$ 是局部可积的,从而可以简化为式(7.4)。

为了便于分析本章一致性算法设计,重新描述引理 4.1。

引理 7.1　对于一个满足假设 7.1 的拉普拉斯矩阵,存在一个相似变换 $\boldsymbol{T}$,其中 $\boldsymbol{T}$ 的第一列 $\boldsymbol{T}_1 = \boldsymbol{1}$ 使得

$$\boldsymbol{T}^{-1}\boldsymbol{L}\boldsymbol{T} = \boldsymbol{J} \tag{7.7}$$

式(7.7)中, $\boldsymbol{J}$ 是分块对角约旦标准型

$$
\boldsymbol{J}=\begin{bmatrix} 0 & & & & & & \\ & J_1 & & & & & \\ & & \ddots & & & & \\ & & & J_p & & & \\ & & & & J_{p+1} & & \\ & & & & & \ddots & \\ & & & & & & J_q \end{bmatrix} \tag{7.8}
$$

式(7.8)中，$\boldsymbol{J}_k \in \boldsymbol{R}^{n_k}(k=1,2,\cdots,p)$ 是代数重复度为 n_k 的实特征根 $\lambda_k>0$ 对应的约旦块。

$$
\boldsymbol{J}_k=\begin{bmatrix} \lambda_k & 1 & & & \\ & \lambda_k & 1 & & \\ & & \ddots & \ddots & \\ & & & \lambda_k & 1 \\ & & & & \lambda_k \end{bmatrix} \tag{7.9}
$$

$\boldsymbol{J}_k \in \boldsymbol{R}^{2n_k}(k=p+1,p+2,\cdots,q)$ 是代数重复度为 n_k 的复特征根 $\alpha_k \pm j\beta_k(\alpha_k>0$、$\beta_k>0)$ 对应的约旦块

$$
\boldsymbol{J}_k=\begin{bmatrix} \nu(\alpha_k,\beta_k) & \boldsymbol{I}_2 & & & \\ & \nu(\alpha_k,\beta_k) & \boldsymbol{I}_2 & & \\ & & \ddots & \ddots & \\ & & & \nu(\alpha_k,\beta_k) & \boldsymbol{I}_2 \\ & & & & \nu(\alpha_k,\beta_k) \end{bmatrix} \tag{7.10}
$$

式(7.10)中，$\boldsymbol{I}_2 \in \boldsymbol{R}^{2\times 2}$ 是单位矩阵，

$$
\nu(\alpha_k,\beta_k)=\begin{bmatrix} \alpha_i & \beta_i \\ -\beta_i & \alpha_i \end{bmatrix} \in \boldsymbol{R}^{2\times 2} \tag{7.11}
$$

除此之外，还需要以下引理。

引理 7.2 对于一个正定的矩阵 $\boldsymbol{P}$ 和函数 $\boldsymbol{x}:[a,b]\rightarrow \boldsymbol{R}^n$，其中 $a,b\in \boldsymbol{R}(b>a)$，满足下列不等式：

$$
\left(\int_a^b \boldsymbol{x}^{\mathrm{T}}(\tau)\mathrm{d}\tau\right)\boldsymbol{P}\left(\int_a^b \boldsymbol{x}^{\mathrm{T}}(\tau)\mathrm{d}\tau\right) \leqslant (b-a)\left(\int_a^b \boldsymbol{x}^{\mathrm{T}}(\tau)\boldsymbol{P}\boldsymbol{x}(\tau)\mathrm{d}\tau\right) \tag{7.12}
$$

引理 7.3 对于一个正定矩阵 $\boldsymbol{P}$，满足下列不等式：

$$e^{A^{T}t}Pe^{At}-e^{\omega t}P=-e^{\omega t}\int_{0}^{t}e^{-\omega t}e^{A^{T}\tau}Re^{A\tau}d\tau \tag{7.13}$$

式(7.13)中，$R=-A^{T}P-PA+\omega P$。

另外，如果 R 正定，对于 $t>0$，

$$e^{A^{T}t}Pe^{At}<e^{\omega t}P \tag{7.14}$$

对于多飞行器系统式(7.4)，设计如下的控制器

$$u_i=-K\sum_{j=1}^{N}l_{ij}z_j \tag{7.15}$$

式(7.15)中，$K\in R^{m\times n}$ 是一个待定的常量控制增益矩阵。

闭环系统可以表示为

$$\dot{z}=(I_N\otimes A-L\otimes DK)z+\phi[x(t)] \tag{7.16}$$

式(7.16)中，$z=\begin{bmatrix}z_1\\z_2\\\vdots\\z_N\end{bmatrix}$，$\otimes$表示矩阵的 Kronecker 积。

定义 $r^{T}\in R^{1\times N}$ 为 L 在0的特征值对应的左特征向量，即 $r^{T}L=0$。此外，r 是归一化的，满足 $r^{T}1=1$，令 T^{-1} 的第一行为 $(T^{-1})_1=r^{T}$。

基于向量 r，引入状态转换

$$\xi_i=z_i-\sum_{j=1}^{N}r_jz_j \tag{7.17}$$

对于 $i=1,2,\cdots,N$，令

$$\xi=[\xi_1^{T},\xi_2^{T},\cdots,\xi_N^{T}]^{T} \tag{7.18}$$

可得

$$\xi=z-[(1r^{T})\otimes I_n]z=(M\otimes I_n)z \tag{7.19}$$

式(7.19)中，$M=I_N-1r^{T}$，因为 $r^{T}1=1$，故有 $M1=0$。因此当 $\lim\limits_{t\to\infty}\xi(t)=0$ 时，系统式(7.4)到达一致，即 $\xi=0$ 意味着 $z_1=z_2=\cdots=z_N$，因为 M 的零空间是 span(1)，ξ 的动力学模型可写为

$$\begin{aligned}\dot{\xi}&=(I_N\otimes A-L\otimes DK)z-1r^{T}\otimes I_N[I_N\otimes A-L\otimes DK]z+(M\otimes I_N)\phi(x)\\&=(I_N\otimes A-L\otimes DK)\xi+(M\otimes I_N)\phi(x)\end{aligned} \tag{7.20}$$

为了研究 L 的构造，引入另外一种状态变换：

$$\eta=(T^{-1}\otimes I_n)\xi \tag{7.21}$$

从而有

$$\dot{\boldsymbol{\eta}} = (\boldsymbol{I}_N \otimes \boldsymbol{A} - \boldsymbol{J} \otimes \boldsymbol{DK})\boldsymbol{\xi} + \boldsymbol{\psi}(\boldsymbol{x}) \tag{7.22}$$

式(7.22)中，$\boldsymbol{\psi}(\boldsymbol{x}) = (\boldsymbol{T}^{-1}\boldsymbol{M} \otimes \boldsymbol{I}_N)\phi(\boldsymbol{x})$，$\boldsymbol{\eta} = \begin{bmatrix} \eta_1 \\ \eta_2 \\ \vdots \\ \eta_N \end{bmatrix}$，$\boldsymbol{\psi} = \begin{bmatrix} \psi_1 \\ \psi_2 \\ \vdots \\ \psi_N \end{bmatrix}$。

由式(7.19)和式(7.21)，可得

$$\eta_1 = (\boldsymbol{r}^{\mathrm{T}} \otimes \boldsymbol{I}_n)\boldsymbol{\xi} = [(\boldsymbol{r}^{\mathrm{T}}\boldsymbol{M}) \otimes \boldsymbol{I}_n]z = 0 \tag{7.23}$$

对于控制器式(7.15)，控制增益矩阵设计如下：

$$\boldsymbol{K} = \boldsymbol{D}^{\mathrm{T}}\boldsymbol{P} \tag{7.24}$$

式(7.24)中，$\boldsymbol{P}$是一个正定矩阵。

引理 7.4 对于$\boldsymbol{\psi}(\boldsymbol{x})$，满足下列不等式

$$\|\boldsymbol{\psi}\|^2 \leqslant \gamma_0^2(\|\boldsymbol{\eta}\|^2 + 4\lambda_\sigma^2(\boldsymbol{A})\|\delta\|^2) \tag{7.25}$$

式(7.25)中，$\gamma_0 = 2\sqrt{2N}\gamma\|\boldsymbol{r}\|\|\boldsymbol{T}\|_F\lambda_\sigma(\boldsymbol{T}^{-1})$；$\delta = -\int_t^{t+h} \mathrm{e}^{A(t-\tau)}\boldsymbol{BK\eta}(\tau - h)\mathrm{d}\tau$。

证明： 基于有向图状态转换，可得

$$\boldsymbol{\psi}(\boldsymbol{x}) = (\boldsymbol{T}^{-1} \otimes \boldsymbol{I}_n)(\boldsymbol{M} \otimes \boldsymbol{I}_n)\phi(\boldsymbol{x}) = (\boldsymbol{T}^{-1} \otimes \boldsymbol{I}_n)\boldsymbol{\mu} \tag{7.26}$$

式(7.26)中，$\boldsymbol{\mu} = (\boldsymbol{M} \otimes \boldsymbol{I}_n)\phi(\boldsymbol{x})$；$\boldsymbol{\mu} = [\mu_1, \mu_2, \cdots, \mu_N]^{\mathrm{T}}$，故

$$\|\boldsymbol{\psi}(\boldsymbol{x})\| \leqslant \lambda_\sigma(\boldsymbol{T}^{-1})\|\boldsymbol{\mu}\| \tag{7.27}$$

由于$\boldsymbol{M} = \boldsymbol{I}_N - \boldsymbol{1}\boldsymbol{r}^{\mathrm{T}}$，可得

$$\boldsymbol{\mu}_i = \phi(\boldsymbol{x}_i) - \sum_{k=1}^{N} \boldsymbol{r}_k\phi(\boldsymbol{x}_k) = \sum_{k=1}^{N} \boldsymbol{r}_k[\phi(\boldsymbol{x}_i) - \phi(\boldsymbol{x}_k)] \tag{7.28}$$

进而可得

$$\|\boldsymbol{\mu}_i\| \leqslant \gamma\sum_{k=1}^{N} |\boldsymbol{r}_k| \|\boldsymbol{x}_i - \boldsymbol{x}_k\| \tag{7.29}$$

由时间延迟的状态转换，可得

$$\boldsymbol{x}_i - \boldsymbol{x}_k = (z_i - \boldsymbol{\sigma}_i) - (z_k - \boldsymbol{\sigma}_k) = (z_i - z_k) - (\boldsymbol{\sigma}_i - \boldsymbol{\sigma}_k) \tag{7.30}$$

式(7.30)中，$\boldsymbol{\sigma}_i = \int_t^{t+h} \mathrm{e}^{A(t-\tau)}\boldsymbol{Bu}_i(\tau - h)\mathrm{d}\tau$，故可得

$$\|\boldsymbol{\mu}_i\| \leqslant \gamma\sum_{k=1}^{N} |\boldsymbol{r}_k| (\|z_i - z_k\| + \|\boldsymbol{\sigma}_i - \boldsymbol{\sigma}_k\|) \tag{7.31}$$

由于$\boldsymbol{\eta}=(\boldsymbol{T}^{-1}\otimes\boldsymbol{I}_n)\boldsymbol{\xi}$，可得$\boldsymbol{\xi}=(\boldsymbol{T}\otimes\boldsymbol{I}_n)\boldsymbol{\eta}$，由有向图状态转换可得

$$\boldsymbol{z}_i-\boldsymbol{z}_k=\boldsymbol{\xi}_i-\boldsymbol{\xi}_k=[(\boldsymbol{t}_i-\boldsymbol{t}_k)\otimes\boldsymbol{I}_n]\boldsymbol{\eta}=\sum_{j=1}^{N}(\boldsymbol{t}_{ij}-\boldsymbol{t}_{kj})\boldsymbol{\eta}_j \tag{7.32}$$

式(7.32)中，$\boldsymbol{t}_k$表示$\boldsymbol{T}$矩阵的第k行。然后可得

$$\|z_i-z_k\|\leqslant(\|\boldsymbol{t}_i\|+\|\boldsymbol{t}_k\|)\|\boldsymbol{\eta}\| \tag{7.33}$$

在此应用不等式：

$$\sum_{i=1}^{N}(a_ib_i)\leqslant\|a\|\|b\|=\sqrt{\sum_{i=1}^{N}a_i^2\sum_{i=1}^{N}b_i^2} \tag{7.34}$$

接下来处理$\boldsymbol{\sigma}_i$和$\boldsymbol{\sigma}_k$，可得

$$\begin{aligned}\sum_{k=1}^{N}|\boldsymbol{r}_k|\|\boldsymbol{\sigma}_i-\boldsymbol{\sigma}_k\|&\leqslant\sum_{k=1}^{N}|\boldsymbol{r}_k|\|\boldsymbol{\sigma}_i\|+\sum_{k=1}^{N}|\boldsymbol{r}_k|\|\boldsymbol{\sigma}_k\|\\&\leqslant\|\boldsymbol{r}\|\sqrt{N}\|\boldsymbol{\sigma}_i\|+\|\boldsymbol{r}\|\|\boldsymbol{\sigma}\|\end{aligned} \tag{7.35}$$

式(7.35)中，$\boldsymbol{\sigma}=[\boldsymbol{\sigma}_1^{\mathrm{T}},\boldsymbol{\sigma}_2^{\mathrm{T}},\cdots,\boldsymbol{\sigma}_N^{\mathrm{T}}]^{\mathrm{T}}$，应用不等式：

$$\sum_{i=1}^{N}|a_i|\leqslant\sqrt{N}\|a\| \tag{7.36}$$

可得

$$\begin{aligned}\|\mu_i\|&\leqslant\gamma\sum_{k=1}^{N}|\boldsymbol{r}_k|(\|\boldsymbol{t}_i\|+\|\boldsymbol{t}_k\|)\|\boldsymbol{\eta}\|+\gamma\sqrt{N}\|\boldsymbol{r}\|\|\boldsymbol{\sigma}_i\|+\gamma\|\boldsymbol{r}\|\|\sigma\|\\&\leqslant\gamma(\|\boldsymbol{r}\|\sqrt{N}\|\boldsymbol{t}_i\|+\|\boldsymbol{r}\|\|\boldsymbol{T}\|_F)\|\boldsymbol{\eta}\|+\gamma\sqrt{N}\|\boldsymbol{r}\|\|\boldsymbol{\sigma}_i\|\\&\quad+\gamma\|\boldsymbol{r}\|\|\boldsymbol{\sigma}\|\\&\leqslant\gamma\|\boldsymbol{r}\|((\sqrt{N}\|\boldsymbol{t}_i\|+\|\boldsymbol{T}\|_F)\|\boldsymbol{\eta}\|+\sqrt{N}\|\boldsymbol{\sigma}_i\|+\|\boldsymbol{\sigma}\|)\end{aligned} \tag{7.37}$$

那么，其向量范数为

$$\begin{aligned}\|\boldsymbol{\mu}\|^2&\leqslant\sum_{i=1}^{N}(\|\boldsymbol{\mu}_i\|)^2\leqslant\left(\sum_{i=1}^{N}\|\boldsymbol{\mu}_i\|\right)^2\\&\leqslant4\gamma^2\|\boldsymbol{r}\|^2(\sqrt{N}\|\boldsymbol{t}_i\|^2+\|\boldsymbol{T}\|_F^2)\|\boldsymbol{\eta}\|^2+4\gamma^2\|\boldsymbol{r}\|^2(N\|\boldsymbol{\sigma}_i\|^2+\|\boldsymbol{\sigma}\|^2)\\&\leqslant4\gamma^2\|\boldsymbol{r}\|^2N(2\|\boldsymbol{T}\|_F^2\|\boldsymbol{\eta}\|^2+2\|\boldsymbol{\sigma}\|^2)\\&\leqslant8\gamma^2\|\boldsymbol{r}\|^2N(\|\boldsymbol{T}\|_F^2\|\boldsymbol{\eta}\|^2+\|\boldsymbol{\sigma}\|^2)\end{aligned} \tag{7.38}$$

上面应用了

$$\sum_{k=1}^{N}\|\boldsymbol{t}_k\|^2=\|\boldsymbol{T}\|_F^2 \tag{7.39}$$

以及不等式

$$(a+b+c+d)^2 \leqslant 4(a^2+b^2+c^2+d^2) \tag{7.40}$$

下面分析$\boldsymbol{\sigma}^2$：

$$\boldsymbol{\sigma}_i = \int_t^{t+h} \mathrm{e}^{\boldsymbol{A}(t-\tau)} \boldsymbol{B}\boldsymbol{u}_i(\tau-h)\mathrm{d}\tau = -\int_t^{t+h} \mathrm{e}^{\boldsymbol{A}(t-\tau)} \boldsymbol{B}\boldsymbol{K}\sum_{j=1}^{N} l_{ij}\boldsymbol{z}_j(\tau-h)\mathrm{d}\tau \tag{7.41}$$

由$\boldsymbol{A}$和$\boldsymbol{L}$的关系，可得

$$\sum_{j=1}^{N} l_{ij}\boldsymbol{z}_j = \sum_{j=1}^{N} a_{ij}(\boldsymbol{z}_i-\boldsymbol{z}_j) = \sum_{j=1}^{N} a_{ij}[(\boldsymbol{t}_i-\boldsymbol{t}_j)\otimes \boldsymbol{I}_n]\boldsymbol{\eta} = \sum_{j=1}^{N} a_{ij}(\boldsymbol{t}_{il}-\boldsymbol{t}_{jl})\boldsymbol{\eta}_j \tag{7.42}$$

定义$\boldsymbol{\delta}_l$

$$\boldsymbol{\delta}_l = \int_t^{t+h} \mathrm{e}^{\boldsymbol{A}(t-\tau)} \boldsymbol{B}\boldsymbol{K}\boldsymbol{\eta}_l(\tau-h)\mathrm{d}\tau \tag{7.43}$$

可得

$$\boldsymbol{\sigma}_i = \sum_{j=1}^{N} a_{ij}\sum_{j=1}^{N}(\boldsymbol{t}_{il}-\boldsymbol{t}_{jl})\boldsymbol{\delta}_l \tag{7.44}$$

接下来可得

$$\|\boldsymbol{\sigma}_i\| \leqslant \sum_{j=1}^{N} a_{ij}(\|\boldsymbol{t}_i\|+\|\boldsymbol{t}_j\|)\|\boldsymbol{\delta}\| \tag{7.45}$$

式(7.45)中，$\boldsymbol{\delta}=[\boldsymbol{\delta}_1^{\mathrm{T}}, \boldsymbol{\delta}_2^{\mathrm{T}}, \cdots, \boldsymbol{\delta}_N^{\mathrm{T}}]^{\mathrm{T}}$，可得$\|\boldsymbol{\sigma}_i\|$的和

$$\begin{aligned}\sum_{i=1}^{N}\|\boldsymbol{\sigma}_i\| &\leqslant \|\boldsymbol{\delta}\|\sum_{i=1}^{N}\sum_{j=1}^{N} a_{ij}(\|\boldsymbol{t}_i\|+\|\boldsymbol{t}_j\|)\\ &= \|\boldsymbol{\delta}\|\sum_{i=1}^{N}\sum_{j=1}^{N} a_{ij}\|\boldsymbol{t}_i\| + \|\boldsymbol{\delta}\|\sum_{i=1}^{N}\sum_{j=1}^{N} a_{ij}\|\boldsymbol{t}_j\|\\ &\leqslant \lambda_\sigma(\boldsymbol{A})\|\boldsymbol{T}\|_F\|\boldsymbol{\delta}\| + \lambda_\sigma(\boldsymbol{A}^{\mathrm{T}})\|\boldsymbol{T}\|_F\|\boldsymbol{\delta}\|\\ &= 2\lambda_\sigma(\boldsymbol{A})\|\boldsymbol{T}\|_F\|\boldsymbol{\delta}\|\end{aligned} \tag{7.46}$$

式(7.49)中，$\lambda_\sigma(\boldsymbol{A})=\lambda_\sigma(\boldsymbol{A}^{\mathrm{T}})$，应用了下面的不等式

$$\begin{aligned}\sum_{i=1}^{N}\sum_{j=1}^{N} a_{ij}\|\boldsymbol{t}_i\| &= \begin{bmatrix} a_{11} & \cdots & a_{N1}\\ \vdots & \ddots & \vdots\\ a_{1N} & \cdots & a_{NN}\end{bmatrix}\begin{bmatrix}\|\boldsymbol{t}_1\|\\ \vdots\\ \|\boldsymbol{t}_N\|\end{bmatrix} \leqslant \lambda_\sigma(\boldsymbol{A}^{\mathrm{T}})\|\boldsymbol{T}\|_F\\ \sum_{i=1}^{N}\sum_{j=1}^{N} a_{ij}\|\boldsymbol{t}_j\| &= \begin{bmatrix} a_{11} & \cdots & a_{N1}\\ \vdots & \ddots & \vdots\\ a_{1N} & \cdots & a_{NN}\end{bmatrix}\begin{bmatrix}\|\boldsymbol{t}_1\|\\ \vdots\\ \|\boldsymbol{t}_N\|\end{bmatrix} \leqslant \lambda_\sigma(\boldsymbol{A})\|\boldsymbol{T}\|_F\end{aligned} \tag{7.47}$$

可得到

$$\|\boldsymbol{\sigma}\|^2=\sum_{i=1}^{N}(\|\boldsymbol{\sigma}_i\|^2)\leqslant\left(\sum_{i=1}^{N}\|\boldsymbol{\sigma}_i\|\right)^2\leqslant 4\lambda_\sigma^2(\boldsymbol{A})\|\boldsymbol{T}\|_F^2\|\boldsymbol{\delta}\|^2 \tag{7.48}$$

结合式(7.48),那么式(7.1)变为

$$\|\mu\|^2\leqslant 8\gamma^2\|\boldsymbol{r}\|^2N\|\boldsymbol{T}\|_F^2(\|\boldsymbol{\eta}\|^2+4\lambda_\sigma^2(\boldsymbol{A})\|\boldsymbol{\delta}\|^2) \tag{7.49}$$

最终,$\boldsymbol{\psi}$ 的界为

$$\|\boldsymbol{\psi}\|^2\leqslant\gamma_0^2(\|\boldsymbol{\eta}\|^2+4\lambda_\sigma^2(\boldsymbol{A})\|\boldsymbol{\delta}\|^2) \tag{7.50}$$

式(7.53)中,$\gamma_0=2\sqrt{2N}\gamma\|\boldsymbol{r}\|\ \|\boldsymbol{T}\|_F\lambda_\sigma(\boldsymbol{T}^{-1})$,$\boldsymbol{\delta}=-\int_t^{t+h}\mathrm{e}^{A(t-\tau)}\boldsymbol{BK\eta}(\tau-h)\mathrm{d}\tau$。

7.1.2 稳定性分析

下面将使用李雅普诺夫函数定理来分析实现一致性,$\boldsymbol{P}$ 需要满足的条件。

稳定性分析从 $\boldsymbol{\eta}$ 入手。正如一开始分析的那样,$\boldsymbol{\eta}$ 趋于 0,即对于 $i=1, 2, \cdots, N$ 有 $\boldsymbol{\eta}_i=0$,能够保证一致性。已经得到 $\eta_1=0$。

从式(7.8)中拉普拉斯矩阵的结构可知,

$$N_k=1+\sum_{j=1}^{N}\boldsymbol{\eta}_j \tag{7.51}$$

对于 $k=1, 2, \cdots, q$,注意 $N_q=N$。

当 $i=2, 3, \cdots, N_p$ 节点状态变量 $\boldsymbol{\eta}_i$ 与实特征值对应的约旦块有关,当 $i=N_p+1, N_p+2, \cdots, N$ 节点状态变量 $\boldsymbol{\eta}_i$ 与复特征值对应的约旦块有关。

对于实特征值对应的约旦块 $\boldsymbol{J}_k$,即 $k\leqslant p$,有如下动力学方程

$$\dot{\boldsymbol{\eta}}_i=(\boldsymbol{A}-\lambda_k\boldsymbol{DD}^{\mathrm{T}}\boldsymbol{P})\boldsymbol{\eta}_i-\boldsymbol{DD}^{\mathrm{T}}\boldsymbol{P}\boldsymbol{\eta}_{i+1}+\boldsymbol{\psi}_i(\boldsymbol{x}) \tag{7.52}$$

对于 $i=N_{k-1}+1, N_{k-1}+2, \cdots, N_k-1$

$$\dot{\boldsymbol{\eta}}_i=(\boldsymbol{A}-\lambda_k\boldsymbol{DD}^{\mathrm{T}}\boldsymbol{P})\boldsymbol{\eta}_i+\boldsymbol{\psi}_i(\boldsymbol{x}) \tag{7.53}$$

对于和约旦块有关的状态变量来说,即 $k>p$ 对应复特征值,考虑成对的状态方程,为了表达方便,令

$$\begin{aligned}i_1(j)&=N_{k-1}+2j-1\\ i_2(j)&=N_{k-1}+2j\end{aligned} \tag{7.54}$$

式(7.57)中,$j=1, 2, \cdots, n_k/2$。当$j=1, 2, \cdots$。$n_k/2-1$时,η_{i_1} 和 η_{i_2} 的动力学方程可表示为

$$\dot{\boldsymbol{\eta}}_{i_1}=(\boldsymbol{A}-\alpha_k\boldsymbol{DD}^{\mathrm{T}}\boldsymbol{P})\boldsymbol{\eta}_{i_1}-\beta_k\boldsymbol{DD}^{\mathrm{T}}\boldsymbol{P}\boldsymbol{\eta}_{i_2}-\boldsymbol{DD}^{\mathrm{T}}\boldsymbol{P}\boldsymbol{\eta}_{i_1+2}+\boldsymbol{\psi}_{i_1} \tag{7.55}$$

$$\dot{\boldsymbol{\eta}}_{i_2}=(\boldsymbol{A}-\alpha_k\boldsymbol{DD}^{\mathrm{T}}\boldsymbol{P})\boldsymbol{\eta}_{i_2}+\beta_k\boldsymbol{DD}^{\mathrm{T}}\boldsymbol{P}\boldsymbol{\eta}_{i_1}+\beta_k\boldsymbol{DD}^{\mathrm{T}}\boldsymbol{P}\boldsymbol{\eta}_{i_2+2}+\boldsymbol{\psi}_{i_2} \tag{7.56}$$

当$j = n_k/2$时，可得

$$\dot{\boldsymbol{\eta}}_{i_1} = (\boldsymbol{A} - \alpha_k \boldsymbol{D}\boldsymbol{D}^{\mathrm{T}}\boldsymbol{P})\boldsymbol{\eta}_{i_1} - \beta_k \boldsymbol{D}\boldsymbol{D}^{\mathrm{T}}\boldsymbol{P}\boldsymbol{\eta}_{i_2} + \boldsymbol{\psi}_{i_1} \tag{7.57}$$

$$\dot{\boldsymbol{\eta}}_{i_2} = (\boldsymbol{A} - \alpha_k \boldsymbol{D}\boldsymbol{D}^{\mathrm{T}}\boldsymbol{P})\boldsymbol{\eta}_{i_2} + \beta_k \boldsymbol{D}\boldsymbol{D}^{\mathrm{T}}\boldsymbol{P}\boldsymbol{\eta}_{i_1} + \boldsymbol{\psi}_{i_2} \tag{7.58}$$

选取候选李雅普诺夫函数为

$$V_i = \boldsymbol{\eta}_i^{\mathrm{T}}\boldsymbol{P}\boldsymbol{\eta}_i \tag{7.59}$$

式(7.62)中，$i = 2,\ 3,\ \cdots,\ N$，定义

$$V_0 = \sum_{i=2}^{N} \boldsymbol{\eta}_i^{\mathrm{T}}\boldsymbol{P}\boldsymbol{\eta}_i \tag{7.60}$$

引理 7.5 对于一个连通的动力学系统(7.4)，转换状态为$\boldsymbol{\eta}$，$\dot{V}_0$在下述两种情况下有界。

(1) 如果拉普拉斯矩阵$\boldsymbol{L}$的特征值是不同的，即对于$k = 1,\ 2,\ \cdots,\ q$有$n_k = 1$，$\dot{V}_0$满足

$$\dot{V}_0 \leqslant \sum_{i=2}^{N} \boldsymbol{\eta}_i^{\mathrm{T}}(\boldsymbol{A}^{\mathrm{T}}\boldsymbol{P} + \boldsymbol{P}\boldsymbol{A} - 2\alpha \boldsymbol{P}\boldsymbol{D}\boldsymbol{D}^{\mathrm{T}}\boldsymbol{P} + \kappa \boldsymbol{P}\boldsymbol{P})\boldsymbol{\eta}_i + \frac{1}{\kappa}\|\boldsymbol{\psi}\|^2 \tag{7.61}$$

式(7.61)中，κ是任意的正实数，$\alpha = \min(\lambda_1,\ \lambda_2,\ \cdots,\ \lambda_p,\ \alpha_{p+1},\ \alpha_{p+2},\ \cdots,\ \alpha_q)$。

(2) 如果拉普拉斯矩阵$\boldsymbol{L}$的特征值有重根，即有$n_k > 1(k = 1,\ 2,\ \cdots,\ q)$，$\dot{V}_0$满足

$$\dot{V}_0 \leqslant \sum_{i=2}^{N} \boldsymbol{\eta}_i^{\mathrm{T}}(\boldsymbol{A}^{\mathrm{T}}\boldsymbol{P} + \boldsymbol{P}\boldsymbol{A} - 2(\alpha - 1)\boldsymbol{P}\boldsymbol{D}\boldsymbol{D}^{\mathrm{T}}\boldsymbol{P} + \kappa \boldsymbol{P}\boldsymbol{P})\boldsymbol{\eta}_i + \frac{1}{\kappa}\|\boldsymbol{\psi}\|^2 \tag{7.62}$$

由引理 7.4 和引理 7.5，对于情况 1，能够得到

$$\dot{V}_0 \leqslant \sum_{i=2}^{N} \boldsymbol{\eta}_i^{\mathrm{T}}\left(\boldsymbol{A}^{\mathrm{T}}\boldsymbol{P} + \boldsymbol{P}\boldsymbol{A} - 2\alpha \boldsymbol{P}\boldsymbol{D}\boldsymbol{D}^{\mathrm{T}}\boldsymbol{P} + \kappa \boldsymbol{P}\boldsymbol{P} + \frac{\gamma_0^2}{\kappa}\right)\boldsymbol{\eta}_i + \frac{4\gamma_0^2}{\kappa}\lambda_\sigma^2(\boldsymbol{A})\tilde{\boldsymbol{\Delta}} \tag{7.63}$$

式(7.63)中，$\tilde{\boldsymbol{\Delta}} = \boldsymbol{\delta}^{\mathrm{T}}\boldsymbol{\delta}$，以及对于情况 2，

$$\dot{V}_0 \leqslant \sum_{i=2}^{N} \boldsymbol{\eta}_i^{\mathrm{T}}\left(\boldsymbol{A}^{\mathrm{T}}\boldsymbol{P} + \boldsymbol{P}\boldsymbol{A} - 2(\alpha - 1)\boldsymbol{P}\boldsymbol{D}\boldsymbol{D}^{\mathrm{T}}\boldsymbol{P} + \kappa \boldsymbol{P}\boldsymbol{P} + \frac{\gamma_0^2}{\kappa}\right)\boldsymbol{\eta}_i + \frac{4\gamma_0^2}{\kappa}\lambda_\sigma^2(\boldsymbol{A})\tilde{\boldsymbol{\Delta}} \tag{7.64}$$

此处应用了$\|\boldsymbol{\eta}\|^2 = \sum_{i=2}^{N} \|\boldsymbol{\eta}_i\|^2$。

接下来推导$\tilde{\boldsymbol{\Delta}}$的界，由$\boldsymbol{\delta}_l$的定义和引理 7.2 可得

$$\begin{aligned} \tilde{\boldsymbol{\Delta}}_i &= \int_t^{t+h} \boldsymbol{\eta}_i^{\mathrm{T}}(\tau - h)\boldsymbol{K}^{\mathrm{T}}\boldsymbol{B}^{\mathrm{T}}\mathrm{e}^{A^{\mathrm{T}}(t-\tau)}\mathrm{d}\tau \int_t^{t+h} \mathrm{e}^{A(t-\tau)}\boldsymbol{B}\boldsymbol{K}\boldsymbol{\eta}_i(\tau - h)\mathrm{d}\tau \\ &\leqslant h\int_t^{t+h} \boldsymbol{\eta}_i^{\mathrm{T}}(\tau - h)\boldsymbol{P}\boldsymbol{D}\boldsymbol{D}^{\mathrm{T}}\mathrm{e}^{A^{\mathrm{T}}h}\mathrm{e}^{A^{\mathrm{T}}(t-\tau)}\mathrm{e}^{A(t-\tau)}\mathrm{e}^{Ah}\boldsymbol{D}\boldsymbol{D}^{\mathrm{T}}\boldsymbol{P}\boldsymbol{\eta}_i(\tau - h)\mathrm{d}\tau \end{aligned} \tag{7.65}$$

由引理 7.3,取 $\boldsymbol{P}=\boldsymbol{I}_n$，令

$$\boldsymbol{R}=-\boldsymbol{A}^{\mathrm{T}}-\boldsymbol{A}+\omega_1\boldsymbol{I}_n>0 \tag{7.66}$$

可得

$$\mathrm{e}^{\boldsymbol{A}^{\mathrm{T}}t}\mathrm{e}^{\boldsymbol{A}t}<\mathrm{e}^{\omega_1 t}\boldsymbol{I}_n \tag{7.67}$$

以及

$$\begin{aligned}\tilde{\boldsymbol{\Delta}}_i &\leqslant h\int_t^{t+h}\boldsymbol{\eta}_i^{\mathrm{T}}(\tau-h)\boldsymbol{PDD}^{\mathrm{T}}\mathrm{e}^{\boldsymbol{A}^{\mathrm{T}}h}\mathrm{e}^{\boldsymbol{A}^{\mathrm{T}}(t-\tau)}\mathrm{e}^{\boldsymbol{A}(t-\tau)}\mathrm{e}^{\boldsymbol{A}h}\boldsymbol{DD}^{\mathrm{T}}\boldsymbol{P}\boldsymbol{\eta}_i(\tau-h)\mathrm{d}\tau\\ &\leqslant h\mathrm{e}^{\omega_1 h}\int_t^{t+h}\mathrm{e}^{\omega_1(t-\tau)}\boldsymbol{\eta}_i^{\mathrm{T}}(\tau-h)\boldsymbol{PDD}^{\mathrm{T}}\boldsymbol{DD}^{\mathrm{T}}\boldsymbol{P}\boldsymbol{\eta}_i(\tau-h)\mathrm{d}\tau\\ &\leqslant \rho^2 h\mathrm{e}^{\omega_1 h}\int_t^{t+h}\mathrm{e}^{\omega_1(t-\tau)}\boldsymbol{\eta}_i^{\mathrm{T}}(\tau-h)\boldsymbol{\eta}_i(\tau-h)\mathrm{d}\tau\\ &\leqslant \rho^2 h\mathrm{e}^{2\omega_1 h}\int_t^{t+h}\boldsymbol{\eta}_i^{\mathrm{T}}(\tau-h)\boldsymbol{\eta}_i(\tau-h)\mathrm{d}\tau\end{aligned} \tag{7.68}$$

式(7.68)中,ρ 是一个正数,满足

$$\rho^2\boldsymbol{I}_n\geqslant \boldsymbol{PDD}^{\mathrm{T}}\boldsymbol{DD}^{\mathrm{T}}\boldsymbol{P} \tag{7.69}$$

故可得 $\tilde{\boldsymbol{\Delta}}_i$ 的和为

$$\tilde{\boldsymbol{\Delta}}=\sum_{i=2}^{N}\tilde{\boldsymbol{\Delta}}_i\leqslant\sum_{i=2}^{N}\rho^2 h\mathrm{e}^{2\omega_1 h}\int_t^{t+h}\boldsymbol{\eta}_i^{\mathrm{T}}(\tau-h)\boldsymbol{\eta}_i(\tau-h)\mathrm{d}\tau \tag{7.70}$$

选取克拉索夫斯基函数为

$$\tilde{W}_i=\int_t^{t+h}\mathrm{e}^{\tau-t}\boldsymbol{\eta}_i^{\mathrm{T}}(\tau-h)\boldsymbol{\eta}_i(\tau-h)\mathrm{d}\tau+\int_t^{t+h}\boldsymbol{\eta}_i^{\mathrm{T}}(\tau-2h)\boldsymbol{\eta}_i(\tau-2h)\mathrm{d}\tau \tag{7.71}$$

对时间求导可得

$$\begin{aligned}\dot{\tilde{W}}_i &=-\int_t^{t+h}\mathrm{e}^{\tau-t}\boldsymbol{\eta}_i^{\mathrm{T}}(\tau-h)\boldsymbol{\eta}_i(\tau-h)\mathrm{d}\tau-\boldsymbol{\eta}_i^{\mathrm{T}}(t-2h)\boldsymbol{\eta}_i(t-2h)+\mathrm{e}^{h}\boldsymbol{\eta}_i^{\mathrm{T}}(t)\boldsymbol{\eta}_i(t)\\ &\leqslant-\int_t^{t+h}\boldsymbol{\eta}_i^{\mathrm{T}}(\tau-h)\boldsymbol{\eta}_i(\tau-h)\mathrm{d}\tau+\mathrm{e}^{h}\boldsymbol{\eta}_i^{\mathrm{T}}(t)\boldsymbol{\eta}_i(t)\end{aligned} \tag{7.72}$$

令 $\tilde{W}_0=\sum_{i=2}^{N}\tilde{W}_i$，可得

$$\dot{\tilde{W}}_0=\sum_{i=2}^{N}\dot{\tilde{W}}_i\leqslant-\sum_{i=2}^{N}\int_t^{t+h}\boldsymbol{\eta}_i^{\mathrm{T}}(\tau-h)\boldsymbol{\eta}_i(\tau-h)\mathrm{d}\tau+\sum_{i=2}^{N}\mathrm{e}^{h}\boldsymbol{\eta}_i^{\mathrm{T}}(t)\boldsymbol{\eta}_i(t) \tag{7.73}$$

令

$$V = V_0 + \rho^2 h e^{2\omega_1 h} \frac{4\gamma_0^2}{\kappa} \lambda_\sigma^2(\boldsymbol{A}) \tilde{W}_0 \tag{7.74}$$

求导可得

$$\dot{V} \leqslant \boldsymbol{\eta}^{\mathrm{T}}(t)(\boldsymbol{I}_N \otimes \boldsymbol{H}_1)\boldsymbol{\eta}(t) \tag{7.75}$$

式(7.75)中,对于情况1,

$$H_1 \triangleq \boldsymbol{A}^{\mathrm{T}}\boldsymbol{P} + \boldsymbol{P}\boldsymbol{A} - 2\alpha \boldsymbol{P}\boldsymbol{D}\boldsymbol{D}^{\mathrm{T}}\boldsymbol{P} + \kappa \boldsymbol{P}\boldsymbol{P} + \frac{\gamma^2}{\kappa}[1 + \lambda_\sigma^2(\boldsymbol{A})\rho^2 h e^{(2\omega_1+1)h}]\boldsymbol{I}_n \tag{7.76}$$

对于情况2,

$$H_1 \triangleq \boldsymbol{A}^{\mathrm{T}}\boldsymbol{P} + \boldsymbol{P}\boldsymbol{A} - 2(\alpha - 1)\boldsymbol{P}\boldsymbol{D}\boldsymbol{D}^{\mathrm{T}}\boldsymbol{P} + \kappa \boldsymbol{P}\boldsymbol{P} + \frac{\gamma^2}{\kappa}[1 + \lambda_\sigma^2(\boldsymbol{A})\rho^2 h e^{(2\omega_1+1)h}]\boldsymbol{I}_n \tag{7.77}$$

上述表达式可用于带有李雅普希茨非线性和延时的网络连接系统的一致性分析。下面的定理总结了上述结果。

定理7.1 对于有延时的多智能体系统式(7.4),关联的拉普拉斯矩阵满足假设7.1,一致性控制问题可由控制器(7.18)实现,控制器增益为$\boldsymbol{K} = \boldsymbol{D}^{\mathrm{T}}\boldsymbol{P}$,分别对接下来两种情况说明:

(1) 如果拉普拉斯矩阵$\boldsymbol{L}$的特征值唯一,一致性可通过以下条件满足。

$$\begin{aligned}
&\left(\boldsymbol{A} - \frac{1}{2}\omega_1 \boldsymbol{I}_n\right)^{\mathrm{T}} + \left(\boldsymbol{A} - \frac{1}{2}\omega_1 \boldsymbol{I}_n\right) < 0 \\
&\rho \boldsymbol{W} \geqslant \boldsymbol{D}\boldsymbol{D}^{\mathrm{T}} \\
&\begin{bmatrix} \boldsymbol{W}\boldsymbol{A}^{\mathrm{T}} + \boldsymbol{A}\boldsymbol{W} - 2\alpha \boldsymbol{D}\boldsymbol{D}^{\mathrm{T}} + \kappa \boldsymbol{I}_n & \boldsymbol{W} \\ \boldsymbol{W} & \dfrac{-\kappa \boldsymbol{I}_n}{\gamma_0^2(1 + 4h_0\rho^2)} \end{bmatrix} < 0
\end{aligned} \tag{7.78}$$

式(7.78)中,$\boldsymbol{W} = \boldsymbol{P}^{-1}$; $\rho > 0$; $\omega_1 \geqslant 0$;κ是任意正数;$h_0 = \lambda_\sigma^2(\boldsymbol{A}) h e^{(2\omega_1+1)h}$。

(2) 如果拉普拉斯矩阵$\boldsymbol{L}$有多个特征值,一致性不仅要满足上述的前两个式子外,还要满足以下条件。

$$\begin{bmatrix} \boldsymbol{W}\boldsymbol{A}^{\mathrm{T}} + \boldsymbol{A}\boldsymbol{W} - 2(\alpha - 1)\boldsymbol{D}\boldsymbol{D}^{\mathrm{T}} + \kappa \boldsymbol{I}_n & \boldsymbol{W} \\ \boldsymbol{W} & \dfrac{-\kappa \boldsymbol{I}_n}{\gamma_0^2(1 + 4h_0\rho^2)} \end{bmatrix} < 0 \tag{7.79}$$

证明: 当特征值各不相同时,从这一节的分析可知,反馈控制器式(7.18)可以在式(7.76)满足$\boldsymbol{H}_1 < 0$的情况下稳定,$\boldsymbol{\eta}$,$\boldsymbol{H}_1 < 0$和下式等价,

$$P^{-1}A^{\mathrm{T}}+AP^{-1}-2\alpha DD^{\mathrm{T}}+\kappa I_n+\frac{\gamma^2}{\kappa}[1+\lambda_{\sigma}^2(A)\rho^2 h\mathrm{e}^{(2\omega_1+1)h}]P^{-1}P^{-1}<0 \quad (7.80)$$

可以看出式(7.80)和式(7.78)是等价的。所以可以得到 $\boldsymbol{\eta}$ 能收敛到零。

当特征值有重根时,与上述情况相同,可以得到 $\boldsymbol{\eta}$ 能收敛到零。证明完毕。

7.2　截断预测反馈算法

上一节的控制器设计形式如下:

$$u_i(t)=-K\sum_{j=1}^{N} l_{ij}z_j(t) \quad (7.81)$$

可以写为如下形式:

$$u_i(t)=-K\sum_{j=1}^{N} l_{ij}\left[x_j(t)+\int_t^{t+h}\mathrm{e}^{A(t-\tau)}Bu_j(\tau-h)\mathrm{d}\tau\right] \quad (7.82)$$

很明显每个飞行器的控制器都需要其他飞行器的输入信息。由于传感器限制,有时这些信息并不可得。为了克服这个困难,这节提出基于截断预测反馈的一致性算法。控制器如下:

$$u_i(t)=K\mathrm{e}^{Ah}\sum_{j=1}^{N} a_{ij}[x_i(t)-x_j(t)]=K\mathrm{e}^{Ah}\sum_{j=1}^{N} l_{ij}x_j(t) \quad (7.83)$$

式(7.83)中,$K\in R^{m\times n}$ 是常数控制器增益将在后文中设计,a_{ij} 和 l_{ij} 分别是临接矩阵 A 和拉普拉斯矩阵 L 的元素。

注 7.3　由上式可以看出控制器只需要通过通信网络获得邻近飞行器的信息。每个飞行器的控制器都是有限维的并且易于实现,因为不需要对输入量进行积分。

考虑一个线性时间延迟系统

$$\dot{x}(t)=Ax(t)+Bu(t-h) \quad (7.84)$$

式(7.84)中,$x\in R^n$ 是系统状态;$u\in R^m$ 是控制输入;$A^{n\times n}$ 和 $B^{n\times m}$ 是常数矩阵;$h>0$ 是时间延迟。

如上文所述,预测反馈的中心思想是设计如式(7.85)的控制器:

$$u(t-h)=kx(t),\ \forall t\geqslant h \quad (7.85)$$

则闭环控制系统变为

$$\dot{x}(t)=(A+BK)x(t) \quad (7.86)$$

式(7.86)中,控制增益 K 要使 $A+BK$ 为赫尔维兹矩阵,控制器可写为

$$u(t)=Kx(t+h)=Ku_1(t)+Ku_2(t) \quad (7.87)$$

式(7.87)中,

$$u_1(t)=Ke^{Ah}x(t)$$
$$u_2(t)=K\int_{t-h}^{t}e^{A(t-\tau)}Bu(\tau)\mathrm{d}\tau \tag{7.88}$$

不论时间延迟多长,有限维预测项 $u_1(t)$ 起主导作用,所以无限维预测项 $u_2(t)$ 可以在特定条件下在 $u(t)$ 中忽略。由此得出截断预测控制器

$$u(t)=Ku_1(t)=Ke^{Ah}x(t) \tag{7.89}$$

闭环控制系统变为

$$\dot{x}(t)=(A+BK)x(t)+\tilde{d}(t) \tag{7.90}$$

式(7.90)中,

$$\tilde{d}(t)=-BK\int_{t-h}^{t}e^{A(t-\tau)}Bu(\tau)\mathrm{d}\tau \tag{7.91}$$

现在控制问题就变成了设计控制器增益 K,使闭环系统式(7.90)稳定。

7.2.1 控制器设计

对于多飞行器系统,可得

$$x_i(t)=e^{Ah}x_i(t-h)+\int_{t-h}^{t}e^{A(t-\tau)}\{Bu_i(\tau-h)+\phi[x_i(\tau)]\}\mathrm{d}\tau \tag{7.92}$$

代入控制器式(7.83),可得

$$\dot{x}_i=Ax_i+BK\sum_{j=1}^{N}l_{ij}x_j+\phi(x_i)-BK\sum_{j=1}^{N}l_{ij}\int_{t-h}^{t}e^{A(t-\tau)}[Bu_j(\tau-h)+\phi(x_j)]\mathrm{d}\tau \tag{7.93}$$

闭环控制系统变为

$$\dot{x}(t)=(I_N\otimes A+L\otimes BK)x+(L\otimes BK)(d_1+d_2)+\Phi(x) \tag{7.94}$$

式(7.94)中

$$d_1=-\int_{t-h}^{t}e^{A(t-\tau)}Bu_j(\tau-h)\mathrm{d}\tau$$
$$d_2=-\int_{t-h}^{t}e^{A(t-\tau)}\Phi(x)\mathrm{d}\tau \tag{7.95}$$

对系统进行有向图的状态转换后可得

$$\dot{\eta}=(I_N\otimes A+J\otimes BK)\eta+\Pi(x)+\Delta(x)+\Psi(x) \tag{7.96}$$

式(7.96)中

$$\boldsymbol{\Pi}(\boldsymbol{x}) = (\boldsymbol{T}^{-1}\boldsymbol{L} \otimes \boldsymbol{BK})\boldsymbol{d}_1$$
$$\boldsymbol{\Delta}(\boldsymbol{x}) = (\boldsymbol{T}^{-1}\boldsymbol{L} \otimes \boldsymbol{BK})\boldsymbol{d}_2 \tag{7.97}$$
$$\boldsymbol{\Psi}(\boldsymbol{x}) = (\boldsymbol{T}^{-1}\boldsymbol{M} \otimes \boldsymbol{I}_n)\boldsymbol{\Phi}(\boldsymbol{x})$$

为了符号表达的便利,令

$$\boldsymbol{\Pi} = \begin{bmatrix} \pi_1 \\ \pi_2 \\ \vdots \\ \pi_N \end{bmatrix},\ \boldsymbol{\Delta} = \begin{bmatrix} \delta_1 \\ \delta_2 \\ \vdots \\ \delta_N \end{bmatrix},\ \boldsymbol{\Psi} = \begin{bmatrix} \psi_1 \\ \psi_2 \\ \vdots \\ \psi_N \end{bmatrix} \tag{7.98}$$

式(7.98)中,$\pi_i,\ \delta_i,\ \psi_i:\ \boldsymbol{R}^{n\times N} \to \boldsymbol{R}^n,\ i = 1,\ 2,\ \cdots,\ N$。

控制增益设计为

$$\boldsymbol{K} = -\boldsymbol{B}^{\mathrm{T}}\boldsymbol{P} \tag{7.99}$$

式(7.99)中,$\boldsymbol{P}$ 是正定矩阵。

7.2.2　稳定性分析

一致性分析以 $\boldsymbol{\eta}$ 为变量给出。当 $\boldsymbol{\eta}$ 收敛到 $\boldsymbol{0}$ 时,系统状态可以达到一致。由于 $\eta_1 = 0$, 选取候选李雅普诺夫函数

$$V_i = \boldsymbol{\eta}_i^{\mathrm{T}}\boldsymbol{P}\boldsymbol{\eta}_i \tag{7.100}$$

式(7.100)中,$i = 2,\ 3,\ \cdots,\ N$, 应用上一节类似的稳定性分析,可得如下结果:

引理 7.6　对于如式(7.1)所示的多飞行器系统,转化系统状态为 $\boldsymbol{\eta}$,V_0 对以下两种情况有如下的界:

(1) 当拉普拉斯矩阵的特征值各不相同时,即对于 $k = 1,\ 2,\ \cdots,\ q$ 有 $n_k = 1$, $\dot{V}_0$ 满足

$$\dot{V}_0 \leqslant \boldsymbol{\eta}^{\mathrm{T}}[\boldsymbol{I}_N \otimes (\boldsymbol{A}^{\mathrm{T}}\boldsymbol{P} + \boldsymbol{PA} - 2\alpha\boldsymbol{PBB}^{\mathrm{T}}\boldsymbol{P} + \sum_{\iota=1}^{3}\kappa_\iota\boldsymbol{PP})]\boldsymbol{\eta} + \frac{1}{\kappa_1}\|\boldsymbol{\Pi}\|^2 + \frac{1}{\kappa_2}\|\boldsymbol{\Delta}\|^2 + \frac{1}{\kappa_3}\|\boldsymbol{\Psi}\|^2 \tag{7.101}$$

式(7.101)中,κ_1、κ_2、κ_3 是正实数,α 是拉普拉斯矩阵 $\boldsymbol{L}$ 的最小非零特征值。

$$\alpha = \min\{\lambda_1,\ \lambda_2,\ \cdots,\ \lambda_p,\ \alpha_{p+1},\ \alpha_{p+2},\ \cdots,\ \alpha_q\} \tag{7.102}$$

(2) 当拉普拉斯矩阵的特征值有重根时,即对于 $k = 1,\ 2,\ \cdots,\ q$ 有 $n_k > 1$, $\dot{V}_0$ 满足

$$\dot{V}_0 \leqslant \boldsymbol{\eta}^{\mathrm{T}}\left[\boldsymbol{I}_N \otimes (\boldsymbol{A}^{\mathrm{T}}\boldsymbol{P} + \boldsymbol{PA} - 2(\alpha - 1)\boldsymbol{PBB}^{\mathrm{T}}\boldsymbol{P} + \sum_{\iota=1}^{3}\kappa_\iota\boldsymbol{PP})\right]\boldsymbol{\eta} + \frac{1}{\kappa_1}\|\boldsymbol{\Pi}\|^2 + \frac{1}{\kappa_2}\|\boldsymbol{\Delta}\|^2 + \frac{1}{\kappa_3}\|\boldsymbol{\Psi}\|^2 \tag{7.103}$$

下面的引理将给出 $\|\boldsymbol{\Pi}\|^2$、$\|\boldsymbol{\Delta}\|^2$、$\|\boldsymbol{\Psi}\|^2$ 的界。

引理 7.7 对于积分项 $\|\boldsymbol{\Pi}\|^2$,它的界定为

$$\|\boldsymbol{\Pi}\|^2 \leqslant \gamma_0 \int_{t-h}^{t} \boldsymbol{\eta}^{\mathrm{T}}(\tau - h)\boldsymbol{\eta}(\tau - h)\mathrm{d}\tau \tag{7.104}$$

式(7.104)中

$$\gamma_0 = 4h\rho^4 \mathrm{e}^{2\omega_1 h} \lambda_\sigma^2(\boldsymbol{T}^{-1}) \|\boldsymbol{L}\|_F^2 \|\boldsymbol{A}\|_F^2 \|\boldsymbol{T}\|_F^2 \tag{7.105}$$

式(7.105)中,$\boldsymbol{A}$ 是邻接矩阵;$\boldsymbol{L}$ 是拉普拉斯矩阵;$\boldsymbol{T}$ 是非奇异矩阵;ρ 和 ω_1 是正数满足

$$\begin{aligned} \rho^2 \boldsymbol{I} &\geqslant \boldsymbol{PBB}^{\mathrm{T}}\boldsymbol{BB}^{\mathrm{T}}\boldsymbol{P} \\ \omega_1 \boldsymbol{I} &> \boldsymbol{A}^{\mathrm{T}} + \boldsymbol{A} \end{aligned} \tag{7.106}$$

证明: 由式(7.97)中 $\boldsymbol{\Pi}(\boldsymbol{x})$ 的定义可得

$$\|\boldsymbol{\Pi}\| = \|(\boldsymbol{T}^{-1} \otimes \boldsymbol{I}_n)(\boldsymbol{L} \otimes \boldsymbol{BK})\boldsymbol{d}_1\| \leqslant \lambda_\sigma(\boldsymbol{T}^{-1}) \|\boldsymbol{\mu}\| \tag{7.107}$$

式(7.107)中,$\boldsymbol{\mu} = (\boldsymbol{L} \otimes \boldsymbol{BK})\boldsymbol{d}_1$。为了符号简便,令 $\boldsymbol{\mu} = [\mu_1^{\mathrm{T}}, \mu_2^{\mathrm{T}}, \cdots, \mu_N^{\mathrm{T}}]^{\mathrm{T}}$。由式(7.83)和式(7.94)可得

$$\begin{aligned} \boldsymbol{\mu}_i &= -\boldsymbol{BK}\sum_{j=1}^{N} l_{ij} \int_{t-h}^{t} \mathrm{e}^{A(t-\tau)} \boldsymbol{Bu}_j(\tau - h)\mathrm{d}\tau \\ &= \boldsymbol{BB}^{\mathrm{T}}\boldsymbol{P}\sum_{j=1}^{N} l_{ij} \int_{t-h}^{t} \mathrm{e}^{A(t-\tau)} \boldsymbol{BB}^{\mathrm{T}}\boldsymbol{P}\mathrm{e}^{Ah} \sum_{k=1}^{N} a_{jk}[\boldsymbol{x}_k(\tau - h) - \boldsymbol{x}_j(\tau - h)]\mathrm{d}\tau \end{aligned} \tag{7.108}$$

由 $\boldsymbol{\eta} = (\boldsymbol{T}^{-1} \otimes \boldsymbol{I}_n)\boldsymbol{\xi}$ 可得 $\boldsymbol{\xi} = (\boldsymbol{T} \otimes \boldsymbol{I}_n)\boldsymbol{\eta}$,由有向图状态转换可得

$$\boldsymbol{x}_k(t) - \boldsymbol{x}_k(t) = \boldsymbol{\xi}_k(t) - \boldsymbol{\xi}_j(t) = [(T_k - T_j) \otimes \boldsymbol{I}_n]\boldsymbol{\eta}(t) = \sum_{l=1}^{N} (T_{kl} - T_{jl})\boldsymbol{\eta}_l(t) \tag{7.109}$$

式(7.109)中,T_k 为 $\boldsymbol{T}$ 矩阵的第 k 行,定义

$$\boldsymbol{\sigma}_l = \boldsymbol{BB}^{\mathrm{T}}\boldsymbol{P}\int_{t-h}^{t} \mathrm{e}^{A(t-\tau)} \boldsymbol{BB}^{\mathrm{T}}\boldsymbol{P}\mathrm{e}^{Ah} \boldsymbol{\eta}_l(\tau - h)\mathrm{d}\tau \tag{7.110}$$

由式(7.108)和式(7.109)可得

$$\boldsymbol{\mu}_i = \sum_{j=1}^{N} l_{ij} \sum_{k=1}^{N} a_{jk} \sum_{l=1}^{N} (T_{kl} - T_{jl})\boldsymbol{\sigma}_l \tag{7.111}$$

为了符号简便,令 $\boldsymbol{\sigma} = [\boldsymbol{\sigma}_1^{\mathrm{T}}, \boldsymbol{\sigma}_2^{\mathrm{T}}, \cdots, \boldsymbol{\sigma}_N^{\mathrm{T}}]^{\mathrm{T}}$。接下来可得

$$\|\boldsymbol{\mu}_i\| \leqslant \sum_{j=1}^{N} | l_{ij} | \sum_{k=1}^{N} | a_{jk} | \|T_k\| \|\boldsymbol{\sigma}\| + \sum_{j=1}^{N} \sum_{k=1}^{N} | l_{ij} || a_{jk} | \|T_j\| \|\boldsymbol{\sigma}\|$$

$$\begin{aligned}&\leqslant \sum_{j=1}^{N}|l_{ij}||a_j|\ \|\boldsymbol{T}\|_F\|\boldsymbol{\sigma}\|+\sum_{k=1}^{N}\sum_{j=1}^{N}|l_{ij}||a_k|\ \|\boldsymbol{T}\|_F\|\boldsymbol{\sigma}\|\\&\leqslant |l_i|\ \|\boldsymbol{A}\|_F\|\boldsymbol{T}\|_F\|\boldsymbol{\sigma}\|+|l_i|\ \|\boldsymbol{A}\|_F\|\boldsymbol{T}\|_F\|\boldsymbol{\sigma}\|\\&\leqslant 2|l_i|\ \|\boldsymbol{A}\|_F\|\boldsymbol{T}\|_F\|\boldsymbol{\sigma}\|\end{aligned}\tag{7.112}$$

式(7.112)中,l_i 和 a_i 分别代表 $\boldsymbol{L}$ 和 $\boldsymbol{A}$ 矩阵的第 i 行。由此可得

$$\begin{aligned}\|\boldsymbol{\mu}\|^2&=\sum_{i=1}^{N}\|\boldsymbol{\mu}\|^2\leqslant 4\sum_{i=1}^{N}\|l_i\|^2\|\boldsymbol{A}\|_F^2\|\boldsymbol{T}\|_F^2\|\boldsymbol{\sigma}\|^2\\&=4\|\boldsymbol{L}\|_F^2\|\boldsymbol{A}\|_F^2\|\boldsymbol{T}\|_F^2\|\boldsymbol{\sigma}\|^2\end{aligned}\tag{7.113}$$

下面处理 $\|\boldsymbol{\sigma}\|^2$。由引理 7.2 和式(7.94)可得

$$\begin{aligned}\|\boldsymbol{\sigma}_i\|^2&\leqslant h\int_{t-h}^{t}\boldsymbol{\eta}_i^{\mathrm{T}}(\tau-h)\mathrm{e}^{A^{\mathrm{T}}h}\boldsymbol{PBB}^{\mathrm{T}}\boldsymbol{P}\mathrm{e}^{A^{\mathrm{T}}(t-\tau)}\boldsymbol{PBB}^{\mathrm{T}}\times\boldsymbol{BB}^{\mathrm{T}}\boldsymbol{P}\mathrm{e}^{A(t-\tau)}\boldsymbol{BB}^{\mathrm{T}}\boldsymbol{P}\mathrm{e}^{Ah}\boldsymbol{\eta}_i(\tau-h)\mathrm{d}\tau\\&\leqslant h\rho^2\int_{t-h}^{t}\boldsymbol{\eta}_i^{\mathrm{T}}(\tau-h)\mathrm{e}^{A^{\mathrm{T}}h}\boldsymbol{PBB}^{\mathrm{T}}\mathrm{e}^{A^{\mathrm{T}}(t-\tau)}\mathrm{e}^{A(t-\tau)}\boldsymbol{PBB}^{\mathrm{T}}\mathrm{e}^{Ah}\boldsymbol{\eta}_i(\tau-h)\mathrm{d}\tau\end{aligned}\tag{7.114}$$

由引理 7.3 可得

$$\begin{aligned}\|\boldsymbol{\sigma}_i\|^2&\leqslant h\rho^2\int_{t-h}^{t}\boldsymbol{\eta}_i^{\mathrm{T}}(\tau-h)\mathrm{e}^{A^{\mathrm{T}}h}\boldsymbol{PBB}^{\mathrm{T}}\mathrm{e}^{A^{\mathrm{T}}(t-\tau)}\mathrm{e}^{A(t-\tau)}\boldsymbol{PBB}^{\mathrm{T}}\mathrm{e}^{Ah}\boldsymbol{\eta}_i(\tau-h)\mathrm{d}\tau\\&\leqslant h\rho^4\mathrm{e}^{\omega_1h}\int_{t-h}^{t}\boldsymbol{\eta}_i^{\mathrm{T}}(\tau-h)\mathrm{e}^{A^{\mathrm{T}}h}\mathrm{e}^{Ah}\boldsymbol{\eta}_i(\tau-h)\mathrm{d}\tau\\&\leqslant h\rho^4\mathrm{e}^{2\omega_1h}\int_{t-h}^{t}\boldsymbol{\eta}_i^{\mathrm{T}}(\tau-h)\boldsymbol{\eta}_i(\tau-h)\mathrm{d}\tau\end{aligned}\tag{7.115}$$

故 $\|\boldsymbol{\sigma}\|^2$ 的界可定为

$$\|\boldsymbol{\sigma}\|^2=\sum_{i=1}^{N}\|\boldsymbol{\sigma}_i\|^2\leqslant h\rho^4\mathrm{e}^{2\omega_1h}\int_{t-h}^{t}\boldsymbol{\eta}^{\mathrm{T}}(\tau-h)\boldsymbol{\eta}(\tau-h)\mathrm{d}\tau\tag{7.116}$$

由式(7.107)、式(7.113)和式(7.116)可得

$$\|\boldsymbol{\Pi}\|^2\leqslant\gamma_0\int_{t-h}^{t}\boldsymbol{\eta}^{\mathrm{T}}(\tau-h)\boldsymbol{\eta}(\tau-h)\mathrm{d}\tau\tag{7.117}$$

证明完毕。

引理 7.8　对于积分项 $\|\boldsymbol{\Delta}\|^2$,它的界可以定为

$$\|\boldsymbol{\Delta}\|^2\leqslant\gamma_1\int_{t-h}^{t}\boldsymbol{\eta}^{\mathrm{T}}(\tau)\boldsymbol{\eta}(\tau)\mathrm{d}\tau\tag{7.118}$$

式(7.118)中

$$\gamma_1 = 4\rho^2 h e^{\omega_1 h}\gamma^2\lambda_\sigma^2(\boldsymbol{T}^{-1})\lambda_\sigma^2(\boldsymbol{A})\|\boldsymbol{T}\|_F^2 \tag{7.119}$$

式(7.119)中,ρ 和 ω_1 的定义与式(7.106)中定义相同。

证明: 与引理 7.7 的证明相似,可得

$$\|\boldsymbol{\Delta}(x)\| = \|(\boldsymbol{T}^{-1}\otimes\boldsymbol{I}_n)(\boldsymbol{L}\otimes\boldsymbol{BK})\boldsymbol{d}_2\| \leqslant \lambda_\sigma(\boldsymbol{T}^{-1})\|\bar{\boldsymbol{\delta}}\| \tag{7.120}$$

式(7.120)中, $\bar{\boldsymbol{\delta}} = (\boldsymbol{L}\otimes\boldsymbol{BK})\boldsymbol{d}_2$,令 $\bar{\boldsymbol{\delta}} = [\bar{\boldsymbol{\delta}}_1^{\mathrm{T}}, \bar{\boldsymbol{\delta}}_2^{\mathrm{T}}, \cdots, \bar{\boldsymbol{\delta}}_N^{\mathrm{T}}]^{\mathrm{T}}$, 由式(7.89)和式(7.94)可得

$$\bar{\boldsymbol{\delta}}_i = \sum_{j=1}^{N} a_{ij}\boldsymbol{BB}^{\mathrm{T}}\boldsymbol{P}\int_{t-h}^{t}\mathrm{e}^{A(t-\tau)}[\phi(\boldsymbol{x}_i) - \phi(\boldsymbol{x}_j)]\mathrm{d}\tau \tag{7.121}$$

那么其范数平方为

$$\begin{aligned}\|\bar{\boldsymbol{\delta}}_i\|^2 = &\sum_{j=1}^{N} a_{ij}^2\int_{t-h}^{t}[\phi(\boldsymbol{x}_i) - \phi(\boldsymbol{x}_j)]^{\mathrm{T}}\mathrm{e}^{A^{\mathrm{T}}(t-\tau)}\mathrm{d}\tau\\ &\times \boldsymbol{PBB}^{\mathrm{T}}\boldsymbol{BB}^{\mathrm{T}}\boldsymbol{P}\int_{t-h}^{t}\mathrm{e}^{A(t-\tau)}[\phi(\boldsymbol{x}_i) - \phi(\boldsymbol{x}_j)]\mathrm{d}\tau\end{aligned} \tag{7.122}$$

由引理 7.2 和式(7.106)可得

$$\begin{aligned}\|\bar{\boldsymbol{\delta}}_i\|^2 \leqslant\ & h\sum_{j=1}^{N} a_{ij}^2\int_{t-h}^{t}[\phi(\boldsymbol{x}_i) - \phi(\boldsymbol{x}_j)]^{\mathrm{T}}\mathrm{e}^{A^{\mathrm{T}}(t-\tau)}\boldsymbol{PBB}^{\mathrm{T}}\\ &\times \boldsymbol{BB}^{\mathrm{T}}\boldsymbol{P}\mathrm{e}^{A(t-\tau)}[\phi(\boldsymbol{x}_i) - \phi(\boldsymbol{x}_j)]\mathrm{d}\tau\\ \leqslant\ & \rho^2 h\sum_{j=1}^{N} a_{ij}^2\int_{t-h}^{t}[\phi(\boldsymbol{x}_i) - \phi(\boldsymbol{x}_j)]^{\mathrm{T}}\mathrm{e}^{A^{\mathrm{T}}(t-\tau)}\mathrm{e}^{A(t-\tau)}[\phi(\boldsymbol{x}_i) - \phi(\boldsymbol{x}_j)]\mathrm{d}\tau\end{aligned} \tag{7.123}$$

由引理 7.3 可得

$$\begin{aligned}\|\bar{\boldsymbol{\delta}}_i\|^2 \leqslant\ & \rho^2 h\sum_{j=1}^{N} a_{ij}^2\int_{t-h}^{t}\mathrm{e}^{\omega_1(t-h)}\|\phi(\boldsymbol{x}_i) - \phi(\boldsymbol{x}_j)\|^2\mathrm{d}\tau\\ \leqslant\ & \rho^2 h\mathrm{e}^{\omega_1 h}\gamma^2\sum_{j=1}^{N} a_{ij}^2\int_{t-h}^{t}\|\boldsymbol{x}_i(\tau) - \boldsymbol{x}_j(\tau)\|^2\mathrm{d}\tau\end{aligned} \tag{7.124}$$

由有向图状态转换可得

$$\boldsymbol{x}_i(t) - \boldsymbol{x}_j(t) = \boldsymbol{\xi}_i(t) - \boldsymbol{\xi}_j(t) = [(\boldsymbol{t}_i - \boldsymbol{t}_j)\otimes\boldsymbol{I}_n]\boldsymbol{\eta}(t) = \sum_{l=1}^{N}(t_{il} - t_{jl})\boldsymbol{\eta}_l(t) \tag{7.125}$$

定义 $\bar{\boldsymbol{\sigma}}_l = \int_{t-h}^{t}\boldsymbol{\eta}_l(\tau)\mathrm{d}\tau$,其中,$l = 1, 2, \cdots, N$, 可得

$$\|\bar{\boldsymbol{\delta}}_i\|^2 \leqslant \rho^2 h\mathrm{e}^{\omega_1 h}\gamma^2\sum_{j=1}^{N} a_{ij}^2\sum_{l=1}^{N}|t_{il} - t_{jl}|^2\|\bar{\boldsymbol{\sigma}}_l\|^2$$

$$\leqslant 2\rho^2 h e^{\omega_1 h}\gamma^2\sum_{j=1}^{N}a_{ij}^2\sum_{l=1}^{N}(|t_{il}|^2+|t_{jl}|^2)\|\bar{\boldsymbol{\sigma}}_l\|^2$$
$$\leqslant 2\rho^2 h e^{\omega_1 h}\gamma^2\sum_{j=1}^{N}a_{ij}^2(\|\boldsymbol{t}_i\|^2+\|\boldsymbol{t}_j\|^2)\|\bar{\boldsymbol{\sigma}}_l\|^2 \tag{7.126}$$

式(7.126)中，$\bar{\boldsymbol{\sigma}}=[\bar{\boldsymbol{\sigma}}_1^{\mathrm{T}},\bar{\boldsymbol{\sigma}}_2^{\mathrm{T}},\cdots,\bar{\boldsymbol{\sigma}}_N^{\mathrm{T}}]^{\mathrm{T}}$，所以

$$\begin{aligned}\|\bar{\boldsymbol{\delta}}\|^2&=\sum_{i=1}^{N}\|\bar{\boldsymbol{\delta}}_i\|^2\leqslant 2\rho^2 h e^{\omega_1 h}\gamma^2\|\bar{\boldsymbol{\sigma}}\|^2\sum_{i=1}^{N}\sum_{j=1}^{N}a_{ij}^2(\|\boldsymbol{t}_i\|^2+\|\boldsymbol{t}_j\|^2)\\&\leqslant 2\rho^2 h e^{\omega_1 h}\gamma^2\lambda_\sigma^2(\boldsymbol{A})\|\boldsymbol{T}\|_F^2\|\bar{\boldsymbol{\sigma}}\|^2+2\rho^2 h e^{\omega_1 h}\gamma^2\lambda_\sigma^2(\boldsymbol{A})\|\boldsymbol{T}\|_F^2\|\bar{\boldsymbol{\sigma}}\|^2\\&=4\rho^2 h e^{\omega_1 h}\gamma^2\lambda_\sigma^2(\boldsymbol{A})\|\boldsymbol{T}\|_F^2\|\bar{\boldsymbol{\sigma}}\|^2\end{aligned} \tag{7.127}$$

将式(7.120)和式(7.127)合并，那么引理中$\|\boldsymbol{\Delta}\|^2$的界可得。

引理 7.9　对于非线性项$\|\boldsymbol{\Psi}\|^2$，它的界可以定为

$$\|\boldsymbol{\Psi}\|^2\leqslant\gamma_2\|\boldsymbol{\eta}\|^2 \tag{7.128}$$

式(7.128)中

$$\gamma_2=4N\gamma^2\|\boldsymbol{r}\|^2\lambda_\sigma^2(\boldsymbol{T}^{-1})\|\boldsymbol{T}\|_F^2 \tag{7.129}$$

证明：由式(7.97)中$\|\boldsymbol{\Psi}\|^2$的定义可得

$$\|\boldsymbol{\Psi}\|=\|(\boldsymbol{T}^{-1}\otimes\boldsymbol{I}_n)(\boldsymbol{M}\otimes\boldsymbol{I}_n)\boldsymbol{\Phi}(\boldsymbol{x})\|\leqslant\lambda_\sigma(\boldsymbol{T}^{-1})\|\bar{z}\| \tag{7.130}$$

式(7.130)中，$\bar{z}=(\boldsymbol{M}\otimes\boldsymbol{I}_n)\boldsymbol{\Phi}(\boldsymbol{x})$，为了符号简便，令$\bar{z}=[\bar{z}_1^{\mathrm{T}},\bar{z}_2^{\mathrm{T}},\cdots,\bar{z}_N^{\mathrm{T}}]^{\mathrm{T}}$，可得

$$\bar{z}_i=\phi(\boldsymbol{x}_i)-\sum_{k=1}^{N}r_k\phi(\boldsymbol{x}_k)=\sum_{k=1}^{N}r_k[\phi(\boldsymbol{x}_i)-\phi(\boldsymbol{x}_k)] \tag{7.131}$$

那么，

$$\|\bar{z}_i\|\leqslant\sum_{k=1}^{N}|\boldsymbol{r}_k|\;\|\phi(\boldsymbol{x}_i)-\phi(\boldsymbol{x}_k)\|\leqslant\gamma\sum_{k=1}^{N}|\boldsymbol{r}_k|\;\|\boldsymbol{x}_i-\boldsymbol{x}_k\| \tag{7.132}$$

结合式(7.109)，可得

$$\begin{aligned}\|\bar{z}_i\|&\leqslant\gamma\sum_{k=1}^{N}|\boldsymbol{r}_k|(\|\boldsymbol{T}_i\|+\|\boldsymbol{T}_k\|)\|\boldsymbol{\eta}\|\\&\leqslant\gamma\|\boldsymbol{\eta}\|\left(\sum_{k=1}^{N}|\boldsymbol{r}_k|\;\|\boldsymbol{T}_i\|+|\boldsymbol{r}|\;\|\boldsymbol{T}\|_F\right)\end{aligned} \tag{7.133}$$

所以

$$\begin{aligned}\|\bar{z}\|^2&=\sum_{i=1}^{N}\|\bar{z}_i\|^2\leqslant 2\gamma\|\boldsymbol{\eta}\|^2\sum_{i=1}^{N}\left(\|\boldsymbol{T}_i\|^2\left(\sum_{k=1}^{N}|\boldsymbol{r}_k|\right)^2+\|\boldsymbol{r}\|^2\|\boldsymbol{T}\|_F^2\right)\\&\leqslant 2\gamma^2\|\boldsymbol{\eta}\|^2\sum_{i=1}^{N}\left(\|\boldsymbol{T}_i\|^2N\|\boldsymbol{r}\|^2+\|\boldsymbol{r}\|^2\|\boldsymbol{T}\|_F^2\right)\\&=4N\gamma^2\|\boldsymbol{r}\|^2\|\boldsymbol{T}\|_F^2\|\boldsymbol{\eta}\|^2\end{aligned} \tag{7.134}$$

以及

$$\|\boldsymbol{\Psi}\|^2 \leqslant \gamma_2 \|\boldsymbol{\eta}\|^2 \tag{7.135}$$

证明完毕。

由式(7.104)、式(7.118)和式(7.128),可得

$$\begin{aligned}\dot{V}_0 \leqslant & \boldsymbol{\eta}^{\mathrm{T}}\left[\boldsymbol{I}_N \otimes \left(\boldsymbol{A}^{\mathrm{T}}\boldsymbol{P} + \boldsymbol{P}\boldsymbol{A} - 2\hat{\alpha}\boldsymbol{P}\boldsymbol{B}\boldsymbol{B}^{\mathrm{T}}\boldsymbol{P} + \sum_{\iota=1}^{3}\kappa_\iota \boldsymbol{P}\boldsymbol{P} + \frac{\gamma_2}{\gamma_3}\boldsymbol{I}_n\right)\right]\boldsymbol{\eta} \\ & + \frac{\gamma_0}{\kappa_1}\int_{t-h}^{t}\boldsymbol{\eta}^{\mathrm{T}}(\tau-h)\boldsymbol{\eta}(\tau-h)\mathrm{d}\tau + \frac{\gamma_1}{\kappa_2}\int_{t-h}^{t}\boldsymbol{\eta}^{\mathrm{T}}(\tau)\boldsymbol{\eta}(\tau)\mathrm{d}\tau\end{aligned} \tag{7.136}$$

式(7.136)中,对于情况一,$\hat{\alpha} = \alpha$,对于情况二,$\hat{\alpha} = \alpha - 1$。

对于第一个积分项,设计克拉索夫斯基函数如下

$$W_3 = \mathrm{e}^h\int_{t-h}^{t}\mathrm{e}^{\tau-t}\boldsymbol{\eta}^{\mathrm{T}}(\tau-h)\boldsymbol{\eta}(\tau-h)\mathrm{d}\tau + \mathrm{e}^h\int_{t-h}^{t}\boldsymbol{\eta}^{\mathrm{T}}(\tau)\boldsymbol{\eta}(\tau)\mathrm{d}\tau \tag{7.137}$$

对时间求导可得

$$\begin{aligned}\dot{W}_3 &= -\mathrm{e}^h\int_{t-h}^{t}\mathrm{e}^{\tau-t}\boldsymbol{\eta}^{\mathrm{T}}(\tau-h)\boldsymbol{\eta}(\tau-h)\mathrm{d}\tau - \boldsymbol{\eta}^{\mathrm{T}}(t-2h)\boldsymbol{\eta}(t-2h) + \mathrm{e}^h\boldsymbol{\eta}^{\mathrm{T}}(t)\boldsymbol{\eta}(t) \\ &\leqslant -\int_{t-h}^{t}\boldsymbol{\eta}^{\mathrm{T}}(\tau-h)\boldsymbol{\eta}(\tau-h)\mathrm{d}\tau + \mathrm{e}^h\boldsymbol{\eta}^{\mathrm{T}}(t)\boldsymbol{\eta}(t)\end{aligned} \tag{7.138}$$

对于第二个积分项,设计克拉索夫斯基函数如下

$$W_4 = \mathrm{e}^h\int_{t-h}^{t}\mathrm{e}^{\tau-t}\boldsymbol{\eta}^{\mathrm{T}}(\tau)\boldsymbol{\eta}(\tau)\mathrm{d}\tau \tag{7.139}$$

对时间求导可得

$$\begin{aligned}\dot{W}_4 &= -\mathrm{e}^h\int_{t-h}^{t}\mathrm{e}^{\tau-t}\boldsymbol{\eta}^{\mathrm{T}}(\tau)\boldsymbol{\eta}(\tau)\mathrm{d}\tau + \mathrm{e}^h\boldsymbol{\eta}^{\mathrm{T}}(t)\boldsymbol{\eta}(t) - \boldsymbol{\eta}^{\mathrm{T}}(t-h)\boldsymbol{\eta}(t-h) \\ &\leqslant -\int_{t-h}^{t}\boldsymbol{\eta}^{\mathrm{T}}(\tau)\boldsymbol{\eta}(\tau)\mathrm{d}\tau + \mathrm{e}^h\boldsymbol{\eta}^{\mathrm{T}}(t)\boldsymbol{\eta}(t)\end{aligned} \tag{7.140}$$

令

$$V = V_0 + \frac{\gamma_0}{\kappa_1}W_3 + \frac{\gamma_1}{\kappa_2}W_4 \tag{7.141}$$

由式(7.136)、式(7.138)和式(7.140)可得

$$\dot{V} \leqslant \boldsymbol{\eta}^{\mathrm{T}}(t)(\boldsymbol{I}_N \otimes \boldsymbol{H}_3)\boldsymbol{\eta}(t) \tag{7.142}$$

式(7.142)中,对于情况1

$$\boldsymbol{H}_3 = \boldsymbol{A}^{\mathrm{T}}\boldsymbol{P} + \boldsymbol{P}\boldsymbol{A} - 2\alpha\boldsymbol{P}\boldsymbol{B}\boldsymbol{B}^{\mathrm{T}}\boldsymbol{P} + \sum_{\iota=1}^{3}\kappa_\iota\boldsymbol{P}\boldsymbol{P} + \left(\frac{\gamma_0}{\kappa_1}\mathrm{e}^h + \frac{\gamma_1}{\kappa_2}\mathrm{e}^h + \frac{\gamma_2}{\kappa_3}\right)\boldsymbol{I}_n \tag{7.143}$$

对于情况 2

$$H_3 = A^{\mathrm{T}}P + PA - 2(\alpha - 1)PBB^{\mathrm{T}}P + \sum_{\iota=1}^{3}\kappa_\iota PP + \left(\frac{\gamma_0}{\kappa_1}\mathrm{e}^h + \frac{\gamma_1}{\kappa_2}\mathrm{e}^h + \frac{\gamma_2}{\kappa_3}\right)I_n \tag{7.144}$$

基于以上分析，利用控制器式(7.83)，下面的定理 7.2 为一致性问题的实现提供了充分的条件。

定理 7.2　对于带有延时的利普希茨非线性多智能体系统式(7.1)，控制器增益为 $K = -B^{\mathrm{T}}P$，P 为正定矩阵，$\omega_1 \geqslant 0$，κ_1、κ_2、$\kappa_3 > 0$。

(1) 如果拉普拉斯矩阵 L 的特征值各不相同，一致性可通过以下条件满足

$$\begin{aligned}&\left(A - \frac{1}{2}\omega_1 I_n\right)^{\mathrm{T}} + \left(A - \frac{1}{2}\omega_1 I_n\right) < 0\\ &\rho W \geqslant BB^{\mathrm{T}}\\ &\begin{bmatrix} WA^{\mathrm{T}} + AW - 2\alpha BB^{\mathrm{T}} + (\kappa_1 + \kappa_2 + \kappa_3)I_n & W \\ W & -\dfrac{I_n}{\Gamma}\end{bmatrix} < 0\end{aligned} \tag{7.145}$$

式(7.145)中，$W = P^{-1}$，$\Gamma = \frac{\gamma_0}{\kappa_1}\mathrm{e}^h + \frac{\gamma_1}{\kappa_2}\mathrm{e}^h + \frac{\gamma_2}{\kappa_3}$。

(2) 如果拉普拉斯矩阵 L 的特征值有重根，一致性除了要满足上述的前两个式子外，还要满足以下条件。

$$\begin{bmatrix} WA^{\mathrm{T}} + AW - 2(\alpha - 1)BB^{\mathrm{T}} + (\kappa_1 + \kappa_2 + \kappa_3)I_n & W \\ W & \dfrac{-I_n}{\Gamma}\end{bmatrix} < 0 \tag{7.146}$$

证明：当特征值各不相同时，从这一节的分析可得，反馈控制器式(7.83)在式(7.143)满足 $H_3 < 0$ 的情况下稳定 $\boldsymbol{\eta}$，$H_3 < 0$ 和下式等价：

$$P^{-1}A^{\mathrm{T}} + AP^{-1} - 2\alpha BB^{\mathrm{T}} + \sum_{\iota=1}^{3}\kappa_\iota + \left(\frac{\gamma_0}{\kappa_1}\mathrm{e}^h + \frac{\gamma_1}{\kappa_2}\mathrm{e}^h + \frac{\gamma_2}{\kappa_3}\right)P^{-1}P^{-1} < 0 \tag{7.147}$$

可以看出式(7.147)和式(7.145)是等价的。所以 $\boldsymbol{\eta}$ 能收敛到零。

当特征值有重根时，与上述情况同样，也可得到 $\boldsymbol{\eta}$ 能收敛到零。证明完毕。

7.3　仿真分析

本小节，通过两个例子说明有时延的系统一致性控制的实现过程。首先考虑由 4 个带有很小的非线性项的飞行器组成的系统(如飞行器位置和速度组成的系统)，每个飞行器的动力学模型均可以描述为

$$\dot{\boldsymbol{x}}_i(t)=\begin{bmatrix}-0.09 & 1\\ -1 & -0.09\end{bmatrix}\boldsymbol{x}_i(t)+\begin{bmatrix}0\\1\end{bmatrix}\boldsymbol{u}(t-h)+0.03\begin{bmatrix}\sin(\boldsymbol{x}_i)\\0\end{bmatrix} \tag{7.148}$$

系统初值设定为 $\boldsymbol{x}_1=[3\quad 4]^{\mathrm{T}}$, $\boldsymbol{x}_2=[5\quad 8]^{\mathrm{T}}$, $\boldsymbol{x}_3=[6\quad 7]^{\mathrm{T}}$, $\boldsymbol{x}_4=[7\quad 9]^{\mathrm{T}}$。

拉普拉斯矩阵 $\boldsymbol{L}$ 为

$$\boldsymbol{L}=\begin{bmatrix}1 & 0 & 0 & -1\\ -1 & 1 & 0 & 0\\ 0 & 0 & 1 & -1\\ 0 & -1 & 0 & 1\end{bmatrix} \tag{7.149}$$

根据拉普拉斯矩阵 $\boldsymbol{L}$,可以推出 $\alpha=1$。

1. 预测反馈控制方法

控制器设计为 $\boldsymbol{u}_i=-\boldsymbol{K}\sum_{j=1}^{N}l_{ij}z_j$,其中 $\boldsymbol{K}=\boldsymbol{D}^{\mathrm{T}}\boldsymbol{P}$。

若时间延迟为 $h=0.1$ s, 可得

$$\boldsymbol{D}=\begin{bmatrix}-0.1007\\ 1.0040\end{bmatrix} \tag{7.150}$$

所以当 $\kappa=0.01$ 时,可以根据线性矩不等式(7.78)得到一个满足稳定条件的正定矩阵 $\boldsymbol{P}$:

$$\boldsymbol{P}=\begin{bmatrix}0.5866 & 0.1032\\ 0.1032 & 0.6504\end{bmatrix} \tag{7.151}$$

相应的控制增益为

$$\boldsymbol{K}=[0.0445\quad 0.6426] \tag{7.152}$$

若时间延迟设为 $h=1$ s, 可得

$$\boldsymbol{D}=\begin{bmatrix}-0.9207\\ 0.5912\end{bmatrix} \tag{7.153}$$

所以当 $\kappa=1$ 时,可以根据线性矩不等式(7.78)得到一个满足稳定条件的正定矩阵 $\boldsymbol{P}$:

$$\boldsymbol{P}=\begin{bmatrix}0.2000 & -0.0100\\ -0.0100 & 0.3435\end{bmatrix} \tag{7.154}$$

相应的控制增益为

$$\boldsymbol{K}=[-0.1900\quad 0.2122] \tag{7.155}$$

最终,得到以下仿真结果:

仿真图 7.1~图 7.4 结果表明了在不同时间延迟情况下,预测反馈控制方法都可以实现对系统的一致性控制,延时的长短对系统的表现没有太大影响。但是从图中可以看出,由于系统具有较强的非线性,所以需要更长的时间来实现一致性。

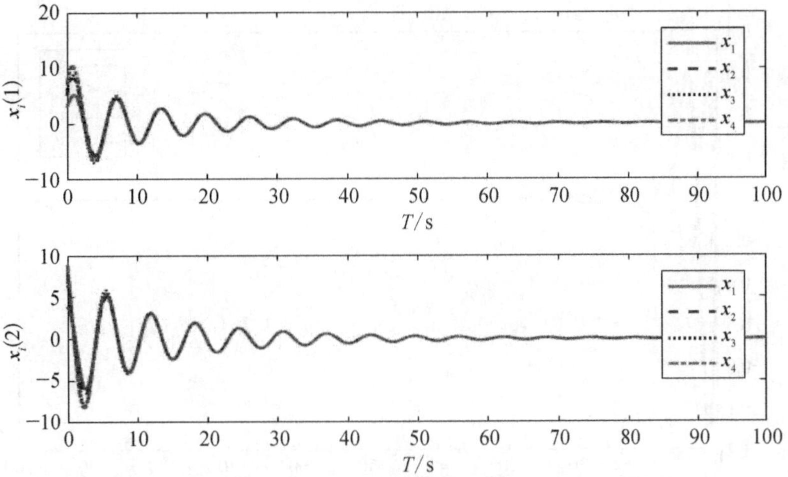

图 7.1　h = 0.1 s 时各个节点的状态 $x_i(1)$ 和 $x_i(2)$

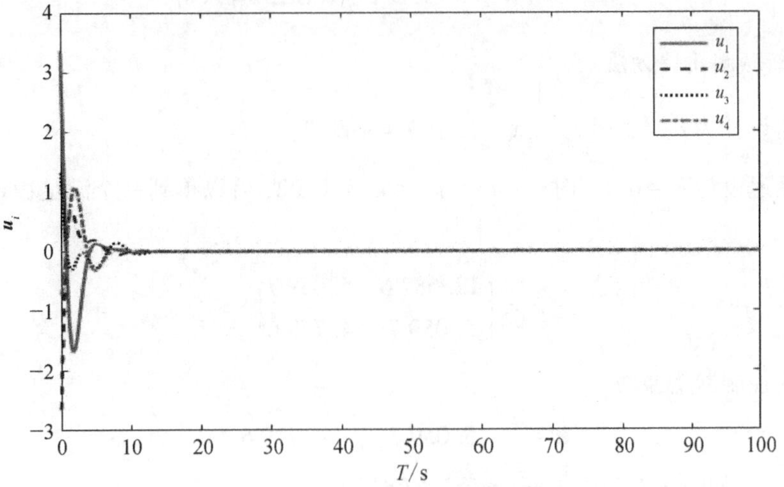

图 7.2　h = 0.1 s 时各个节点的控制输入 u_i

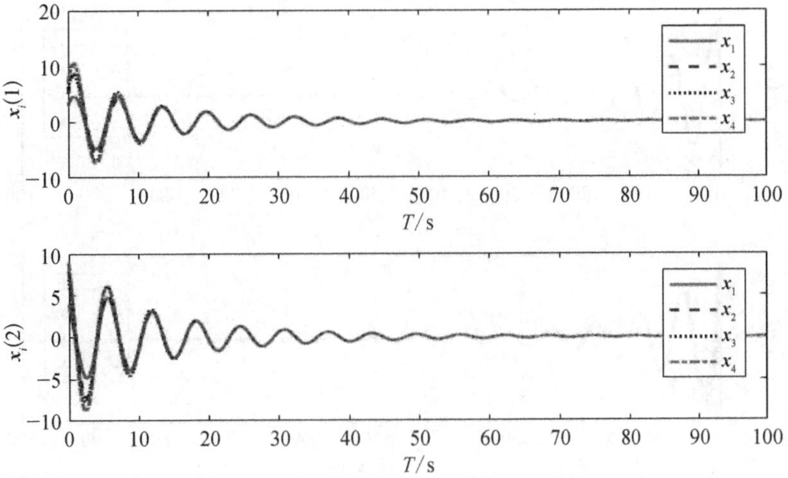

图 7.3　h = 1 s 时各个节点的状态 $x_i(1)$ 和 $x_i(2)$

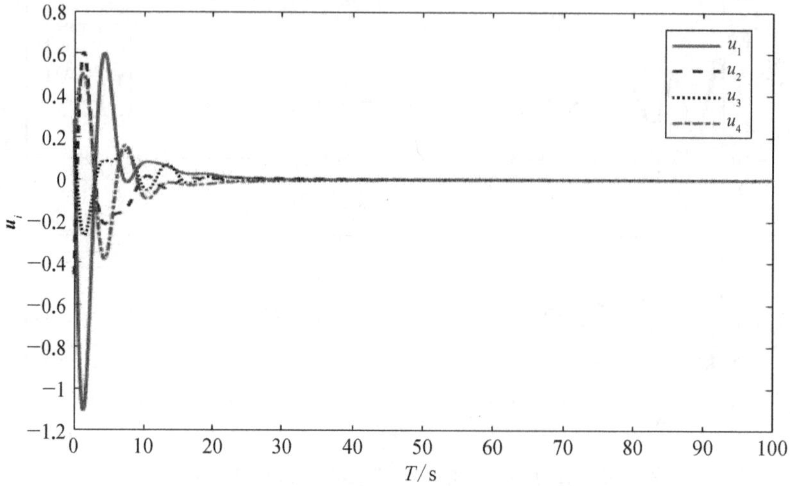

图 7.4　h = 1 s 时各个节点的控制输入 u_i

2. 截断预测反馈方法

控制器设计为 $\boldsymbol{u}_i = \boldsymbol{K}\mathrm{e}^{Ah}\sum_{j=1}^{N} l_{ij}\boldsymbol{x}_j$，其中 $\boldsymbol{K} = -\boldsymbol{B}^T\boldsymbol{P}$。

时间延迟设为 $h = 0.1$ s 时，取 $\kappa_1 = \kappa_2 = \kappa_3 = 0.02$，可以得到一个满足稳定条件的正定矩阵 $\boldsymbol{P}$：

$$\boldsymbol{P} = \begin{bmatrix} 12.687\,6 & 5.059\,7 \\ 5.059\,7 & 4.779\,6 \end{bmatrix}$$

相应的控制器增益为

$$\boldsymbol{K} = [-5.059\,7 \quad -4.779\,6]$$

最终，得到如图 7.5 和图 7.6 所示仿真结果。

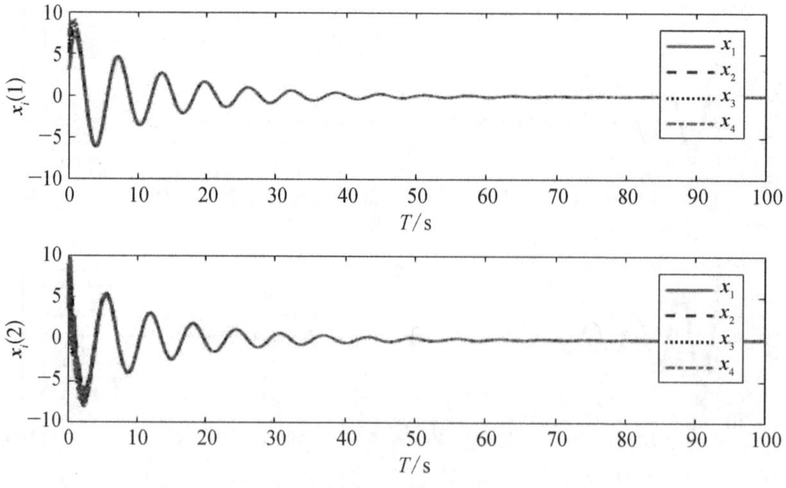

图 7.5　h = 0.1 s 时各个节点的状态 $x_i(1)$ 和 $x_i(2)$

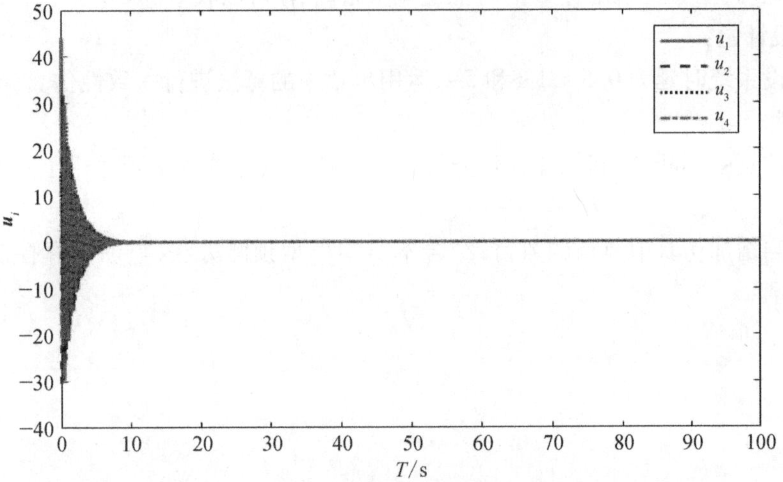

图 7.6 $\boldsymbol{h = 0.1}$ s 时各个节点的控制输入 $\boldsymbol{u}_i$

如图 7.5 和图 7.6 所示，当时间延迟增加时，系统状态不会达到收敛，说明截断预测反馈方法能够处理的延时比预测反馈控制方法短。在其他智能体的输入信息不可得时，延时的处理能力也会下降。

7.4 小 结

本章主要介绍了带有时延和利普希茨非线性项的多飞行器系统的一致性算法，给出了预测反馈控制算法和截断预测反馈算法这两种延时的处理方法，并比较了这两种方法的区别。通过引理分析给出了非线性项和积分项的界，并用于后续的证明中。给出了一致性控制器的整个设计步骤以及能够实现一致性的前提条件，并通过严格的理论证明了系统的稳定性。最后给出了仿真分析，验证了在不同时延情况下算法的有效性。

7.5 课后练习

思考题：

1. 对式 $z_i(t) = \boldsymbol{x}_i(t) + \int_t^{t+h} \mathrm{e}^{A(t-\tau)} B\boldsymbol{u}_i(\tau - h)\, d\tau$ 求导，理解预测反馈控制算法的转换过程。

2. 求解 $\boldsymbol{\Psi}$ 的界过程中多次用到了不等式，理解这些不等式的作用及其对结果的影响。

3. 理解稳定性分析中用到的引理的证明过程，如何运用引理 7.2 和引理 7.3 进行后续引理的推导？

4. 理解截断预测反馈算法的核心思想，并解释如何将控制问题转换为系统稳定性问题。

5. 截断预测反馈算法和预测反馈控制算法的区别是什么？

6. 试证明，拉普拉斯矩阵 $\boldsymbol{L}$ 的特征值有重根时，$\boldsymbol{\eta}$ 可以收敛到零。

程序设计题：

7. 假设系统时延为0.5 s、1 s和5 s，运用本章中的算法进行一致性仿真，分析系统抗时延一致性。

8. 在仿真中不断增加时延的值，分析本章时延一致性算法是否适用于具有任意延迟的系统。

9. 适当增加仿真中节点的数目，结合本章中模型预测方法，重新计算控制增益并进行仿真分析。

第八章
抗干扰一致性算法

在多智能体一致性控制系统中，设计控制器时，除了要考虑延时因素之外，干扰也是需要考虑的因素之一。由于环境干扰、测量噪声、摩擦以及机械和电气系统的负载变化的影响，几乎所有实际系统中都存在干扰。此外，随着现代工程系统的快速发展，高精度控制已成为当务之急，这使扰动处理在工业应用和学术研究中变得更加重要。抗干扰控制是设计合适的控制器以消除干扰引起的影响[119-120]。基于观测器的干扰抑制方法与其他方法的区别是只需要用到相关状态信息，而无须实际的状态和输出信息，所以只有影响系统常规轨迹的干扰才会被抑制[121]。

本章的结构主要如下：8.1 节给出了问题描述和一些引理；8.2 节介绍基于观测器的干扰补偿控制算法；8.3 节为仿真分析；8.4 节为本章内容的小结；8.5 节为课后练习题。

学习要点

- 掌握：① 状态观测器设计；② 扰动观测器设计；③ 干扰补偿控制器设计。
- 熟悉：① 有向图下系统一致性的实现；② 分布式系统一致性的实现；③ 领从(即 Leader-follower)模式下系统一致性的实现。
- 了解：① 三种拓扑关系对控制器、观测器设计的影响；② 线性矩阵不等式的求解。

8.1 问题描述

本章主要介绍基于干扰观测器的一致控制方法。首先，假设一个具有 N 个线性子系统的集，飞行器动力学为

$$\dot{\boldsymbol{x}}_i = \boldsymbol{A}\boldsymbol{x}_i + \boldsymbol{B}\boldsymbol{u}_i + \boldsymbol{D}\boldsymbol{\omega}_i,\ i = 1,\ \cdots,\ N \tag{8.1}$$

式(8.1)中，$\boldsymbol{A} \in \boldsymbol{R}^{n\times n}$、$\boldsymbol{B} \in \boldsymbol{R}^{n\times m}$ 和 $\boldsymbol{D} \in \boldsymbol{R}^{n\times s}$ 都是常值矩阵；$\boldsymbol{x}_i \in \boldsymbol{R}^n$ 是状态变量，N 是一个代表飞行器序列的正整数；$\boldsymbol{u}_i \in \boldsymbol{R}^m$ 是控制输入；$\boldsymbol{\omega}_i \in \boldsymbol{R}^s$ 是一个由外部系统导致的干

扰，如：

$$\dot{\boldsymbol{\omega}}_i = \boldsymbol{S}\boldsymbol{\omega}_i \tag{8.2}$$

式(8.2)中，$\boldsymbol{S} \in \boldsymbol{R}^{m\times s}$ 是一个已知的常值矩阵。

协同一致的干扰抑制问题是利用网络采集的相对状态信息设计控制器，以确保当子系统受到不同干扰影响时，所有子系统的状态收敛到一个共同的轨迹。控制器基于一致扰动观测器，该观测器估计子系统中引起与共同轨迹不同的扰动的部分。

对每个飞行器系统系统动力学和系统间的通信拓扑做如下假设：

假设 8.1 干扰是可匹配的，也就是存在一个矩阵 $\boldsymbol{F} \in \boldsymbol{R}^{m\times s}$，使得 $\boldsymbol{D} = \boldsymbol{BF}$。

假设 8.2 外系统矩阵 $\boldsymbol{S}$ 的特征值是互不相同的，并且在虚轴上，$(\boldsymbol{S}, \boldsymbol{D})$ 是可观测的。

假设 8.3 通信拓扑图的拉普拉斯矩阵只有一个 0 特征根。

由假设 8.3，可知拉普拉斯矩阵 $\boldsymbol{L}$ 在 0 处只有一个特征值，其他特征值都有正实部。在这种情况下，所有特征根的最小正实部也被称为网络的连通性，用 α 表示。

注 8.1 在某些情况下，假设 8.1 的匹配扰动可以被放宽，因为不确定条件下的不匹配扰动可以根据输出调节理论转化为匹配扰动。对 $\boldsymbol{S}$ 特征值的假设通常用于干扰抑制和输出调节。它允许干扰是正弦函数和常数形式的扰动。其他函数可以用傅里叶展开函数来近似。在协同一致和协同控制中，通常采用共同的外置系统动力学，以反映每个飞行器系统的共同动力学和环境。从工程的角度来看，如果外系统动力学反映了每个飞行器系统的某些未建模的动力学，那么很自然地假设它们在一致控制中是通用的，就像人们期望每个飞行器系统动力学是通用的一样。对 $(\boldsymbol{S}, \boldsymbol{D})$ 可观测性的假设是合理的，因为任何不可观测的成分都不会对系统状态产生影响。

注 8.2 如果连接图含有有向生成树，则满足假设 8.3 中指定的条件。

下面介绍本章的预备知识。

当已知干扰为 $\boldsymbol{\omega}$ 时，通过在控制输入 $\boldsymbol{u}_i$ 中添加 $-\boldsymbol{F}\boldsymbol{\omega}_i$，可以很直接地抑制干扰。关键问题是如何使用相对状态信息估计 $\boldsymbol{\omega}_i$。至少期望可以从系统状态测量 $\boldsymbol{x}_i$ 中观察到干扰状态 $\boldsymbol{\omega}_i$。对此有下面的引理。

引理 8.1 如果$(\boldsymbol{S}, \boldsymbol{D})$是可观测的，那么$(\boldsymbol{A}_H, \boldsymbol{H})$也是可观测的，$\boldsymbol{A}_H = \begin{bmatrix} \boldsymbol{A} & \boldsymbol{D} \\ \boldsymbol{0} & \boldsymbol{S} \end{bmatrix}$，$\boldsymbol{H} = [\boldsymbol{I} \quad \boldsymbol{0}]$。

证明： 通过反证法来证明引理 8.1。假设$(\boldsymbol{A}_H, \boldsymbol{H})$是不可观的，对于 $\boldsymbol{A}_H$ 的任意特征值 λ_j，矩阵 $\begin{bmatrix} \lambda_j\boldsymbol{I} - \boldsymbol{A} & -\boldsymbol{D} \\ \boldsymbol{0} & \lambda_j\boldsymbol{I} - \boldsymbol{S} \\ \boldsymbol{I} & \boldsymbol{0} \end{bmatrix}$ 是非满秩的，也就是存在一个非零向量 $\boldsymbol{v} = [\boldsymbol{v}_1^{\mathrm{T}} \quad \boldsymbol{v}_2^{\mathrm{T}}]^{\mathrm{T}} \in \boldsymbol{R}^{(n+s)}$ 使得 $\begin{bmatrix} \lambda_j\boldsymbol{I} - \boldsymbol{A} & -\boldsymbol{D} \\ \boldsymbol{0} & \lambda_j\boldsymbol{I} - \boldsymbol{S} \\ \boldsymbol{I} & \boldsymbol{0} \end{bmatrix}\begin{bmatrix} \boldsymbol{v}_1 \\ \boldsymbol{v}_2 \end{bmatrix} = \boldsymbol{0}$，这意味着

$$\boldsymbol{v}_1=\boldsymbol{0},\ \begin{bmatrix}-\boldsymbol{D}\\ \lambda_j\boldsymbol{I}-\boldsymbol{S}\end{bmatrix}\boldsymbol{v}_2=\boldsymbol{0} \tag{8.3}$$

因为$\boldsymbol{v}_0=\boldsymbol{0}$，所以$\boldsymbol{v}_2\neq\boldsymbol{0}$，结合式(8.3)这表明$(\boldsymbol{S},\ \boldsymbol{D})$是不可观的。结果与假设8.2矛盾，所以$(\boldsymbol{A}_H,\ \boldsymbol{H})$必须是可观的。

因为$(\boldsymbol{A}_H,\ \boldsymbol{H})$可观，所以存在正定矩阵$\boldsymbol{Q}$满足

$$\boldsymbol{Q}\boldsymbol{A}_H+\boldsymbol{A}_H^{\mathrm{T}}\boldsymbol{Q}-2\boldsymbol{H}^{\mathrm{T}}\boldsymbol{H}<0 \tag{8.4}$$

下面给出一个关于无向图中拉普拉斯矩阵的引理。

引理8.2　如果拉普拉斯矩阵$\boldsymbol{L}$满足假设8.3，并且是对称的，如下的结论成立：

$$\sum_{i=1}^{N}\sum_{j=1}^{N}l_{ij}\boldsymbol{x}_i^{\mathrm{T}}\boldsymbol{x}_j\geqslant\alpha\sum_{i=1}^{N}\boldsymbol{x}_i^{\mathrm{T}}\boldsymbol{x}_i \tag{8.5}$$

对于任意的$\boldsymbol{x}_i\in\boldsymbol{R}^n$，$i=1,\ \cdots,\ N$满足$\sum_{i=1}^{N}\boldsymbol{x}_i=\boldsymbol{0}$。

证明：令$\boldsymbol{x}=[\boldsymbol{x}_1^{\mathrm{T}},\ \boldsymbol{x}_2^{\mathrm{T}},\ \cdots,\ \boldsymbol{x}_N^{\mathrm{T}}]^{\mathrm{T}}$，可以有

$$\boldsymbol{\Delta}\triangleq\sum_{i=1}^{N}\sum_{j=1}^{N}l_{ij}\boldsymbol{x}_i^{\mathrm{T}}\boldsymbol{x}_j=\boldsymbol{x}^{\mathrm{T}}(\boldsymbol{L}\otimes\boldsymbol{I}_n)\boldsymbol{x} \tag{8.6}$$

因为$\boldsymbol{L}$是对称的，可以有$\boldsymbol{L}=\boldsymbol{U}^{\mathrm{T}}\boldsymbol{D}\boldsymbol{U}$，$\boldsymbol{U}$为酉矩阵，$\boldsymbol{D}$为对角矩阵。因为$\boldsymbol{L}$只有一个0特征根，而连通度为$\alpha$，可以设$\boldsymbol{D}=\mathrm{diag}(d_1,\ d_2,\ \cdots,\ d_N)$，其中$d_1=0$，当$i\geqslant 2$时，$d_i\geqslant\alpha$。因此，对于$\boldsymbol{U}$的第一行$U_{(1)}=[1,\ \cdots,\ 1]/\sqrt{N}$。明显地，$U_{(1)}\otimes\boldsymbol{I}_n\boldsymbol{x}=\boldsymbol{0}$，这样可以得到$U_{(1)}\otimes\boldsymbol{I}_n\boldsymbol{x}=\begin{bmatrix}\boldsymbol{0}\\ \boldsymbol{v}\end{bmatrix}$，其中$\boldsymbol{v}\in\boldsymbol{R}^{n(N-1)}$。可以推出：

$$\begin{aligned}\boldsymbol{\Delta}&=\boldsymbol{x}^{\mathrm{T}}(\boldsymbol{U}\otimes\boldsymbol{I}_n)(\boldsymbol{D}\otimes\boldsymbol{I}_n)(\boldsymbol{U}\otimes\boldsymbol{I}_n)\boldsymbol{x}\\&=[\boldsymbol{0},\ \boldsymbol{y}^{\mathrm{T}}](\boldsymbol{D}\otimes\boldsymbol{I}_n)[\boldsymbol{0},\ \boldsymbol{y}^{\mathrm{T}}]^{\mathrm{T}}\\&\geqslant\alpha\|\boldsymbol{y}\|^2=\alpha\|\boldsymbol{x}\|^2\end{aligned} \tag{8.7}$$

最后一个等式建立在$\boldsymbol{U}$为酉矩阵的基础上。证明完毕。

对于下面的引理，注意m矩阵是一个方形矩阵，它的非对角元素是负的，所有顺序主余子式都是正的。

引理8.3　如果假设8.3中提到的生成树根节点为1，则拉普拉斯矩阵可以分解成$\boldsymbol{L}=\begin{bmatrix}\boldsymbol{0} & \boldsymbol{0}_{1\times(N-1)}\\ L_{0c} & \bar{\boldsymbol{L}}\end{bmatrix}$，其中$\bar{\boldsymbol{L}}\in\boldsymbol{R}^{(N-1)\times(N-1)}$为非奇异矩阵，并且存在正定矩阵$\boldsymbol{P}=\mathrm{diag}(p_1,\ \cdots,\ p_{N-1})$满足

$$\boldsymbol{P}\bar{\boldsymbol{L}}+\bar{\boldsymbol{L}}^{\mathrm{T}}\boldsymbol{P}\geqslant r_0\boldsymbol{I} \tag{8.8}$$

r_0为一个正的常数。

可以看出$\bar{\boldsymbol{L}}$为非奇异矩阵，$\boldsymbol{P}$可以构造成$\boldsymbol{P}=[\mathrm{diag}(\boldsymbol{x})]^{-1}$，$\boldsymbol{x}\in\boldsymbol{R}^{N-1}$，$\boldsymbol{x}=$

$\bar{L}^{-1}[1, \cdots, 1]^{\mathrm{T}}$。

注意 $\bar{L}$ 是由 l_{ij} $(i, j=2, \cdots, N)$ 组成的。如果记 $\bar{L}$ 的元素为 $\bar{l}_{ij}(i, j=1, \cdots, N-1)$，这样，$\bar{l}_{ij}=l_{(i+1)(j+1)}$。

8.2 基于观测器的干扰补偿机制

本节将介绍在不同拓扑情况下，基于干扰观测器的多飞行器抗干扰一致性控制方法。

8.2.1 有向图情况下的扰动抑制

本节考虑了有向图下一致抗干扰。在假设 8.3 的条件下，给出如下假设。

假设 8.4 网络的连通性 α 是已知的。

网络的连通性可以通过通信拓扑的拉普拉斯矩阵计算。然而，这需要通信拓扑的拉普拉斯矩阵的所有元素，这些元素不限于飞行器的邻域。在接下来的章节中，通过提一个完全分布的一致抗干扰控制器来放松对通信拓扑的假设。抗干扰控制器设计是基于干扰估计和鲁棒控制的。估计器是基于相对状态信息设计的。定义 ς_i，对于 $i=1, \cdots, N$

$$\varsigma_i=\sum_{j=1}^{N} a_{ij}(\boldsymbol{x}_i-\boldsymbol{x}_j) \tag{8.9}$$

通过 l_{ij} 的定义可以得到 $\varsigma_i=\sum_{j=1}^{N} l_{ij}\boldsymbol{x}_j$。本书提出的干扰估计方法就是基于相对状态之和 ς_i。

干扰抑制得控制器设计如下：

$$\boldsymbol{u}_i=-\boldsymbol{K}\boldsymbol{\lambda}_i-\boldsymbol{F}\boldsymbol{z}_i \tag{8.10}$$

式(8.10)中，$\boldsymbol{\lambda} \in \boldsymbol{R}^n$，$z_i \in \boldsymbol{R}^s$ 为

$$\dot{\boldsymbol{\lambda}}_i=(\boldsymbol{A}-\boldsymbol{B}\boldsymbol{K})\boldsymbol{\lambda}_i+c\boldsymbol{G}_x\left(\varsigma_i-\sum_{j=1}^{N} l_{ij}\boldsymbol{\lambda}_j\right) \tag{8.11}$$

$$\dot{z}_i=\boldsymbol{S}z_i+c\boldsymbol{G}_\omega\left(\varsigma_i-\sum_{j=1}^{N} l_{ij}\boldsymbol{\lambda}_j\right) \tag{8.12}$$

式(8.11)和式(8.12)中，$c>1/\alpha$ 是一个正实数，$\boldsymbol{K}$ 是一个具有适当维数的常值增益矩阵，$\boldsymbol{A}-\boldsymbol{B}\boldsymbol{K}$ 是 Hurwitz 矩阵；$[\boldsymbol{G}_x^{\mathrm{T}}, \boldsymbol{G}_\omega^{\mathrm{T}}]^{\mathrm{T}}=\boldsymbol{G}=\boldsymbol{Q}^{-1}\boldsymbol{H}^{\mathrm{T}}$。只使用相对状态信息设计的状态观测器式(8.11)，设计一致扰动观测器式(8.12)。

令

$$\boldsymbol{e}_i=\begin{bmatrix}\boldsymbol{x}_i-\boldsymbol{\lambda}_i\\ \boldsymbol{\omega}_i-z_i\end{bmatrix} \tag{8.13}$$

从式(8.9)、式(8.10)、式(8.11)和式(8.12)中，可得

$$\dot{e}_i = A_H e_i + cG\sum_{j=1}^{N} l_{ij} H e_j \tag{8.14}$$

令 $e = [e_1^{\mathrm{T}}, e_2^{\mathrm{T}}, \cdots, e_N^{\mathrm{T}}]$。$e$ 的动力学可以表示为

$$\dot{e} = (I_N \otimes A_H - cL \otimes GH)e \tag{8.15}$$

定义 $r \in R^N$ 为拉普拉斯矩阵 L 的特征根0的左特征向量，即 $r^{\mathrm{T}}L = 0$。进一步，设 $r^{\mathrm{T}}1 = 1$，其中 $1 = [1, \cdots, 1]^{\mathrm{T}} \in R^N$。

基于向量 r，引入状态变换 $\xi_i = e_i - \sum_{j=1}^{N} r_j e_j (i = 1, \cdots, N)$。$\xi = [\xi_1^{\mathrm{T}}, \xi_2^{\mathrm{T}}, \cdots, \xi_N^{\mathrm{T}}]$，状态变形为

$$\xi = e - [(1r^{\mathrm{T}}) \otimes I_{n+s}]e = M \otimes I_{n+s} e \tag{8.16}$$

式(8.16)中，$M = I_N - 1r^{\mathrm{T}}$。

可以看出 M 的秩为 $N-1$，有一个特征值为0，其余的特征值为1。0特征值对应的特征向量为 1，$\xi = 0$ 意味着 $e_1 = e_2 = \cdots = e_N$。

对于每架飞行器，有

$$\dot{x}_i = Ax_i - BK\lambda_i + BF(\omega_i - z_i) = (A - BK)x_i + B[K, F]e_i \tag{8.17}$$

因此，$\lim_{t\to 0}\xi(t) = 0$ 保证 $\lim_{t\to 0} x_1(t) = \lim_{t\to 0} x_2(t) = \cdots = \lim_{t\to 0} x_N(t)$，这样一致抗干扰问题就得到了解决。

定理 8.1　对于具有子系统动力学的多飞行器系统式(8.1)，若满足假设8.1至假设8.4，则控制器式(8.10)和状态与扰动观测器式(8.11)和式(8.12)可以解决一致干扰抑制问题。

证明： ξ 的动力学为

$$\dot{\xi} = (I_N \otimes A_H - cL \otimes GH)\xi \tag{8.18}$$

为了利用 L 的结构，引入状态变换

$$\eta = T^{-1} \otimes I_{n+s}\xi \tag{8.19}$$

式(8.19)中，T 是一个变换矩阵，$T^{-1}LT = J$，J 为实数约旦标准型。

新状态的方程为

$$\dot{\eta} = (I_N \otimes A_H - cJ \otimes GH)\eta \tag{8.20}$$

因此，当 η 可以保证收敛到0时，一致干扰抑制问题便得到了解决。而且，由状态变换式(8.16)和式(8.19)，可得

$$\eta_1 = r^{\mathrm{T}} \otimes I_{n+s}\xi = (r^{\mathrm{T}}M) \otimes I_{n+s} e = 0 \tag{8.21}$$

具有实数约旦标准型的矩阵 J 第一个对角元素为0。假设 λ_i 是 L 的一个单实数特征根。从式 M(8.20)中可得，η_i 的动力学为

$$\dot{\boldsymbol{\eta}}_i = (\boldsymbol{A}_H - c\lambda_i \boldsymbol{G}\boldsymbol{H})\boldsymbol{\eta}_i = (\boldsymbol{A}_H - c\lambda_i \boldsymbol{Q}^{-1}\boldsymbol{H}^{\mathrm{T}}\boldsymbol{H})\boldsymbol{\eta}_i \tag{8.22}$$

令

$$V_i = \boldsymbol{\eta}_i^{\mathrm{T}} \boldsymbol{Q} \boldsymbol{\eta}_i \tag{8.23}$$

根据式(8.22),可得

$$\begin{aligned}\dot{V}_i &= \boldsymbol{\eta}_i^{\mathrm{T}}(\boldsymbol{Q}\boldsymbol{A}_H + \boldsymbol{A}_H^{\mathrm{T}}\boldsymbol{Q} - 2c\lambda_i \boldsymbol{H}^{\mathrm{T}}\boldsymbol{H})\boldsymbol{\eta}_i \\ &\leqslant \boldsymbol{\eta}_i^{\mathrm{T}}(\boldsymbol{Q}\boldsymbol{A}_H + \boldsymbol{A}_H^{\mathrm{T}}\boldsymbol{Q} - 2\boldsymbol{H}^{\mathrm{T}}\boldsymbol{H})\boldsymbol{\eta}_i \\ &\leqslant -\Omega \|\boldsymbol{\eta}_i\|^2 \end{aligned} \tag{8.24}$$

式(8.24)中,Ω 为一个正实数,因为 $c\lambda_i \geqslant c\alpha \geqslant 1$。

令

$$V_\eta = \sum_{i=2}^{N} V_i \tag{8.25}$$

可得

$$\dot{V} \leqslant -\Omega \|\boldsymbol{\eta}\|^2 \tag{8.26}$$

因此,$\boldsymbol{\eta}$ 以指数方式收敛至 0。

8.2.2 分布式一致性扰动抑制

前一节中的控制从邻域的子系统中获取相对状态信息,并需要图的连通性信息。在大多数一致性控制设计中,这是一个常见的假设。但是,连接性被定义为拉普拉斯矩阵特征值的最小正实部。该值的评价需要拉普拉斯矩阵或邻接矩阵的信息。因此,连通性是网络连接的全局信息。在前一节中提出的干扰抑制算法在这个意义上并不是完全分布式的。

本节介绍一种新的控制器,该控制器只使用局部状信息、第 i 个飞行器的邻接权重 a_{ij} 值和邻域内的相对状态信息。这种完全分布式的一致抗干扰控制可用于无向图多飞行器系统。因此有以下假设。

假设 8.5 网络连接图是无向的。

采用自适应控制方法来解决连接拓扑未知的问题。控制器的设计与(8.10)相同

$$\boldsymbol{u}_i = -\boldsymbol{K}\boldsymbol{\lambda}_i - \boldsymbol{F}\boldsymbol{z}_i \tag{8.27}$$

而估计的状态和干扰为

$$\dot{\boldsymbol{\lambda}}_i = (\boldsymbol{A} - \boldsymbol{B}\boldsymbol{K})\boldsymbol{\lambda}_i + \boldsymbol{G}_x \sum_{j=1}^{N} c_{ij} a_{ij} (\boldsymbol{\rho}_i - \boldsymbol{\rho}_j) \tag{8.28}$$

$$\dot{z}_i = \boldsymbol{S}\boldsymbol{z}_i + \boldsymbol{G}_\omega \sum_{j=1}^{N} c_{ij} a_{ij} (\boldsymbol{\rho}_i - \boldsymbol{\rho}_j) \tag{8.29}$$

式(8.28)中,$\boldsymbol{\rho}_i \triangleq \boldsymbol{x}_i - \boldsymbol{\lambda}_i$,$c_{ij}$ 为自适应参数。

$$\dot{c}_{ij} = (\boldsymbol{\rho}_j - \boldsymbol{\rho}_i)^{\mathrm{T}}(\boldsymbol{\rho}_j - \boldsymbol{\rho}_i) \tag{8.30}$$

式(8.30)中，$c_{ij}(0) = c_{ji}(0)$。

注意，与前一节所示的控制设计相比，控制设计中唯一的区别是，前面设计中的观测器增益参数 c 被自适应参数 c_{ij} 所代替。初始值的设置 $c_{ij}(0) = c_{ji}(0)$ 是为了保持自适应参数的对称性。

自适应参数对稳定性分析也有影响。经计算可得 $\boldsymbol{e}_i$ 的动力学

$$\dot{\boldsymbol{e}}_i = \boldsymbol{A}_H \boldsymbol{e}_i + \boldsymbol{G}\sum_{j=1}^{N} c_{ij} a_{ij} \boldsymbol{H}(\boldsymbol{e}_j - \boldsymbol{e}_i) \tag{8.31}$$

式(8.31)中，$\boldsymbol{e}_i$ 与前一节的定义相同。重新定义 $\boldsymbol{\xi}_i$，$\boldsymbol{\xi}_i = \boldsymbol{e}_i + 1/N\sum_{j=1}^{N}\boldsymbol{e}_j$

$$\dot{\boldsymbol{\xi}}_i = \boldsymbol{A}_H \boldsymbol{\xi}_i + \boldsymbol{G}\sum_{j=1}^{N} c_{ij} a_{ij} (\boldsymbol{\xi}_j - \boldsymbol{\xi}_i) \tag{8.32}$$

为得到给定形式，观察到 $(\boldsymbol{e}_j - \boldsymbol{e}_i) = (\boldsymbol{\xi}_j - \boldsymbol{\xi}_i)$，$(1/N)\boldsymbol{G}\sum_{j=1}^{N}\sum_{k=1}^{N} c_{jk} a_{jk} \boldsymbol{H}(\boldsymbol{e}_j - \boldsymbol{e}_i) = 0$。当证明 $\boldsymbol{\xi}_i (i = 1, \cdots, N)$ 收敛至 0 时，一致扰动抑制问题便得到了解决，这和之前讨论的结果相同。

定理 8.2　在假设 8.1、假设 8.3 和假设 8.5 的条件下，对于多飞行器系统的式(8.1)，控制器设计为式(8.27)和干扰观测器设计为式(8.28)与式(8.29)可以解决系统的一致干扰抑制问题。

证明：利用 $\boldsymbol{\xi}_i$，自适应参数可以表示为

$$c_{ij} = (\boldsymbol{\xi}_j - \boldsymbol{\xi}_i)^{\mathrm{T}} \boldsymbol{H}^{\mathrm{T}} \boldsymbol{H} (\boldsymbol{\xi}_j - \boldsymbol{\xi}_i) \tag{8.33}$$

选取候选李雅普诺夫函数为

$$V_i = \boldsymbol{\xi}_i^{\mathrm{T}} \boldsymbol{Q} \boldsymbol{\xi}_i \tag{8.34}$$

根据先前给的 $\boldsymbol{\xi}_i$，c_{ij} 的动力学方程，可得

$$\begin{aligned}
\dot{V}_i &= \boldsymbol{\xi}_i^{\mathrm{T}}(\boldsymbol{Q}\boldsymbol{A}_H + \boldsymbol{A}_H^{\mathrm{T}}\boldsymbol{Q})\boldsymbol{\xi}_i + 2\boldsymbol{\xi}_i^{\mathrm{T}}\boldsymbol{Q}\boldsymbol{G}\sum_{j=1}^{N} c_{ij} a_{ij} \boldsymbol{H}(\boldsymbol{\xi}_j - \boldsymbol{\xi}_i) \\
&= \boldsymbol{\xi}_i^{\mathrm{T}}(\boldsymbol{Q}\boldsymbol{A}_H + \boldsymbol{A}_H^{\mathrm{T}}\boldsymbol{Q} - 2\boldsymbol{H}^{\mathrm{T}}\boldsymbol{H})\boldsymbol{\xi}_i + 2\boldsymbol{\xi}_i^{\mathrm{T}}\boldsymbol{H}^{\mathrm{T}}\boldsymbol{H}\boldsymbol{\xi}_i + 2\boldsymbol{\xi}_i^{\mathrm{T}}\boldsymbol{H}^{\mathrm{T}}\boldsymbol{H}\sum_{j=1}^{N} c_{ij} a_{ij} (\boldsymbol{\xi}_j - \boldsymbol{\xi}_i) \\
&\leqslant -\Omega \|\boldsymbol{\xi}_i\|^2 + 2\boldsymbol{\xi}_i^{\mathrm{T}}\boldsymbol{H}^{\mathrm{T}}\boldsymbol{H}\boldsymbol{\xi}_i + 2\boldsymbol{\xi}_i^{\mathrm{T}}\boldsymbol{H}^{\mathrm{T}}\boldsymbol{H}\sum_{j=1}^{N} c_{ij} a_{ij} (\boldsymbol{\xi}_j - \boldsymbol{\xi}_i)
\end{aligned} \tag{8.35}$$

式(8.35)中，Ω 是一个正的实常数。

令

$$V_c = 1/2\sum_{i=1}^{N}\sum_{j=1}^{N} a_{ij}\left(c_{ij} - \frac{1}{\alpha}\right)^2 \tag{8.36}$$

式(8.35)中,α 为网络的连通性。对式(8.36)进行微分可得

$$\begin{aligned}\dot{V}_c &= \sum_{i=1}^{N}\sum_{j=1}^{N} a_{ij}\left(c_{ij}-\frac{1}{\alpha}\right)(\boldsymbol{\xi}_j-\boldsymbol{\xi}_i)^{\mathrm{T}}\boldsymbol{H}^{\mathrm{T}}\boldsymbol{H}(\boldsymbol{\xi}_j-\boldsymbol{\xi}_i)\\ &=-2\sum_{i=1}^{N}\sum_{j=1}^{N} a_{ij}\left(c_{ij}-\frac{1}{\alpha}\right)\boldsymbol{\xi}_i^{\mathrm{T}}\boldsymbol{H}^{\mathrm{T}}\boldsymbol{H}(\boldsymbol{\xi}_j-\boldsymbol{\xi}_i)\end{aligned} \tag{8.37}$$

式(8.37)中,最后一个等式结合 $c_{ij}=c_{ji}$ 推导得出。进一步展开可得

$$\begin{aligned}\dot{V}_c &=-2\sum_{i=1}^{N}\sum_{j=1}^{N} a_{ij}c_{ij}\boldsymbol{\xi}_i^{\mathrm{T}}\boldsymbol{H}^{\mathrm{T}}\boldsymbol{H}(\boldsymbol{\xi}_j-\boldsymbol{\xi}_i)-2\frac{1}{\alpha}\sum_{i=1}^{N}\sum_{j=1}^{N} a_{ij}c_{ij}\boldsymbol{\xi}_i^{\mathrm{T}}\boldsymbol{H}^{\mathrm{T}}\boldsymbol{H}\boldsymbol{\xi}_j\\ &\leqslant -2\sum_{i=1}^{N}\sum_{j=1}^{N} a_{ij}c_{ij}\boldsymbol{\xi}_i^{\mathrm{T}}\boldsymbol{H}^{\mathrm{T}}\boldsymbol{H}(\boldsymbol{\xi}_j-\boldsymbol{\xi}_i)-2\sum_{i=1}^{N}\sum_{j=1}^{N}\boldsymbol{\xi}_i^{\mathrm{T}}\boldsymbol{H}^{\mathrm{T}}\boldsymbol{H}\boldsymbol{\xi}_j\end{aligned} \tag{8.38}$$

式(8.38)中,不等式是将 $\boldsymbol{H}\boldsymbol{\xi}_i$ 作为引理 8.2 中的 $\boldsymbol{x}_i$ 推导得出的。

定义

$$V=\sum_{i=1}^{N} V_i + V_c \tag{8.39}$$

从式(8.35)和式(8.38)中的结果,可以看出

$$\dot{V}\leqslant \sum_{i=1}^{N} -\Omega\|\boldsymbol{\xi}_i\|^2 \tag{8.40}$$

因此,整个系统中的所有变量都是有界的,并且 $\boldsymbol{\xi}_i\in \boldsymbol{L}_2\cap \boldsymbol{L}_\infty(i=1,\cdots,N)$。因为 $\boldsymbol{\xi}_i$ 是有界的,所以 $\boldsymbol{\xi}_i(i=1,\cdots,N)$ 可收敛至 0。证明完成。

8.2.3 领从(Leader-follower)模式下的扰动抑制

在前面的章节中,本书提出了在无领机(leader)的一致控制中抑制干扰的控制方案。最终的稳定值取决于网络中涉及的所有飞行器。协同一致控制的另一种形式是,一个飞行器被标识为领队,其他飞行器被控制以跟随这个领队。在本节中,提出一种与领导者协同一致抑制干扰的控制设计。在不损失通用性的前提下,假设连接图中节点 1 的子系统为领队。基于此,对网络连接进行了假设。

假设 8.6 通信拓扑图中存在一个以节点 1 为根的有向树。

当一个网络包含有向树时,对应的拉普拉斯矩阵只拥有一个 0 特征根;因此假设 8.6 取代了假设 8.3。

当节点 1 为领队时,控制系统的目的就是在有干扰的情况下使其他飞行器跟踪领队的状态 $\boldsymbol{x}_1$。

令

$$\bar{\boldsymbol{x}}_i=\boldsymbol{x}_{i+1}-\boldsymbol{x}_1 \tag{8.41}$$

式(8.41)中,$i=1,\cdots,N-1$。如正常的领从模式一致控制,领队没有控制输入,也就是 $\boldsymbol{u}_1=0$, $\bar{\boldsymbol{x}}_i$ 的动力学可以表示为

$$\dot{\bar{x}}_i = A\bar{x}_i + B\bar{u}_i + D\bar{\omega}_i \tag{8.42}$$

$$\dot{\bar{\omega}}_i = S\bar{\omega}_i \tag{8.43}$$

式(8.43)中，$\dot{\bar{\omega}}_i = \bar{\omega}_{i+1} - \omega$；$\bar{u}_i = u_i + 1$。

还是使用式(8.9)中定义的符号ς_i 来表示干扰观测器和控制器设计。为了用 $\bar{x}_i$ 表示ς_i，对 $i = 2, \cdots, N$，令

$$\varsigma_i = \sum_{j=2}^{N} l_{ij}x_j + l_{i1}x_1 = \sum_{j=2}^{N} l_{ij}x_j - \sum_{j=2}^{N} l_{ij}x_1 = \sum_{j=2}^{N} l_{ij}\bar{x}_{j-1} = \sum_{j=1}^{N-1} l_{(i-1)j}\bar{x}_j \tag{8.44}$$

为了表示方便，令 $\bar{\varsigma}_i = \varsigma_{i+1}$，因此可得

$$\bar{\varsigma}_i = \sum_{j=1}^{N-1} l_{ij}\bar{x}_j \tag{8.45}$$

领从模式下的抗干扰抑制控制器为

$$\bar{u}_i = -K\lambda_i - Fz_i \tag{8.46}$$

式(8.46)中，$i = 1, \cdots, N-1$。λ_i，z_i 分别为

$$\dot{\lambda}_i = (A - BK)\lambda_i + cG_x\left(\bar{\varsigma}_i - \sum_{j=1}^{N-1} l_{ij}\lambda_j\right) \tag{8.47}$$

$$\dot{z}_i = Sz_i + cG_\omega\left(\bar{\varsigma}_i - \sum_{j=1}^{N-1} l_{ij}\lambda_j\right) \tag{8.48}$$

式(8.48)中，$c \geqslant 2p_{\max}/r_0$ 是一个实常数，$p_{\max} = \max\{p_1, p_2, \cdots, p_{N-1}\}$。定义$[G_x^{\mathrm{T}}, G_\omega^{\mathrm{T}}]^T = Q^{-1}H^{\mathrm{T}}$，令

$$\bar{e}_i = \begin{bmatrix} \bar{x}_i - \lambda_i \\ \bar{\omega}_i - z_i \end{bmatrix} \tag{8.49}$$

其中，$i = 1, \cdots, N-1$。$\bar{e}_i$ 的方程可以表示为

$$\dot{\bar{e}}_i = A_H\bar{e}_i + cG\sum_{j=1}^{N-1} l_{ij}H\bar{e}_j \tag{8.50}$$

令 $\bar{e} = [\bar{e}_1^{\mathrm{T}}, \bar{e}_2^{\mathrm{T}}, \cdots, \bar{e}_{N-1}^{\mathrm{T}}]$，$\dot{\bar{e}}_i$ 的方程可以表示为

$$\dot{\bar{e}} = (I_{N-1} \otimes A_H - cL \otimes GH)\bar{e} \tag{8.51}$$

可以看出式(8.51)中 e 的方程与式(8.15)中所示的方程形式相同。但是，在这种情况下，L 是一个非奇异矩阵，稳定性分析将会有所不同。在这个领从模式的例子中，建立所有的 e_i，对于 $i = 1, \cdots, N-1$ 收敛于0，而不是显示它们收敛到与无领导一致控制情况的相同值。

定理 8.3　对于具有子系统动力学为式(8.1)的多飞行器系统，若设计状态观测器式

(8.47)和带有干扰观测器式(8.48)的控制器式(8.46),那么考虑假设8.1、假设8.2和假设8.6成立,领从模式的一致干扰抑制问题是可解的。

证明: 令

$$V_e = \bar{\boldsymbol{e}}^{\mathrm{T}}(\boldsymbol{P} \otimes \boldsymbol{Q})\bar{\boldsymbol{e}} \tag{8.52}$$

利用引理8.3中的结论,上式的微分为

$$\begin{aligned}\dot{V}_e &= \bar{\boldsymbol{e}}^{\mathrm{T}}[\boldsymbol{P} \otimes (\boldsymbol{Q}\boldsymbol{A}_H + \boldsymbol{A}_H^{\mathrm{T}}\boldsymbol{Q}) - c(\boldsymbol{P}\bar{\boldsymbol{L}} + \bar{\boldsymbol{L}}^{\mathrm{T}}\boldsymbol{P}) \otimes \boldsymbol{H}^{\mathrm{T}}\boldsymbol{H}]\bar{\boldsymbol{e}} \\ &\leqslant \bar{\boldsymbol{e}}^{\mathrm{T}}[\boldsymbol{P} \otimes (\boldsymbol{Q}\boldsymbol{A}_H + \boldsymbol{A}_H^{\mathrm{T}}\boldsymbol{Q}) - cr_0\boldsymbol{I}_{N-1} \otimes \boldsymbol{H}^{\mathrm{T}}\boldsymbol{H}]\bar{\boldsymbol{e}} \\ &\leqslant \bar{\boldsymbol{e}}^{\mathrm{T}}[\boldsymbol{P} \otimes (\boldsymbol{Q}\boldsymbol{A}_H + \boldsymbol{A}_H^{\mathrm{T}}\boldsymbol{Q} - 2\boldsymbol{H}^{\mathrm{T}}\boldsymbol{H})]\bar{\boldsymbol{e}} \\ &\leqslant -\Omega\bar{\boldsymbol{e}}^{\mathrm{T}}\bar{\boldsymbol{e}}\end{aligned} \tag{8.53}$$

式(8.58)中,Ω是正实数。因此,可以得出$\bar{\boldsymbol{e}}$会以指数方式收敛至0。闭环系统$\bar{\boldsymbol{x}}_i$可以表示为

$$\dot{\bar{\boldsymbol{x}}}_i = (\boldsymbol{A} - \boldsymbol{B}\boldsymbol{K})\bar{\boldsymbol{x}}_i + [\boldsymbol{B}\boldsymbol{K},\ \boldsymbol{D}]\bar{\boldsymbol{e}}_i \tag{8.54}$$

进一步得出$\bar{\boldsymbol{x}}_i$以指数方式收敛至0,其中,$i = 1,\ \cdots,\ N-1$。

8.3 仿真分析

本小节,通过一个例子说明一致性抗干扰控制算法的潜在应用。考虑一致性抗干扰动抑制在多无人机编队控制中的应用。每架无人机的动力学描述为

$$\begin{bmatrix} \dot{V} \\ \dot{\alpha} \\ \dot{q} \\ \dot{\theta} \end{bmatrix} = \begin{bmatrix} -0.284 & -23.096 & 0 & -0.171 \\ 0 & -4.117 & 0.778 & 0 \\ 0 & -33.884 & -3.573 & 0 \\ 0 & 0 & 1 & 0 \end{bmatrix} \begin{bmatrix} V \\ \alpha \\ q \\ \theta \end{bmatrix} + \begin{bmatrix} 20.168 \\ 0.544 \\ -39.085 \\ 0 \end{bmatrix} i_H \tag{8.55}$$

式(8.55)中,V、α、q、θ分别是速度、攻角、俯仰角速率和俯仰角,i_H是稳定器入射角;控制器设定为$i_H = 0.12q + 0.5\theta$。

由于系统模型是线性的,可以应用一致性扰动抑制方法设计的控制器。对于第i个系统,用$\boldsymbol{x}_i$指代状态$(V,\ \alpha,\ q,\ \theta)$;$\boldsymbol{u}_i$指代控制输入$[1,\ 0]$;$\boldsymbol{\omega}_i$指代输入扰动,$\boldsymbol{\omega}_i$通过$\dot{\boldsymbol{\omega}}_i = \begin{bmatrix} 0 & \omega \\ -\omega & 0 \end{bmatrix}\boldsymbol{\omega}_i$生成,$\omega$是振动频率。因此,系统矩阵可确定为

$$\boldsymbol{A} = \begin{bmatrix} -0.284 & -23.096 & 2.420 & 9.913 \\ 0 & -4.117 & 0.843 & 0.272 \\ 0 & -33.884 & -8.263 & -19.543 \\ 0 & 0 & 1 & 0 \end{bmatrix},\ \boldsymbol{B} = \begin{bmatrix} 20.168 \\ 0.544 \\ -39.085 \\ 0 \end{bmatrix},\ \boldsymbol{D} = \boldsymbol{B}[1 \quad 0] \tag{8.56}$$

式(8.56)中,$\boldsymbol{A}$矩阵考虑了反馈控制,当假设8.1和8.2成立时,$\boldsymbol{F} = [1 \quad 0]$。

在这个例子中,一致性扰动抑制方法用于领从模式下的五个无人机编队,通信网络由下面的邻近矩阵表示:

$$A = \begin{bmatrix} 0 & 0 & 0 & 0 & 0 \\ 1 & 0 & 1 & 0 & 0 \\ 0 & 0 & 0 & 0 & 1 \\ 0 & 1 & 0 & 0 & 0 \\ 0 & 0 & 0 & 1 & 0 \end{bmatrix} \tag{8.57}$$

式(8.57)第一行都是0,让多无人机系统中第一个节点作为领队。利用引理8.3可得 $\boldsymbol{P} = \mathrm{diag}\{1/4 \quad 1/7 \quad 1/5 \quad 1/6\}$ 和 $r_0 = 0.0537$。当 $p_{\max} = 1/4$ 和 $2p_{\max}/r_0 = 9.3110$ 时,设定观测器里的 $c = 0.01$。观测器增益 $\boldsymbol{G}_\omega$ 和 $\boldsymbol{G}_x$ 根据上文中的标准确定。由于 $\boldsymbol{A}$ 是稳定的,设定控制输入里的 $\boldsymbol{K} = 0$。仿真对于无人机设定了不同的扰动。无人机的速度如图8.1所示,四个状态如图8.2所示,控制输入如图8.3所示。

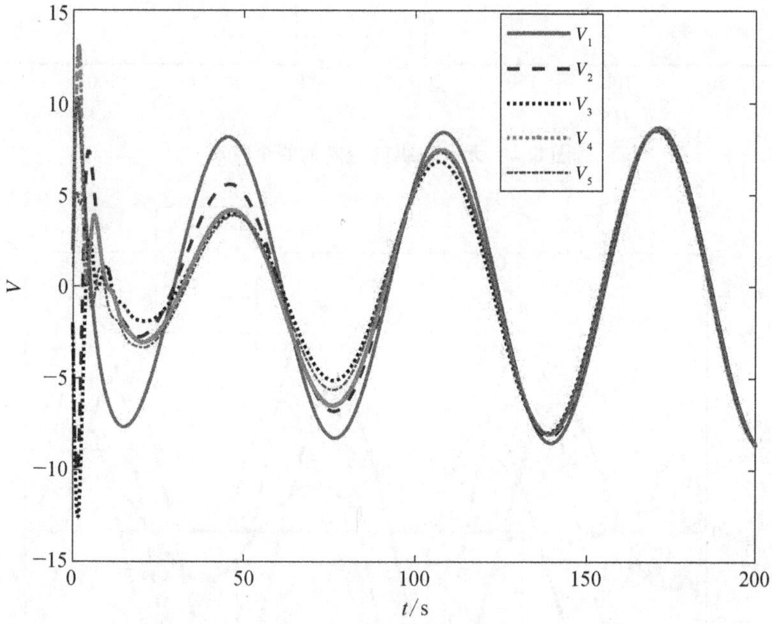

图8.1　无人机速度

由图(8.1)中的结果可得,尽管有不同的扰动,五个无人机的状态还是达到了一致,所以实现了编队。另外,因为只应用了相对信息,一致性抗干扰只保证编队的相对位置,而不是总体的输入抗干扰。在这个例子中,领队无人机的干扰完全没有得到抑制。当实际信息可得时,可以实现整体的抗干扰。在领队无人机没有干扰时,所有跟随者的干扰可以用这种方法完全抑制。

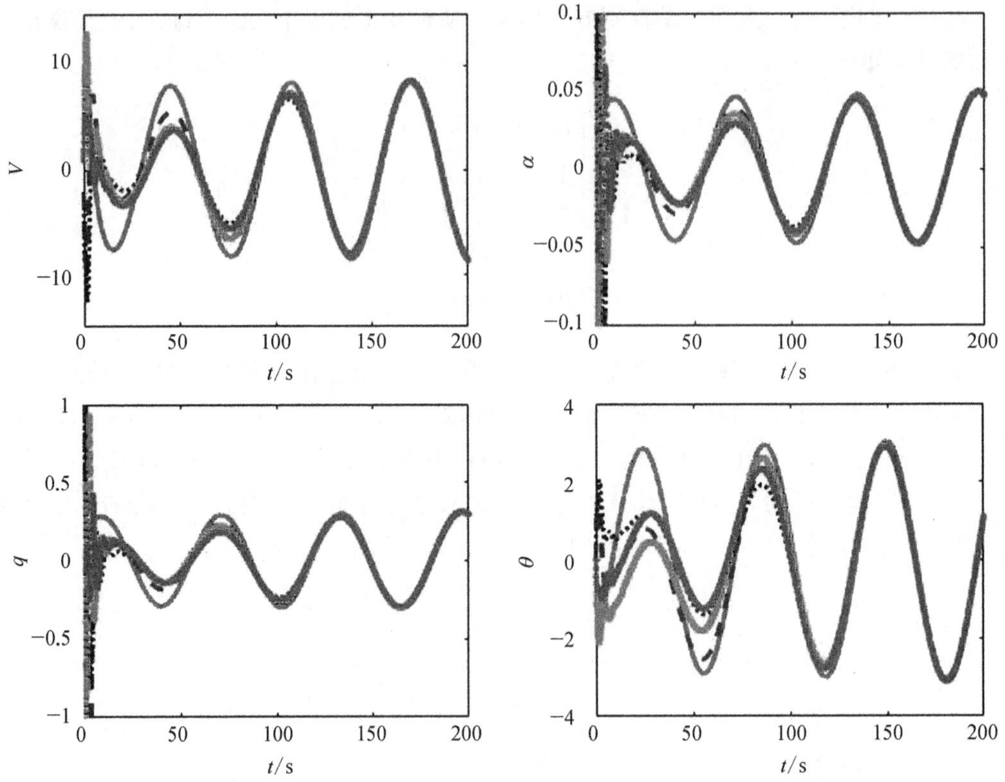

图 8.2　无人机纵向控制的四个状态

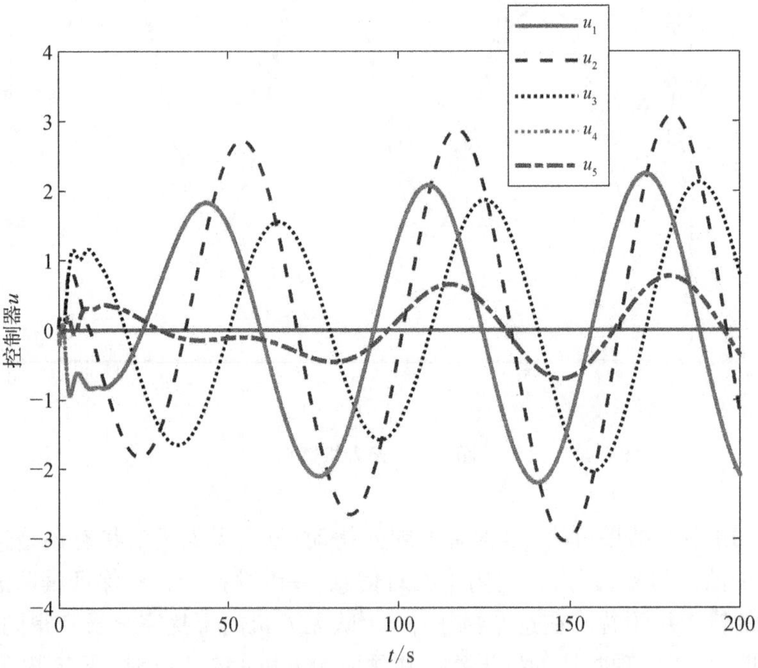

图 8.3　一致性抗干扰的控制器

8.4 小　　结

本章主要介绍了基于观测器的多飞行器抗干扰一致性控制方法,分析了相比于其他干扰抑制方法的优点。针对不同的拓扑结构,包括有向图、分布式和领从模式这三种情况,分别设计了状态观测器和扰动观测器。给出了一致性控制算法的整体设计步骤以及能够实现一致性算法的前提条件,并通过严格的理论证明了系统的稳定性。最后给出了多无人机编队的仿真分析,验证了基于观测器的抗干扰算法的有效性。

8.5 课后练习

思考题:

1. 本章提出的一致性抗干扰算法能抑制什么样的扰动？可以抑制噪声干扰吗？

2. 请简述协同一致的干扰抑制问题为什么要利用相对状态信息设计控制输入,理解并分析控制输入的设计过程。

3. 基于观测器的干扰抑制算法与无干扰观测器的滑模鲁棒控制算法、H_∞ 干扰抑制算法的区别是什么？

4. 理解并分析本章中假设 8.1~假设 8.3 对干扰观测器设计的必要性。

5. 不同结构的通信拓扑对控制器和观测器设计有什么影响？比如有向图、无向图。

6. 分析比较领从模式下与分布式干扰抑制算法两者在稳定性分析方面的区别。

程序设计题:

7. 考虑系统受到的扰动为

$$\dot{\omega}_i = \begin{cases} 0 & 0 \leqslant t \leqslant 20\ \text{s} \\ \begin{bmatrix} 0 & \omega \\ -\omega & 0 \end{bmatrix} \omega_i & 20 < t \leqslant 100\ \text{s} \\ \sin(k\omega_i) & t > 100\ \text{s} \end{cases}$$

其中,ω 为振动频率;k 为任意正整数,运用本章里面的算法进行干扰抑制仿真分析。

8. 改变通信拓扑结构,分别运用有向图情况下的干扰抑制算法和分布式干扰抑制算法进行仿真分析。

9. 在仿真中不断增加扰动的幅值,分析本章干扰抑制算法是否适用于具有任意扰动的系统。

下篇　协同控制应用

第九章
四旋翼机械臂系统协同搬运及组装控制

本章是协同控制应用的第一章，多四旋翼机械臂系统协同控制相关应用如图 9.1 所示，四旋翼机械臂系统也称为空中机器人。该系统具有广阔的应用前景，通过将飞行器的机动性与机器臂的操纵性相结合，可以将有效载荷以空中运输方式运输到人类无法进入的位置，或者对危险区域的零部件进行组装拆卸等，因此受到了极大的关注[122]。

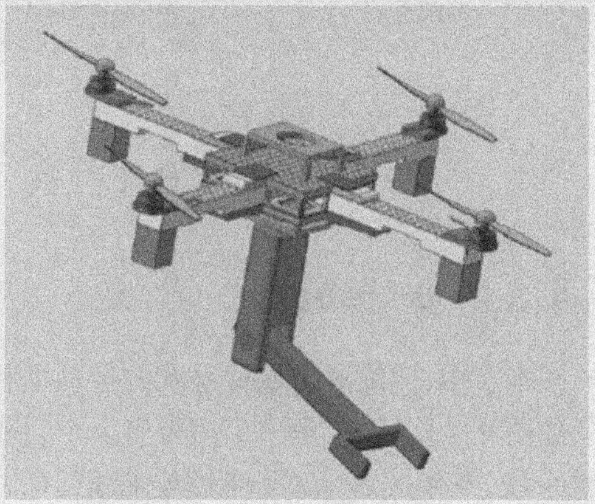

图 9.1 装有机械臂的四旋翼

早期的空中运输通常采用缆索起重运输，但有效载荷的姿态无法得到控制，所以一些要求姿态控制的任务，例如组装或拆卸等任务无法完成。为了解决这个问题，将四旋翼飞机配备机械臂来增强操纵功能，此时机械臂的动力学特性与四旋翼飞行器动力学耦合，所以整个系统的控制器设计需要综合考虑。由于四旋翼飞行器是一个欠驱动系统，因此问题变得更具挑战性。单个四旋翼机械臂系统具有一定的载荷能力，但多个四旋翼机械臂系统配合执行复杂任务具有更广阔的应用前景。与单系统相比，多系统可以显著提高系统性能并增强鲁棒性，从而大大扩展整个系统的应用领域。目前主要集中在欧拉-拉格朗日(Euler-Lagrange, EL)系统的协同控制上[123-125]，但关于多个四旋翼机械臂系统协同控制的研究较少。

在多飞行器系统飞行的场景中，避免碰撞显然对整个任务的成功具有至关重要的作用。在多个四旋翼机械臂系统中，由于机械臂的运动，避免碰撞的问题变得更加严峻。势能函数法等被广泛用于检测障碍物并规划实时避障路径。本章考虑使用多个四旋翼机械臂系统实现空中协同运输和组装控制，提出配备多自由度机械臂的四旋翼飞行器的通用 EL 动力学模型，将四旋翼飞行器和机械臂统一建模，在此基础上设计包括位置控制器、姿态控制器和机械臂控制器的完全分布式控制方案，并且通过人工势能函数方法实现相互避撞。其中完全分布式是指编队控制器的增益选取不依赖通信拓扑、领机状态和参与编队四旋翼的数量等编队全局信息。姿态控制器设计用于四旋翼飞行器的姿态稳定,并且通过收缩理论设计所提出的机械臂控制器,以使每个机械臂协同地达到期望角度。

本章内容安排如下:9.1 节给出四旋翼机械臂系统的运动学和动力学模型;9.2 节介绍多个四旋翼机械臂系统的协同控制方案,包括位置控制、姿态控制及机械臂控制;9.3 节给出多四旋翼编队与避障、运输与组装的仿真算例;9.4 节为本章小结;9.5 为本章课后练习题。

学习要点

- 掌握:① 四旋翼机械臂系统动力学建模思路与方法;② 四旋翼机械臂系统的位置控制、姿态控制和机械臂控制的设计思路。
- 熟悉:① 四旋翼机械臂系统的编队避障算法;② 四旋翼机械臂系统的协同运输和组装任务的步骤。
- 了解:仿真算例的原理及实现过程。

9.1 系统建模

9.1.1 运动学模型

在本节中,四旋翼机械臂系统的运动学和动力学以一般形式呈现。

如图 9.2 所示,考虑一个由带有 p 个自由度机械臂的四旋翼飞行器组成的四旋翼机械臂系统,$O_gX_gY_gZ_g$ 表示惯性坐标系,$O_bX_bY_bZ_b$ 表示四旋翼飞行器的机体系。$\boldsymbol{P}_g=[x, y, z]^{\mathrm{T}}$ 是四旋翼质心在惯性系的位置向量,滚动/俯仰/偏转角由 $\boldsymbol{\Theta}=[\phi, \theta, \psi]^{\mathrm{T}}$ 表

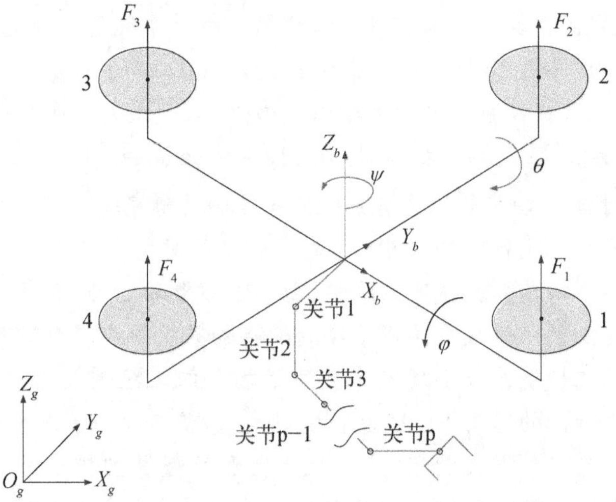

图 9.2 四旋翼-机械臂系统及坐标系

示，从机体系到惯性系的旋转矩阵 $\boldsymbol{R}_b$ 的表达式如下

$$\boldsymbol{R}_b = \begin{bmatrix} \cos\theta\cos\psi - \sin\varphi\sin\theta\sin\psi & -\cos\varphi\sin\psi & \sin\theta\cos\psi + \sin\varphi\cos\theta\sin\psi \\ \cos\theta\sin\psi + \sin\varphi\sin\theta\cos\psi & \cos\varphi\cos\psi & \sin\theta\sin\psi - \sin\varphi\cos\theta\cos\psi \\ -\cos\varphi\sin\theta & \sin\varphi & \cos\varphi\cos\theta \end{bmatrix} \tag{9.1}$$

令 $\boldsymbol{v}_g$ 表示四旋翼质心在惯性系的速度向量，$\boldsymbol{\Omega} = [p, q, r]^{\mathrm{T}}$ 表示四旋翼质心在惯性系的角速度向量，可用 $\dot{\boldsymbol{\Theta}} = \boldsymbol{W}\boldsymbol{\Omega}$ 表示，$\boldsymbol{W}$ 由下式给出

$$\boldsymbol{W} = \begin{bmatrix} \cos\theta & 0 & -\cos\varphi\sin\theta \\ 0 & 1 & \sin\varphi \\ \sin\theta & 0 & \cos\varphi\cos\theta \end{bmatrix} \tag{9.2}$$

针对机械臂系统，定义四旋翼系统的增广状态变量为

$$\boldsymbol{q} = [\boldsymbol{P}_g, \boldsymbol{\Theta}, \boldsymbol{\alpha}]^{\mathrm{T}} \in \boldsymbol{R}^{6+p} \tag{9.3}$$

式(9.3)中，$\boldsymbol{\alpha} = [\alpha_1, \alpha_2, \cdots, \alpha_p]^{\mathrm{T}} \in \boldsymbol{R}^p$，$\alpha_i$ 是机械臂关节 i 的角度。因此，带有机械臂的四旋翼飞行器的运动学方程表示如下：

$$\begin{aligned} \dot{\boldsymbol{P}}_g &= [\boldsymbol{I}_{3\times3}, \boldsymbol{O}_{3\times3}, \boldsymbol{O}_{p\times p}]\dot{\boldsymbol{q}} \\ \boldsymbol{\Omega} &= [\boldsymbol{O}_{3\times3}, \boldsymbol{W}, \boldsymbol{O}_{p\times p}]\dot{\boldsymbol{q}} \end{aligned} \tag{9.4}$$

式(9.4)中，$\boldsymbol{I}_{n\times n}$、$\boldsymbol{O}_{n\times n}$ 分别代表 $n\times n$ 维单位阵和零矩阵，$Q = W^{-1}$。

为了用 $\boldsymbol{q}$ 和 $\dot{\boldsymbol{q}}$ 表示机械臂每个关节的线速度和角速度，用 $\boldsymbol{P}_{l_i}$ 表示机械臂关节 i 的质心相对于惯性系的位置、$\boldsymbol{\Theta}_{l_i}$ 表示机械臂关节 i 的角速度，可得

$$\begin{aligned} \boldsymbol{P}_{l_i} &= \boldsymbol{P}_g + \boldsymbol{R}_b\boldsymbol{P}_{l_i}^b \\ \boldsymbol{\Theta}_{l_i} &= \boldsymbol{\Theta} + \boldsymbol{R}_b\boldsymbol{\Theta}_{l_i}^b \end{aligned} \tag{9.5}$$

式(9.5)中，$\boldsymbol{P}_{l_i}^b$ 是关节 i 的质心相对于机体系的位置、$\boldsymbol{\omega}_{l_i}^b$ 是关节 i 在机体系内的相对角速度。

对式(9.5)关于时间求导，并将式(9.3)和式(9.4)代入，可得

$$\begin{aligned} \dot{\boldsymbol{P}}_{l_i}^b &= \boldsymbol{J}_{P_i}\dot{\boldsymbol{\alpha}} \\ \dot{\boldsymbol{\Theta}}_{l_i}^b &= \boldsymbol{J}_{O_i}\dot{\boldsymbol{\alpha}} \end{aligned} \tag{9.6}$$

式(9.6)中，$\boldsymbol{J}_{P_i}$ 和 $\boldsymbol{J}_{O_i}$ 分别是雅可比矩阵的转换矩阵和旋转矩阵。利用式(9.5)和式(9.6)可得

$$\begin{aligned} \dot{\boldsymbol{P}}_{l_i} &= \dot{\boldsymbol{P}}_g - S(\boldsymbol{R}_b\boldsymbol{P}_{l_i}^b)\boldsymbol{\xi} + \boldsymbol{R}_b\boldsymbol{J}_{P_i}\dot{\boldsymbol{\alpha}} \\ \dot{\boldsymbol{\Theta}}_{l_i} &= \boldsymbol{\Theta} + \boldsymbol{R}_b\boldsymbol{J}_{O_i}\dot{\boldsymbol{\alpha}} \end{aligned} \tag{9.7}$$

式(9.7)中,$\boldsymbol{S}(*)$是用来计算叉乘的斜对称矩阵算子,且$\dot{\boldsymbol{R}}_b = \boldsymbol{S}(\boldsymbol{\Omega})\boldsymbol{R}_b$, $\boldsymbol{S}(\boldsymbol{\Omega})$表示斜对称矩阵。在惯性系中,利用方程(9.5)及方程(9.7),四旋翼机械臂关节的位置和角速度可由$\boldsymbol{P}$和$\dot{\boldsymbol{P}}$表示。

注 9.1 在运输和组装任务中,当机械臂抓取组件时会对四旋翼机械臂系统的动力学产生影响。由于四旋翼飞行器的低载荷能力,假设组件足够轻,可以通过四旋翼飞行器运输。当机械臂捕获组件时,假设组件被末端执行器牢牢抓住,即末端执行器和组件之间没有相对运动,得到下面关系式:

$$\begin{aligned}\dot{\boldsymbol{P}}_c &= \dot{\boldsymbol{P}}_g - \boldsymbol{S}(\boldsymbol{R}_b\boldsymbol{P}_c^b)\boldsymbol{\xi} + \boldsymbol{R}_b\boldsymbol{J}_{P_c}\dot{\boldsymbol{\alpha}} \\ \dot{\boldsymbol{\Theta}}_c &= \boldsymbol{\Theta} + \boldsymbol{R}_b\boldsymbol{J}_{O_c}\dot{\boldsymbol{\alpha}}\end{aligned} \tag{9.8}$$

式(9.8)说明组件运动学特性可以视为机械臂的一部分。为了便于阅读,使用下标l_{p+1}来代替c表示组件。

9.1.2 动力学模型

为推导四旋翼机械臂系统的动力学模型,采用欧拉-拉格朗日方程如下:

$$\frac{\mathrm{d}}{\mathrm{d}t}\frac{\partial L}{\partial \boldsymbol{q}} - \frac{\partial L}{\partial \boldsymbol{q}} = \boldsymbol{u},\ L = K - U \tag{9.9}$$

式(9.9)中,L是具有动能K和势能U的拉格朗日量;$\boldsymbol{u}$是广义输入。

对于前面考虑的四旋翼机械臂系统,总动能K及其分量计算如下:

$$\begin{aligned}K &= K_g + \sum_{i=1}^{p+1} K_{l_i} \\ K_g &= \frac{1}{2}m_g\dot{\boldsymbol{P}}_g^{\mathrm{T}}\dot{\boldsymbol{P}}_g + \frac{1}{2}\boldsymbol{\Theta}^{\mathrm{T}}\boldsymbol{R}_b\boldsymbol{I}_g\boldsymbol{R}_b^{\mathrm{T}}\boldsymbol{\Theta} \\ K_{l_i} &= \frac{1}{2}m_{l_i}\dot{\boldsymbol{P}}_{l_i}^{\mathrm{T}}\dot{\boldsymbol{P}}_{l_i} + \frac{1}{2}\boldsymbol{\Theta}_{l_i}^{\mathrm{T}}\boldsymbol{R}_b\boldsymbol{R}_{l_i}^b\boldsymbol{I}_{l_i}\boldsymbol{R}_b^{l_i}\boldsymbol{R}_b^{\mathrm{T}}\boldsymbol{\Theta}_{l_i}\end{aligned} \tag{9.10}$$

式(9.10)中,m_g、m_{l_i}分别是四旋翼质量和机械臂第l_i个关节的质量;$\boldsymbol{I}$是惯性矩阵。$\boldsymbol{R}_{l_i}^b$是从与关节i的质心到机体坐标系的旋转矩阵,其中$\boldsymbol{R}_{l_i}^b = (\boldsymbol{R}_b^{l_i})^{\mathrm{T}}$。同样,四旋翼机械臂的总势能描述如下:

$$\begin{aligned}U &= U_g + \sum_{i=1}^{p+1} U_{l_i} \\ U_g &= m_g g\boldsymbol{e}_3^{\mathrm{T}}\boldsymbol{P}_g \\ U_{l_i} &= m_{l_i} g\boldsymbol{e}_3^{\mathrm{T}}(\boldsymbol{P}_g + \boldsymbol{R}_b\boldsymbol{P}_{l_i}^b)\end{aligned} \tag{9.11}$$

式(9.11)中,$\boldsymbol{e}_3 = [0,\ 0,\ 1]^{\mathrm{T}}$, g是重力常数。

将式(9.10)~式(9.11)代入式(9.9),可以给出四旋翼机械臂系统的动力学模型:

$$\boldsymbol{M}(\boldsymbol{q})\ddot{\boldsymbol{q}} + \boldsymbol{C}(\boldsymbol{q}, \dot{\boldsymbol{q}})\dot{\boldsymbol{q}} + \boldsymbol{G}(\boldsymbol{q}) = \boldsymbol{u} \tag{9.12}$$

式(9.12)中，$\boldsymbol{M}(\boldsymbol{q}) \in \boldsymbol{R}^{(6+p)\times(6+p)}$ 是对称正定惯性矩阵，$\boldsymbol{C}(\boldsymbol{q}, \dot{\boldsymbol{q}}) \in \boldsymbol{R}^{(6+p)\times(6+p)}$ 是科里奥利矩阵，$\boldsymbol{G}(\boldsymbol{q}) \in \boldsymbol{R}^{(6+p)}$ 表示重力效应。$\boldsymbol{M}(\boldsymbol{q}) - 2\boldsymbol{C}(\boldsymbol{q}, \dot{\boldsymbol{q}})$ 始终是斜对称矩阵。总动能可以用惯性矩阵 $\boldsymbol{M}(\boldsymbol{q})$ 表示为

$$K = \frac{1}{2}\dot{\boldsymbol{q}}^{\mathrm{T}}\boldsymbol{M}(\boldsymbol{q})\dot{\boldsymbol{q}} \tag{9.13}$$

通过将等式(9.10)~式(9.11)代入式(9.12)，惯性矩阵 $\boldsymbol{M}(\boldsymbol{q})$ 计算如下：

$$\boldsymbol{M}(\boldsymbol{q}) = \begin{bmatrix} \boldsymbol{M}_{11} & \boldsymbol{M}_{12} & \boldsymbol{M}_{13} \\ \boldsymbol{M}_{21} & \boldsymbol{M}_{22} & \boldsymbol{M}_{23} \\ \boldsymbol{M}_{31} & \boldsymbol{M}_{32} & \boldsymbol{M}_{33} \end{bmatrix} \tag{9.14}$$

式(9.14)中，

$$\boldsymbol{M}_{11} = \left(m_q + \sum_{i=1}^{p+1} m_{l_i}\right)\boldsymbol{I}_{3\times3}$$

$$\boldsymbol{M}_{22} = \boldsymbol{Q}^{\mathrm{T}}\boldsymbol{R}_b\boldsymbol{I}_q\boldsymbol{R}_b^{\mathrm{T}}\boldsymbol{Q} + \sum_{i=1}^{p}\left[m_{l_i}\boldsymbol{Q}^{\mathrm{T}}\boldsymbol{S}(\boldsymbol{p}_{l_i}^b)^{\mathrm{T}}\boldsymbol{S}(\boldsymbol{p}_{l_i}^b)\boldsymbol{Q} + \boldsymbol{Q}^{\mathrm{T}}\boldsymbol{R}_b\boldsymbol{R}_{l_i}^b\boldsymbol{I}_{l_i}(\boldsymbol{R}_{l_i}^b)^{\mathrm{T}}\boldsymbol{R}_b^{\mathrm{T}}\boldsymbol{Q}\right]$$

$$\boldsymbol{M}_{33} = \sum_{i=1}^{p+1}\left[m_{l_i}\boldsymbol{J}_{p_i}^{\mathrm{T}}\boldsymbol{J}_{p_i} + \boldsymbol{J}_{O_i}^{\mathrm{T}}\boldsymbol{R}_{l_i}^b\boldsymbol{I}_{l_i}(\boldsymbol{R}_{l_i}^b)^{\mathrm{T}}\boldsymbol{J}_{O_i}\right]$$

$$\boldsymbol{M}_{12} = \boldsymbol{M}_{21}^{\mathrm{T}} = -\sum_{i=1}^{p+1}\left[m_{l_i}\boldsymbol{R}_b\boldsymbol{S}(\boldsymbol{p}_{l_i}^b)\boldsymbol{Q}\right]$$

$$\boldsymbol{M}_{13} = \boldsymbol{M}_{31}^{\mathrm{T}} = \sum_{i=1}^{p+1}(m_{l_i}\boldsymbol{R}_b\boldsymbol{J}_{p_i})$$

$$\boldsymbol{M}_{23} = \boldsymbol{M}_{32}^{\mathrm{T}} = \sum_{i=1}^{p+1}\left[\boldsymbol{Q}^{\mathrm{T}}\boldsymbol{R}_b\boldsymbol{R}_{l_i}^b\boldsymbol{I}_{l_i}(\boldsymbol{R}_{l_i}^b)^{\mathrm{T}}\boldsymbol{J}_{O_i} - m_{l_i}\boldsymbol{Q}^{\mathrm{T}}\boldsymbol{S}(\boldsymbol{p}_{l_i}^b)^{\mathrm{T}}\boldsymbol{J}_{p_i}\right]$$

根据 $\boldsymbol{R}$ 是旋转矩阵和 $\boldsymbol{R}\boldsymbol{S}(\boldsymbol{\xi})\boldsymbol{R}^{\mathrm{T}} = \boldsymbol{S}(\boldsymbol{R}\boldsymbol{\xi})$，计算得出科里奥利矩阵 $\boldsymbol{C}(\boldsymbol{q}, \dot{\boldsymbol{q}})$ 的元素为

$$c_{ij} = \sum_{k=1}^{6+p}\frac{1}{2}\left(\frac{\partial m_{ij}}{\partial \boldsymbol{q}_k} + \frac{\partial m_{ik}}{\partial \boldsymbol{q}_j} - \frac{\partial m_{jk}}{\partial \boldsymbol{q}_i}\right)\dot{\boldsymbol{q}}_k \tag{9.15}$$

式(9.15)中，m_{ij} 是惯性矩阵 $\boldsymbol{M}(\boldsymbol{q})$ 的元素。$\boldsymbol{G}(\boldsymbol{q})$ 可用以下偏导数计算：

$$\boldsymbol{G}(\boldsymbol{q}) = \frac{\partial U}{\partial \boldsymbol{q}} \tag{9.16}$$

四旋翼机械臂系统式(9.12)变为

$$\begin{bmatrix} \boldsymbol{M}_{11} & \boldsymbol{M}_{12} & \boldsymbol{M}_{13} \\ \boldsymbol{M}_{21} & \boldsymbol{M}_{22} & \boldsymbol{M}_{23} \\ \boldsymbol{M}_{31} & \boldsymbol{M}_{32} & \boldsymbol{M}_{33} \end{bmatrix}\begin{bmatrix} \ddot{\boldsymbol{p}}_q \\ \ddot{\boldsymbol{\phi}} \\ \ddot{\boldsymbol{\alpha}} \end{bmatrix} + \begin{bmatrix} \boldsymbol{C}_{11} & \boldsymbol{C}_{12} & \boldsymbol{C}_{13} \\ \boldsymbol{C}_{21} & \boldsymbol{C}_{22} & \boldsymbol{C}_{23} \\ \boldsymbol{C}_{31} & \boldsymbol{C}_{32} & \boldsymbol{C}_{33} \end{bmatrix}\begin{bmatrix} \dot{\boldsymbol{P}}_g \\ \dot{\boldsymbol{\Theta}} \\ \dot{\boldsymbol{\alpha}} \end{bmatrix} + \begin{bmatrix} \boldsymbol{G}_1 \\ \boldsymbol{G}_2 \\ \boldsymbol{G}_3 \end{bmatrix} = \begin{bmatrix} \boldsymbol{u}_f \\ \boldsymbol{u}_\tau \\ \boldsymbol{u}_\alpha \end{bmatrix} \tag{9.17}$$

式(9.17)中,$\boldsymbol{u}_f$、$\boldsymbol{u}_\tau$、$\boldsymbol{u}_\alpha$ 分别对应于 $\boldsymbol{P}_g$、$\dot{\boldsymbol{\Theta}}$、$\boldsymbol{\alpha}$ 的广义输入。$\boldsymbol{u}_\alpha = [\boldsymbol{u}_{\alpha_1}, \cdots, \boldsymbol{u}_{\alpha_p}]^{\mathrm{T}} \in \boldsymbol{R}_p$ 是机械臂驱动扭矩的输入矢量,可以通过伺服电机直接驱动。由于四旋翼飞行器是欠驱动系统,因此 $\boldsymbol{u}_f$ 和 $\boldsymbol{u}_\tau$ 需要转换为四旋翼输入,$\boldsymbol{F} = [F_1, F_2, F_3, F_4]^{\mathrm{T}} \in \boldsymbol{R}^4$,即四旋翼飞行器的四个电机的推力,详细表达请见第二章。下面将广义输入转换为四旋翼飞行器的四个电机的输入和机械臂的关节舵机,如下所示:

$$\begin{bmatrix} \boldsymbol{u}_f \\ \boldsymbol{u}_\tau \\ \boldsymbol{u}_\alpha \end{bmatrix} = \begin{bmatrix} \boldsymbol{R}_b & \boldsymbol{0} & \boldsymbol{0} \\ \boldsymbol{0} & \boldsymbol{Q}^{\mathrm{T}} & \boldsymbol{0} \\ \boldsymbol{0} & \boldsymbol{0} & \boldsymbol{I}_{p\times p} \end{bmatrix} \begin{bmatrix} \boldsymbol{\Omega} & \boldsymbol{0} \\ \boldsymbol{0} & \boldsymbol{I}_{p\times p} \end{bmatrix} \begin{bmatrix} \boldsymbol{F} \\ \boldsymbol{u}_\alpha \end{bmatrix} \tag{9.18}$$

$$\boldsymbol{\Omega} = \begin{bmatrix} 0 & 0 & 0 & 0 \\ 0 & 0 & 0 & 0 \\ 1 & 1 & 1 & 1 \\ 0 & d & 0 & -d \\ -d & 0 & d & 0 \\ c & -c & c & -c \end{bmatrix}$$

式(9.18)中,d 是从电机到四旋翼飞行器质心的距离;c 是阻力系数。

9.2 四旋翼机械臂系统编队控制

引理 9.1[126] 给定系统

$$\dot{\boldsymbol{x}} = f(t, \boldsymbol{x}) \tag{9.19}$$

式(9.19)中,$f(t, 0) \triangleq 0$,它的解存在并且是唯一解。设标量 $V(\boldsymbol{x}, t)$ 和 $W(\boldsymbol{x}, t)$ 是域 D 上的连续函数,且满足以下四个条件:

(1) $V(\boldsymbol{x}, t)$ 正定递减;

(2) $V(\boldsymbol{x}, t) \leqslant U(\boldsymbol{x}) \leqslant 0$,其中 $U(\boldsymbol{x})$ 连续;

(3) $|V(\boldsymbol{x}, t)|$ 有界;

(4) $\max[d(\boldsymbol{x}, \boldsymbol{\Phi})], |\dot{V}(\boldsymbol{x}, t)| \geqslant \gamma(\|\boldsymbol{x}\|)$,其中 $\boldsymbol{\Phi} = \{\boldsymbol{x} | U(\boldsymbol{x}) = 0\}$,$d(\boldsymbol{x}, \boldsymbol{\Phi})$ 表示 x 到集合 $\boldsymbol{\Phi}$ 的距离,$\gamma(*)$ 是 K 类函数①。

那么系统式(9.19)的平衡点在区域 D 上渐近稳定。

引理 9.2[126] 如果以下两个条件成立,那么引理 9.1 中的条件(4)同样成立:

(1) 函数 $|\dot{V}(\boldsymbol{x}, t)|$ 在两个自变量的作用下都是连续的,$\dot{V}(\boldsymbol{x}, t) = g[x, \beta(t)]$,其中 g 在两个自变量的作用下是连续的,$\beta(t)$ 连续且有界。

(2) 存在 K 类函数 α,对于所有 $x \in \boldsymbol{\Phi}$ 有 $|\dot{V}(\boldsymbol{x}, t)| \geqslant \alpha(\|x\|)$,其中 $\boldsymbol{\Phi}$ 是引理 9.1 中定义的集合。

考虑 n 个四旋翼机械臂系统,系统(9.19)可以表示为

① 一个连续函数 $\alpha: [0, a] \to [0, \infty)$ 称之为 K 类函数,如果该函数是严格递增函数,且 $\alpha(0) = 0$。

$$\boldsymbol{M}_i(\boldsymbol{q}_i)\ddot{\boldsymbol{q}} + \boldsymbol{C}(\boldsymbol{q}_i, \dot{\boldsymbol{q}}_i)\dot{\boldsymbol{q}}_i + \boldsymbol{G}_i(\boldsymbol{q}_i) = \boldsymbol{u}_i,\ i \in \mathbf{N} = \{1, \cdots, N\} \tag{9.20}$$

对于每个四旋翼飞行器,动力学方程可分为如下所示的位置环,姿态环和机械臂环三部分:

$$\begin{aligned}
&\boldsymbol{M}_{11,i}\ddot{\boldsymbol{P}}_i + \boldsymbol{M}_{12,i}\ddot{\boldsymbol{\Theta}}_i + \boldsymbol{M}_{13,i}\ddot{\boldsymbol{\alpha}}_i + \boldsymbol{C}_{11,i}\dot{\boldsymbol{P}}_i + \boldsymbol{C}_{12,i}\dot{\boldsymbol{\Theta}}_i + \boldsymbol{C}_{13,i}\dot{\boldsymbol{\alpha}}_i + \boldsymbol{G}_{1,i} = \boldsymbol{u}_{f,i}\\
&\boldsymbol{M}_{21,i}\ddot{\boldsymbol{P}}_i + \boldsymbol{M}_{22,i}\ddot{\boldsymbol{\Theta}}_i + \boldsymbol{M}_{23,i}\ddot{\boldsymbol{\alpha}}_i + \boldsymbol{C}_{21,i}\dot{\boldsymbol{P}}_i + \boldsymbol{C}_{22,i}\dot{\boldsymbol{\Theta}}_i + \boldsymbol{C}_{23,i}\dot{\boldsymbol{\alpha}}_i + \boldsymbol{G}_{2,i} = \boldsymbol{u}_{\tau,i}\\
&\boldsymbol{M}_{31,i}\ddot{\boldsymbol{P}}_i + \boldsymbol{M}_{32,i}\ddot{\boldsymbol{\Theta}}_i + \boldsymbol{M}_{33,i}\ddot{\boldsymbol{\alpha}}_i + \boldsymbol{C}_{31,i}\dot{\boldsymbol{P}}_i + \boldsymbol{C}_{32,i}\dot{\boldsymbol{\Theta}}_i + \boldsymbol{C}_{33,i}\dot{\boldsymbol{\alpha}}_i + \boldsymbol{G}_{3,i} = \boldsymbol{u}_{\alpha,i}
\end{aligned} \tag{9.21}$$

式(9.21)中,$\boldsymbol{P}_i$ 表示第 i 个四旋翼机械臂系统的质心位置。

假设每个四旋翼机械臂系统都配备传感装置,当其他飞行器进入探测区域时,传感装置可以探测到具有潜在碰撞威胁的飞行器。为了考虑避撞问题,将整个系统的避障区域定义为

$$\boldsymbol{\Omega} = \cup_{i,j}\boldsymbol{\Omega}_{ij},\ \boldsymbol{\Omega}_{ij} = \{\boldsymbol{P}:\ \boldsymbol{P} \in \boldsymbol{R}^3,\ \|\boldsymbol{P}_i - \boldsymbol{P}_j\| \leqslant r\} \tag{9.22}$$

整个系统的探测区域定义为

$$\boldsymbol{\Psi} = \cup_{i,j}\boldsymbol{\Psi}_{ij},\ \boldsymbol{\Psi}_{ij} = \{\boldsymbol{P}:\ \boldsymbol{P} \in \boldsymbol{R}^3,\ \|\boldsymbol{P}_i - \boldsymbol{P}_j\| \leqslant R\} \tag{9.23}$$

式(9.23)中, $R > r > 0$; R 表示传感器探测半径;r 表示飞行器间的最小安全距离。

一般来说,多个四旋翼机械臂系统的空中协同运输和组装任务可分为三个步骤:

(1) 多个四旋翼机械臂系统形成运输或组装所需的编队构型;

(2) 每节机械臂可以达到指定角度以完成抓取或组装任务;

(3) 每个四旋翼机械臂系统协同飞行至指定位置。

根据以上任务,本章提出了多四旋翼机械臂系统的协同控制算法,并给出稳定性证明。

定理 9.1　考虑具有环形通信拓扑的多个四旋翼-机械臂系统[式(9.21)],通过式(9.27)、式(9.43)和式(9.50)可以实现无碰撞的运输和组装任务:

(1) $\boldsymbol{P}_i - \boldsymbol{P}_j \to \boldsymbol{\delta}_i - \boldsymbol{\delta}_j,\ \dot{\boldsymbol{P}}_i \to \boldsymbol{0},\ \forall i, j \in \mathbf{N}$;

(2) $\boldsymbol{\Theta}_i \to \boldsymbol{0},\ \dot{\boldsymbol{\Theta}}_i \to \boldsymbol{0},\ \forall i \in \mathbf{N}$;

(3) 如果满足以下条件 $K_{p,i} > 0,\ K_{\phi,i} > 0,\ K_{\alpha,i} > 0,\ K^2_{\alpha,i} > 0,\ K^1_{\alpha,i} - 2K^2_{\alpha,i} > 0$,那么,$\alpha_i \to \alpha_{d,i},\ \dot{\alpha}_i \to 0,\ \forall i \in \mathbf{N}$,其中 $\boldsymbol{\delta}_i$ 表示第 i 个飞行器的队形偏移量,$\alpha_{d,i}$ 是第 i 个机械臂的期望关节角度。

9.2.1　位置控制

位置环的目标是保证多个四旋翼无碰撞形成编队。定义以下势能避碰函数[124]。

$$V_{ij}(\boldsymbol{P}_i, \boldsymbol{P}_j) = \left(\min\left\{0,\ \frac{\|\boldsymbol{P}_i - \boldsymbol{P}_j\|^2 - R^2}{\|\boldsymbol{P}_i - \boldsymbol{P}_j\|^2 - r^2}\right\}\right)^2 \tag{9.24}$$

那么,V_{ij} 关于 $\boldsymbol{P}_i$ 的偏导数为

$$\frac{\partial V_{ij}}{\partial \boldsymbol{P}_i}=\begin{cases}0 & \|\boldsymbol{P}_i-\boldsymbol{P}_j\|\geqslant R\\ \dfrac{4(R^2-r^2)\|\boldsymbol{P}_i-\boldsymbol{P}_j\|^2-R^2}{(\|\boldsymbol{P}_i-\boldsymbol{P}_j\|^2-r^2)^3}(\boldsymbol{P}_i-\boldsymbol{P}_j) & R\geqslant\|\boldsymbol{P}_i-\boldsymbol{P}_j\|>r\\ 无定义 & \|\boldsymbol{P}_i-\boldsymbol{P}_j\|=r\\ 0 & \|\boldsymbol{P}_i-\boldsymbol{P}_j\|<r\end{cases}\tag{9.25}$$

由于函数 $V_{ij}(\boldsymbol{P}_i, \boldsymbol{P}_j)$ 关于其自变量的偏导是对称的,由此可得

$$\frac{\partial V_{ij}}{\partial \boldsymbol{P}_i}=-\frac{\partial V_{ij}}{\partial \boldsymbol{P}_j}=\frac{\partial V_{ji}}{\partial \boldsymbol{P}_i}=-\frac{\partial V_{ji}}{\partial \boldsymbol{P}_j}\tag{9.26}$$

避障的目的是保证每架四旋翼的轨迹远离避撞区域。为此,针对第 i 个四旋翼机械臂系统提出了以下控制器:

$$\begin{aligned}\boldsymbol{u}_{f,i}=&\boldsymbol{M}_{12,i}\ddot{\boldsymbol{\Theta}}_i+\boldsymbol{M}_{13,i}\ddot{\boldsymbol{\alpha}}_i+\boldsymbol{C}_{12,i}\dot{\boldsymbol{\Theta}}_i+\boldsymbol{C}_{13}\dot{\boldsymbol{\alpha}}_i+\boldsymbol{G}_{1,i}-\sum_{j=1}^{N}\frac{\partial V_{ij}}{\partial \boldsymbol{P}_i}\\&-\sum_{j=1}^{N}a_{ij}[(\boldsymbol{P}_i-\boldsymbol{P}_j)-(\boldsymbol{\delta}_i-\boldsymbol{\delta}_j)]-\sum_{j=1}^{N}b_{ij}(\dot{\boldsymbol{P}}_i-\dot{\boldsymbol{P}}_j)-\boldsymbol{K}_{p,i}\dot{\boldsymbol{P}}_i\end{aligned}\tag{9.27}$$

式(9.27)中,a_{ij} 是与图 G_A 关联的邻接矩阵 $\boldsymbol{A}\in R^{N\times N}$ 的第(i,j)项;b_{ij} 是与图 G_B 关联的邻接矩阵 $\boldsymbol{B}\in R^{N\times N}$ 的第(i,j)项。$\boldsymbol{K}_{p,i}\in R^{3\times 3}$ 是对称矩阵。请注意 G_A 和 G_B 允许不同。

定理 9.2 给定多个四旋翼机械臂系统的位置环式(9.21),如果 G_A 和 G_B 无向且连通,$\boldsymbol{K}_{p,i}>0$,那么控制器式(9.25)和式(9.27)实现编队构型并且保证避撞,即 $\boldsymbol{P}_i-\boldsymbol{P}_j\to\boldsymbol{\delta}_i-\boldsymbol{\delta}_j$;$\dot{\boldsymbol{P}}_i\to\boldsymbol{0}$。

证明: 定义如下误差

$$\tilde{\boldsymbol{P}}_i=\boldsymbol{P}_i-\boldsymbol{\delta}_i,\ \dot{\tilde{\boldsymbol{P}}}_i=\dot{\boldsymbol{P}}_i-\dot{\boldsymbol{\delta}}_i,\ \tilde{\boldsymbol{P}}=[\tilde{\boldsymbol{P}}_1^{\mathrm{T}},\cdots,\tilde{\boldsymbol{P}}_N^{\mathrm{T}}]^{\mathrm{T}},\ \dot{\tilde{\boldsymbol{P}}}=[\dot{\tilde{\boldsymbol{P}}}_1^{\mathrm{T}},\cdots,\dot{\tilde{\boldsymbol{P}}}_N^{\mathrm{T}}]^{\mathrm{T}},$$

$$\bar{\boldsymbol{M}}_{11}=\mathrm{diag}[\boldsymbol{M}_{11,1},\cdots,\boldsymbol{M}_{11,N}],\ \boldsymbol{\nabla}=\left[\sum_{j=1}^{N}\frac{\partial V_{1j}}{\partial \boldsymbol{P}_1},\cdots,\sum_{j=1}^{N}\frac{\partial V_{Nj}}{\partial \boldsymbol{P}_N}\right]^{\mathrm{T}},$$

$$\bar{\boldsymbol{C}}_{11}=\mathrm{diag}[\boldsymbol{C}_{11,1},\cdots,\boldsymbol{C}_{11,N}],\ \boldsymbol{K}_p=\mathrm{diag}[\boldsymbol{K}_{p,1},\cdots,\boldsymbol{K}_{p,N}]。$$

利用式(9.27)和式(9.21)中第一项可以用矢量形式写成:

$$\bar{\boldsymbol{M}}_{11}\ddot{\tilde{\boldsymbol{P}}}+\bar{\boldsymbol{C}}_{11}\dot{\tilde{\boldsymbol{P}}}=-(\boldsymbol{L}_A\otimes\boldsymbol{I}_{3\times 3})\tilde{\boldsymbol{P}}-(\boldsymbol{L}_B\otimes\boldsymbol{I}_{3\times 3})\dot{\tilde{\boldsymbol{P}}}-\boldsymbol{K}_p\dot{\tilde{\boldsymbol{P}}}-\boldsymbol{\nabla}\tag{9.28}$$

式(9.28)中,$\boldsymbol{L}_A$ 和 $\boldsymbol{L}_B$ 分别是与 G_A 和 G_B 相关的拉普拉斯矩阵。使用式(9.27),那么式(9.20)可以写成

$$\begin{aligned}&\frac{\mathrm{d}}{\mathrm{d}t}(\tilde{\boldsymbol{P}}_i-\tilde{\boldsymbol{P}}_j)=\dot{\tilde{\boldsymbol{P}}}_i-\dot{\tilde{\boldsymbol{P}}}_j\\&\frac{\mathrm{d}}{\mathrm{d}t}\dot{\tilde{\boldsymbol{P}}}_i=-\boldsymbol{M}_{11,i}^{-1}\left[\boldsymbol{C}_{11,i}\dot{\tilde{\boldsymbol{P}}}_i+\sum_{j=1}^{N}a_{ij}(\tilde{\boldsymbol{P}}_i-\boldsymbol{w}_j)+\sum_{j=1}^{N}b_{ij}(\dot{\tilde{\boldsymbol{P}}}_i-\dot{\tilde{\boldsymbol{P}}}_j)+\boldsymbol{K}_{p,i}\dot{\tilde{\boldsymbol{P}}}_i+\sum_{j=1}^{N}\frac{\partial V_{ij}}{\partial \boldsymbol{P}_i}\right]\end{aligned}\tag{9.29}$$

假设 $\boldsymbol{e}=[\boldsymbol{e}_{ij}]_{N\times N}$ 是所有 $\tilde{\boldsymbol{P}}_i-\tilde{\boldsymbol{P}}_j$ 的列堆栈向量，其中 $i<j$ 且 $a_{ij}\neq 0$。考虑系统式(9.29)的李雅普诺夫函数

$$V_1=\frac{1}{2}\tilde{\boldsymbol{P}}^{\mathrm{T}}(\boldsymbol{L}_A\otimes\boldsymbol{I}_{3\times3})\tilde{\boldsymbol{P}}+\frac{1}{2}\dot{\tilde{\boldsymbol{P}}}^{\mathrm{T}}\bar{\boldsymbol{M}}_{11}\dot{\tilde{\boldsymbol{P}}}+\sum_{i=1}^{N}\sum_{j>i}V_{ij} \tag{9.30}$$

因为 $\tilde{\boldsymbol{P}}^{\mathrm{T}}(\boldsymbol{L}_A\otimes\boldsymbol{I}_{3\times3})\tilde{\boldsymbol{P}}=\frac{1}{2}\sum_{i=1}^{N}\sum_{j=1}^{N}a_{ij}\|\tilde{\boldsymbol{P}}_i-\tilde{\boldsymbol{P}}_j\|^2$，所以 V_1 相对于 $\boldsymbol{e}$ 和 $\dot{\tilde{\boldsymbol{P}}}$ 是正定递减的。由于 $\boldsymbol{M}_{11,i}$ 和 $\boldsymbol{C}_{11,i}$ 是 $\boldsymbol{q}_i$ 的函数，式(9.29)所表示的系统是非自治的，因此 LaSalle 不变性原则不再适用，需要采用引理 9.1 中的 Matrosov 定理来证明。首先，根据式(9.30)选择李雅普诺夫函数，引理 9.1 中的条件(1)已经满足。此外，V_1 关于时间的导数为

$$\begin{aligned}\dot{V}_1=&\dot{\tilde{\boldsymbol{P}}}^{\mathrm{T}}(\boldsymbol{L}_A\otimes\boldsymbol{I}_{3\times3})\tilde{\boldsymbol{P}}+\frac{1}{2}\dot{\tilde{\boldsymbol{P}}}^{\mathrm{T}}\bar{\boldsymbol{M}}_{11}\ddot{\tilde{\boldsymbol{P}}}+\frac{1}{2}\dot{\tilde{\boldsymbol{P}}}^{\mathrm{T}}\bar{\boldsymbol{M}}_{11}\tilde{\boldsymbol{P}}\\&+\sum_{i=1}^{N}\sum_{j>i}\left[\left(\frac{\partial V_{ij}}{\partial\boldsymbol{P}_i}\right)^{\mathrm{T}}\dot{\boldsymbol{P}}_i+\left(\frac{\partial V_{ij}}{\partial\boldsymbol{P}_j}\right)^{\mathrm{T}}\dot{\boldsymbol{P}}_j\right]\end{aligned} \tag{9.31}$$

将式(9.28)代入式(9.31)可得，

$$\begin{aligned}\dot{V}_1=&\tilde{\boldsymbol{P}}^{\mathrm{T}}(\boldsymbol{L}_A\otimes\boldsymbol{I}_{3\times3})\tilde{\boldsymbol{P}}+\dot{\tilde{\boldsymbol{P}}}^{\mathrm{T}}(-\bar{\boldsymbol{C}}_{11}\dot{\tilde{\boldsymbol{P}}}-(\boldsymbol{L}_A\otimes\boldsymbol{I}_{3\times3})\tilde{\boldsymbol{P}}-(\boldsymbol{L}_B\otimes\boldsymbol{I}_{3\times3})\dot{\tilde{\boldsymbol{P}}}-\boldsymbol{K}_p\dot{\tilde{\boldsymbol{P}}}-\boldsymbol{\nabla})\\&+\frac{1}{2}\dot{\tilde{\boldsymbol{P}}}^{\mathrm{T}}\dot{\bar{\boldsymbol{M}}}_{11}\dot{\tilde{\boldsymbol{P}}}+\sum_{i=1}^{N}\sum_{j>i}\left[\left(\frac{\partial V_{ij}}{\partial\boldsymbol{P}_i}\right)^{\mathrm{T}}\dot{\boldsymbol{P}}_i+\left(\frac{\partial V_{ij}}{\partial\boldsymbol{P}_j}\right)^{\mathrm{T}}\dot{\boldsymbol{P}}_j\right]\end{aligned} \tag{9.32}$$

式(9.32)中，$\dot{\bar{\boldsymbol{M}}}_{11}-2\bar{\boldsymbol{C}}_{11}$ 是反对称的，于是

$$\begin{aligned}\dot{V}_1=&-\dot{\tilde{\boldsymbol{P}}}^{\mathrm{T}}(\boldsymbol{L}_B\otimes\boldsymbol{I}_{3\times3})\dot{\tilde{\boldsymbol{P}}}-\dot{\tilde{\boldsymbol{P}}}^{\mathrm{T}}\boldsymbol{K}_p\dot{\tilde{\boldsymbol{P}}}-\dot{\tilde{\boldsymbol{P}}}^{\mathrm{T}}\boldsymbol{\nabla}+\sum_{i=1}^{N}\sum_{j>i}\left[\left(\frac{\partial V_{ij}}{\partial\boldsymbol{P}_i}\right)^{\mathrm{T}}\dot{\boldsymbol{P}}_i+\left(\frac{\partial V_{ij}}{\partial\boldsymbol{P}_j}\right)^{\mathrm{T}}\dot{\boldsymbol{P}}_j\right]\\=&-\dot{\tilde{\boldsymbol{P}}}^{\mathrm{T}}(\boldsymbol{L}_B\otimes\boldsymbol{I}_{3\times3})\dot{\tilde{\boldsymbol{P}}}-\dot{\tilde{\boldsymbol{P}}}^{\mathrm{T}}\boldsymbol{K}_p\dot{\tilde{\boldsymbol{P}}}-\sum_{i=1}^{N}\sum_{j=1}^{N}\dot{\boldsymbol{P}}_i^{\mathrm{T}}\frac{\partial V_{ij}}{\partial\boldsymbol{P}_i}\\&+\sum_{i=1}^{N}\sum_{j>i}\left[\left(\frac{\partial V_{ij}}{\partial\boldsymbol{p}_i}\right)^{\mathrm{T}}\dot{\boldsymbol{p}}_i+\left(\frac{\partial V_{ij}}{\partial\boldsymbol{p}_j}\right)^{\mathrm{T}}\dot{\boldsymbol{p}}_j\right]\end{aligned} \tag{9.33}$$

利用式(9.26)，可得

$$-\sum_{i=1}^{N}\sum_{j=1}^{N}\dot{\boldsymbol{P}}_i^{\mathrm{T}}\frac{\partial V_{ij}}{\partial\boldsymbol{P}_i}+\sum_{i=1}^{N}\sum_{j>i}\left[\left(\frac{\partial V_{ij}}{\partial\boldsymbol{P}_i}\right)^{\mathrm{T}}\dot{\boldsymbol{P}}_i+\left(\frac{\partial V_{ij}}{\partial\boldsymbol{P}_j}\right)^{\mathrm{T}}\dot{\boldsymbol{P}}_j\right]=0 \tag{9.34}$$

因此，

$$\dot{V}_1=-\dot{\tilde{\boldsymbol{P}}}^{\mathrm{T}}(\boldsymbol{L}_B\otimes\boldsymbol{I}_{3\times3})\dot{\tilde{\boldsymbol{P}}}-\dot{\tilde{\boldsymbol{P}}}^{\mathrm{T}}\boldsymbol{K}_p\dot{\tilde{\boldsymbol{P}}}\leqslant 0 \tag{9.35}$$

由于图 G_B 无向连通且 $\boldsymbol{K}_p>0$，于是引理 9.1 中的条件(2)同样满足。

由式(9.35)可推得 $V_1(t)\leqslant V_1(0)(\forall t\geqslant 0)$，由式(9.24)可推得 $\lim_{\|\boldsymbol{P}_i-\boldsymbol{P}_j\|\to r^+}V_{ij}(\boldsymbol{P}_i,\boldsymbol{P}_j)=\infty(\forall i,j)$。于是飞行器的轨迹永远不会进入 Ω，从而避免碰撞。

定义 $W=\dot{\tilde{P}}\bar{M}_{11}(L_A\otimes I_{3\times3})\tilde{P}$，可得

$$|W|<\|\dot{\tilde{P}}\|\|\bar{M}_{11}\|\|(L_A\otimes I_{3\times3})\tilde{P}\| \tag{9.36}$$

因为 $V_1(t)\leqslant V_1(0)$，$\forall t\geqslant0$，e 和 $\|\dot{\tilde{P}}\|$ 有界。同时$(L_A\otimes I_{3\times3})\tilde{P}$ 是 $\sum_{j=1}^{n}a_{ij}(\tilde{P}_i-\tilde{P}_j)(i=1,\cdots,n)$ 的列堆栈向量，所以 $\|(L_A\otimes I_{3\times3})\tilde{P}\|$ 有界且 $|W|$ 和 $\|\bar{M}_{11}\|$ 有界，满足引理 9.1 中的条件(3)。W 的导数为

$$\dot{W}=\ddot{\tilde{P}}^{\mathrm{T}}\bar{M}_{11}(L_A\otimes I_{3\times3})\tilde{P}+\dot{\tilde{P}}^{\mathrm{T}}\dot{\bar{M}}_{11}(L_A\otimes I_{3\times3})\tilde{P}+\dot{\tilde{P}}^{\mathrm{T}}\bar{M}_{11}(L_A\otimes I_{3\times3})\dot{\tilde{P}} \tag{9.37}$$

$$\begin{aligned}\dot{W}=&\dot{\tilde{P}}^{\mathrm{T}}\bar{C}_{11}^{\mathrm{T}}(L_A\otimes I_{3\times3})\tilde{P}-\tilde{P}^{\mathrm{T}}(L_A^2\otimes I_{3\times3})\tilde{P}-\dot{\tilde{P}}^{\mathrm{T}}(L_BL_A\otimes I_{3\times3})\tilde{P}\\&-\dot{\tilde{P}}^{\mathrm{T}}K_p(L_A\otimes I_{3\times3})\tilde{P}-\nabla^{\mathrm{T}}(L_A\otimes I_{3\times3})\tilde{P}+\dot{\tilde{P}}^{\mathrm{T}}\dot{\bar{M}}_{11}(L_A\otimes I_{3\times3})\tilde{P}\\&+\tilde{P}^{\mathrm{T}}\bar{M}_{11}(L_A\otimes I_{3\times3})\dot{\tilde{P}}\end{aligned} \tag{9.38}$$

注意 $\dot{V}_1=0$ 意味着$\dot{\tilde{P}}=0$。在集合 $\{(e,\dot{\tilde{P}})\mid\dot{V}_1=0\}$ 上，

$$\dot{W}=-\tilde{P}^{\mathrm{T}}(L_A^2\otimes I_{3\times3})\tilde{P}\leqslant0 \tag{9.39}$$

$\dot{W}=\|(L_A^2\otimes I_{3\times3})\tilde{P}\|^2$ 关于 e 是正定的。因此，存在 K 类函数 α，使得 $|\dot{W}|>\alpha(\|e\|)$。另外，$|\dot{W}|$并不是 t 的显函数。从引理 9.2 可得，引理 9.1 中的条件(4)满足。因此，系统(9.29)的平衡点是一致渐近稳定的，这意味着随着 $t\to\infty$，$P_i-P_j\to\delta_i-\delta_j$，$\dot{P}_i\to0$，同时可以避碰。

9.2.2 姿态控制

接下来，式(9.17)中的 u_τ 用来实现四旋翼飞行器的姿态控制。根据式(9.18)，u_f 通过式(9.40)来确定

$$\begin{bmatrix}u_{f,x}\\u_{f,y}\\u_{f,z}\end{bmatrix}=\begin{bmatrix}(\cos\psi\sin\theta\cos\varphi+\sin\psi\sin\varphi)f_z\\(\sin\psi\sin\theta\cos\varphi-\cos\psi\sin\varphi)f_z\\\cos\theta\cos\varphi f_z\end{bmatrix} \tag{9.40}$$

式(9.40)中，$f_z=\|u_f\|$ 是飞行器在机体坐标系下的总推力。因此，期望滚转角和俯仰角可以通过式(9.41)计算得出

$$\begin{aligned}\varphi_d&=\arctan\left(\frac{u_{f,x}\cos\psi+u_{f,y}\sin\psi}{u_{f,z}}\right)\\\theta_d&=\arcsin\left(\frac{u_{f,x}\sin\psi-u_{f,y}\cos\psi}{\|u_f\|}\right)\end{aligned} \tag{9.41}$$

注 9.2 根据式(9.41)，通过位置环的输入计算 φ_d 和 θ_d。当四旋翼到达所需位置时，或 $u_{f,x}=u_{f,y}=0$ 时，$\varphi_d=\theta_d=0$。一般选择参数 $\psi_d=0$。

定义辅助变量如下：

$$\boldsymbol{s}_{\Theta,i} = \dot{\boldsymbol{\Theta}}_i - \dot{\boldsymbol{\Theta}}_{r,i},\ \dot{\boldsymbol{\Theta}}_{r,i} = -\boldsymbol{\Lambda}_{\Theta}(\boldsymbol{\Theta}_i - \boldsymbol{\Theta}_{d,i}) \tag{9.42}$$

式(9.42)中，$\boldsymbol{\Lambda}_{\Theta} \in \boldsymbol{R}^{3\times 3}$ 为正矩阵和 $\boldsymbol{\Theta}_{d,i} = [\varphi_{d,i},\ \theta_{d,i},\ \psi_{d,i}]^{\mathrm{T}}$。

下面针对第 i 个四旋翼机械臂系统提出了姿态控制器：

$$\boldsymbol{u}_{\tau,i} = \boldsymbol{M}_{21,i}\ddot{\boldsymbol{\Theta}}_i + \boldsymbol{M}_{23,i}\ddot{\alpha}_i + \boldsymbol{C}_{21,i}\dot{\boldsymbol{\Theta}}_i + \boldsymbol{C}_{23}\dot{\alpha}_i + \boldsymbol{G}_{2,i} + \boldsymbol{M}_{22,i}\ddot{\boldsymbol{\Theta}}_{r,i} + \boldsymbol{C}_{22,i}\dot{\boldsymbol{\Theta}}_{r,i} - \boldsymbol{K}_{\Theta,i}\boldsymbol{s}_{\Theta,i} \tag{9.43}$$

式(9.43)中，$\boldsymbol{K}_{\Theta,i} \in \boldsymbol{R}^{3\times 3}$ 为对角阵。

定理 9.3　考虑系统[式(9.21)]，当 $\boldsymbol{K}_{\Theta,i} > 0$ 时控制器[式(9.43)]可以实现追踪期望姿态，即 $\boldsymbol{\Theta}_i \to \boldsymbol{\Theta}_{d,i},\ \boldsymbol{\Theta}_i \to \boldsymbol{0},\ \forall i \in \boldsymbol{N}$。

证明：代入式(9.43)，那么式(9.21)可以写成

$$\boldsymbol{M}_{22,i}\dot{\boldsymbol{s}}_{\Theta,i} + \boldsymbol{C}_{22,i}\boldsymbol{s}_{\Theta,i} + \boldsymbol{K}_{\Theta,i}\boldsymbol{s}_{\Theta,i} = \boldsymbol{0} \tag{9.44}$$

选择候选李雅普诺夫函数

$$V_2 = \frac{1}{2}\boldsymbol{s}_{\Theta,i}^{\mathrm{T}}\boldsymbol{M}_{22,i}\boldsymbol{s}_{\Theta,i} \tag{9.45}$$

V_2 关于时间的导数为

$$\dot{V}_2 = \boldsymbol{s}_{\Theta,i}^{\mathrm{T}}\boldsymbol{M}_{22,i}\dot{\boldsymbol{s}}_{\Theta,i} + \frac{1}{2}\boldsymbol{s}_{\Theta,i}^{\mathrm{T}}\dot{\boldsymbol{M}}_{22,i}\boldsymbol{s}_{\Theta,i} \tag{9.46}$$

代入式(9.44)可得

$$\dot{V}_2 = \boldsymbol{s}_{\Theta,i}^{\mathrm{T}}(-\boldsymbol{C}_{22,i}\boldsymbol{s}_{\Theta,i} - \boldsymbol{K}_{\Theta,i}\boldsymbol{s}_{\Theta,i}) + \frac{1}{2}\boldsymbol{s}_{\Theta,i}^{\mathrm{T}}\dot{\boldsymbol{M}}_{22,i}\boldsymbol{s}_{\Theta,i} = -\boldsymbol{s}_{\Theta,i}^{\mathrm{T}}\boldsymbol{K}_{\Theta,i}\boldsymbol{s}_{\Theta,i} < 0 \tag{9.47}$$

因为 $\dot{\boldsymbol{M}}_{22,i} - 2\boldsymbol{C}_{22,i}$ 是斜对称矩阵且 $\boldsymbol{K}_{\Theta,i} > 0$。于是随着 $t \to \infty$、$\boldsymbol{s}_{\Theta,i} \to \boldsymbol{0}$，可以得到 $\boldsymbol{\Theta}_i \to \boldsymbol{\Theta}_{d,i}$、$\dot{\boldsymbol{\Theta}}_i \to \boldsymbol{0}$。

注 9.3　根据式(9.18)，四旋翼真正的输入可以通过下式计算：

$$\boldsymbol{F} = \boldsymbol{\Omega}^{+}\begin{bmatrix} \boldsymbol{R}_b^{-1} & \boldsymbol{0} \\ \boldsymbol{0} & \boldsymbol{Q}^{-\mathrm{T}} \end{bmatrix}\begin{bmatrix} \boldsymbol{u}_f \\ \boldsymbol{u}_\tau \end{bmatrix} \tag{9.48}$$

式(9.48)中，$\boldsymbol{\Omega}^{+}$ 代表矩阵的摩尔-彭若斯广义逆(Moore-Penrose)。$\boldsymbol{u}_f$ 和 $\boldsymbol{u}_\tau$ 在前文中由式(9.27)和式(9.43)给出。

9.2.3　机械臂控制

最后，$\boldsymbol{u}_\alpha$ 用于协同跟踪机械臂的所需角度，定义辅助变量如下：

$$\boldsymbol{s}_{\alpha,i} = \dot{\boldsymbol{\alpha}}_i - \dot{\boldsymbol{\alpha}}_{r,i},\ \dot{\boldsymbol{\alpha}}_{r,i} = -\boldsymbol{\Lambda}_\alpha(\boldsymbol{\alpha}_i - \boldsymbol{\alpha}_{d,i}) \tag{9.49}$$

式(9.49)中，$\boldsymbol{\Lambda}_{\alpha} \in \boldsymbol{R}^{p\times p}$ 为正矩阵，$\boldsymbol{\alpha}_{d,i} = [\alpha_{1d,i}, \cdots, \alpha_{pd,i}]^{\mathrm{T}}$。

然后，针对第 i 个四旋翼机械臂系统提出了如下控制器：

$$\begin{aligned}\boldsymbol{u}_{\alpha,i} = &\boldsymbol{M}_{31,i}\ddot{\boldsymbol{P}}_i + \boldsymbol{M}_{32,i}\ddot{\boldsymbol{\Theta}}_i + \boldsymbol{C}_{31,i}\dot{\boldsymbol{P}}_i + \boldsymbol{C}_{32,i}\dot{\boldsymbol{\Theta}}_i + \boldsymbol{G}_{3,i} + \boldsymbol{M}_{33,i}\dot{\boldsymbol{\alpha}}_{r,i} + \boldsymbol{C}_{33,i}\dot{\boldsymbol{\alpha}}_{r,i} \\ &- \boldsymbol{K}^1_{\alpha,i}\boldsymbol{s}_{\alpha,i} + \boldsymbol{K}^2_{\alpha,i}\boldsymbol{s}_{\alpha,i-1} + \boldsymbol{K}^2_{\alpha,i}\boldsymbol{s}_{\alpha,i+1}\end{aligned} \tag{9.50}$$

式(9.50)中，$\boldsymbol{K}^1_{\alpha,i} \in \boldsymbol{R}^{p\times p}$ 是第 i 个机械臂反馈增益；$\boldsymbol{K}^2_{\alpha,i} \in \boldsymbol{R}^{p\times p}$ 是与相邻四旋翼机械臂系统 $i+1$ 和 $i-1$ 的耦合增益。

注 9.4 根据控制器式(9.50)，第 i 个机械臂只能从相邻的 $(i+1$ 和 $i-1)$ 机械臂接收信息。本章所有多四旋翼机械臂系统采用了双向环状通信拓扑结构，保证了图 G_A 和 G_B 的无向联通。

定理 9.4 在环状通信拓扑中考虑系统(9.21)，当 $\boldsymbol{K}^1_{\alpha,i} > 0$、$\boldsymbol{K}^2_{\alpha,i} > 0$、$\boldsymbol{K}^1_{\alpha,i} - 2\boldsymbol{K}^2_{\alpha,i} > 0$ 时，控制器(9.50)可以保证 $\boldsymbol{\alpha}_i \to \boldsymbol{\alpha}_{d,i}$、$\dot{\boldsymbol{\alpha}}_i \to \boldsymbol{0}(\forall i \in N)$。

证明： 将控制器控制律(9.50)代入控制律(9.21)后的闭环系统可以写成下式：

$$\boldsymbol{M}_{33,i}\dot{\boldsymbol{s}}_{\alpha,i} + \boldsymbol{C}_{33,i}\boldsymbol{s}_{\alpha,i} + \boldsymbol{K}^1_{\alpha,i}\boldsymbol{s}_{\alpha,i} - \boldsymbol{K}^2_{\alpha,i}\boldsymbol{s}_{\alpha,i-1} - \boldsymbol{K}^2_{\alpha,i}\boldsymbol{s}_{\alpha,i+1} = \boldsymbol{0} \tag{9.51}$$

以下证明与文献[105]相似。

9.3 仿真算例

考虑四个相同的四旋翼机械臂系统，每个四旋翼配备一个 2 自由度机械臂，如图 9.3 所示。机械臂的连杆 1 连接到四旋翼飞行器的底部，并且可以沿角度 α_1 的方向移动。连杆 1 和末端执行器的机械臂的连杆 2 可以沿角度 α_2 的方向移动。四个四旋翼机械臂系统的通信拓扑结构如图 9.4 所示。

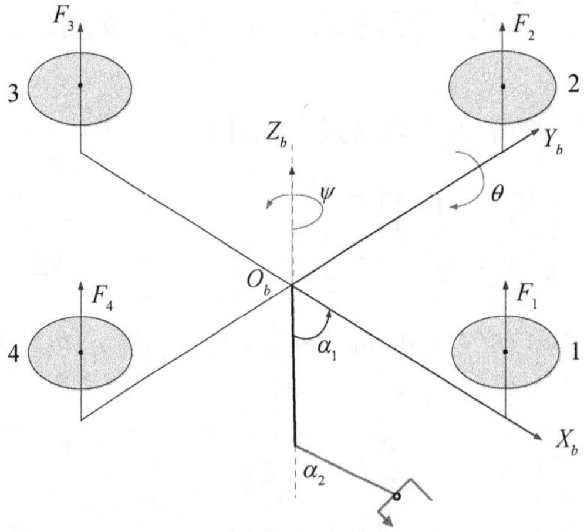

图 9.3 四旋翼机械臂系统

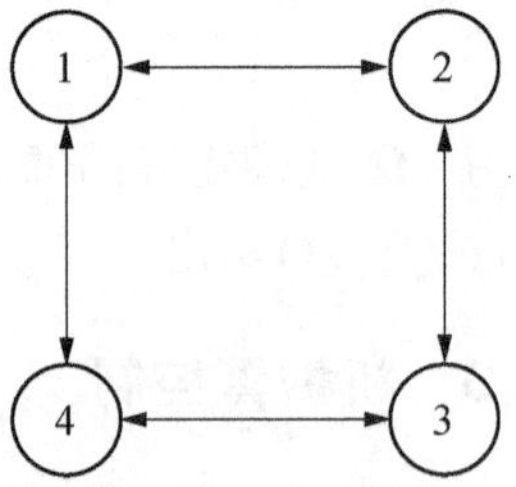

图 9.4 通信拓扑

表 9-1 为四旋翼机械臂系统的物理参数。

表 9-1　四旋翼机械臂系统的物理参数

描　述	值	描　述	值
四旋翼 m_p 的质量/kg	1	第 j 个机械手连杆的质量$[m_1, m_2]$/kg	[0.3, 0.3]
四旋翼臂长 l_p/m	0.4	第 j 个机械手连杆$[l_1, l_2]$/m	[0.3, 0.5]
四旋翼转动惯量 $I_p/(\text{kg}\cdot\text{m}^2)$	diag{1, 1, 2.48}	连接半径/m	0.03

四旋翼机械臂系统的平移和旋转雅可比矩阵如下：

$$
\begin{aligned}
&\boldsymbol{J}_{p_1} = \boldsymbol{O}_{3\times 3}\\
&\boldsymbol{J}_{p_2} = \begin{bmatrix} -\frac{1}{2}l_2\sin(\alpha_1)\sin(\alpha_2) & \frac{1}{2}l_2\cos(\alpha_1)\cos(\alpha_2)\\ \frac{1}{2}l_2\cos(\alpha_1)\sin(\alpha_2) & \frac{1}{2}l_2\sin(\alpha_1)\cos(\alpha_2)\\ 0 & \frac{1}{2}l_2\sin(\alpha_2)\end{bmatrix}\\
&\boldsymbol{J}_{O_1} = \begin{bmatrix} 0 & 0 & 1\\ 0 & 0 & 0\end{bmatrix}\\
&\boldsymbol{J}_{O_2} = \boldsymbol{J}_{O_1} + \boldsymbol{R}_{l_1}^{b}\begin{bmatrix} 0 & 0 & 0\\ 0 & -1 & 0\end{bmatrix}
\end{aligned}
\tag{9.52}
$$

在实际应用中，很难直接获得加速度信息，例如 $\ddot{\boldsymbol{p}}$、$\ddot{\boldsymbol{\phi}}$ 和 $\ddot{\boldsymbol{\alpha}}$。另一方面，机械臂比四旋翼机体轻，矩阵 $\boldsymbol{M}_{12,i}$ 和 $\boldsymbol{M}_{13,i}$ 的元素相对于 $\boldsymbol{M}_{11,i}$ 通常可忽略不计。因此，实际中 $\boldsymbol{u}_{f,i}$ 非常接近式(9.27)中的理想控制输入。因此，重新得到控制方案式(9.27)、式(9.43)和式(9.50)：

$$
\begin{aligned}
\boldsymbol{u}_{f,i} = {}& \boldsymbol{C}_{12,i}\dot{\boldsymbol{\phi}}_i + \boldsymbol{C}_{13,i}\dot{\boldsymbol{\alpha}}_i + \boldsymbol{G}_{1,i} - \sum_{j=1}^{n}\frac{\partial V_{ij}}{\partial \boldsymbol{p}_i} - \boldsymbol{K}_{p,i}\dot{\boldsymbol{p}}_i\\
& - \sum_{j=1}^{n} a_{ij}[(\boldsymbol{p}_i - \boldsymbol{p}_j) - (\boldsymbol{\delta}_i - \boldsymbol{\delta}_j)] - \sum_{j=1}^{n} b_{ij}(\dot{\boldsymbol{p}}_i - \dot{\boldsymbol{p}}_j)
\end{aligned}
\tag{9.53}
$$

$$
\boldsymbol{u}_{\tau,i} = \boldsymbol{C}_{21,i}\dot{\boldsymbol{p}}_i + \boldsymbol{C}_{23,i}\dot{\boldsymbol{\alpha}}_i + \boldsymbol{G}_{2,i} + \boldsymbol{M}_{22,i}\ddot{\boldsymbol{\phi}}_{r,i} + \boldsymbol{C}_{22,i}\dot{\boldsymbol{\phi}}_{r,i} - \boldsymbol{K}_{\phi}\boldsymbol{s}_{\phi,i} \tag{9.54}
$$

$$
\begin{aligned}
\boldsymbol{u}_{\alpha,i} = {}& \boldsymbol{C}_{31,i}\dot{\boldsymbol{p}}_i + \boldsymbol{C}_{32,i}\dot{\boldsymbol{\phi}}_i + \boldsymbol{G}_{3,i} + \boldsymbol{M}_{33,i}\ddot{\boldsymbol{\alpha}}_{r,i} + \boldsymbol{C}_{33,i}\dot{\boldsymbol{\alpha}}_{r,i}\\
& - \boldsymbol{K}_{\alpha,i}^{1}\boldsymbol{s}_{\alpha,i} + \boldsymbol{K}_{\alpha,i}^{2}\boldsymbol{s}_{\alpha,i-1} + \boldsymbol{K}_{\alpha,i}^{2}\boldsymbol{s}_{\alpha,i+1}
\end{aligned}
\tag{9.55}
$$

接下来，提供两个示例来说明控制方案的性能。在第一个例子中，展示四个四旋翼机械臂系统的运输任务，以显示人工势能函数的有效性；在第二个例子中，展示四个四旋翼机械臂系统的运输和组装任务，以证明所提出的控制方案的有效性。

9.3.1　编队与避撞飞行

考虑四个四旋翼悬停在虚拟 5 米高菱形的顶点，坐标为[-15, 0, 5]、[-15, 0.5, 5]、[0.5, -15, 5]和[0, 15, 5]（单位为 m）。所需的阵型也是菱形，但每个四旋翼飞行器需要飞到菱形的相对顶点。在仿真中,选择 $R=8m$、$r=2m$ 并且编队偏移矢量为 $\boldsymbol{\delta}_1=[10,\ 0,\ 0]$、$\boldsymbol{\delta}_2=[-10,\ 0,\ 0]$、$\boldsymbol{\delta}_3=[0,\ 10,\ 0]$、$\boldsymbol{\delta}_4=[0,\ -10,\ 0]$(单位为 m)。对于 $i\in\boldsymbol{N}$,机械臂的所需角度为 $\boldsymbol{\alpha}_{d,\ i}=[0,\ 0]^{\mathrm{T}}\mathrm{rad}$。

仿真结果如图 9.5 至图 9.11 所示。对于控制器[式(9.53)~式(9.55)]中的控制增益,选择 $\boldsymbol{K}_{p,\ i}=\mathrm{diag}[5,\ 5,\ 5]$、$\boldsymbol{K}_{\varphi,\ i}=\mathrm{diag}[10,\ 10,\ 10]$、$\boldsymbol{\Lambda}_{\varphi}=\mathrm{diag}[20,\ 20,\ 20]$ 对于每个四旋翼-机械臂系统,$\boldsymbol{K}_{\alpha,\ i}^{1}=\mathrm{diag}[5,\ 5]$、$\boldsymbol{K}_{\alpha,\ i}^{2}=\mathrm{diag}[2,\ 2]$ 和 $\boldsymbol{\Lambda}_{\alpha}=\mathrm{diag}[10,\ 10,\ 10]$。图 9.5 展示了 $X-Y$ 平面中飞行器的飞行轨迹。方形表示飞行器的初始位置,圆圈表示飞行

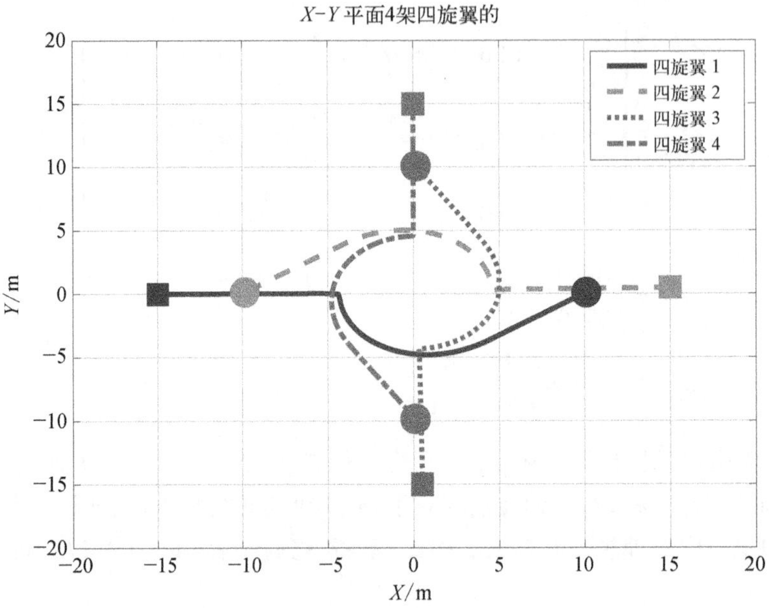

图 9.5 平面轨迹

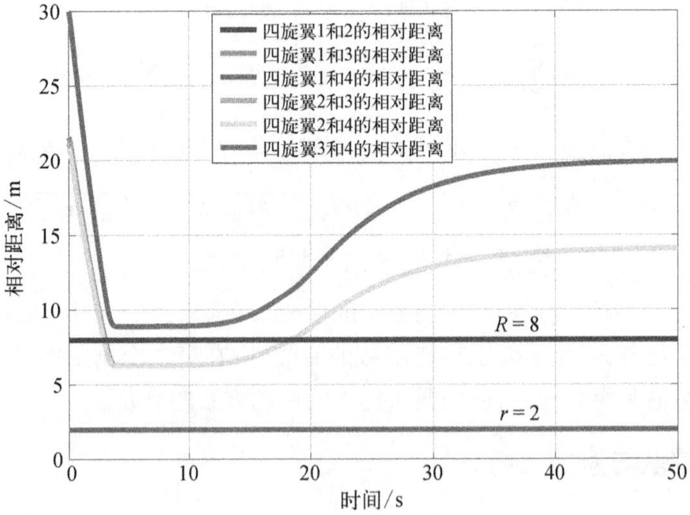

图 9.6 相对距离

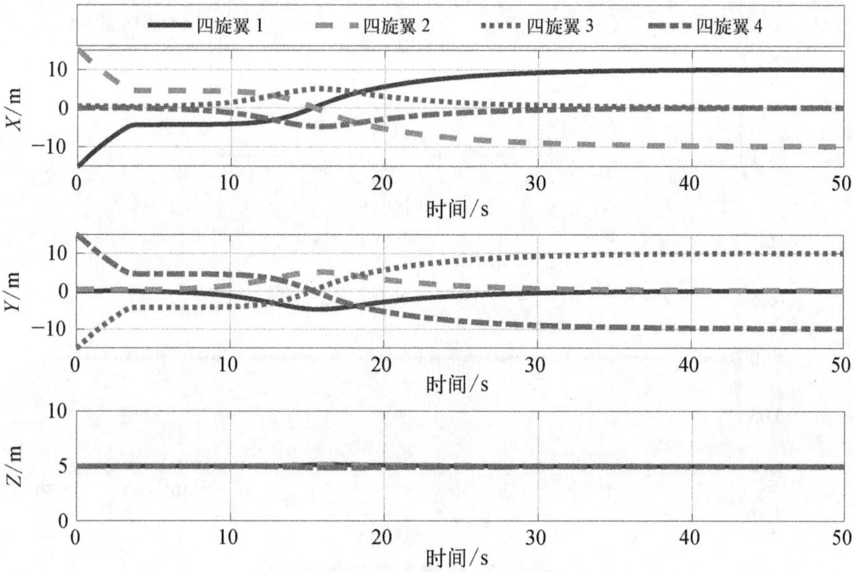

图 9.7　四架四旋翼的位置

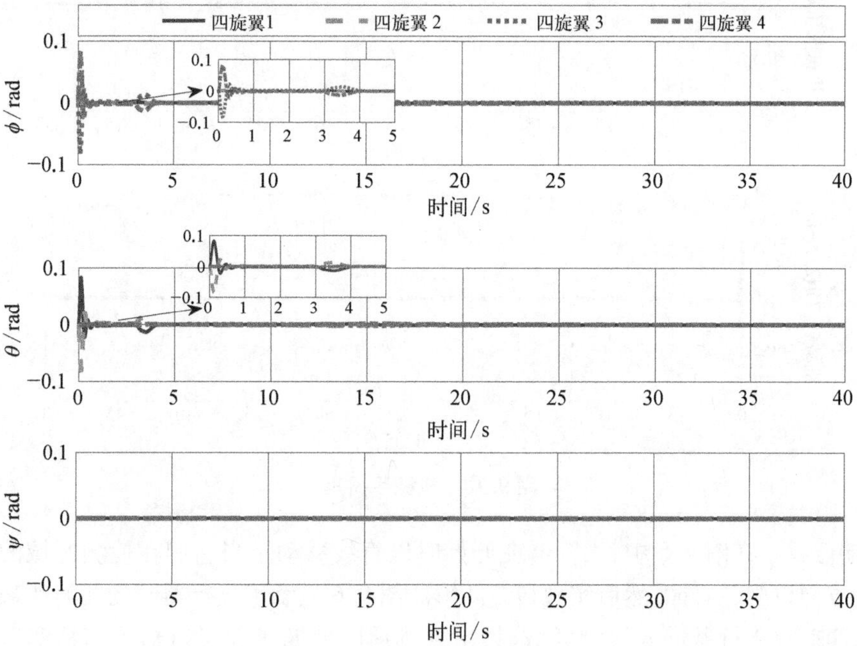

图 9.8　四架四旋翼的欧拉角

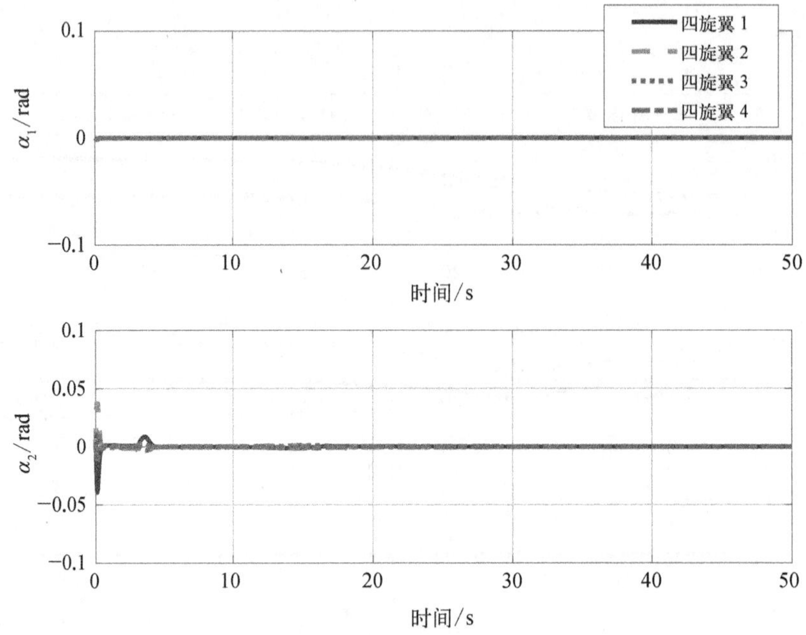

图 9.9　机械手关节角度

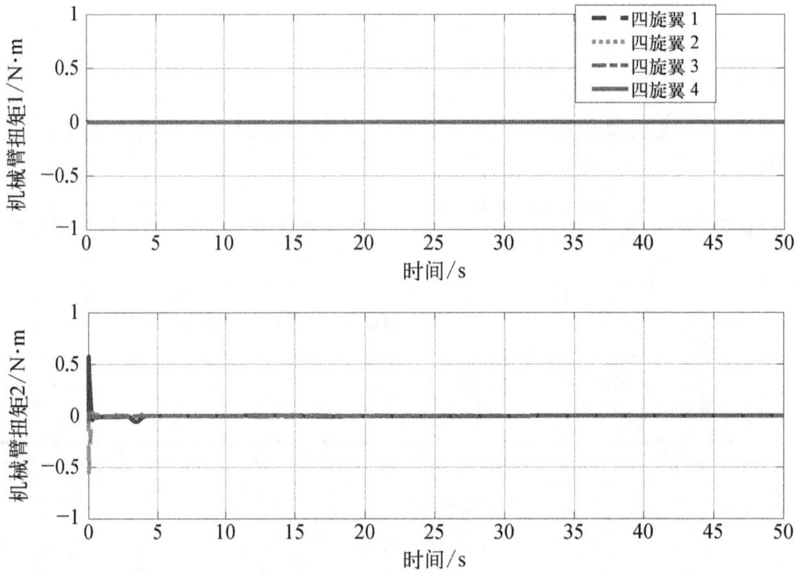

图 9.10　机械手扭矩

器的终端位置。在图 9.5 中，飞行器在开始时以直线移动。当它们在检测区域的边界处时，改变方向以避免碰撞，然后实现最终队形。图 9.6 显示了飞行器间的相对距离。可以看出，当四旋翼飞行器进入检测区域时，出现排斥力使四旋翼飞行器远离检测区域。因此，飞行器间距离总是大于最小安全距离 r，因此避免了碰撞。图 9.7 展示了飞行器在 X，Y，Z 轴上的位置变化。当大于 40 s 时飞行器停止并形成编队；图 9.8 展示了飞行器的姿

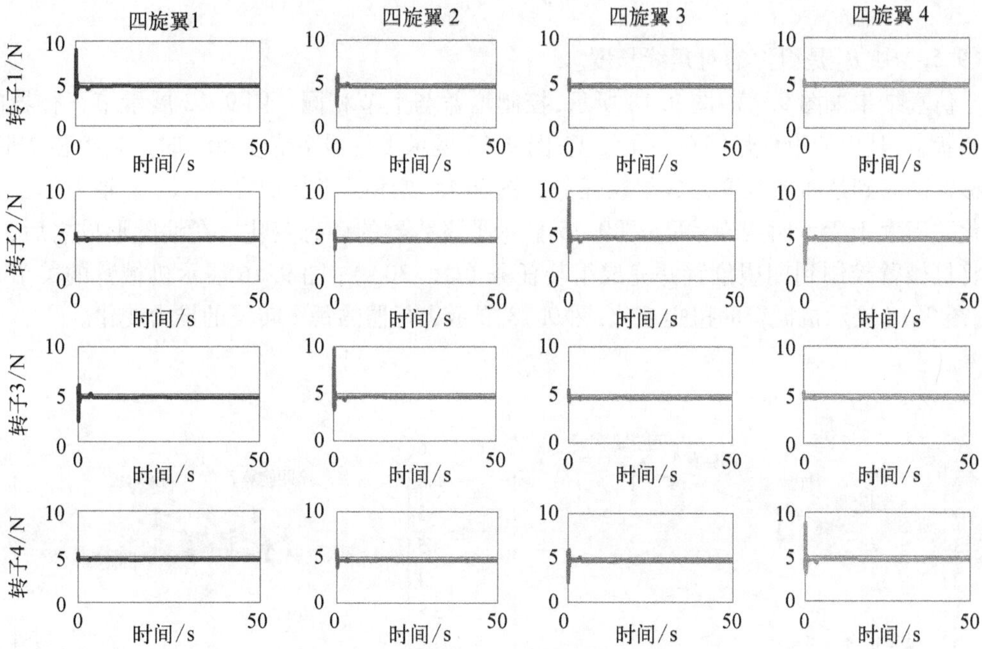

图 9.11　四个四转子的每个转子的推力

态变化。在避免碰撞的时刻,飞行器改变相应姿态产生排斥力;图 9.9 展示了机械臂的关节角度变化,当飞行器在开始时突然机动,机械臂同样受到扰动;图 9.10 展示了机械臂的扭矩变化;图 9.11 展示飞行器的每个转子的推力变化,所有的推力都大于零且在合理的范围内,这在实际应用中是有意义的。

9.3.2　运输与组装任务

本节考虑四个四旋翼机械臂系统的运输和组装任务。组装整体由四个相同的组件组成,每个组件是一个薄的方形平板,具有 1 米长的对角线。组件质量为 $m_c = 0.5\,\text{kg}$。开始时,四个四旋翼机械臂系统分别带有一个组件并悬停在坐标为[-4, 0, 5]、[-2, 0, 5]、[2, 0, 5]和[4, 0, 5]的一条直线上。为了完成组装任务,期望编队为正方形,编队偏移矢量为 $\boldsymbol{\delta}_1 = [-1, 0, 0]$、$\boldsymbol{\delta}_2 = [0, 1, 0]$、$\boldsymbol{\delta}_3 = [0, -1, 0]$、$\boldsymbol{\delta}_4 = [1, 0, 0]$(单位为m)。所需的机械臂角度为 $\boldsymbol{\alpha}_{d,1} = [0, \pi/2]^{\mathrm{T}}$、$\boldsymbol{\alpha}_{d,2} = [-\pi/2, \pi/2]^{\mathrm{T}}$、$\boldsymbol{\alpha}_{d,3} = [\pi/2, \pi/2]^{\mathrm{T}}$、$\boldsymbol{\alpha}_{d,4} = [\pi, \pi/2]^{\mathrm{T}}$(单位为 rad)。对于这个问题,选择 $R = 1.5m$, $r = 0.5m$。每个组件的平移和旋转雅可比矩阵如下:

$$\boldsymbol{J}_{P_c} = \begin{bmatrix} -\left(l_2 + \frac{1}{2}d_c\right)\sin(\alpha_1)\sin(\alpha_2) & \left(l_2 + \frac{1}{2}d_c\right)\cos(\alpha_1)\cos(\alpha_2) \\ \left(l_2 + \frac{1}{2}d_c\right)\cos(\alpha_1)\sin(\alpha_2) & \left(l_2 + \frac{1}{2}d_c\right)\sin(\alpha_1)\cos(\alpha_2) \\ 0 & \left(l_2 + \frac{1}{2}d_c\right)\sin(\alpha_2) \end{bmatrix} \tag{9.56}$$

$$\boldsymbol{J}_{O_c} = \boldsymbol{J}_{O_2}$$

式(9.56)中,d_c 是组件的对角线长度。

仿真结果如图 9.12~图 9.18 所示,控制增益与上节相同。图 9.12 展示了飞行器的初始状态,其中的组件悬停在一条线上;图 9.13 展示飞行器系统在 40 s 时达到组装队形,机械臂同时到达所需位置完成组装任务。图 9.14 展示了飞行器在 X、Y、Z 轴上的位置变化。当大于 25 s 时实现编队;图 9.15 显示了飞行器的姿态变化。在编队形成之后,开始将机械臂控制到期望位置并完成组装任务($t > 30$ s);图 9.16 展示机械臂的关节角度;图 9.17 展示机械臂的扭矩变化;图 9.18 展示飞行器的每个转子的推力变化。

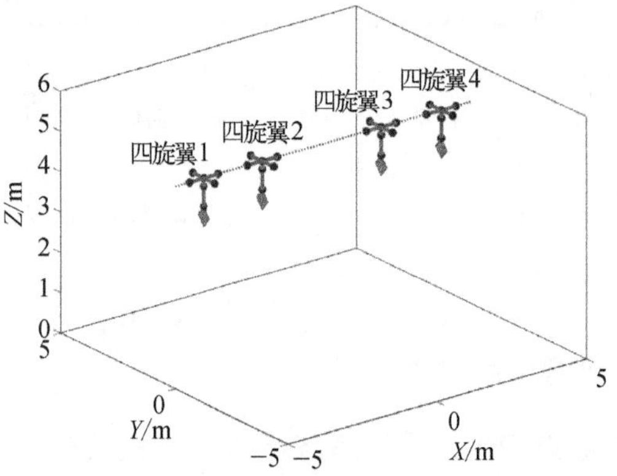

图 9.12　$t = 0$ s 时四架四旋翼机械臂系统

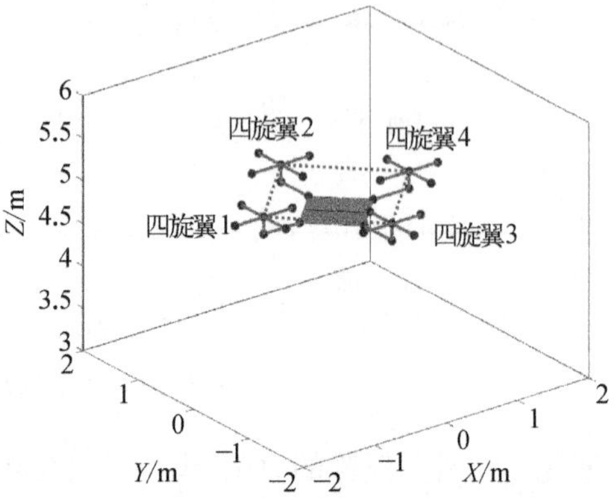

图 9.13　$t = 40$ s 时四架四旋翼机械臂系统

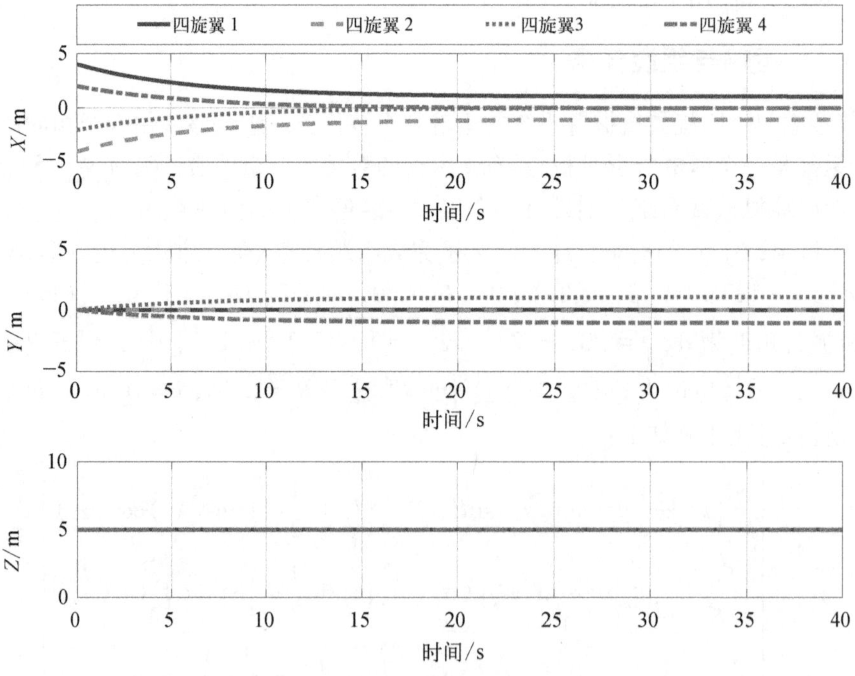

图 9.14　四架四旋翼的位置

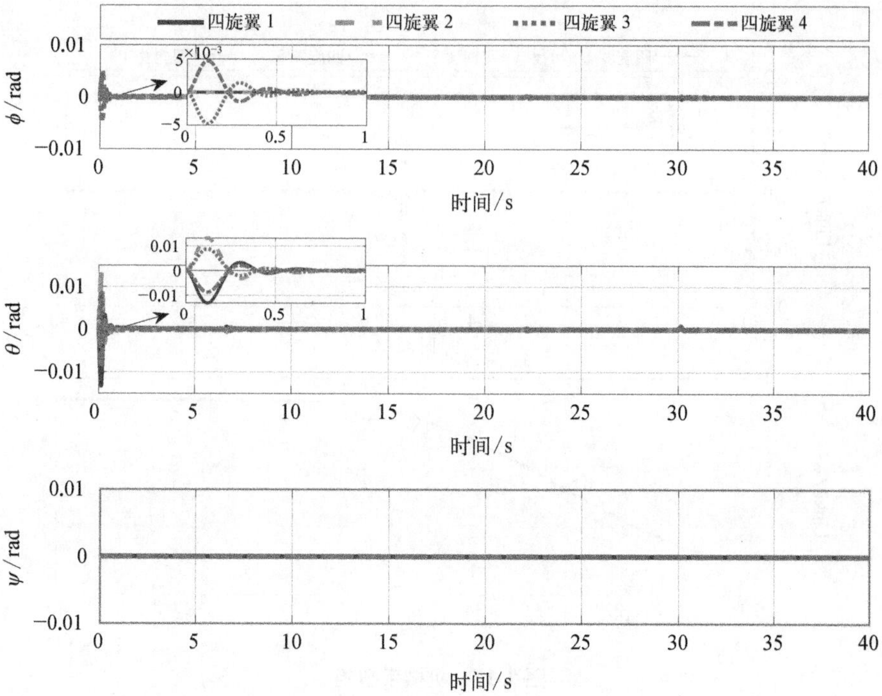

图 9.15　四架四旋翼的欧拉角

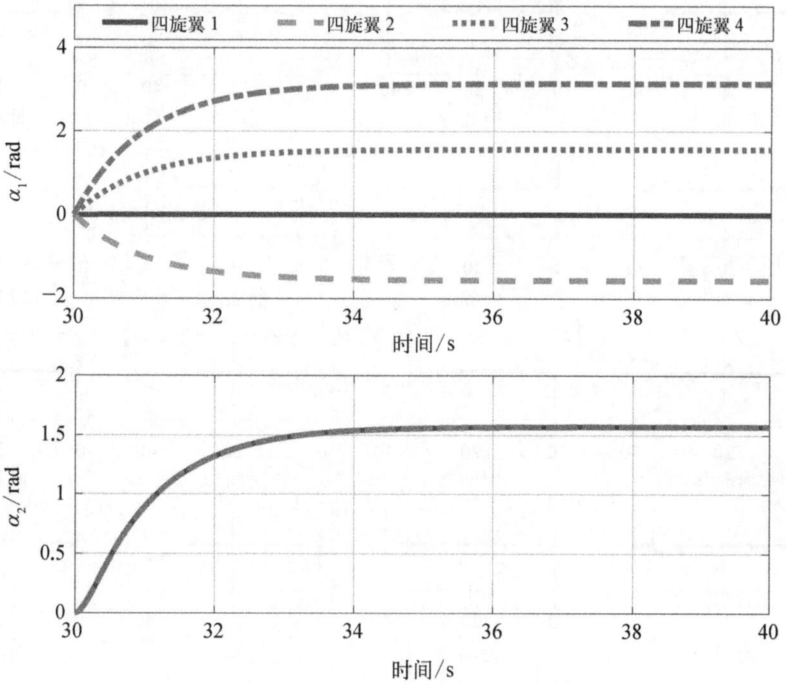

图 9.16　机械手关节角度

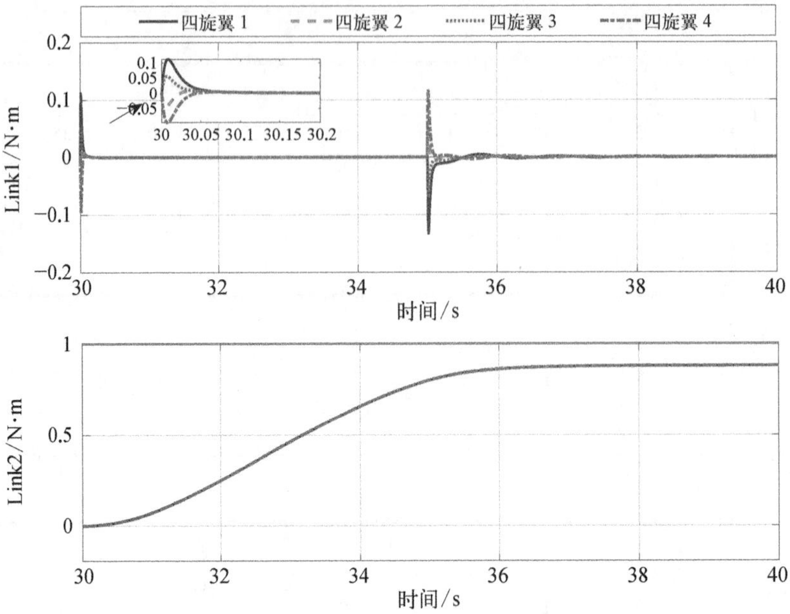

图 9.17　机械手扭矩

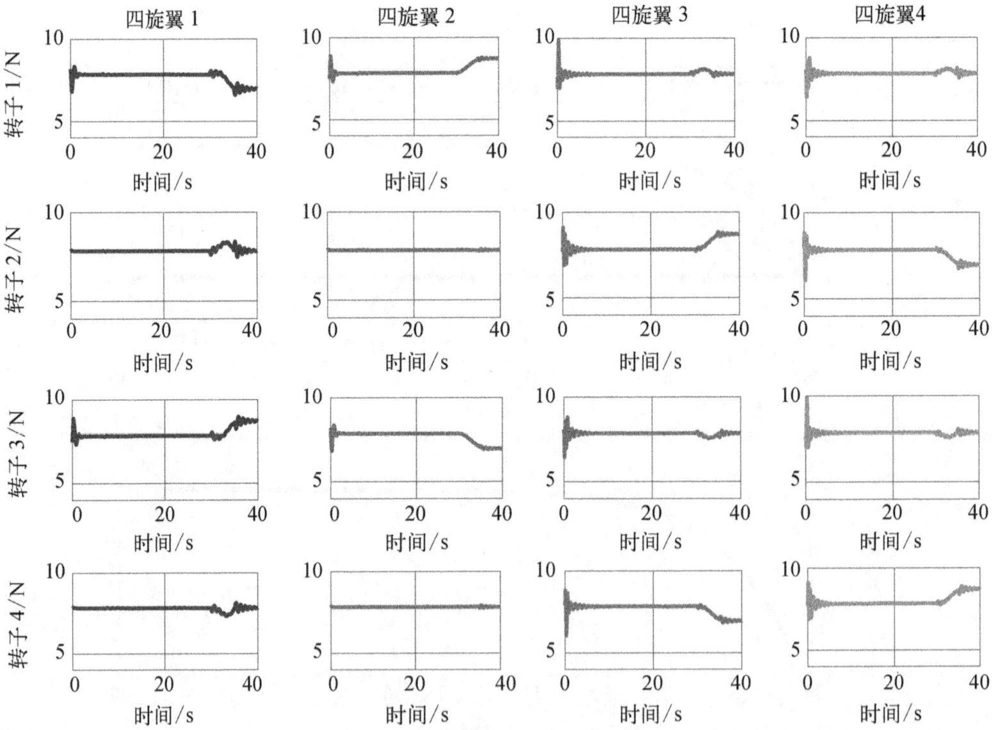

图 9.18　四旋翼的每个转子的力矩

9.4 小　　结

本章主要介绍了多架四旋翼机械臂系统的运动学和动力学模型的建立,并基于建立的模型,将协同控制理论结合避碰控制理论应用到了多四旋翼机械臂系统的协同编队飞行、协同运输与组装中。本章的仿真算例验证了算法的有效性,并为多飞行器机械臂系统提供了理论支撑。

9.5 课后练习

思考题:

1. 请简述有机械臂的四旋翼无人机在动力学模型上与四旋翼无人机的不同及其影响。

2. 请简述多无人机协同搬运相对于单机作业的优点及面临的挑战。

3. 多个四旋翼机械臂系统的协同运输和组装任务通常由哪几个步骤组成?

4. 四旋翼机械臂系统的控制主要包括哪三个方面?三者之间相互的联系是什么?

5. 假设势能函数的形式为 $V_{ij}(\boldsymbol{P}_i, \boldsymbol{P}_j) = \left(\min\left\{0, \dfrac{\|\boldsymbol{P}_i - \boldsymbol{P}_j\|^2 - R^2}{\|\boldsymbol{P}_i - \boldsymbol{P}_j\|^2 - r^2}\right\}\right)^{2k}$, $k = 1, 2, \cdots, \infty$,那么随着 k 的变化,势能函数的作用有何变化。

6. 在位置控制器和姿态控制器中都包含姿态角的二阶导数和机械臂关节角度的二阶导数,这会导致仿真中和实际飞行中的不稳,尝试采用其他方法解决。

程序设计题:

7. 尝试改变编队半径,复现本章例题。

8. 对于势能函数 $V_{ij}(\boldsymbol{P}_i, \boldsymbol{P}_j) = \left(\min\left\{0, \dfrac{\|\boldsymbol{P}_i - \boldsymbol{P}_j\|^2 - R^2}{\|\boldsymbol{P}_i - \boldsymbol{P}_j\|^2 - r^2}\right\}\right)^{2k}$, $k = 1, 2, \cdots, \infty$,那么随着 k 的变化,势能函数的作用有何变化。

第十章 无人直升机编队控制

本章介绍协同控制理论到领机-跟随编队模式的多无人机直升机分布式编队保持控制的应用。已有文献表明编队识差收敛速度依赖于通信拓扑拉普拉斯矩阵的最小非零特征值,值越大,编队误差收敛越快。然而,通信拓扑是全局信息量(即包含所有无人机之间通信拓扑的信息),不能被每架无人机直接获得。对于多无人机分布式的编队,领机状态只能被部分跟随无人机直接获取。其余不能获取领机状态的无人机,为了在与邻近无人机保持编队队形的同时,实现对领机的追踪,就必须估计领机的状态,并对估计状态进行跟踪,或者将领机状态当成未知项,采用鲁棒控制方法。从研究现状综述情况来看,现有的完全分布式控制算法只能实现渐近编队稳定,并且都是基于相对状态或相对输出设计自适应增益,自适应逼近编队稳定的增益,实现编队增益选取不再依赖通信拓扑。另一方面,领机的加速度也属于编队的全局信息,且邻机的加速度信息不易被获取。

针对不依赖通信拓扑和领机状态的多无人机完全分布式编队保持控制问题,本章采用自适应终端滑模方法,设计完全分布式编队控制器。控制器包含自适应耦合增益和领机的状态估计,分别实现不依赖通信拓扑的拉普拉斯矩阵的最小非零特征值的编队稳定,及对领机的状态的估计,使得控制器中不再出现领机和邻居无人机的加速度项。所设计编队控制器以误差收敛到零的一个小邻域为代价,将具有渐近稳定的完全分布式控制器扩展到实际有限时间稳定的完全分布式编队控制器。本章设计了有限时间自适应干扰观测器来估计干扰,并补偿到控制器中,仿真说明加入干扰观测器后的效果比没有干扰观测器的效果要好。最后利用自适应终端滑模方法,设计了基于自适应干扰观测器的有限时间姿态跟踪控制器。

本章结构安排如下:10.1 节建立无人直升机模型;10.2 节给出无人直升机完全分布式编队及避障控制器;10.3 节采用 Matlab/Simulink 仿真验证所设计编队控制算法的有效性;10.4 节给出本章小结;10.5 给出本章课后练习。

学习要点

- 掌握:① 编队及编队保持概念;② 完全分布式编队及避障控制器的设计思路。
- 熟悉:无人机直升机模型建立。
- 了解:编队及避障仿真算例。

10.1 系统建模

为了便于控制器设计，对式(2.12)所示的刚体模型进行变形，将无人直升机模型的复杂变量等价分解。

定义$\boldsymbol{f}_{1i}(t)=\boldsymbol{R}_i\boldsymbol{e}_3(-g+\boldsymbol{Z}_w^i w_i)$，$\boldsymbol{U}_{1i}=\boldsymbol{R}_i\boldsymbol{e}_3 Z_{\text{col}}^i\delta_{\text{col}}^i+g\boldsymbol{e}_3$，$\boldsymbol{g}_{1i}(t)=-\boldsymbol{J}_{0i}^{-1}\boldsymbol{S}(\boldsymbol{\Omega}_i)\boldsymbol{J}_{0i}\boldsymbol{\Omega}_i+\boldsymbol{A}_i\boldsymbol{\Omega}_i+\boldsymbol{e}_3 N_{\text{col}}^i\delta_{\text{col}}^i$，$\boldsymbol{g}_{2i}(t)=B'_i$，$\boldsymbol{U}_{2i}=[\delta_{\text{lon}}^i,\delta_{\text{lat}}^i,\delta_{\text{ped}}^i]^{\text{T}}$，其中矩阵$B'_i$表示为

$$B'_i=\begin{bmatrix} L_{\text{lon}}^i & L_{\text{lat}}^i & 0 \\ M_{\text{lon}}^i & M_{\text{lat}}^i & 0 \\ 0 & 0 & N_{\text{ped}}^i \end{bmatrix} \tag{10.1}$$

将无人直升机系统的动力学分为位置外环子系统和姿态内环子系统，那么变形之后的动力学模型为

位置外环子系统

$$\begin{aligned} \dot{\boldsymbol{P}}_i &= \boldsymbol{V}_i \\ \dot{\boldsymbol{V}}_i &= \boldsymbol{f}_{1i}(t)+\boldsymbol{U}_{1i}+\boldsymbol{d}_{Vi} \end{aligned} \tag{10.2}$$

姿态内环子系统

$$\begin{aligned} \dot{\boldsymbol{\Theta}}_i &= \boldsymbol{\Pi}_i(\boldsymbol{\Theta}_i)\boldsymbol{\Omega}_i \\ \dot{\boldsymbol{\Omega}}_i &= \boldsymbol{g}_{1i}(t)+\boldsymbol{g}_{2i}(t)\boldsymbol{U}_{2i}+\boldsymbol{d}_{\Omega i} \end{aligned} \tag{10.3}$$

控制目标：为每个跟随无人直升机设计一个完全分布式编队控制器δ_{col}^i和一个自适应姿态控制器$\boldsymbol{\tau}_i$，以此实现跟随无人直升机群形成并保持为一个固定的几何形状和避碰/避障，即

$$\lim_{t\to T}\|(\boldsymbol{P}_i-\boldsymbol{P}_j)-(\boldsymbol{c}_i-\boldsymbol{c}_j)\|\leqslant\boldsymbol{\varepsilon}_p,\ \lim_{t\to T}(\psi_i-\psi_0)\leqslant\boldsymbol{\varepsilon}_{\psi_i},\ \lim_{t\to T}\|\boldsymbol{V}_i-\boldsymbol{V}_j\|\leqslant\boldsymbol{\varepsilon}_V$$

式中，$\boldsymbol{c}_i=[c_{1i},c_{2i},c_{3i}]^{\text{T}}$；$i=1,\cdots,N$；$j=0,1,\cdots,N$；$i\neq j$是三维常向量，它代表了所期望配置的第$i$个无人直升机和领机的三维相对位置；$\varepsilon_p$、$\varepsilon_{\psi_i}$、$\varepsilon_V$是有界的实数且都大于零；$T>0$是一个有限常数；$\psi_0$是领机的偏航角。

在给出编队及避障控制算法之前，需要介绍一些关于安全避碰的概念。图10.1给出了第i个无人直升机的一些区域的定义。r_d和r_a分别为碰撞半径和避碰半径。一旦第j个无人直升机进入第i个无人直升机的通信区域$\boldsymbol{\Omega}_{\text{communication}}$

$$\boldsymbol{\Omega}_{\text{communication}}=\{\boldsymbol{P}_i\in\boldsymbol{R}^3,\boldsymbol{P}_j\in\boldsymbol{R}^3\mid\ \|\boldsymbol{P}_i-\boldsymbol{P}_j\|\leqslant r_c\},$$

第j个无人直升机就可以接到来自第i个无人直升机的信息。针对第i个无人直升机，定

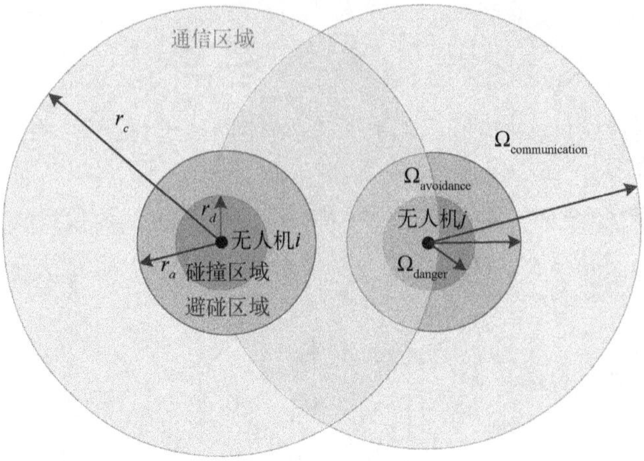

图 10.1　无人直升机定义的一些区域

义碰撞区域 $\boldsymbol{\Omega}_{\text{danger}}$ 为

$$\boldsymbol{\Omega}_{\text{danger}} = \{\boldsymbol{P}_i \in \boldsymbol{R}^3, \boldsymbol{P}_j \in \boldsymbol{R}^3 \mid \|\boldsymbol{P}_i - \boldsymbol{P}_j\| \leqslant r_d\},$$

第 i 个无人直升机可能与其他处于 $\boldsymbol{\Omega}_{\text{danger}}$ 区域的第 j 个无人直升机发生碰撞。

避碰区域

$$\boldsymbol{\Omega}_{\text{avoidance}} = \{\boldsymbol{P}_i \in \boldsymbol{R}^3, \boldsymbol{P}_j \in \boldsymbol{R}^3 \mid \|\boldsymbol{P}_i - \boldsymbol{P}_j\| \leqslant r_a\},$$

一旦两个无人直升机进入对方的避碰区域,它们的避碰模式将被激活,以避免它们之间的碰撞。

为了保持初始通信模式、避免碰撞,势能函数 V_{ij} 的定义如下(见文献[5]、文献[127]):

$$V_{ij}(\boldsymbol{P}_i - \boldsymbol{P}_j) = \begin{cases} 0 & \|\boldsymbol{P}_i - \boldsymbol{P}_j\| > r_c \\ \left(\dfrac{r_a^2 - \|\boldsymbol{P}_i - \boldsymbol{P}_j\|^2}{\|\boldsymbol{P}_i - \boldsymbol{P}_j\|^2 - r_d^2}\right)^2 & r_d \leqslant \|\boldsymbol{P}_i - \boldsymbol{P}_j\| \leqslant r_a \\ \text{无定义} & \|\boldsymbol{P}_i - \boldsymbol{P}_j\| \leqslant r_d \end{cases} \tag{10.4}$$

在给出主要应用结果时,先给出几个假设和引理。

假设 10.1　假设无人直升机的滚转角和俯仰角都在正负 90°以内。

假设 10.2　对于领机-跟随无人直升机编队,其跟随无人直升机之间的通信拓扑是无向的。

假设 10.3　无人直升机的虚拟领机的加速度有一个未知的上界。

假设 10.4　假设第 i 个无人直升机模型位置外环和姿态内环的干扰 $\boldsymbol{d}_{Vi}$, $\boldsymbol{d}_{\Omega i}$ 是有界的,并定义为 $\|\boldsymbol{d}_{Vi}\| \leqslant R_{d_{Vi}}$, $\|\boldsymbol{d}_{\Omega i}\| \leqslant R_{d_{\Omega i}}$,其中 $R_{d_{Vi}}$、$R_{d_{\Omega i}}$ 是干扰的未知上界。

引理 10.1　假设 10.2 成立,则无人机编队通信拓扑图 G 是无向的,其拉普拉斯矩阵 $\boldsymbol{L}$。给定 $b_i \geqslant 0 (i = 1, \cdots, n)$,至少有一个 b_i 不为零,那么矩阵 $\boldsymbol{H} = \boldsymbol{L} + \boldsymbol{B}$ 是对称正定

矩阵。

引理 10.2[128]　对于实数 $x_i(i=1,\cdots,n$ 和 $0<k<1)$，下面的不等式成立

$$
\begin{aligned}
&(|x_1|+\cdots+|x_n|)^k \leqslant |x_1|^k+\cdots+|x_n|^k \\
&\sum_{i=1}^{3}|x_i|^k \geqslant \left(\sum_{i=1}^{3}|x_i|^2\right)^{(1+k)/2}
\end{aligned}
\tag{10.5}
$$

引理 10.3[129]　考虑微分方程 $\dot{\boldsymbol{x}}(t)=\boldsymbol{f}(\boldsymbol{x}(t),\boldsymbol{u})$，其中 $\boldsymbol{x}\in R^n$ 是系统的状态，$\boldsymbol{u}$ 是控制。如果存在连续正定函数 $V(\boldsymbol{x})$，标量满足 $\lambda>0$、$0<\alpha_0<1$、$0<\kappa_0<\infty$，使得 $\dot{V}(\boldsymbol{x})\leqslant-\lambda V^{\alpha_0}(\boldsymbol{x})+\kappa_0$ 成立，系统 $\dot{\boldsymbol{x}}(t)=\boldsymbol{f}[\boldsymbol{x}(t),\boldsymbol{u}]$ 的解在实际有限时间内能使系统稳定。

10.2　无人直升机分布式编队及避障控制算法设计

有限时间完全分布式控制结构如图 10.2 所示。本文基于自适应和终端滑模控制技术设计了完全分布式编队控制器和自适应姿态跟踪控制器。

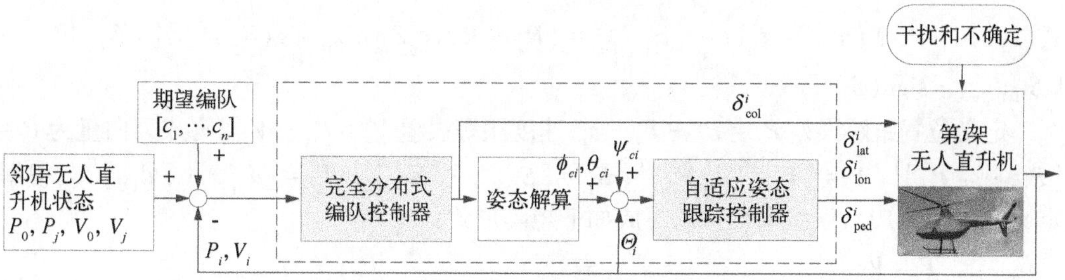

图 10.2　多无人直升机编队控制结构图

10.2.1　位置外环控制器设计

定理 10.1　针对外环子系统(10.2)，假设 10.1 成立，设计虚拟外环控制器 $\boldsymbol{u}_{1ic}$

$$
\boldsymbol{u}_{1ic}=\hat{\alpha}_{1i}\mathrm{sign}(\boldsymbol{S}_{1i})+\alpha_{2i}\mathrm{sig}(\boldsymbol{S}_{1i})^{\gamma}-\boldsymbol{f}_{1i}(t)+\sum_{j=0}^{n}\frac{\partial V_{ij}}{\partial \boldsymbol{P}_i}
\tag{10.6}
$$

式(10.6)中，$\alpha_{2i}>0$，$0<\gamma<1$，且滑模面为

$$
\boldsymbol{S}_{1i}=\sum_{j=0}^{n}a_{ij}(\boldsymbol{V}_j-\boldsymbol{V}_i)+\beta_1\mathrm{sig}\left[\sum_{j=0}^{n}a_{ij}(\boldsymbol{P}_j-\boldsymbol{P}_i-\boldsymbol{c}_j+\boldsymbol{c}_i)\right]^{\frac{1}{2}}
\tag{10.7}
$$

式(10.7)中，$\beta_1>0$ 且 $\hat{\alpha}_{1i}$ 更新律为

$$
\dot{\hat{\alpha}}_{1i}=\lambda_1\|\boldsymbol{S}_{1i}\|
\tag{10.8}
$$

式(10.8)中，$\lambda_1>0$。势能函数的偏导数有以下形式

$$\frac{\partial V_{ij}(\boldsymbol{P}_i-\boldsymbol{P}_j)}{\partial \boldsymbol{P}_i}=\begin{bmatrix} 0 & r_a \leqslant \|\boldsymbol{P}_i-\boldsymbol{P}_j\| \leqslant r_c \\ -\dfrac{4(r_a^2-r_d^2)(r_a^2-\|\boldsymbol{P}_i-\boldsymbol{P}_j\|^2)}{(\|\boldsymbol{P}_i-\boldsymbol{P}_j\|^2-r_d^2)^3}(\boldsymbol{P}_i-\boldsymbol{P}_j)^{\mathrm{T}} & r_d \leqslant \|\boldsymbol{P}_i-\boldsymbol{P}_j\| \leqslant r_a \\ \text{无定义} & \|\boldsymbol{P}_i-\boldsymbol{P}_j\| \leqslant r_d \end{bmatrix} \tag{10.9}$$

式(10.9)中，$m>0$ 为常数，r_d、r_a、r_c 已在上面定义。然后，存在一些带有未知上界的有界参数 $R_\tau>0$；$R_{\ddot{P}_0}>0$；$R_{d_{V_i}}>0$；$\|\boldsymbol{\Gamma}(u_{1i})\|<\|\boldsymbol{R}_i-\boldsymbol{R}_{ic}\|\cdot\|\boldsymbol{e}_3\|\,|Z_{\mathrm{col}}^i\delta_{\mathrm{col}}^i|\leqslant 2|Z_{\mathrm{col}}^i\delta_{\mathrm{col}}^i|\leqslant R_\Gamma$；$\|\ddot{\boldsymbol{P}}\|\leqslant R_{\ddot{P}_0}$；$\|\boldsymbol{d}_{V_i}\leqslant R_{d_{V_i}}$，使得终端滑模面 $\boldsymbol{S}_1$ 在有限时间收敛于零，那么跟踪误差 $\boldsymbol{P}_0-\boldsymbol{P}_i-\boldsymbol{c}_i$ 和 $\dot{\boldsymbol{P}}_0-\boldsymbol{V}_i$ 最终在有限时间内分别收敛到零。最终，控制目标实现。

证明：将(10.6)代入(10.2)，将外环子系统(10.2)转化为

$$\begin{aligned}\dot{\boldsymbol{P}}_i&=\boldsymbol{V}_i\\ \dot{\boldsymbol{V}}_i&=\boldsymbol{u}_{1ic}(t)-\boldsymbol{u}_{1ic}(t)+\boldsymbol{u}_{1i}(t)+\boldsymbol{f}_{1i}(t)+\boldsymbol{d}_{V_i}\\ &=\boldsymbol{\Gamma}(u_{1i})+\hat{\alpha}_{1i}\mathrm{sign}(\boldsymbol{S}_{1i})+\alpha_2\mathrm{sig}(\boldsymbol{S}_{1i})^\gamma+\boldsymbol{d}_{V_i}+\sum_{j=0}^{n}\frac{\partial V_{ij}}{\partial \boldsymbol{P}_i}\end{aligned} \tag{10.10}$$

式(10.10)中，$\boldsymbol{\Gamma}(u_{1i})=\boldsymbol{u}_{1i}(t)-\boldsymbol{u}_{1ic}(t)=(\boldsymbol{R}_i-\boldsymbol{R}_{ic})\boldsymbol{e}_3Z_{\mathrm{col}}^i\delta_{\mathrm{col}}^i$；$\mathrm{sig}(\boldsymbol{S}_{1i})^\gamma=[|\boldsymbol{S}_{1i_1}|^\gamma,\cdots|\boldsymbol{S}_{1i_3}|^\gamma]\cdot\mathrm{sign}(\boldsymbol{S}_{1i})$

定义位置跟踪误差 $\tilde{\boldsymbol{P}}_i=\boldsymbol{P}_0-\boldsymbol{P}_i-\boldsymbol{c}_i$；速度跟踪误差 $\tilde{\boldsymbol{V}}_i=\dot{\boldsymbol{P}}_0-\boldsymbol{V}_i$。写成列向量为 $\tilde{\boldsymbol{P}}=[\tilde{\boldsymbol{P}}_1,\cdots,\tilde{\boldsymbol{P}}_N]^{\mathrm{T}}$、$\boldsymbol{V}=[\boldsymbol{V}_1,\cdots,\boldsymbol{V}_N]^{\mathrm{T}}$、$\boldsymbol{S}_1=[\boldsymbol{S}_{11},\cdots,\boldsymbol{S}_{1N}]^{\mathrm{T}}$、$\boldsymbol{d}_V=[\boldsymbol{d}_{V1},\cdots,\boldsymbol{d}_{VN}]^{\mathrm{T}}$。根据定义和式(10.10)，误差系统可以写成如下矩阵形式：

$$\begin{aligned}\dot{\tilde{\boldsymbol{P}}}&=\tilde{\boldsymbol{V}}\\ \dot{\tilde{\boldsymbol{V}}}&=-\hat{\alpha}_1\mathrm{sign}(\boldsymbol{S}_1)+\alpha_2\mathrm{sig}(\boldsymbol{S}_1)\gamma-\boldsymbol{\Gamma}(u_1)+1_N\otimes\ddot{\boldsymbol{P}}_0-\boldsymbol{d}_V-\boldsymbol{\Gamma}(V_{ij})\end{aligned} \tag{10.11}$$

式(10.11)中，$\hat{\alpha}_1=\mathrm{diag}(\hat{\alpha}_{11},\cdots,\hat{\alpha}_{1N})$；$\boldsymbol{S}_1=e_V+\beta\mathrm{sig}(\mathrm{e}_P)\gamma$；$\boldsymbol{\Gamma}(u_1)=[\boldsymbol{\Gamma}(u_{11}),\cdots,\boldsymbol{\Gamma}(u_{1N})]^{\mathrm{T}}$，且

$$\boldsymbol{\Gamma}(V_{ij})=\left[\sum_{j=0}^{N}\frac{\partial V_{1j}}{\partial \boldsymbol{P}_i},\cdots,\sum_{j=0}^{N}\frac{\partial V_{Nj}}{\partial \boldsymbol{P}_i}\right]^{\mathrm{T}}=\boldsymbol{\Delta}\tilde{\boldsymbol{P}}$$

其中，$\boldsymbol{\Delta}$ 为

$$\boldsymbol{\Delta}=\begin{bmatrix}\sum\limits_{j=0,j\neq 1}^{N}\Delta_{1j} & -\Delta_{12} & \cdots & -\Delta_{1N}\\ -\Delta_{21} & \sum\limits_{j=0,j\neq 2}^{N}\Delta_{2j} & \cdots & -\Delta_{2N}\\ \vdots & \vdots & \ddots & \vdots\\ -\Delta_{N1} & -\Delta_{N2} & \cdots & \sum\limits_{j=0,j\neq N}^{N}\Delta_{Nj}\end{bmatrix},\ \Delta_{ij}=-\frac{4(r_a^2-r_d^2)(r_a^2-\|\boldsymbol{P}_i-\boldsymbol{P}_j\|^2)}{(\|\boldsymbol{P}_i-\boldsymbol{P}_j\|^2-r_d^2)^3} \tag{10.12}$$

从任意阶主子行列式的值可以很容易地判断出矩阵 Δ 是负定的。根据线性变换,可以得到 $\boldsymbol{e}_P = \boldsymbol{H}\tilde{\boldsymbol{P}}$、$\boldsymbol{e}_V = \boldsymbol{H}\tilde{\boldsymbol{V}}$,其中 $\boldsymbol{H}$ 如引理 10.1 中定义。

那么,误差系统变为

$$\begin{aligned}
\dot{\boldsymbol{e}}_P &= \boldsymbol{e}_V \\
\dot{\boldsymbol{e}}_V &= \boldsymbol{H}(-\hat{\alpha}_1 \mathrm{sign}(\boldsymbol{S}_1) + \alpha_2 \mathrm{sig}(\boldsymbol{S}_1)^{\gamma} - \boldsymbol{\Gamma}(V_{ij}) - \boldsymbol{\Gamma}(u_1) + 1_N \otimes \ddot{\boldsymbol{P}}_0 - \boldsymbol{d}_V)
\end{aligned} \tag{10.13}$$

$\boldsymbol{S}_1$ 对 t 求导,得到

$$\begin{aligned}
\dot{\boldsymbol{S}}_1 = {} & \boldsymbol{H}[-\hat{\alpha}_1 \mathrm{sign}(\boldsymbol{S}_1) + \alpha_2 \mathrm{sig}(\boldsymbol{S}_1)^{\gamma} - \boldsymbol{\Gamma}(V_{ij}) - \boldsymbol{\Gamma}(u_1) + 1_N \otimes \ddot{\boldsymbol{P}}_0 - \boldsymbol{d}_V] \\
& + \frac{\beta_1}{2} \mathrm{diag}(\boldsymbol{e}_P)^{-\frac{1}{2}} |\boldsymbol{e}_V|
\end{aligned} \tag{10.14}$$

式(10.14)中,$\mathrm{diag}(\boldsymbol{e}_P)^{-\frac{1}{2}} |\boldsymbol{e}_V| = \mathrm{diag}(\boldsymbol{e}_{P11}, \cdots, \boldsymbol{e}_{PN3})^{-\frac{1}{2}} |\boldsymbol{e}_V|$;$|\boldsymbol{e}_V| = [|e_{V11}|, \cdots, |e_{VN3}|]^{\mathrm{T}}$。

首先,由于几何原因,式(10.14)的轨迹不可避免地与曲线 $\boldsymbol{S}_1 = 0$ 相遇。实际上,如果$-\hat{\alpha}_1 \mathrm{sign}(\boldsymbol{S}_1)$在 $\mathrm{sign}(\boldsymbol{S}_1) = 1$ 的助力下保持$\hat{\alpha}_1 > 0$,每一个轨迹从$\boldsymbol{S}_1 > 0$开始,始终会落在半轴 $\boldsymbol{e}_P > 0$ 和 $\boldsymbol{e}_V > 0$ 上。因此,它不可避免地会遇到曲线 $\boldsymbol{S}_1 = 0$。这对于从 $\boldsymbol{S}_1 = 0$ 开始的轨迹也是成立的。

α_{1i} 表达式如下

$$\alpha_{1i} = \frac{\beta_1^2}{2\lambda_{\min}^2(\boldsymbol{H})}\sqrt{N} + \frac{1}{\lambda_{\min}(\boldsymbol{H})}(\boldsymbol{\Gamma}(u_1) - 1_N \otimes \ddot{\boldsymbol{P}}_0 + \boldsymbol{d}_V) + l \tag{10.15}$$

式(10.15)中,$l > 0$ 是一个非常小的数。根据等式(10.15)、假设 10.1 和定理 10.1 的条件,α_{1i} 是一个存在但未知的有限数。$\tilde{\boldsymbol{\alpha}}_1$ 表示为 $\tilde{\boldsymbol{\alpha}}_1 = \boldsymbol{\alpha}_1 - \boldsymbol{H}^{-1}\hat{\boldsymbol{\alpha}}_1$,其中 $\boldsymbol{H}^{-1}\hat{\boldsymbol{\alpha}}_1$ 是$\boldsymbol{\alpha}_1$ 的估计,由式(10.8)更新。考虑候选的李雅普诺夫函数

$$W_1 = \frac{1}{2}\boldsymbol{S}_1^{\mathrm{T}}(\boldsymbol{H}^{-1}\boldsymbol{H}^{-1} \otimes \boldsymbol{I}_3)\boldsymbol{S}_1 + \frac{1}{2\lambda_1}\sum_{i=1}^{N}\tilde{\alpha}_{1i}^2 + \frac{1}{2}\sum_{i=1}^{N}\sum_{j=1}^{N} V_{ij} + \sum_{i=1}^{N} V_{i0} \tag{10.16}$$

根据文献[111]的分析步骤,W_1 对时间 t 求导,得

$$\begin{aligned}
\dot{W}_1 = {} & \boldsymbol{S}^{\mathrm{T}}(\boldsymbol{H}^{-1}\boldsymbol{H}^{-1} \otimes \boldsymbol{I}_3)\dot{\boldsymbol{S}}_1 - \frac{1}{\lambda_1}\sum_{i=1}^{N}\tilde{\alpha}_{1i}\dot{\hat{\alpha}}_{1i} + \sum_{i=1}^{N}\sum_{j=1}^{N}\alpha_{ij}\tilde{\boldsymbol{V}}_i \frac{\partial V_{ij}}{\partial \boldsymbol{P}_i} \\
\leqslant {} & -\boldsymbol{S}_1^{\mathrm{T}}(\boldsymbol{H}^{-1}\hat{\boldsymbol{\alpha}}_1 \otimes \boldsymbol{I}_3)\mathrm{sgn}(\boldsymbol{S}_1) - \frac{\alpha_2}{\lambda_{\max}}\boldsymbol{S}_1^{\mathrm{T}}\mathrm{sgn}(B_1)^{\gamma} - \boldsymbol{S}_1^{\mathrm{T}}(\boldsymbol{H}^{-1} \otimes \boldsymbol{I}_3)\boldsymbol{\Gamma}(V_{ij}) \\
& - \boldsymbol{S}_1^{\mathrm{T}}(\boldsymbol{H}^{-1} \otimes \boldsymbol{I}_3)(\boldsymbol{\Gamma}(u_1) + \boldsymbol{d}_V) + \boldsymbol{S}_1^{\mathrm{T}}(\boldsymbol{H}^{-1} \otimes \boldsymbol{I}_3)(\boldsymbol{1}^N \otimes \ddot{\boldsymbol{P}}_0) - \sum_{i=1}^{N}\tilde{\alpha}_{1i}\|\boldsymbol{S}_{1i}\| \\
& + \frac{\beta_1}{2}\boldsymbol{S}_1^{\mathrm{T}}(\boldsymbol{H}^{-1}\boldsymbol{H}^{-1} \otimes \boldsymbol{I}_3)\mathrm{diag}(\boldsymbol{e}_p)^{-\frac{1}{2}}|\boldsymbol{e}_V| + \sum_{i=1}^{N}\sum_{j=1}^{N}(\tilde{\boldsymbol{V}}_i)^{\mathrm{T}}\frac{\partial V_{ij}}{\partial \boldsymbol{P}_i}
\end{aligned}$$

$$
\begin{aligned}
&\leqslant \sum_{i=1}^{N}\left[-\tilde{\alpha}_{1i}-\bar{h}_i^{\mathrm{T}}\hat{\alpha}_{1i}+\frac{1}{\lambda_{\min}(\boldsymbol{H})}(\|\boldsymbol{\Gamma}(u_1)+\boldsymbol{d}_{Vi}-\boldsymbol{1}_N\otimes\ddot{\boldsymbol{P}}_0\|)\right]\|\boldsymbol{S}_{1i}\| \\
&\quad -\alpha_2\sum_{i=1}^{N}\sum_{m=1}^{3}|\boldsymbol{S}_{1im}|^{\frac{p+q}{q}}+\frac{\beta_1}{2}\boldsymbol{S}_1^{\mathrm{T}}(\boldsymbol{H}^{-1}\boldsymbol{H}^{-1}\otimes\boldsymbol{I}_3)\operatorname{diag}(\boldsymbol{e}_p)^{-\frac{1}{2}}|\boldsymbol{S}_1-\beta_1\operatorname{sig}(\boldsymbol{e}_p)^{\frac{1}{2}}| \\
&\quad -\beta_1\operatorname{sig}(-\boldsymbol{H}\tilde{\boldsymbol{P}})^{\frac{1}{2}}(\boldsymbol{H}^{-1}\otimes\boldsymbol{I}_3)\boldsymbol{\Gamma}(V_{ij}) \\
&\leqslant \sum_{i=1}^{N}\left(-\tilde{\alpha}_{1i}-\bar{h}_i^{\mathrm{T}}\hat{\alpha}_{1i}+\frac{1}{\lambda_{\min}(\boldsymbol{H})}(\|\boldsymbol{\Gamma}(u_1)+\boldsymbol{d}_{Vi}-\boldsymbol{1}^N\otimes\ddot{\boldsymbol{P}}_0\|)\right. \\
&\quad \left.+\frac{\beta_1^2}{2\lambda_{\min}^2(\boldsymbol{H})}\sqrt{n}\right)\|\boldsymbol{S}_{1i}\| \\
&\quad -\alpha_2\sum_{i=1}^{N}\sum_{m=1}^{3}|\boldsymbol{S}_{1im}|^{\gamma+1}+\frac{\beta_1}{2}\boldsymbol{S}_1^{\mathrm{T}}(\boldsymbol{H}^{-1}\boldsymbol{H}^{-1}\otimes\boldsymbol{I}_3)\operatorname{diag}(\boldsymbol{e}_p)^{-\frac{1}{2}}\boldsymbol{S}_1 \\
&\quad -\beta_1\operatorname{sig}(-\boldsymbol{H}\tilde{\boldsymbol{P}})^{\frac{1}{2}}(\boldsymbol{H}^{-1}\boldsymbol{\Delta}\boldsymbol{H}^{-1}\boldsymbol{H}\otimes\boldsymbol{I}_3)\tilde{\boldsymbol{P}} \\
&\leqslant -\alpha_2\sum_{i=1}^{N}\sum_{m=1}^{3}|\boldsymbol{S}_{1im}|^{\gamma+1}-l_1\|\boldsymbol{S}_1\|+\frac{\beta_1}{2}\boldsymbol{S}_1^{\mathrm{T}}(\boldsymbol{H}^{-1}\boldsymbol{H}^{-1}\otimes\boldsymbol{I}_3)\operatorname{diag}(\boldsymbol{e}_p)^{-\frac{1}{2}}\boldsymbol{S}_1 \\
&\quad -\frac{1}{\lambda_{\max}(-\boldsymbol{H}^{-1}\boldsymbol{\Delta}\boldsymbol{H}^{-1})}\|\boldsymbol{e}_p\|^{\frac{3}{2}}
\end{aligned}
$$

其中，

$$
\begin{aligned}
&\tilde{V}_i = V_i - V_0 \\
&\tilde{\boldsymbol{P}} = \boldsymbol{P}_i - \boldsymbol{P}_0 - \boldsymbol{c}_i \\
&\boldsymbol{H}^{-1} = [\bar{\boldsymbol{h}}_1^{\mathrm{T}}, \cdots, \bar{\boldsymbol{h}}_N^{\mathrm{T}}]^{\mathrm{T}} \\
&\boldsymbol{S}_1^{\mathrm{T}}(\boldsymbol{H}^{-1}\otimes\boldsymbol{I}_3)\boldsymbol{\Gamma}(V_{ij}) = \sum_{i=1}^{N}\sum_{j=0}^{N}\tilde{V}_i^{\mathrm{T}}\left(\frac{\partial V_{ij}}{\partial \boldsymbol{P}_i}\right)^{\mathrm{T}}+\beta_1\operatorname{sig}(-\boldsymbol{e}_p)^{\frac{1}{2}}(\boldsymbol{H}^{-1}\otimes\boldsymbol{I}_3)\boldsymbol{\Gamma}(V_{ij})
\end{aligned}
$$

如果 $\|\boldsymbol{P}_i-\boldsymbol{P}_j\| > r_a$，那么式(10.13) 的误差 $\boldsymbol{e}_P$ 在有限时间内稳定的。因为当 $\|\boldsymbol{S}_1\|\rightarrow 0$，即 $\|\boldsymbol{e}_P\|\rightarrow 0$，且 $\|\boldsymbol{e}_V\|\rightarrow 0$ 时，$\boldsymbol{S}_1^{\mathrm{T}}\boldsymbol{H}^{-1}\operatorname{diag}(\boldsymbol{e}_P)^{-\frac{1}{2}}\boldsymbol{S}_1$ 是 $\sum_{i=1}^{N}\sum_{m=1}^{3}|S_{1im}|^{\gamma+1}$ 的高阶无穷小。因此，如果 $l_1>0$ 在 $\boldsymbol{S}_1=\boldsymbol{0}$ 附近，对 $l_1>0$ 来说，有 $\dot{W}<0$。此时，轨迹滑过 $\boldsymbol{S}_1=\boldsymbol{0}$ 附近，到达原点附近。这类似于文献[130] 中定理 1 的证明。基于有限时间稳定的齐次性原则[131]，存在一个球体 O_ε 集中在原点，这样每一个从 O_ε 开始的轨迹将在有限时间到原点。根据上面的分析，对 $l_1>0$，可以得到 $\dot{W}<0$。然后根据文献[132]的有界性定理，$\boldsymbol{S}_1$ 和 $\tilde{\boldsymbol{\alpha}}$ 最终都是有界的。

没有从原点出发式(10.13)的轨迹可以离开 O_ε。因为 ε 可以取任意小，所以式(10.13)表示的系统轨迹不会离开原点。因此，可以保证原点的李雅普诺夫稳定性，这意味着系统[式(10.13)]轨迹是在全局有限时间内稳定的。因此，存在 $T>0$ 使得 $R_{\rho i}$。再次利用 $\boldsymbol{H}>0$，得到 $\lim\limits_{t\rightarrow T}\tilde{\boldsymbol{P}}=\lim\limits_{t\rightarrow T}\tilde{\boldsymbol{V}}=\boldsymbol{0}$。这就完成了证明。

如果 $r_d < \|P_i - P_j\| < r_a$，则式(10.13)的误差 e_P 为稳定的输入状态。在 $-\alpha_2\sum_{i=1}^{N}\sum_{m=1}^{3}|S_{1im}|^{\gamma+1} - l_1\|S_1\|$ 的作用下，多个无人直升机离开碰撞发生的区域，并形成了期望的编队，因为危险区域必须远低于编队所需的距离。

注 10.1　在上面的分析中，Z_{col}^i 是由主旋翼转速、叶片半径等因素决定的主旋翼整体螺距角的参数，并且是有界的。δ_{col}^i 是由主旋翼的整体螺距角，它在实际中是有界的，在这里，假设界是未知的。

注 10.2　在文献[130]中，控制器增益 α 的选择取决于 $\boldsymbol{H}$ 最小非零特征值不能应用于大规模的无人直升机的编队控制。此外，当模型存在未知的干扰上界时，控制协议不能实现多智能体的协同。在式(10.6)中控制器中的参数 $\hat{\alpha}_{1i}$ 可以同时估计未知扰动 $\boldsymbol{d}_{Vi}$，领机加速度 $\|\ddot{\boldsymbol{P}}_0\|$ 上界和 $\lambda_{\min}(\boldsymbol{H})$ 的最小特征值。因此，如式(10.6)所示的控制器不再依赖这些全局信息。

注 10.3　在文献[132]中，研究了具有移动的 Leader 的多智能体系统的集群问题，设计了一种完全分布式控制协议，实现了通信连接保持、避碰和速度匹配。式(10.6)提出的编队控制器具有有限时间收敛性。

为了解决因为自适应参数 α_{1i} 静态误差一直增加的问题，将阻尼项 $-a\alpha_{1i}$ 添加到自适应参数项，即将式(10.8)变为以下形式

$$\dot{\hat{\alpha}}_{1i} = \lambda_1(-a\alpha_{1i} + \|\boldsymbol{S}_{1i}\|)$$

其中，$a > 0$。a 的作用是当误差系统式(10.13)存在静态误差时，增益不会一直增加。

注 10.4　当编队位置误差和速度误差增加时，因为参数 $\hat{\alpha}_{1i}$ 的衰减率 a 是一个常数，所以参数 $\hat{\alpha}_{1i}$ 增加。当编队误差变得越来越小，参数 $\hat{\alpha}_{1i}$ 的增长率变得越来越小，直到增长率等于衰减率。

10.2.2　内环控制器的设计

本节目的为计算期望姿态角指令，并设计一个自适应姿态内环跟踪控制器。为此，考虑 $\boldsymbol{R}_i$ 和 $\boldsymbol{u}_{1ic} = \boldsymbol{R}_{ci}\boldsymbol{e}_3 Z_{\mathrm{col}}^i \delta_{\mathrm{col}}^i(t) = [u_{xi}, u_{yi}, u_{zi}]$，期望滚转角 ϕ_{di} 和期望俯仰角 θ_{di} 计算方法如下：

$$\phi_{di} = \arcsin\left(\frac{\sin(\phi di)u_{xi} - \cos(\phi di)u_{yi}}{\sqrt{\boldsymbol{u}_{1ic}^{\mathrm{T}}\boldsymbol{u}_{1ic}}}\right)$$

$$\theta_{di} = \arctan\left(\frac{\cos(\phi di)u_{xi} - \sin(\phi di)u_{yi}}{u_{zi}}\right)$$

$$\delta_{\mathrm{col}}^i(t) = \frac{1}{Z_{\mathrm{col}}^i}\sqrt{\boldsymbol{u}_{1ic}^{\mathrm{T}}\boldsymbol{u}_{1ic}}$$

其中，$\delta_{\mathrm{col}}^i(t)$ 是实际控制量。下面定义期望姿态角 $\boldsymbol{\Theta}_{di} = [\phi_{di}, \theta_{di}, \psi_{di}]^{\mathrm{T}}$，$\psi_{di} = \psi_0$。为了减小期望姿态角抖振，使期望姿态角平滑可微，在下面引入了一阶积分滤波器[102]

$$\dot{\boldsymbol{\Theta}}_{ci} = -\frac{\boldsymbol{\Theta}_{ci} - \boldsymbol{\Theta}_{di}}{\pi} - \frac{l_2(\boldsymbol{\Theta}_{ci} - \boldsymbol{\Theta}_{di})}{\|\boldsymbol{\Theta}_{ci} - \boldsymbol{\Theta}_{di}\|^r + m_1}$$

其中，$\pi > 0$；$m_1 > 0$；$l_2 > 0$，$\boldsymbol{\Theta}_{ci}$ 是一个新引入的一个变量，由 $\boldsymbol{\Theta}_{di}$ 通过一阶积分滤波器得到。

注 10.5 对于 π、m、l_2 的选择可以参考以前的工作（见文献[102]）。π、m_1 越小，滤波精度越高，l_2 正好相反。

滤波估计误差定义为 $\boldsymbol{\rho}_{\Theta i} = \boldsymbol{\Theta}_{di} - \boldsymbol{\Theta}_{ci}$，姿态跟踪误差是 $\tilde{\boldsymbol{e}}_{\Theta i} = \boldsymbol{\Theta}_{di} - \boldsymbol{\Theta}_i$，并定义 $\boldsymbol{e}_{S\Theta i} = \boldsymbol{\Theta}_{ci} - \boldsymbol{\Theta}_i$。可以得到 $\boldsymbol{e}_{S\Theta i} = \tilde{\boldsymbol{e}}_{\Theta i} - \boldsymbol{\rho}_{\Theta i}$。为了实现姿态跟踪控制，将滑动面定义为

$$\boldsymbol{S}_{2i} = \dot{\tilde{\boldsymbol{e}}}_{S\Theta i} + \beta_2 \mathrm{sig}(\tilde{\boldsymbol{e}}_{S\Theta i})^{\gamma} \tag{10.17}$$

式(10.17)中，$\dot{\tilde{\boldsymbol{e}}}_{\Theta i} = \dot{\boldsymbol{\Theta}}_{di} - \dot{\boldsymbol{\Theta}}_i$，$0 < \gamma < 1$。姿态跟踪误差系统为

$$\begin{aligned} \dot{\tilde{\boldsymbol{e}}}_{S\Theta i} &= \dot{\boldsymbol{\Theta}}_{ci} - \boldsymbol{\Pi}_i\boldsymbol{\Omega}_i \\ \ddot{\tilde{\boldsymbol{e}}}_{S\Theta i} &= \boldsymbol{\chi}_i(t) - \boldsymbol{\Pi}_i\boldsymbol{g}_{2i}(t)\boldsymbol{\tau}_i + \boldsymbol{\Pi}_i\boldsymbol{d}_{\Omega i} \end{aligned} \tag{10.18}$$

式(10.18)中，$\boldsymbol{\chi}_i(t) = \ddot{\boldsymbol{\Theta}}_{ci} - \dot{\boldsymbol{\Pi}}_i\boldsymbol{\Omega}_i - \boldsymbol{\Pi}_i\boldsymbol{g}_{1i}(t)$。为了实现期望角度的连续快速跟踪，设计了连续控制器。

定理 10.2 考虑姿态内环子系统(10.3)。在假设 10.1 和假设 10.4 下，如果控制器是根据下面设计：

$$\boldsymbol{\tau}_i = \boldsymbol{g}_{2i}^{-1}\boldsymbol{\Pi}_i^{-1}\left[\bar{\boldsymbol{\chi}}_i(t) + \frac{\hat{\alpha}_{3i}\boldsymbol{S}_{2i}}{2b} + \alpha_4 \mathrm{sgn}(\boldsymbol{S}_{2i})^{\gamma} + \alpha_5\boldsymbol{S}_{2i} + \beta_2\gamma\,\mathrm{diag}(\tilde{\boldsymbol{e}}_{S\Theta i})^{\gamma-1}|\dot{\tilde{\boldsymbol{e}}}_{S\Theta i}|\right] \tag{10.19}$$

式(10.19)中，$\hat{\alpha}_{3i}$ 更新律为

$$\dot{\hat{\alpha}}_{3i} = \lambda_3\left(-c\hat{\alpha}_{3i} + \frac{1}{2b}\|\boldsymbol{S}_{2i}\|^2\right) \tag{10.20}$$

式(10.20)中，$\alpha_4 > 0$；$\alpha_5 > 0$；$c > 0$；$b > 0$；$0 < \gamma < 1$；$\lambda_3 > 0$；$\bar{\boldsymbol{\chi}}_i(t) = \ddot{\boldsymbol{\Theta}}_{ci} - \dot{\boldsymbol{\Pi}}_i\boldsymbol{\Omega}_i - \boldsymbol{\Pi}_i\boldsymbol{g}_{1i}(t)$。那么，姿态跟踪误差 $\boldsymbol{e}_{\Theta i}$ 将在有限时间内收敛到一个小的零区域。

证明： 首先，证明子系统(10.3)的实际有限时间稳定性。

考虑候选李雅普诺夫函数如下：

$$W_2 = \frac{1}{2}\boldsymbol{S}_2^{\mathrm{T}}\boldsymbol{S}_2 + \frac{1}{2\lambda_3}\sum_{i=1}^{n}\tilde{\alpha}_{3i}^2 \tag{10.21}$$

式(10.21)中，$\tilde{\alpha}_{3i} = \hat{\alpha}_{3i} - \alpha_{3i}$；$\sqrt{\alpha_{3i}} = \|\ddot{\boldsymbol{\rho}}_{\Theta i} + \boldsymbol{\Pi}_i\boldsymbol{d}_{\Omega i}\|$。假定 $\ddot{\boldsymbol{\rho}}_{\Theta i}$ 有一个未知上界 $R_{\rho i}$。当 $\tilde{\boldsymbol{e}}_{\Theta i} = \boldsymbol{0}$、$W_2(t) = 0$，或 $\tilde{\boldsymbol{e}}_{\Theta i} \neq 0$、$\boldsymbol{W}_2(t) > 0$，那么李雅普诺夫函数是正定的。对式(10.17)中的 $\boldsymbol{S}_{2i}$ 关于时间求导，可以得到

$$\dot{\boldsymbol{S}}_{2i}=\boldsymbol{\chi}_i(t)-\boldsymbol{\Pi}_i\boldsymbol{g}_{2i}(t)\boldsymbol{\tau}_i+\boldsymbol{\Pi}_i\boldsymbol{d}_{\Omega i}+\beta_2\gamma\mathrm{diag}(\dot{\tilde{\boldsymbol{e}}}_{S\Theta i})^{\gamma-1}|\dot{\tilde{\boldsymbol{e}}}_{S\Theta i}| \tag{10.22}$$

对 W_2 关于时间 t 求导,可得

$$\begin{aligned}
\dot{W}_2&=\sum_{i}^{N}\boldsymbol{S}_{2i}^{\mathrm{T}}(\boldsymbol{\chi}_i(t)-\boldsymbol{\Pi}_i\boldsymbol{g}_{2i}(t)\boldsymbol{\tau}_i+\boldsymbol{\Pi}_i\boldsymbol{d}_{\Omega i}+\beta_2\gamma\mathrm{diag}(\tilde{\boldsymbol{e}}_{S\Theta i})^{\gamma-1}|\dot{\tilde{\boldsymbol{e}}}_{S\Theta i}|)-\frac{1}{\lambda_3}\sum_{i=1}^{N}\tilde{\alpha}_{3i}\dot{\hat{\alpha}}_{3i}\\
&=\sum_{i}^{N}\boldsymbol{S}_{2i}^{\mathrm{T}}\left(-\alpha_4\mathrm{sgn}(\boldsymbol{S}_{2i})^{\gamma}-\alpha_5\boldsymbol{S}_{2i}-\frac{\hat{\alpha}_{3i}\boldsymbol{S}_{2i}}{2b}+\ddot{\boldsymbol{\rho}}_{\Theta i}+\boldsymbol{\Pi}_i\boldsymbol{d}_{\Omega i}\right)\\
&\quad+\sum_{i=1}^{N}\tilde{\alpha}_{3i}\left(-c\hat{\alpha}_{3i}+\frac{\|\boldsymbol{S}_{2i}\|^2}{2b}\right)\\
&\leqslant(\|\ddot{\boldsymbol{\rho}}_{\Theta i}\|+\|\boldsymbol{\Pi}_i\boldsymbol{d}_{\Omega i}\|)\|\boldsymbol{S}_2\|-\frac{\hat{\alpha}_{3i}\|\boldsymbol{S}_2\|}{2b}-\alpha_4\sum_{i=1}^{N}\sum_{m=1}^{3}S_{2m}^{\gamma+1}-\alpha_5\|\boldsymbol{S}_2\|^2\\
&\quad+\frac{\hat{\alpha}_{3i}\boldsymbol{S}_{2i}}{2b}-c\sum_{i=1}^{N}\tilde{\alpha}_{3i}\hat{\alpha}_{3i}\\
&=-\alpha_4\sum_{i=1}^{N}\sum_{m=1}^{3}S_{2m}^{\gamma+1}-\alpha_5\|\boldsymbol{S}_2\|^2-c\sum_{i=1}^{N}\tilde{\alpha}_{3i}\hat{\alpha}_{3i}\\
&\leqslant-\alpha_4\sum_{i=1}^{N}\sum_{m=1}^{3}S_{2m}^{\gamma+1}-c\sum_{i=1}^{N}\tilde{\alpha}_{3i}\tilde{\alpha}_{3i}-c\sum_{i=1}^{N}\tilde{\alpha}_{3i}\alpha_{3i}\\
&\leqslant-\alpha_4\sum_{i=1}^{N}\sum_{m=1}^{3}S_{2m}^{\gamma+1}-c\sum_{i=1}^{N}\tilde{\alpha}_{3i}\tilde{\alpha}_{3i}+\frac{c}{2}\sum_{i=1}^{N}(\alpha_{3i}^2+\tilde{\alpha}_{3i}^2)\\
&\leqslant-\alpha_4\sum_{i=1}^{N}\sum_{m=1}^{3}S_{2m}^{\gamma+1}+\frac{c}{2}\sum_{i=1}^{N}\alpha_{3i}^2\\
&\leqslant-\bar{\alpha}[W_2(t)]^{\frac{\gamma+1}{2}}+\kappa_2
\end{aligned}$$

式中,$\bar{\alpha}=\min\{2\alpha_4,\ c\lambda_3\}$;$\kappa_2=\frac{c}{2}\sum_{i=1}^{N}\alpha_{3i}^2$,且 κ_2 是一个有限数。对于 $0<\theta_2<1$,有

$$\dot{W}_2(t)\leqslant-\theta_2\bar{\alpha}(W_2)^{\frac{\gamma+1}{2}}(t)-(1-\theta_2)\bar{\alpha}(W_2)^{\frac{\gamma+1}{2}}+\kappa_2 \tag{10.23}$$

因为选择的 α_4、λ_3 足够大,所以满足 $W_2(t)>\frac{\kappa_2}{(1-\theta_2)\bar{\alpha}}$。它遵循 $\dot{W}_2(t)\leqslant-\theta_2\bar{\alpha}(W_2)^{\frac{\gamma+1}{2}}(t)$。因此,$\|\boldsymbol{S}_{2i}\|$,$\tilde{\alpha}_{3i}$ 是有界的。根据引理 10.3,闭环系统(10.18)的解决方案 $\tilde{\boldsymbol{e}}_{\Theta i}$ 是实际有限时间稳定的。

根据文献[132]中的引理 4.6,由于渐近增益 $\gamma_{\text{attitude}}>0$,变量 $\|\boldsymbol{S}_{2i}\|$ 是输入状态稳定的,它关于输入$(\boldsymbol{d}_{\Omega i},\ \boldsymbol{\Theta}_{ci})$,$0<\gamma_{\text{attitude}}<1$。因此,姿态误差以 $R_{\Omega i}$ 和滤波估计误差的上界 $R_{\rho i}$ 为上界

$$\|\boldsymbol{e}_{\Theta}\|\leqslant\gamma_{\text{attitude}}\max_{i=\{1,\cdots,N\}}\{R_{\Omega i},\ R_{\rho i}\} \tag{10.24}$$

10.2.3 闭环误差系统的收敛性分析

本节将证明无人直升机闭环系统的稳定性分析。

定理 10.3 考虑位置误差方程(10.13)及外环控制器式(10.6)~式(10.9),其中 $\alpha_2>0$; $0<\gamma<1$; $\beta_1>0$; $\lambda_1>0$; $\hat{\alpha}_{1i}$ 设计如式(10.8)所示,式(10.18)姿态误差由内环控制器式(10.19)~式(10.20),其中 $\alpha_4>0$; $\alpha_5>0$; $a>0$; $b>0$; $c>0$; $\lambda_1>0$; $\lambda_3>0$。令

$$\|\boldsymbol{\Gamma}(u_1)\|\leqslant R_1;\ \|\ddot{\boldsymbol{P}}_0\|\leqslant R_{\ddot{P}_0};\ \|\boldsymbol{d}_{Vi}\|\leqslant R_{dVi};\ \|\boldsymbol{d}_{\Omega i}\|\leqslant R_{d\Omega i};\ \|\ddot{\boldsymbol{\rho}}_{\Theta i}\|\leqslant R_{\rho i} \tag{10.25}$$

式中,R_Γ、$R_{\ddot{P}_0}$、R_{dVi}、$R_{d\Omega i}$、$R_{\rho i}$ 是任意大正数。那么,存在一些带有未知上界的有界参数 $R_\Gamma>0$; $R_{\ddot{P}_0}>0$; $R_{dVi}>0$; $R_{d\Omega i}>0$; $R_{\rho i}>0$,其中 $\|\boldsymbol{\Gamma}(u_1)\|\leqslant R_\Gamma$; $\|\ddot{\boldsymbol{P}}_0\|\leqslant R_{\ddot{P}_0}$,因此整个闭环系统输入状态稳定,位置追踪误差 $\boldsymbol{e}_p$ 和速度追踪误差 $\boldsymbol{e}_V$ 最终是有界的。

证明: 根据文献[132]、文献[133]和上面的分析, $R_\Gamma>0$; $R_{dVi}>0$; $R_{\ddot{P}_0}>0$ 且 γ_{position} 使得式(10.13)所示系统关于输入 $\boldsymbol{\Gamma}(u_1)$ 和 $\boldsymbol{d}_{Vi}$、初始状态 $\ddot{\boldsymbol{P}}_0$、输入上界 $(R_\Gamma,R_{\ddot{P}_0},R_{dVi})$ 以及渐近增益 γ_{position} 是稳定的。因此,得到误差上界

$$\|\boldsymbol{e}_p\|\leqslant\gamma_{\text{position}}\max\{R_\Gamma,R_{\ddot{P}_0},R_{dVi}\} \tag{10.26}$$

结合上面的分析和引理 10.2 的分析,通过选择合适的 a 和 c,我们可以得到

$$\gamma_{\text{position}}\gamma_{\text{attitude}}<1 \tag{10.27}$$

然后,基于小增益理论条件,误差以下式为界

$$\|\boldsymbol{e}_p,\boldsymbol{e}_\Theta\|\leqslant\gamma_{\text{whole}}\{R_\Gamma,R_{\ddot{P}_0},R_{dVi},R_{\Theta di}R_{d\Omega i},\beta_2^2\gamma\sqrt{N}\} \tag{10.28}$$

可参考文献[134]中的证明过程细节,其中 $\gamma_{\text{whole}}>0$。

注 10.6 在独立于著名的多时间原理文献[135]、文献[136]的条件下,整个无人直升机闭环系统的输入状态稳定性被证明。本章所设计的控制算法能够实现全局稳定。

10.3 仿真算例

仿真中,考虑一个由一个领机编号 0 和四个跟随无人直升机编号 1、2、3、4 组成的多机编队。假设任意两个无人直升机可以在通信范围内通信,通信拓扑如图 10.3 所示。无人直升机编队从地面起飞上升到空中形成并维持队形。飞行过程中有两个障碍,一个是静止的,另一个是移动的。本仿真除了验证多无人机编队飞行时机间避碰性能,还验证存在两种障碍的情况下编队飞行时的避障性能。除此之外与文献[130]中的算法进行了比较,证明了该算法的优越性。

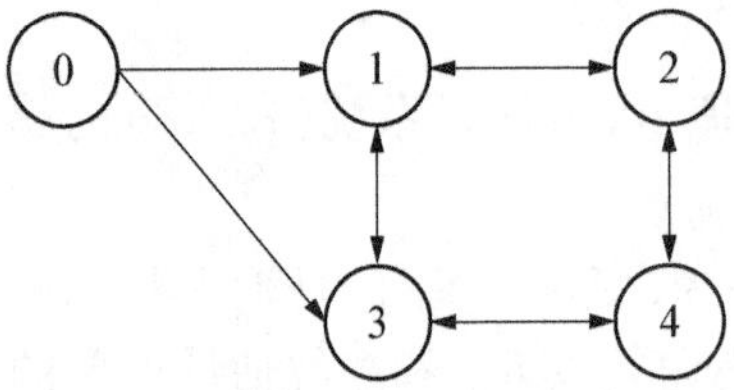

图 10.3 通信拓扑

10.3.1 参数设置

假设领机沿预定的轨迹飞行:仿真中使用的领机的参考轨迹表示如下:

$$x_d = \begin{cases} -15\sin\left(\frac{\pi}{10}t\right)\text{ m} & 0 \leqslant t \leqslant 20\text{ s} \\ -3(t-20\text{ s})\text{m/s} & t > 20\text{ s} \end{cases}$$
$$y_d = \begin{cases} 15\cos\left(\frac{\pi}{10}t\right)\text{ m} & 0 \leqslant t \leqslant 20\text{ s} \\ 15\text{ m/s} & t > 20\text{ s} \end{cases} \tag{10.29}$$

静止障碍中心位置和运动障碍中心位置分别为

$$x_{01} = -10\text{ m},\ y_{01} = 18\text{ m},\ z_{01} = 8\text{ m}$$
$$x_{02} = (-0.3t - 15)\text{m},\ y_{02} = 18\text{ m},\ z_{02} = 8\text{ m} \tag{10.30}$$

两个障碍的半径都是 3 m。

无人直升机的期望构型参数如表 10.1 所示。期望的相对距离为 $r_c = 5$ m。设避碰半径 $r_a = 4$ m、危险半径 $r_d = 1$ m。每架无人直升机的物理参数如下：惯性矩阵为 $\boldsymbol{J} = \text{diag}\{0.18, 0.34, 0.28\}$（单位为 kg · m^2），质量为 8.2 kg，重力加速度 $g = 9.8$ m/s^2。

表 10.1　无人直升机构型参数

期望构型	正五边形	期望构型	正五边形
$\boldsymbol{c}_1$	[-4.04; -2.94; 0]	$\boldsymbol{c}_3$	[-2.5; -7.69; 0]
$\boldsymbol{c}_2$	[4.04; -2.94; 0]	$\boldsymbol{c}_4$	[2.5; -7.69; 0]

$$\boldsymbol{Z}_\omega = -0.7615\text{ s}^{-1}$$
$$\boldsymbol{Z}_{\text{col}}^i = -131.4125\text{ m/(rad} \cdot \text{s}^2) \tag{10.31}$$
$$\boldsymbol{A} = \text{diag}\{-48.1757, -25.5048, -0.9808\}\text{ s}^{-1}$$

且

$$\boldsymbol{B} = \begin{bmatrix} 0 & 0 & 1\,689.5 & 0 \\ 0 & 894.5 & 0 & 0 \\ -0.3705 & 0 & 0 & 135.8 \end{bmatrix}\text{s}^{-2} \tag{10.32}$$

外环控制器参数选择如下：$\alpha_2 = 15$；$\beta_1 = 1$；$\lambda_1 = 3.0$；$\gamma = \frac{3}{5}$；$a = 0.1$。一阶滤波器的参数为 $\pi = 0.01$。内环控制器参数为 $\alpha_4 = 10$；$\beta_2 = 1$；$\lambda_3 = 10$；$b = 0.01$；$c = 0.05$。无人直升机的初始状态如表 10.2 所示。势能函数的参数为 $r_d = 1$ m；$r_a = 3.5$ m；$r_c = 1\,000$ m。

五个无人直升机通信拓扑图见图 10.4，并给出相应的加权拉普拉斯矩阵。考虑每架无人直升机的正弦波干扰如表 10.3 所示。$\boldsymbol{d}_{Vi}$、$\boldsymbol{d}_{\Omega i}$($i = 1, 2, 3, 4$) 的单位分别为 m/s^2、rad/s^2。

表 10.2　无人直升机初始状态

编　号	位　置	速　度	欧拉角
无人直升机 1	[-10; 0; 0]	[2; 3; 2]	[0.1; -0.1; 0]
无人直升机 2	[-5; 0; 0]	[3; 2; 4]	[0.1; -0.1; 0]
无人直升机 3	[5; 0; 0]	[1; 5; 3]	[0.1; -0.1; 0]
无人直升机 4	[10; 0; 0]	[4; 6; 1]	[0.1; -0.1; 0]

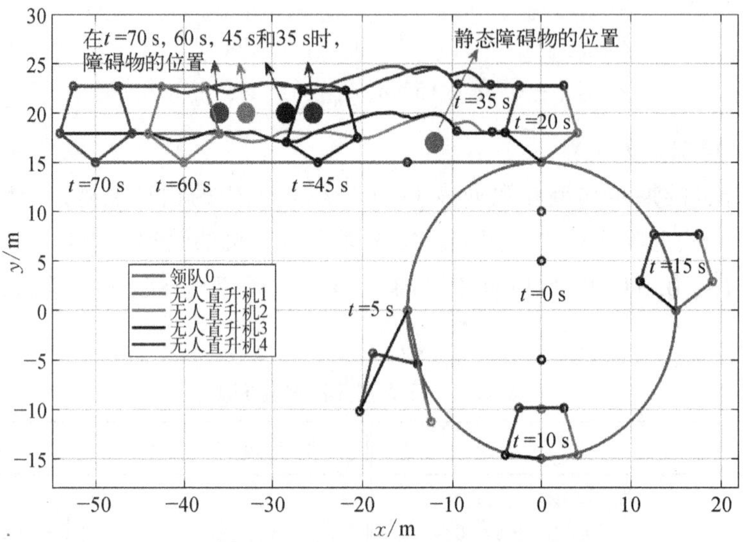

图 10.4　多无人直升机编队与避障

表 10.3　每架无人直升机的干扰

干　扰	取　值
$\boldsymbol{d}_{V1}/(\mathrm{m/s^2})$	$[-0.6\sin(0.5t);\ -0.9\sin(3t);\ -0.42\sin(0.5t)]$
$\boldsymbol{d}_{V2}/(\mathrm{m/s^2})$	$[-0.7\sin(0.72t);\ -0.9\cos(0.81t);\ -0.09\cos(0.5t)]$
$\boldsymbol{d}_{V3}/(\mathrm{m/s^2})$	$[-0.61\sin(0.8t)+0.5\cos(0.1t);\ -0.62\sin(0.6t)+0.8\sin(1.2t);\ -0.95\sin(0.5t)]$
$\boldsymbol{d}_{V4}/(\mathrm{m/s^2})$	$[-0.7\sin(2t);\ -0.9\cos(1.6t);\ -0.3\sin(0.62t)]$
$\boldsymbol{d}_{\Omega1}/(\mathrm{rad/s^2})$	$[-0.7\sin(0.5t)+0.9\sin(t);\ -0.6\sin(5t)+0.6\sin(0.2t);\ 0.83\sin(0.2t)]$
$\boldsymbol{d}_{\Omega2}/(\mathrm{rad/s^2})$	$[-0.3\sin(0.5t)+0.4\sin(t);\ -0.5\sin(5t)+0.8\sin(0.2t);\ 0.2\sin(0.2t)]$
$\boldsymbol{d}_{\Omega3}/(\mathrm{rad/s^2})$	$[-0.5\sin(4t);\ -0.75\sin(0.63t);\ 0.81\cos(0.2t)]$
$\boldsymbol{d}_{\Omega4}/(\mathrm{rad/s^2})$	$[-0.8\sin(0.2t);\ -0.5\sin(0.9t);\ 0.82\cos(0.7t)]$

10.3.2　结果分析

为了说明所设计的有限时间分布式控制器的有效性，将所提出的方法与文献[130]中已有的方法进行了比较。

在这一部分中，我们将把本章的算法与文献[130]中的有限时间分布式控制器进行比较。将有限时间分布式控制算法[130]应用到系统中，可以得到如下控制器

$$\boldsymbol{U}_{1i}=-\alpha\operatorname{sign}\left\{\sum_{j=0}^{n}a_{ij}(\boldsymbol{V}_{i}-\boldsymbol{V}_{j})+\beta\operatorname{sig}\left[\sum_{j=0}^{n}a_{ij}(\boldsymbol{P}_{i}-\boldsymbol{P}_{j})\right]^{\frac{1}{2}}\right\}-\boldsymbol{f}_{1i}\qquad(10.33)$$

式(10.33)中，$\alpha>\dfrac{\beta^{2}}{2\lambda_{\min}(\boldsymbol{H})}\sqrt{n}$；$\boldsymbol{H}=\boldsymbol{L}+\boldsymbol{B}$；$\beta>0$。在本仿真中，选择 $\alpha=20$，$\beta=1$。本次比较的目的是比较两种编队控制器，使无人直升机轨迹精度高、效果好，并能形成所需的编队构型。

仿真结果如图 10.4~图 10.9 所示。从图 10.4 可以看出，本文所设计的控制策略能够使无人直升机快速在 xy 平面上形成并保持队形。

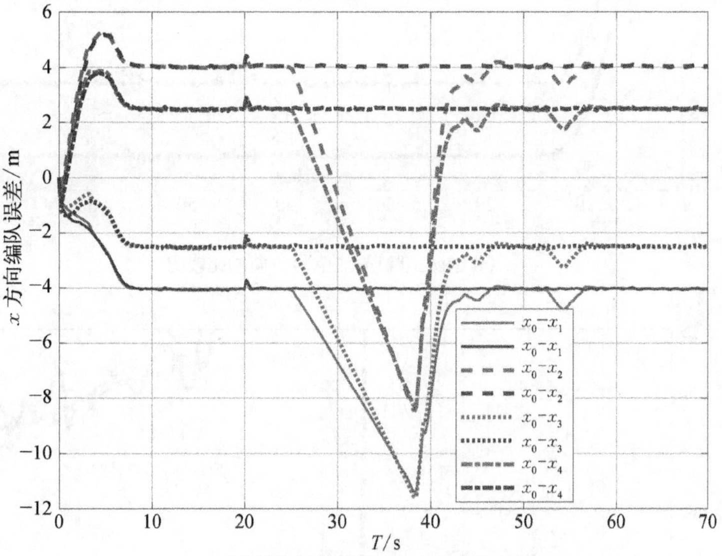

(a) 编队追踪误差在x方向的比较图

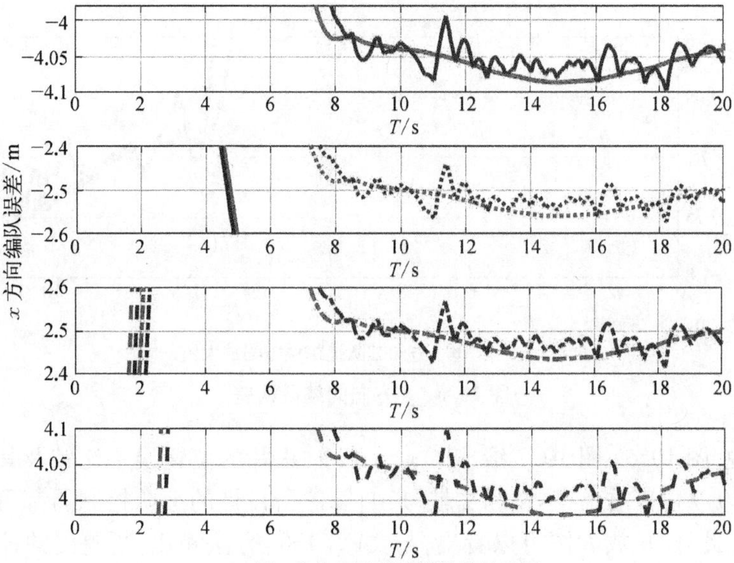

(b) x方向编队追踪误差的放大图

图 10.5　x 方向的编队误差

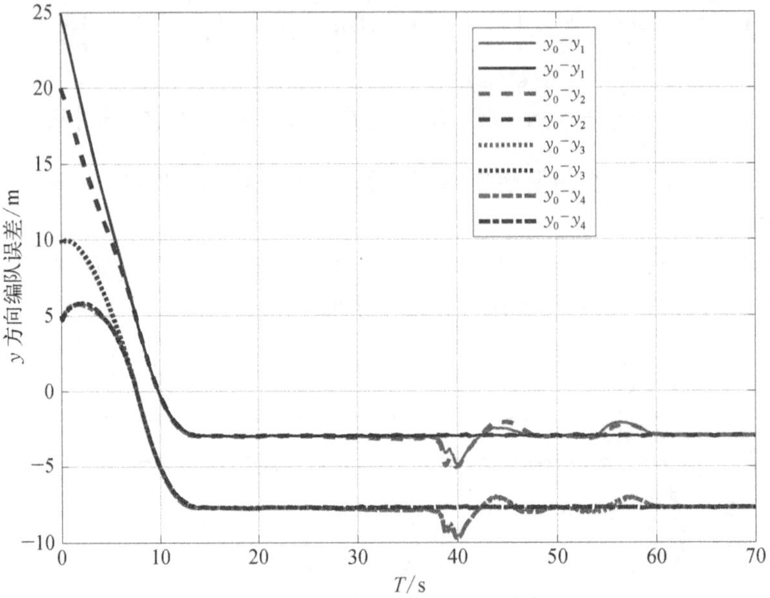

(a) 编队追踪误差在y轴方向的比较图

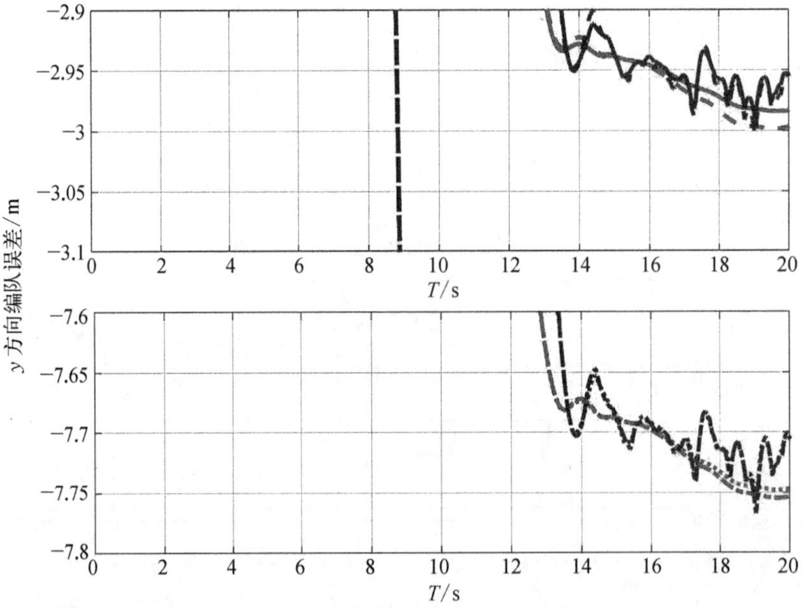

(b) y方向编队追踪误差的放大图

图 10.6　y 方向的编队误差

具体来说,图 10.5~图 10.7 给出了 x、y、z 轴跟踪的位置误差比较及其放大图。从图 10.4~图 10.9 可以看出,本文和文献[130]算法所设计的编队控制器都可以使位置跟踪误差收敛。此外,从放大图可以看出,与文献[130]方法相比,所提出的控制策略具有更高的跟踪精度和更快的收敛速度。

姿态跟踪误差的放大图如图 10.8 所示,其中位置外环控制器计算的期望姿态角可以

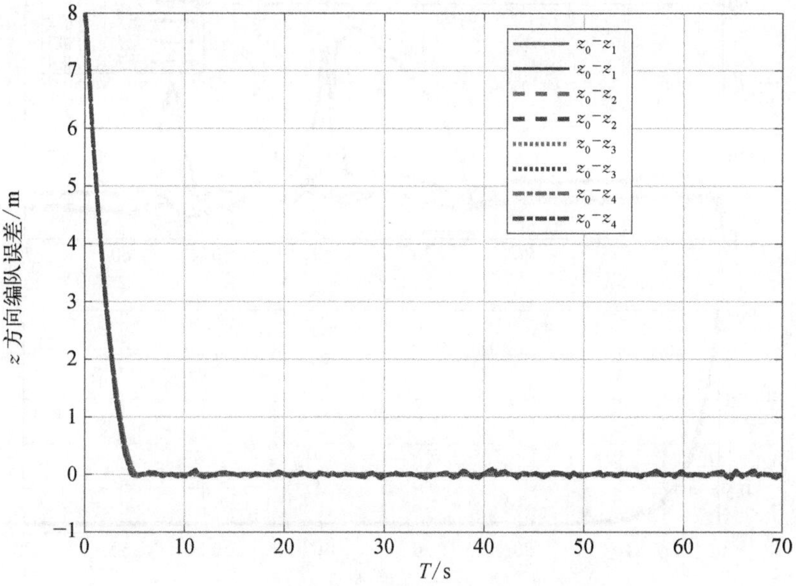

(a) 编队追踪误差在z轴方向的比较图

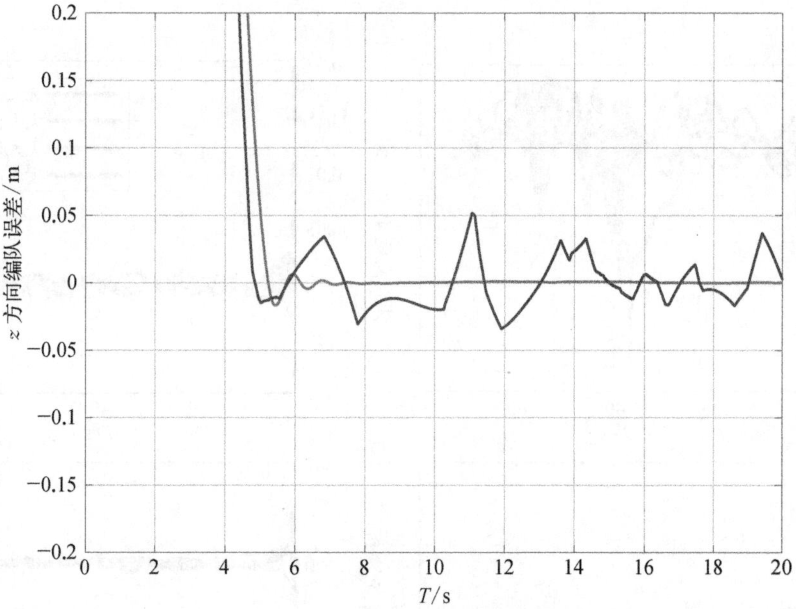

(b) z方向编队追踪误差的放大图

图 10.7　z 方向的编队误差

被高精度跟踪。此外，自适应参数 α_{1i} 和 α_{3i} 的曲线如图 10.8 所示，并在图 10.9 给出控制量的变化曲线。

如图 10.10(a)所示，势能函数在 27~40 s 对静态障碍有效。为了清楚地看到势能函数对控制量的影响，如图 10.10(b)所示，分别给出在有势能函数和无势能函数条件下主旋翼的总距角 δ_{col}^5 的控制量和外环虚拟控制器 u_{15c} 的控制量的差异。

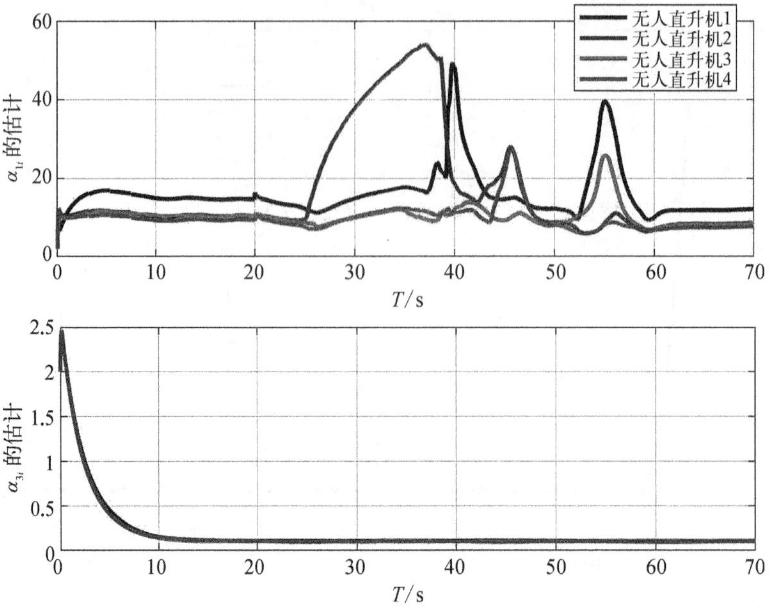

图 10.8　自适应参数曲线

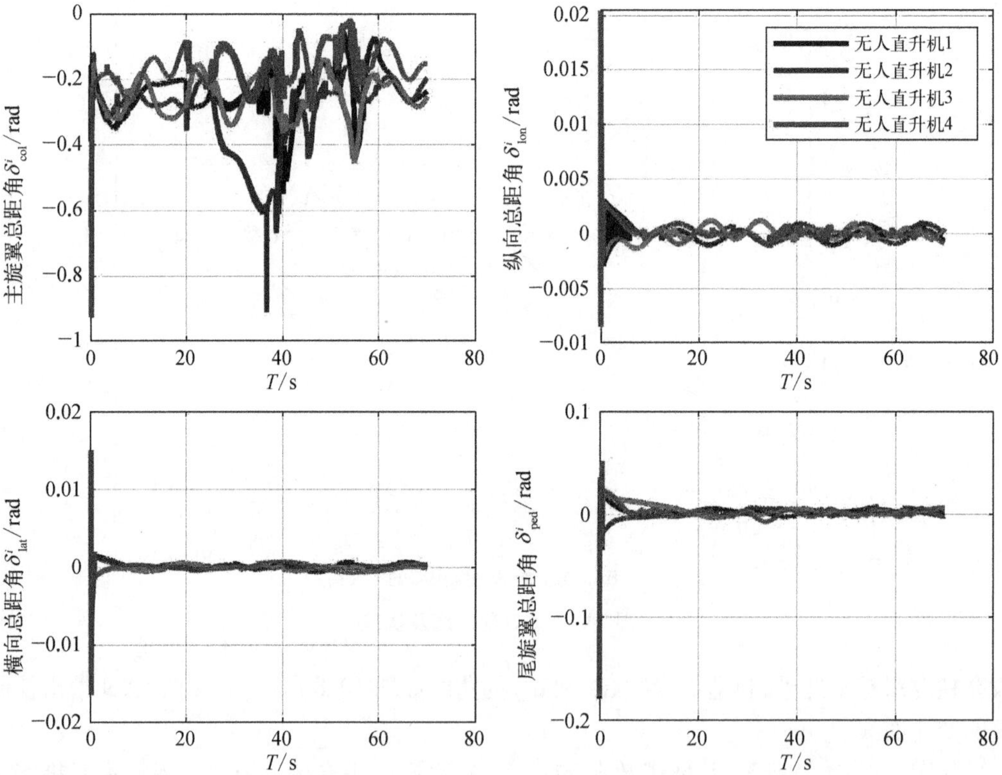

图 10.9　控制量曲线

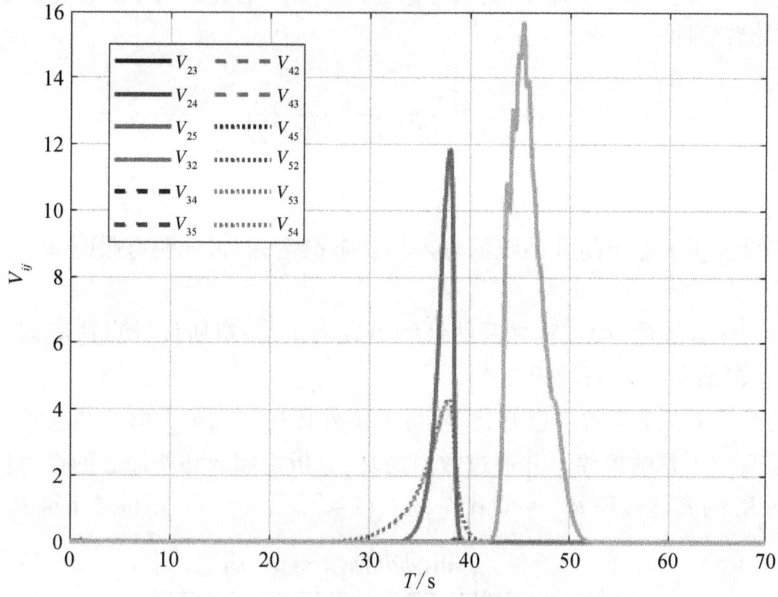

(a) 编队追踪误差在z方向的比较图

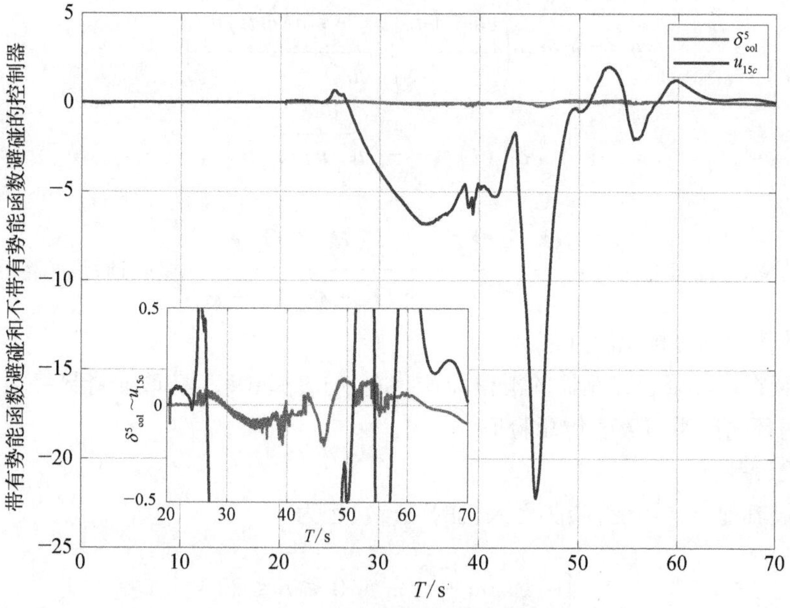

(b) z方向编队追踪误差的放大图

图 10.10

10.4　小　　结

本章主要针对多无人直升机编队，研究了编队保持飞行问题及飞行过程中的避碰问题。主要采用终端滑模方法设计的外置内环和姿态内环的控制器，并基于李雅普诺夫函数方法证明的整个闭环系统的输入到状态稳定性。通过仿真证明了所设计编队控制算法和避障算法的有效性。

10.5 课后练习

思考题：

1. 本章只证明了整个闭环系统的输入到状态稳定，能否证明有限时间稳定？还需要哪些条件？

2. 思考为什么从式(10.15)之后的证明可以看出，本章所设计自适应编队控制算法不需要知道全局信息 $\lambda_{\min}(H)$、$\ddot{P}_0$、N？

3. 假设外环干扰上界 R_{dVi} 已知，试着将虚拟外环控制器 $\boldsymbol{u}_{1ic}$ 第一项增加常数乘以符号函数项，实现对干扰的鲁棒。并通过数值仿真，分析增加前和增加后的控制性能。

4. 根据 $\boldsymbol{R}_i$ 的表达式和 $\boldsymbol{u}_{1ic}=\boldsymbol{R}_{ci}\boldsymbol{e}_3 Z_{\mathrm{col}}^i\delta_{\mathrm{col}}^i(t)=[u_{xi},\ u_{yi},\ u_{zi}]$，推导下面式子

$$\phi_{di}=\arcsin\left(\frac{\sin(\phi di)u_{xi}-\cos(\phi di)u_{yi}}{\sqrt{\boldsymbol{u}_{1ic}^T\boldsymbol{u}_{1ic}}}\right),$$

$$\theta_{di}=\arctan\left(\frac{\cos(\phi di)u_{xi}-\sin(\phi di)u_{yi}}{u_{zi}}\right),$$

$$\delta_{\mathrm{col}}^i(t)=\frac{1}{Z_{\mathrm{col}}^i}\sqrt{\boldsymbol{u}_{1ic}^T\boldsymbol{u}_{1ic}},$$

5. 一阶积分滤波器 $\dot{\boldsymbol{\Theta}}_{ci}=\dfrac{\boldsymbol{\Theta}_{ci}-\boldsymbol{\Theta}_{di}}{\pi}-\dfrac{l_2(\boldsymbol{\Theta}_{ci}-\boldsymbol{\Theta}_{di})}{\|\boldsymbol{\Theta}_{ci}-\boldsymbol{\Theta}_{di}\|^r+m_1}$ 和低通滤波器的区别是什么？通过数值仿真分析滤波性能。

6. 试着将内环姿态控制器的滑模面 $\boldsymbol{S}_{2i}=\dot{\tilde{\boldsymbol{e}}}_{S\Theta i}+\beta_2\mathrm{sig}(\tilde{\boldsymbol{e}}_{S\Theta i})^\gamma$ 改非奇异终端滑模面，并完成姿态内环的证明与数值仿真验证。

程序设计题：

7. 假设其他条件不变，领队无人机的飞行轨迹为

$$x_d=\begin{cases}-15\sin\left(\dfrac{\pi}{10}t\right)\ \mathrm{m} & 0\leqslant t\leqslant 20\ \mathrm{s}\\ -3(t-20)\mathrm{m/s} & t>20\ \mathrm{s}\end{cases}$$

$$y_d=\begin{cases}15\cos\left(\dfrac{\pi}{10}t\right)\ \mathrm{m} & 0\leqslant t\leqslant 20\ \mathrm{s}\\ 15\mathrm{m/s} & t>20\ \mathrm{s}\end{cases}$$

$$z_d=-0.1t\qquad t>0$$

其中，t 的单位为 s，x_d、y_d 单位为 m。试画出多无人直升机编队与避障图。

8. 针对多无人直升机编队系统，考虑障碍物运动轨迹为

$$x_{02}=-t,\ y_{02}=t,\ z_{02}=10\ (x_{02}、y_{02}、z_{02}\text{单位都为 m})$$

假设无人机的初始位置和参数和 10. 3. 1 部分的一样，试给予 MATLAB 画图其避障编队飞行轨迹图。

9. 试采用其他形式的非奇异终端滑模控制方法设计外环控制器和内环控制器，并通过数值仿真比较该方法和本文优缺点。

第十一章 固定翼无人机编队控制

在现代控制理论中,对于单体系统,可以通过构造代价函数(也称性能指标),利用欧拉-拉格朗日方程对最少时间消耗、最小能量消耗等问题进行讨论,即所说的最优控制理论方法。事实上,对于多飞行器系统一致性问题,也可以通过构造适当的一致性成本函数,对多飞行器在达成一致时成本消耗问题进行研究。此外,甚至可以利用逆最优控制的方法,将避障问题用最优控制理论中的成本函数进行表示,最终将控制的成本消耗问题、一致性问题、避障问题统一到最优控制的框架中去共同解决。

本章将研究固定翼无人机在避障要求下的编队控制。本章的结构如下:11.1 节为系统建模,在这一部分中对固定翼无人机系统进行动力学建模和通信建模;11.2 节为固定翼编队及避障控制算法设计,将编队控制、轨迹跟踪和避障整合到统一的最优控制框架中,通过逆最优控制方法实现非二次规避函数的构建,并给出最优控制律,证明闭环系统的稳定性和最优性;11.3 节通过给出一个仿真算例来证明所提出的控制算法的有效性,包括编队飞行、轨迹跟踪和避障等行为;11.4 节为本章小结;11.5 节为课后练习。

学习要点

- 掌握: ① 建立固定翼运动学和动力学模型;② 最优避碰一致性算法设计。
- 熟悉: ① 几个区域的定义;② 指标函数的构造。
- 了解: 仿真算例的程序编写。

11.1 系统建模

本章针对第二章固定翼无人机数学模型简化得到运动学和动力学模型。考虑固定翼的编队、避障及优化问题,更多地关注无人机的质心运动而非旋转运动。引入无人机质点模型[137]用于描述无人机的运动,状态变量是基于惯性坐标系(x, y, h)而定义,如图 11.1 所示:

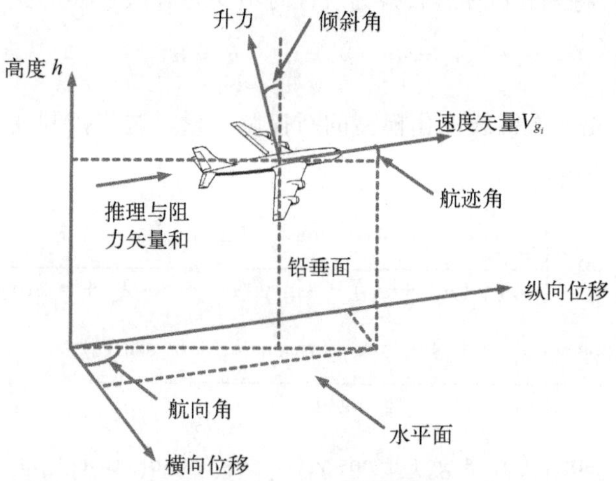

图 11.1　固定翼状态变量图

假设飞机推力沿速度矢量方向，且地球平坦，燃料消耗可忽略不计，即质心保持不变[138]。在以上假设下，第二章固定翼无人机的运动学方程可表示如下：

$$\begin{aligned}\dot{x}_i &= V_{g_i}\cos\gamma_i\cos\chi_i\\ \dot{y}_i &= V_{g_i}\cos\gamma_i\sin\chi_i\\ \dot{h}_i &= V_{g_i}\sin\gamma_i\end{aligned}\tag{11.1}$$

式(11.1)中，$i=1,\cdots,N$ 是各无人机的编号，无人机的数量为 N。对于第 i 架无人机，x_i 是纵向位移；y_i 是横向位移；h_i 是高度；V_{g_i} 是对地速度；γ_i 是航迹角；χ_i 是航向角。

固定翼无人机的动力学方程如下：

$$\begin{aligned}\dot{V}_{g_i} &= \frac{T_{h_i}-D_{g_i}}{m_i}-g_a\sin\gamma_i\\ \dot{\gamma}_i &= \frac{g_a}{V_{g_i}}(n_{g_i}\cos\phi_{b_i}-\cos\gamma_i)\\ \dot{\chi}_i &= \frac{L_{f_i}\sin\phi_{b_i}}{m_iV_{g_i}\cos\gamma_i}\end{aligned}\tag{11.2}$$

式(11.2)中，T_{h_i} 是推力；D_{g_i} 是阻力；m_i 是无人机质量；g_a 是重力加速度；L_{f_i} 为升力系数；ϕ_{b_i} 为倾斜角。无人机中的控制变量是由升降舵控制的过载 $n_{g_i}=\dfrac{L_{f_i}}{g_am_i}$，由方向舵和副翼共同控制的倾斜角 ϕ_{b_i}，以及由油门控制的发动机推力 T_{h_i}。在整个编队过程中，为了保证它们在各自的运动范围内，控制变量将被约束。

显然无人机的运动学和动力学方程均为强非线性，直接设计控制算法。下面通过反

馈线性化的方法[139]将无人机模型转换为线性时不变的双积分器模型为

$$\ddot{x}_i = a_{x_i} \quad \ddot{y}_i = a_{y_i} \quad \ddot{h}_i = a_{h_i} \tag{11.3}$$

式中,a_{x_i}、a_{y_i} 及 a_{h_i} 是无人机线性化模型的新控制变量。这些控制变量与实际控制变量之间的关系由下式给出:

$$\begin{aligned}
\phi_{b_i} &= \tan^{-1}\left[\frac{a_{y_i}\cos\chi_i - a_{x_i}\sin\chi_i}{\cos\gamma_i(a_{h_i}+g_a) - \sin\gamma_i(a_{x_i}+\cos\chi_i + a_{y_i}\sin\chi_i)}\right] \\
n_{g_i} &= \frac{\cos\gamma_i(a_{h_i}+g_a) - \sin\gamma_i(a_{x_i}\cos\chi_i + a_{y_i}\sin\chi_i)}{g_a\cos\phi_{b_i}} \\
T_{h_i} &= [\sin\gamma_1(a_{h_i}+g_a) + \cos\gamma_1(a_{x_i}\cos\chi_i + a_{y_i}\sin\chi_i)]m_i + D_{g_i}
\end{aligned} \tag{11.4}$$

航向角χ_i 和航迹角 γ_i 可由下面得出:

$$\tan\chi_i = \frac{\dot{\chi}_i}{\dot{\gamma}_i},\ \sin\gamma_i = \frac{\dot{h}_i}{V_{g_i}} \tag{11.5}$$

由此,得到简化的固定翼无人机质点模型为

$$\begin{cases}\dot{\boldsymbol{p}}_i = \boldsymbol{v}_i \\ \dot{\boldsymbol{v}}_i = \boldsymbol{a}_i\end{cases} \quad i = 1,\ \cdots,\ N \tag{11.6}$$

式(11.6)中,$\boldsymbol{p}_i = [x_i,\ y_i,\ h_i]^{\mathrm{T}}$、$\boldsymbol{v}_i = [\dot{x}_i,\ \dot{y}_i,\ \dot{h}_i]^{\mathrm{T}}$、$\boldsymbol{a}_i = [a_{x_i},\ a_{y_i},\ a_{h_i}]^{\mathrm{T}}$ 分别表示固定翼无人机的位置、速度、加速度。式(11.6)可写成矩阵形式:

$$\dot{\boldsymbol{X}} = \boldsymbol{AX} + \boldsymbol{BU} \tag{11.7}$$

式(11.7)中,

$$\begin{aligned}
&\boldsymbol{A} = \begin{bmatrix}\boldsymbol{0}_{N\times N} & \boldsymbol{I}_N \\ \boldsymbol{0}_{N\times N} & \boldsymbol{0}_{N\times N}\end{bmatrix} \otimes \boldsymbol{I}_3,\ \boldsymbol{B} = \begin{bmatrix}\boldsymbol{0}_{N\times N} \\ \boldsymbol{I}_N\end{bmatrix} \otimes \boldsymbol{I}_3 \\
&\boldsymbol{X} = [\underbrace{\boldsymbol{p}_1^{\mathrm{T}},\ \cdots,\ \boldsymbol{p}_N^{\mathrm{T}}}_{p^{\mathrm{T}}},\ \underbrace{\boldsymbol{v}_1^{\mathrm{T}},\ \cdots,\ \boldsymbol{v}_N^{\mathrm{T}}}_{v^{\mathrm{T}}}]^{\mathrm{T}},\ \boldsymbol{U} = [\boldsymbol{a}_1^{\mathrm{T}},\ \cdots,\ \boldsymbol{a}_N^{\mathrm{T}}]^{\mathrm{T}}
\end{aligned} \tag{11.8}$$

式(11.8)中,$\boldsymbol{X} \in \boldsymbol{R}^{6N}$、$\boldsymbol{U} \in \boldsymbol{R}^{3N}$,分别是无人机集群的整体状态和整体控制输入。$\otimes$ 表示用于扩展维度的 Kronecker;$\boldsymbol{I}_N$ 表示单位矩阵;$\boldsymbol{0}_{N\times N}$ 表示零矩阵。

控制目标:将基于通信拓扑来设计分布式最优控制律 $\boldsymbol{a}_i(t)$,进一步得到实际控制律 ϕ_{b_i} 和 T_{h_i},使得所有无人机都能达到预期跟踪参考轨迹的编队队形。与此同时,每架无人机都可以避开障碍物沿其预定轨迹继续飞行,且不与其他无人机碰撞。

为了便于理解,图 11.2 中虚线圆表示具有半径 R 的无人机检测区域,r 表示无人机的尺寸(假设所有无人机具有相同的尺寸和检测区域);r_j 表示障碍物的半径;O_j 是障碍物

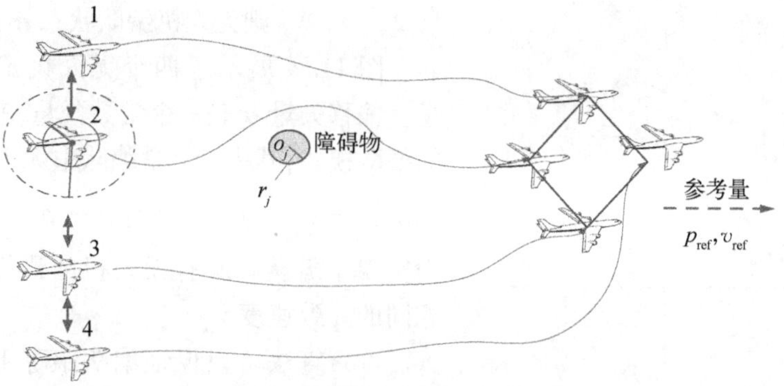

图 11.2　具有避障/避碰能力的编队飞行

的中心坐标，其中 $j = 1, \cdots, q$ 为障碍物的编号。p_{ref}、v_{ref} 表示期望的编队飞行轨迹。为了便于描述问题，定义以下区域：

第 j 个障碍的避撞区域

$$\boldsymbol{\Lambda}_j \triangleq \{\boldsymbol{x} \mid \boldsymbol{x} \in \boldsymbol{R}^3,\ \|\boldsymbol{x} - \boldsymbol{O}_{bj}\| \leqslant r_j\} \tag{11.9}$$

第 j 个障碍的检测区域

$$\boldsymbol{\Psi}_j \triangleq \{\boldsymbol{x} \mid \boldsymbol{x} \in \boldsymbol{R}^3,\ \|\boldsymbol{x} - \boldsymbol{O}_{bj}\| < R_{d_j}\} \tag{11.10}$$

第 j 个障碍的反映区域

$$\boldsymbol{\Gamma}_j \triangleq \{\boldsymbol{x} \mid \boldsymbol{x} \in \boldsymbol{R}^3,\ r_j < \|\boldsymbol{x} - \boldsymbol{O}_{bj}\| < R_{d_j}\} \tag{11.11}$$

整个安全区域 $\boldsymbol{\Theta} = \left(\bigcup_j \boldsymbol{\Lambda}_j\right)^c$ 表示所有避撞区域的补集；整个探测未覆盖区域 $\boldsymbol{\Pi} = \left(\bigcup_j \boldsymbol{\Psi}_j\right)^c$ 表示。

11.2　固定翼编队及避障控制算法设计

11.2.1　一致性算法

引入固定翼数学模型及避障模型后，设计固定翼编队一致性算法。首先，给出以下定义。

定义 11.1　N 个无人机的编队状态可以由常值偏移矢量定义

$$\boldsymbol{\sigma} = [\underbrace{\boldsymbol{\sigma}_{p_1}^T, \cdots, \boldsymbol{\sigma}_{p_N}^T}_{\boldsymbol{\sigma}_p^{\mathrm{T}}} \boldsymbol{0}^{\mathrm{T}}, \cdots, \boldsymbol{0}^{\mathrm{T}}]^{\mathrm{T}} \tag{11.12}$$

$\boldsymbol{\sigma}$ 是指 N 个无人机在 t 时刻的编队状态，存在 $\boldsymbol{R}^3$ 维矢量 $\boldsymbol{p}_{\mathrm{cs}}$ 和 $\boldsymbol{v}_{\mathrm{cs}}$，使得 $\boldsymbol{p}_i - \boldsymbol{\sigma}_{p_i} = \boldsymbol{p}_{\mathrm{cs}}$，且 $\boldsymbol{v}_i = \boldsymbol{v}_{\mathrm{cs}} (i = 1, 2, \cdots, N)$。$\boldsymbol{p}_{\mathrm{cs}}$ 和 $\boldsymbol{v}_{\mathrm{cs}}$ 分别代表一致位置和一致速度。如果存在实函数 $\boldsymbol{p}_{\mathrm{cs}}(t)$ 和 $\boldsymbol{v}_{\mathrm{cs}}(t)$，使得当 $t \to \infty$ 时，$\boldsymbol{p}_i(t) - \boldsymbol{\sigma}_{p_i} - \boldsymbol{p}_{\mathrm{cs}}(t) \to \boldsymbol{0}$ 和 $\boldsymbol{v}_i(t) - \boldsymbol{v}_{\mathrm{cs}}(t) \to \boldsymbol{0}$，其中 $i =$

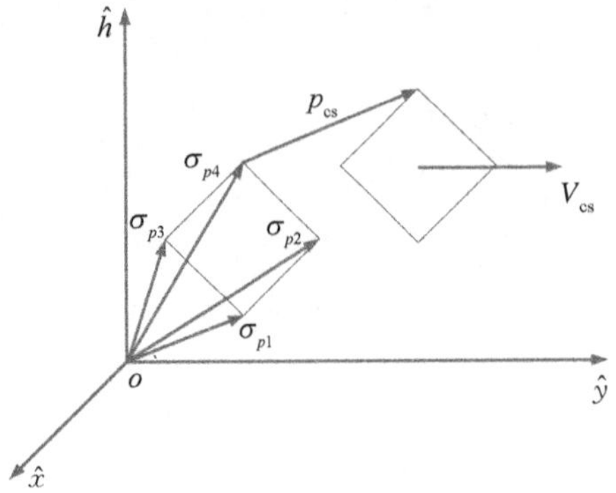

图 11.3 无人机编队示意图

1, 2, …, N, 则无人机编队状态 $\boldsymbol{\sigma}$ 达到一致。

图 11.3 展示了四个无人机定义的偏移矢量。偏移矢量 $\boldsymbol{\sigma}$ 是一个常数矢量,它定义了所需的编队模式,其中,$\boldsymbol{\sigma}_{p_i}$ 是编队中无人机 i 的位置。如果 $\boldsymbol{p}_i - \boldsymbol{\sigma}_{p_i} = \boldsymbol{p}_{cs}$ 那么有 $\boldsymbol{p}_i - \boldsymbol{p}_k = \boldsymbol{\sigma}_{p_i} - \boldsymbol{\sigma}_{p_k}$, 从而实现了编队。所有无人机的最终速度应达到相同的一致速度 $\boldsymbol{v}_{cs}$。

本章算法可以保证编队跟踪上期望的速度 $\boldsymbol{v}_{re}$,这将在以最优公式化控制中展示。

定义编队矢量:$\bar{\boldsymbol{X}} = [\bar{\boldsymbol{p}}^{T}\bar{\boldsymbol{v}}^{T}]^{T} = \boldsymbol{X} - \boldsymbol{\sigma} = [(\boldsymbol{p} - \boldsymbol{\sigma}_p)^{T}(\boldsymbol{v} - \boldsymbol{0})^{T}]^{T}$。

可得

$$\dot{\bar{\boldsymbol{X}}} = \dot{\boldsymbol{X}} - \dot{\boldsymbol{\sigma}} = \boldsymbol{AX} + \boldsymbol{BU} = \boldsymbol{A}(\bar{\boldsymbol{X}} + \boldsymbol{\sigma}) + \boldsymbol{BU} = \boldsymbol{A}\bar{\boldsymbol{X}} + \boldsymbol{BU} \tag{11.13}$$

由于 $\boldsymbol{A\sigma} = \boldsymbol{0}$ 和 $\dot{\boldsymbol{\sigma}} = \boldsymbol{0}$。定义编队误差矢量

$$\hat{\boldsymbol{X}} = [\hat{\boldsymbol{p}}^{T}, \hat{\boldsymbol{v}}^{T}]^{T} \triangleq \bar{\boldsymbol{X}} - \bar{\boldsymbol{X}}_{fs} \tag{11.14}$$

式(11.14)中,最终一致的状态为

$$\begin{aligned}\bar{\boldsymbol{X}}_{fs} &= [\underbrace{\boldsymbol{P}_{cs}^{T}, \cdots, \boldsymbol{P}_{cs}^{T}}_{\bar{\boldsymbol{P}}_{cs}^{T}}, \underbrace{\boldsymbol{v}_{cs}^{T}, \cdots, \boldsymbol{v}_{cs}^{T}}_{\bar{\boldsymbol{v}}_{cs}^{T}}]^{T} \\ &= \{\boldsymbol{I}_{1\times N} \otimes [a_x \quad a_y \quad a_h], \boldsymbol{I}_{1\times N} \otimes [\beta_x \quad \beta_y \quad \beta_h]\}^{T}\end{aligned} \tag{11.15}$$

a_x、a_y、a_h 分别是沿 x 轴、y 轴和 h 轴的最终位置。β_x、β_y、β_h 分别是沿 x 轴、y 轴和 h 轴的最终一致速度。请注意,$\bar{\boldsymbol{p}}_{cs}$ 和 $\bar{\boldsymbol{v}}_{cs}$ 不是先验已知的,这是不同于文献[115]的。

根据拉普拉斯矩阵 $\boldsymbol{L}$ 的性质,如果通信拓扑是无向图,则当多无人机编队达到一致时,

$$\begin{aligned}(\boldsymbol{L} \otimes \boldsymbol{I}_3)\bar{\boldsymbol{p}}_{cs} &= \boldsymbol{0}_{3N\times 1} \\ (\boldsymbol{L} \otimes \boldsymbol{I}_3)\bar{\boldsymbol{v}}_{cs} &= \boldsymbol{0}_{3N\times 1}\end{aligned} \tag{11.16}$$

最终的一致状态满足动力学方程

$$\dot{\bar{\boldsymbol{X}}}_{fs} = \boldsymbol{A}\bar{\boldsymbol{X}}_{fs} + \boldsymbol{B}\bar{\boldsymbol{U}}_{fs} = \boldsymbol{A}\bar{\boldsymbol{X}}_{fs} \tag{11.17}$$

当无人机群达到一致时,$\bar{\boldsymbol{U}}_{fs} = \boldsymbol{0}_{3N\times 1}$。由式(11.13)、式(11.17)可得出编队误差的动力学方程为

$$\dot{\hat{\boldsymbol{X}}} = \dot{\bar{\boldsymbol{X}}} - \dot{\bar{\boldsymbol{X}}}_{fs} = \boldsymbol{A}\bar{\boldsymbol{X}} + \boldsymbol{BU} - \boldsymbol{A}\bar{\boldsymbol{X}}_{fs} = \boldsymbol{A}\hat{\boldsymbol{X}} + \boldsymbol{BU} \tag{11.18}$$

当式(11.18)达到渐近稳定时,实现编队。

11.2.2 性能指标函数设计

将编队控制问题被转化为一个包括三个指标函数的最优控制架构

$$\begin{aligned} \min: & \ J = J_1 + J_2 + J_3 \\ \text{s.t.} & \ \dot{\hat{\boldsymbol{X}}} = \boldsymbol{A}\hat{\boldsymbol{X}} + \boldsymbol{B}\boldsymbol{U} \end{aligned} \tag{11.19}$$

式(11.19)中,J_1、J_2 和 J_3 分别表示编队一致性、避障/机体间避撞和目标跟踪、控制误差的指标函数。J_1 组成如下:

$$J_1 = \int_0^\infty \hat{\boldsymbol{X}}^{\mathrm{T}} \boldsymbol{R}_1 \hat{\boldsymbol{X}} \mathrm{d}t = \int_0^\infty \left\{ \hat{\boldsymbol{X}}^{\mathrm{T}} \left(\begin{bmatrix} w_p \boldsymbol{L}^2 & \boldsymbol{0}_{N\times N} \\ \boldsymbol{0}_{N\times N} & w_v^2 \boldsymbol{L}^2 - 2w_p w_c \boldsymbol{L} \end{bmatrix} \otimes \boldsymbol{I}_3 \right) \hat{\boldsymbol{X}} \right\} \mathrm{d}t \tag{11.20}$$

式(11.20)中,当信息拓扑是无向且相通时,$\boldsymbol{L}$ 是系统拉普拉斯矩阵。w_p、w_v 和 w_c 分别表示无人机位置权重、速度、控制误差。

$$w_v^2 e_i^2 - 2w_p w_c e_i > 0 \tag{11.21}$$

注 11.1　最小化 J_1 可得到最佳的一致性算法,以保证所有无人机可以同步(同时)。

注 11.2　总能找到合适的权重使条件(11.21)成立。例如,因为 $e_i \geqslant 0$, 所以对于给定的 w_p 和 w_v,可以找到足够小的 w_c。显然,编队代价函数式(11.20)中的 $\boldsymbol{R}_1$ 是半正定的,因为 $\boldsymbol{R}_1$ 中的对角元素都是半正定的。编队代价式(11.20)中的项$-2w_p w_c \boldsymbol{L}$ 为保证最优控制律的 Riccati 方程的解析解是拉普拉斯矩阵 $\boldsymbol{L}$ 的线性函数。因此所设计的控制律完全依赖于通信拓扑。J_2 形式如下:

$$J_2 = \int_0^\infty h(\hat{\boldsymbol{X}}) \mathrm{d}t \tag{11.22}$$

式(11.22)中,$h(\hat{\boldsymbol{X}})$包含跟踪罚函数以及避障罚函数,将由定理 10.1 中的逆最优控制方法构造。J_3 形式如下:

$$J_3 = \int_0^\infty \boldsymbol{U}^{\mathrm{T}} \boldsymbol{R}_2 \boldsymbol{U} \mathrm{d}t \tag{11.23}$$

式(11.23)中,$\boldsymbol{R}_2 = w_c^2 \boldsymbol{I}_n \otimes \boldsymbol{I}_3$ 是正定的,w_c 为权重系数。为便于理解飞行器避碰/避障,图 11.4 给出了飞行器和障碍物的几何关系图。

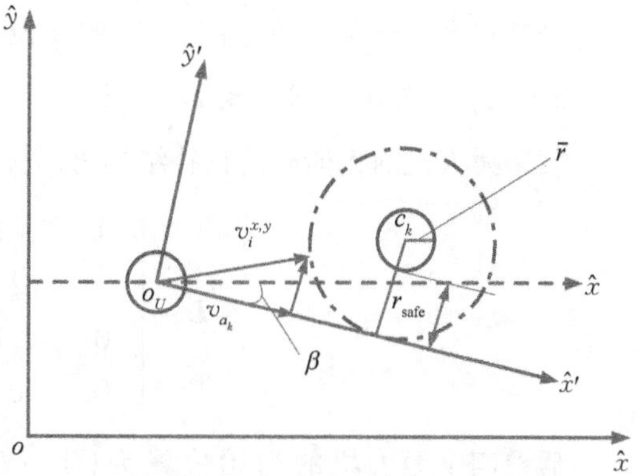

图 11.4　避碰/避障的图解

11.2.3　算法提出

根据以上设计思路以及指标函数,给出一种最优化算法

$$\boldsymbol{U} = \boldsymbol{\phi}(\boldsymbol{X}) = -\frac{w_p}{w_c}(\boldsymbol{L} \otimes \boldsymbol{I}_3)(\boldsymbol{p} - \boldsymbol{\sigma}_p) - \frac{w_v}{w_c}(\boldsymbol{L} \otimes \boldsymbol{I}_3)\boldsymbol{v} - \frac{1}{2w_c^2} g_v'(\boldsymbol{X}) \tag{11.24}$$

式(11.24)中,w_p、w_v、w_c 分别是无人机位置速度、控制误差的权重;$\boldsymbol{L}$ 是系统的拉普拉斯矩阵;$\boldsymbol{p}$ 是所有无人机当前位置状态;$\boldsymbol{\sigma}_{p_i}$ 是编队中第 i 架无人机的期望位置。

给出如下定理证明其一致性和最优化。

定理 11.1 对于多无人机系统[式(11.6)],总可以找到适当的权重 ω_p、ω_v 和 ω_c,使得分布式反馈控制律[式(11.24)]达到解决编队控制问题的最优控制。

本章将通过仿真实例体现算法的有效性,其一致性和指标最优的证明省略。有兴趣的同学可查阅文献[1]查看其证明过程。

11.3 仿真算例

本小节将以仿真为例说明由定理 11.1 给出的最优编队控制律的有效性。在本章中,式(11.1)中的阻力由文献[138]计算:

$$D_{g_i}=\frac{0.5\rho(V_{g_i}-V_{w_i})^2A_{\text{rea}}C_{D0}+2k_dk_n^2n_{g_i}^2m_i^2}{[\rho(V_{g_i}-V_{w_i})^2A_{\text{rea}}]} \tag{11.25}$$

设机翼面积为 $A_{\text{rea}}=1.37\ \text{m}^2$,无人机的半径和检测区域的半径分别为 $r=1.5$ m 和 $R=100$ m。模型中的其他参数为:零升力阻力系数 $C_{D0}=0.02$;载荷系数效率 $k_n=1$;诱导阻力系数 $k_d=0.1$;重力系数 $g_a=9.81\ \text{kg/m}^2$;大气密度 $\rho=1.225\ \text{kg/m}^3$;无人机质量 $m_i=20$ kg。$W_{w_i}=V_{w_i,\ \text{normal}}+V_{w_i,\ \tan}$ 阵风模型根据高度 h_i 变化。在模拟的阵风中,正常的风切变由下式给出:

$$V_{w_i,\ \text{normal}}=0.215V_m\log_{10}(h_i)+0.285V_m \tag{11.26}$$

式(11.26)中,$V_m=4$ m/s 是海拔 80 m 处的平均风速,即模拟海拔高度。风阵 $V_{w_i,\ \tan}$ 的湍流部分具有高斯分布,均值为 0 和标准差为 $0.09V_m$。对控制变量的约束是 $T_{h_i}\leqslant 125N$;$-1.5\leqslant n_{g_i}\leqslant 2.0$;$-80°\leqslant\phi_{b_i}\leqslant 80°$。

四架无人机的无向通信拓扑结构可用拉普拉斯矩阵 $\boldsymbol{L}$ 描述为

$$\boldsymbol{L}=\begin{bmatrix}1&-1&0&0\\-1&2&-1&0\\0&-1&2&-1\\0&0&-1&1\end{bmatrix} \tag{11.27}$$

假设四个无人机的初始位置为(0, -200, 70)、(0, -60, 80)、(0, 60, 90)和(0, 200, 95),(单位为 m)。分别假设四个无人机的初始速度分别为40、50、60 和 70(单位为m/s)。初始飞行路径角和航向角设定为 0°。无人机需要以菱形队形飞行,如图 11.2 所示。所需的菱形队形可用式(11.12)描述,$\boldsymbol{\sigma}_{p_1}=[0,\ -100,\ 1]^{\text{T}}$、$\boldsymbol{\sigma}_{p_2}=[100,\ 0,\ 1]^{\text{T}}$、$\boldsymbol{\sigma}_{p_3}=[-100,\ 0,\ 1]^{\text{T}}$、$\boldsymbol{\sigma}_{p_4}=[0,\ 100,\ 1]^{\text{T}}$(单位为 m/s)。

期望队形的速度和高度与参考轨迹一致,初始位置为$[0,\ -100,\ 80]^{\text{T}}$(单位为 m/s),恒定速度为$[60,\ 0,\ 0]^{\text{T}}$(单位为 m/s)。假设只有无人机 1 可以访问参考。控制定律中的

相关权重被设置为 $w_p = 0.08$；$w_0 = 2$；$w_c = 2$；$w_{tp} = 0.04$；$w_{tv} = 1$。下面给出两种场景下编队控制器算法验证。

场景 A. 无障碍物环境下无人机避撞的编队控制

在这种情况下，设障碍物出现在(−1 000, 0, 80)(单位为 m)，这不在任何无人机的轨迹上。假设障碍物的半径为 $r_1 = 15$ m。与碰撞物体的安全距离设定为 30 m。在所提出的最佳地层控制下，四个无人机运动的模拟结果如图 11.5 所示，给出了 3 − D 轨迹，图 11.6 展示了轨迹的俯视图。从图 11.6 中可以看出，无人机编队为菱形，并且该编队遵循期望的参考轨迹。从图 11.6 中还可以看出，避障没有生效，因为没有障碍物进入无人机的探测区域，如图 11.6 中的矩形框所示，其中无人机 2 和无人机 3 进入彼此的检测区域。

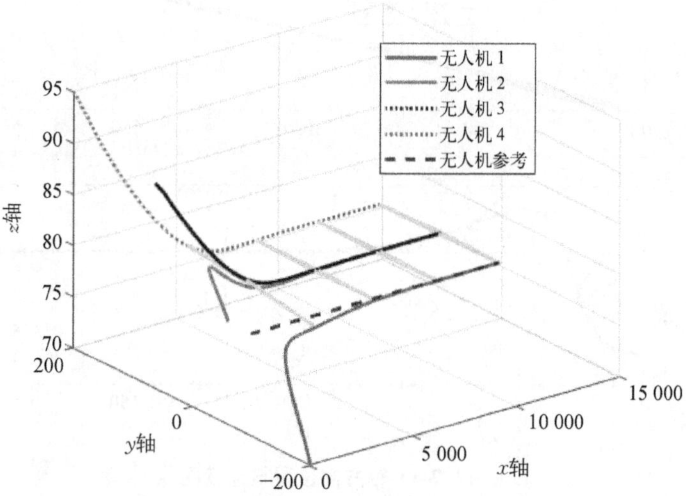

图 11.5　无障碍下无人机编队 3 − D 轨迹

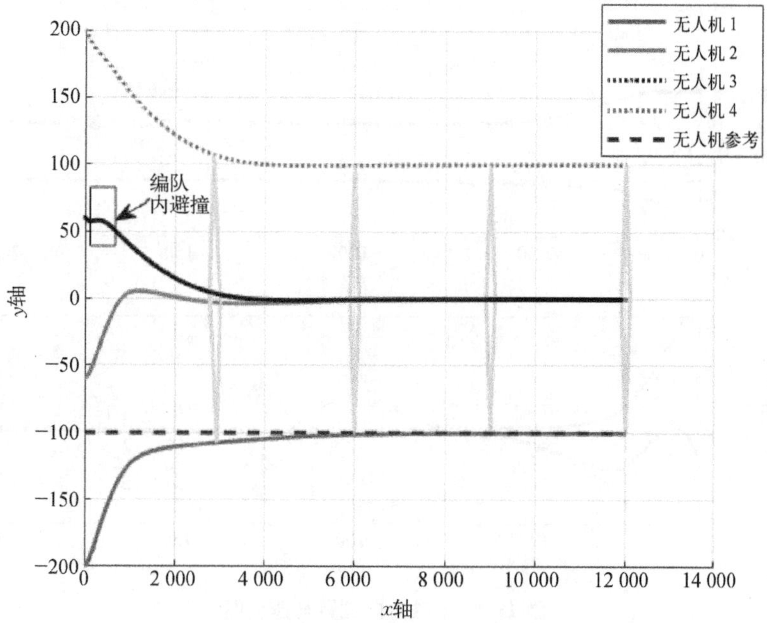

图 11.6　障碍物环境下无人机编队俯视图

图 11.7～图 10.10 给出了无人机的位置、速度、航迹角、航向角和实际状态量和实际控制量。可以看出，无人机 1 负责追踪参考轨迹，并且所有无人机以所需的高度 80 m 和期望的$[60,\ 0,\ 0]^{\mathrm{T}}$的速度飞行(速度单位为 m/s)。将第一指标函数分量 J_1 的优化与跟踪成本 $g_{\mathrm{tr}}(\hat{\boldsymbol{X}})$ 的优化以及 J_2 中的 $g_a(\boldsymbol{X})$ 的避撞分量相结合来实现的。此外，所有无人机同时实现了编队，这是通过在成本函数 J_1 中制定拉普拉斯矩阵 $\boldsymbol{L}$ 来保证。图 11.10 中的三个底部图展示了控制响应，它们都在规定的约束范围内。注意，实际控制由式(11.6)计算的。

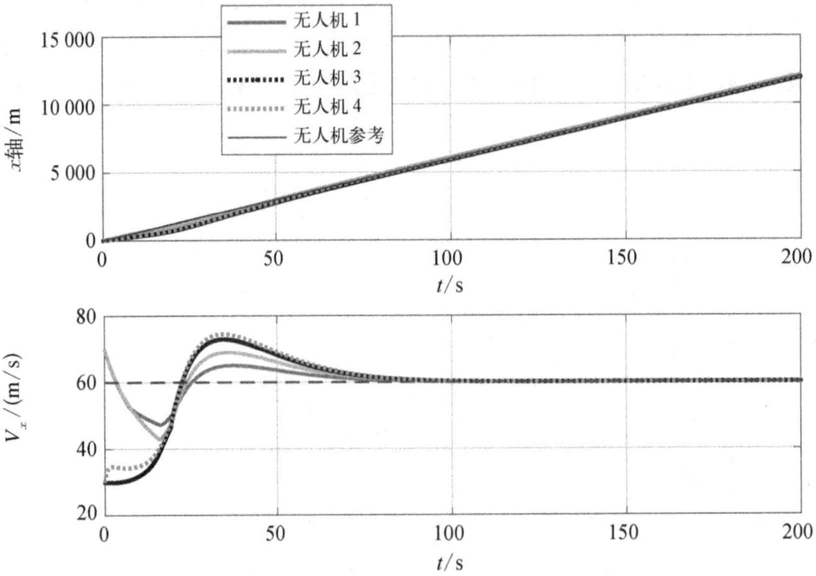

图 11.7　x 轴方向位置与速度图

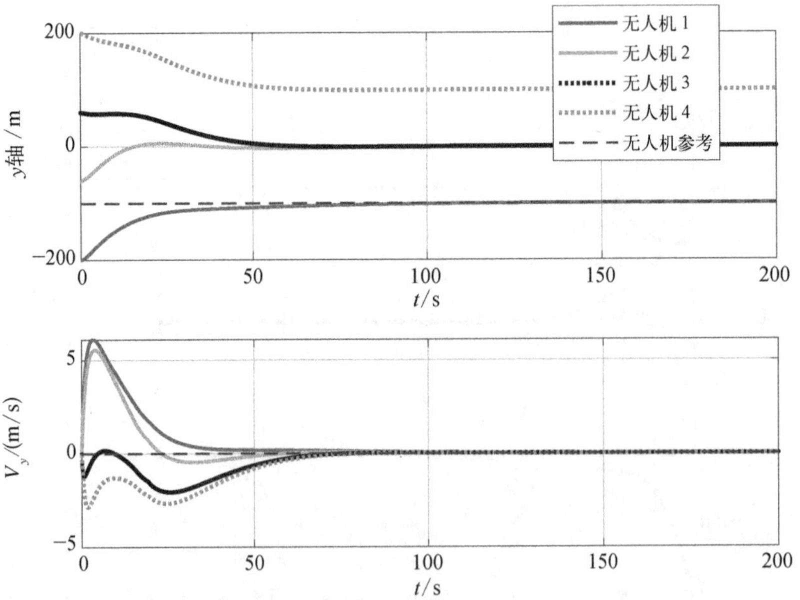

图 11.8　y 轴方向位置与速度图

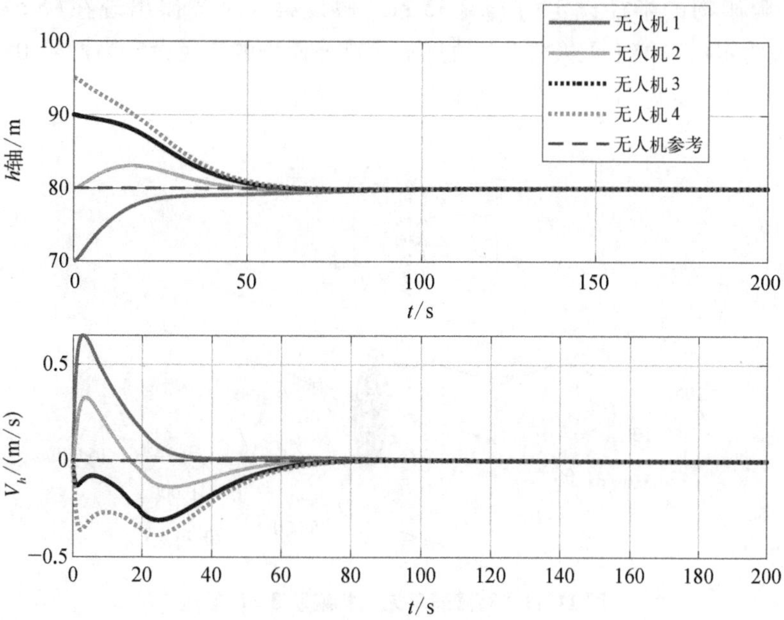

图 11.9 *h* 轴方向位置与速度图

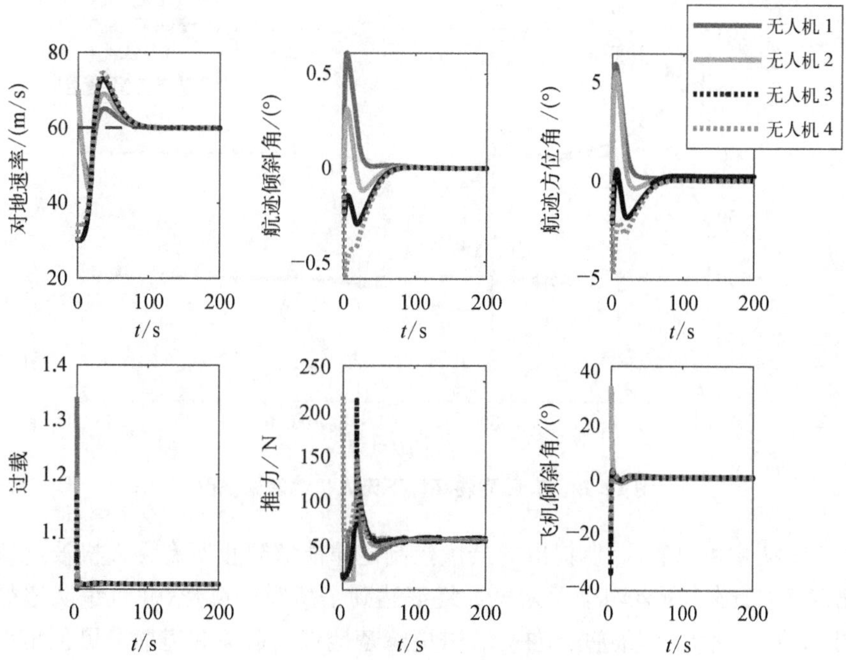

图 11.10 实际状态量与控制量变化图

场景 B. 有障碍物环境下进行无人机编队控制

在此场景,第一个障碍物位置设在(1 526, 23, 84)(单位为 m),处于无人机 3 号的避障范围内。障碍物的半径设定为 r_1 = 15 m。假设第二个障碍出现在(5 519, - 105, 80) 处(单位为m),它位于无人机1的轨迹上。该障碍物的半径设定为 r_2 = 10 m。两个障碍物的安全距离设定为 30 m。模拟结果在图 11. 11 中给出。

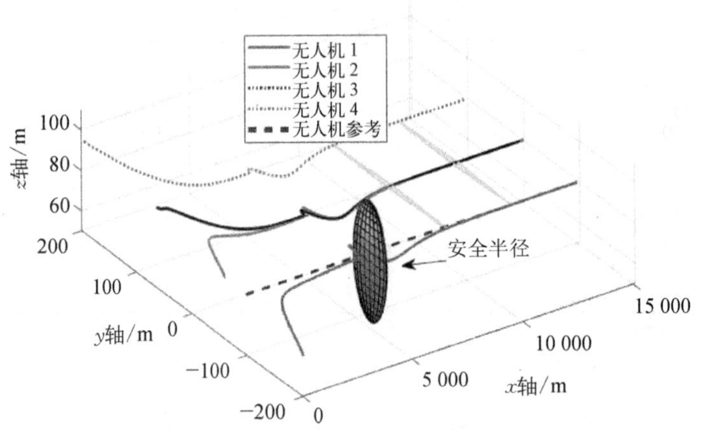

图 11. 11　有障碍碍下无人机编队 3 - *D* 轨迹

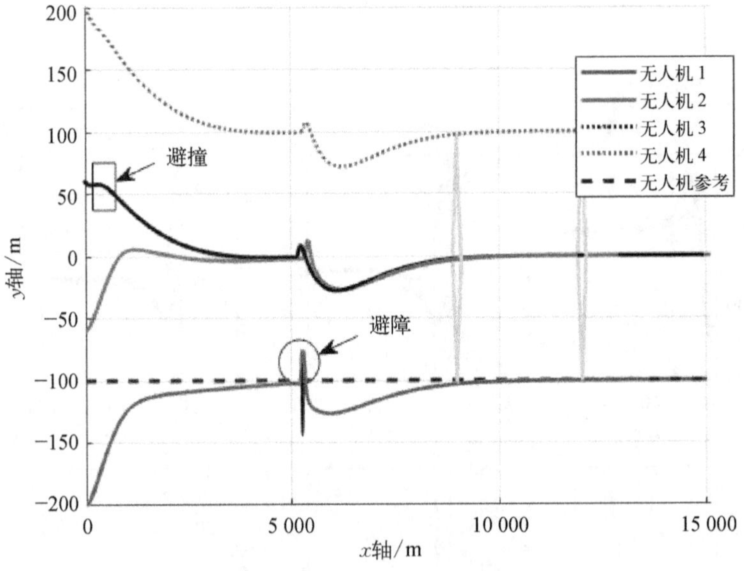

图 11. 12　有障碍物环境下无人机编队俯视图

从图 11. 12 中可以看出,所提出的最优控制定律能够防止所有无人机彼此碰撞以及与障碍物碰撞。此外,所有四个无人机最终都达到了所需的队形,并且编队遵循参考轨迹。在图 11. 12 中示出了轨迹的俯视图,以更清楚地观察避障和避撞。黑色矩形框表示避撞功能制动的位置,黑色圆框表示避障功能制动的位置。第一次避撞与图 11. 6 中的相同。之后无人机继续向前飞行,直到障碍物进入无人机 1 的检测区域。利用所提出的控

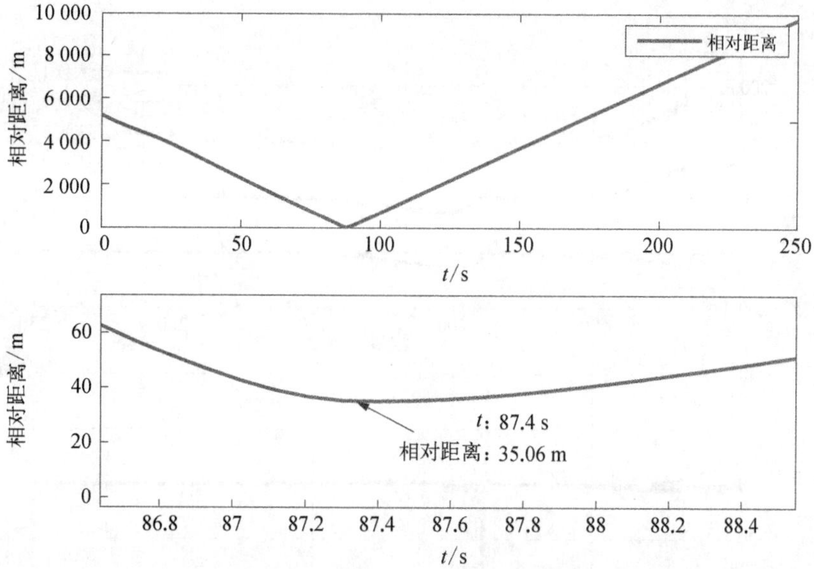

图 11.13　无人机 1 与障碍物间距变化图

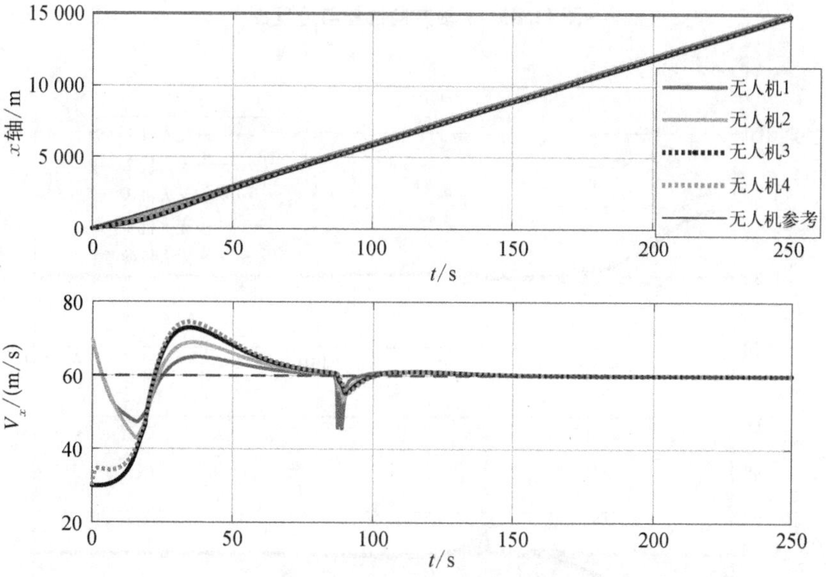

图 11.14　*x* 轴方向位置与速度图

制器,无人机 1 沿 y 轴正向移动以避开障碍物。同时,由于无人机要保持编队飞行,其余无人机跟随无人机 1 沿 y 轴正向移动。避开障碍物后,无人机 1 又重新沿参考状态飞行。最终,无人机实现期望的队形并沿着参考轨迹飞行。图 11.13 给出了无人机和障碍物之间相对距离的时间图。从图 11.13 中底部放大图的标注可以很容易看出,无人机 1 和障碍物之间的最小相对距离约为 35 m,这大于障碍物的半径 15 m 和无人机的半径 1.5 m 之和。因此,这意味着它成功避开了障碍。

图 11.14~图 11.16 展示无人机 1 追踪目标情况,并且所有无人机与最终所需高度

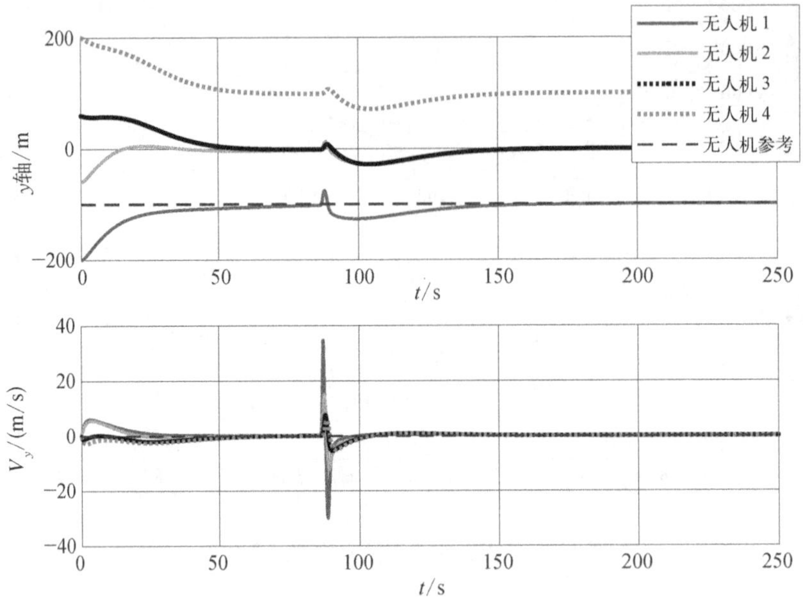

图 11.15　*y* 轴方向位置与速度图

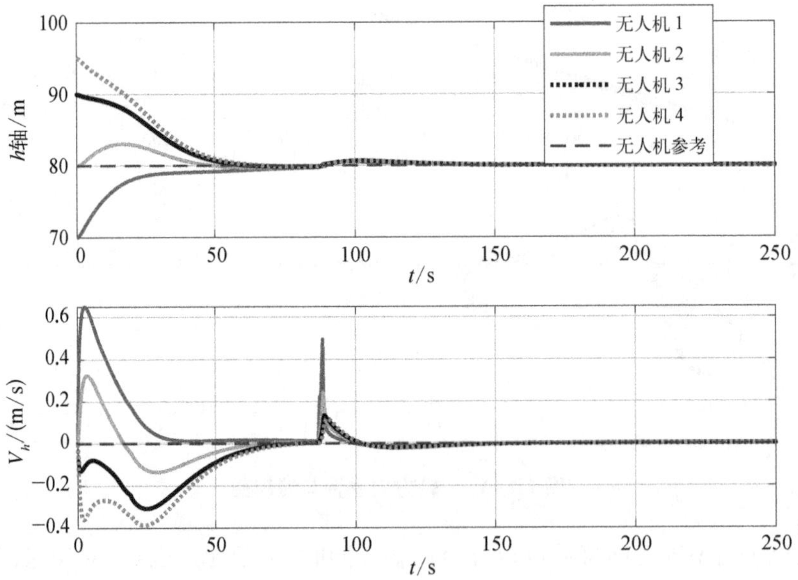

图 11.16　*h* 轴方向位置与速度图

80 m 和最终所需速度$[60,\ 0,\ 0]^{\mathrm{T}}$同步实现编队(单位为 m/s),这与前一场景相同。图 11.17 中的三个顶部图分别表示出了地面速度,飞行路径角度和航向角度的时间历史,其是无人机的实际状态并且在存在障碍物和碰撞避免时表现出变化。图 11.17 中的三个底部图示出了实际控制响应,并且它们都在规定的约束内。

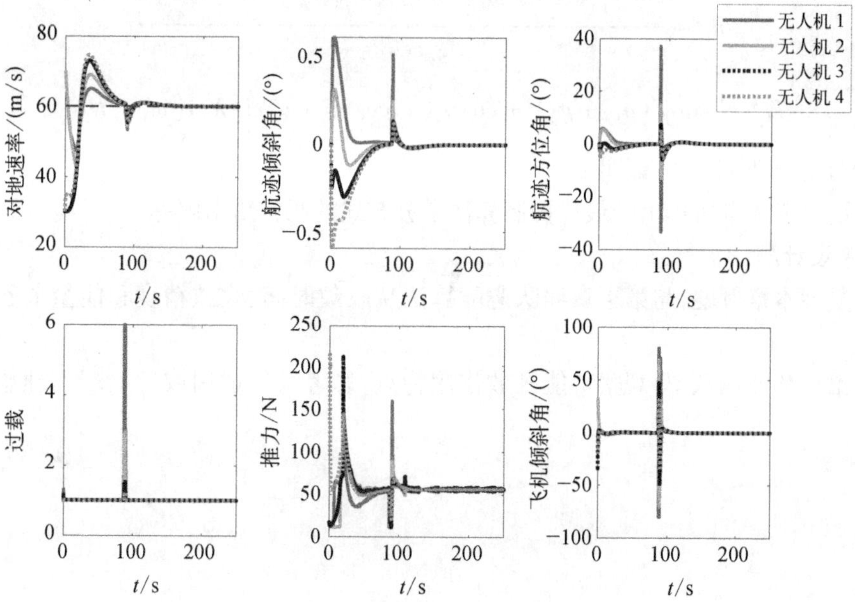

图 11.17 实际状态量与控制量变化图

11.4 小　　结

本章给出了固定翼无人机统一最优控制框架下多无人机的带避障/避撞的编队控制算法。整理得到固定翼无人机的系统简化模型,通过新的逆最优控制方法构造非二次避障/避撞指标函数,获得解析形式最优控制律。所设计的编队算法不仅可以保证同步编队飞行与避障/避撞,而且可以保证沿着所需轨迹以期望的速度飞行。通过具体的仿真算例,证明了本章所提出的分布式最优控制律在障碍环境中的编队飞行中是有效的。

11.5 课后练习

思考题:

1. 若考虑环境因素(如地球为曲面、无人机质量随燃料消耗而减小等)干扰,固定翼无人机模型应该如何建立?

2. 由逆最优控制方法设计出其指标函数 J_2 中的 $h(\hat{X})$。

3. 本章固定翼模型并未考虑气动影响,试根据固定翼飞行原理并借助空气动力学相关资料,得到气动影响下固定翼模型。

4. 尝试推导控制变量与实际控制变量之间的关系式

$$\phi_{b_i} = \tan^{-1}\left[\frac{a_{y_i}\cos\chi_i - a_{x_i}\sin\chi_i}{\cos\gamma_i(a_{h_i} + g_a) - \sin\gamma_i(a_{x_i}\cos\chi_i + a_{y_i}\sin\chi_i)}\right]$$

$$n_{g_i}=\frac{\cos\gamma_i(a_{h_i}+g_a)-\sin\gamma_i(a_{x_i}\cos\chi_i+a_{y_i}\sin\chi_i)}{g_a\cos\phi_{b_i}}$$

$$T_{h_i}=[\sin\gamma_i(a_{h_i}+g_a)+\cos\gamma_i(a_{x_i}\cos\chi_i+a_{y_i}\sin\chi_i)]m_i+D_{g_i}$$

5. 给出定理 11.1 的证明。

6. 请思考本章所提出的最优控制算法是分布式的吗？给出解释。

程序设计题：

7. 复现本章例题，与第十章编队避障算法从收敛时间、收敛精度和能量节省方面进行比较。

8. 给出势能函数图，观察势能函数作用特点，思考其不适用或者出现不理想避碰的情况。

第十二章 集群控制

集群是自然界中的一种普遍行为，鸟群、蜂群或鱼群等生物集群行为在现实世界中屡见不鲜。在这些自然现象的启发下，集群已经成为多飞行器协同任务最重要的应用之一，例如在地震救援、未知环境探测、灾区清理等情况下，集群都可以得到广泛应用。

本章研究了一个统一最优控制框架下的多飞行器集群问题。对于集群的特性，如速度对齐、导航、聚合性和避碰/避障等，都是通过将它们转换成相应的代价函数来实现的，由此得到的非二次型的代价函数是一个具有挑战性的最优控制问题。本章采用一种新的逆最优控制策略推导出解析最优控制律，证明了算法最优性、渐近稳定性以及分布式反馈控制律，并通过多种的仿真场景，验证了最优集群算法的有效性。

本章结构如下：12.1 节为系统建模及问题描述，介绍了集群的研究背景、引出集群控制的相关研究；12.2 节为集群控制算法设计，采用了一种新的逆最优控制方法来设计代价函数，证明了该算法的渐近稳定性和最优性，达到了要求的算法设计指标；12.3 节为仿真算例，本小节验证了所设计算法的有效性；12.4 节是小结；12.5 节是课后练习。

学习要点

- 掌握：① 集群系统模型建立过程；② 集群控制算法设计思路。
- 熟悉：势能函数的设计。
- 了解：① 飞行器和障碍物区间定义；② 性能指标函数的设计。

12.1 系统建模及问题描述

集群控制问题是基于局部信息设计出一种离散的优化控制方法以实现所期望的集群行为，包括速度对齐、导航（期望轨迹和速度跟踪）、聚合性、避碰/避障等。集群包括三种启发式的规则，分别是对齐、分离和聚合性。在此基础上，人们对集群的追踪目标、速度对齐进行了研究。

大多数的文献都是从稳定性的角度来研究集群问题的。本章提出了一种聚合的最优控制方法来设计集群算法,使上述三个特性都能在一个统一的优化过程中得到解决。除此之外,本章提出的算法,可以使整个集群追踪期望的轨迹和速度。这些期望的行为可以通过构造新的代价函数来实现,并得到一个解析的、离散的优化解。此外,飞行器只要基于无向连通通信拓扑的局部信息,就可实现最优群集一致。

考虑具有双积分器模型的 N 个飞行器描述为

$$\begin{cases}\dot{\boldsymbol{p}}_i = \boldsymbol{v}_i \\ \dot{\boldsymbol{v}}_i = \boldsymbol{a}_i\end{cases},\ i = 1,\ \cdots,\ N \tag{12.1}$$

或者以矩阵的形式给出:

$$\begin{aligned}&\dot{\boldsymbol{X}} = \boldsymbol{AX} + \boldsymbol{BU}\\&\boldsymbol{A} = \begin{bmatrix}\boldsymbol{0}_{N\times N} & \boldsymbol{I}_N\\ \boldsymbol{0}_{N\times N} & \boldsymbol{0}_{N\times N}\end{bmatrix}\otimes \boldsymbol{I}_3,\ \boldsymbol{B} = \begin{bmatrix}\boldsymbol{0}_{N\times N}\\ \boldsymbol{I}_N\end{bmatrix}\otimes \boldsymbol{I}_n\\&\boldsymbol{X} = [\underbrace{\boldsymbol{p}_1^{\mathrm{T}},\ \cdots,\ \boldsymbol{p}_i^{\mathrm{T}},\ \cdots,\ \boldsymbol{p}_N^{\mathrm{T}}}_{\boldsymbol{p}^{\mathrm{T}}},\ \underbrace{\boldsymbol{v}_1^{\mathrm{T}},\ \cdots,\ \boldsymbol{v}_i^{\mathrm{T}},\ \cdots,\ \boldsymbol{v}_N^{\mathrm{T}}}_{\boldsymbol{v}^{\mathrm{T}}}]^{\mathrm{T}}\\&\boldsymbol{U} = [\boldsymbol{a}_1^{\mathrm{T}},\ \cdots,\ \boldsymbol{a}_i^{\mathrm{T}},\ \cdots,\ \boldsymbol{a}_n^{\mathrm{T}}]^{\mathrm{T}}\end{aligned} \tag{12.2}$$

式(12.2)中,$\boldsymbol{p}_i(t) \in \boldsymbol{R}^n$、$\boldsymbol{v}_i(t) \in \boldsymbol{R}^n$ 和 $\boldsymbol{a}_i(t) \in \boldsymbol{R}^n$,分别表示第 i 个飞行器的位置、速度和控制输入;$\boldsymbol{X} \in \boldsymbol{R}^{2Nn}$ 和 $\boldsymbol{U} \in \boldsymbol{R}^{Nn}$ 分别是所有飞行器的聚合状态和控制输入;$\otimes$ 表示用于扩展维度的 Kronecker 乘积;$\boldsymbol{I}_N$ 和 $\boldsymbol{I}_n$ 分别表示维数为 N 和维数为 n 的单位矩阵;$\boldsymbol{0}_{N\times N}$ 表示维数为 N 的零矩阵。

为了便于表达,在图 12.1 中将飞行器和障碍物建模为球形物体。R 表示避碰/避障区域的半径;r 表示每个飞行器的半径。不失一般性,假设每个飞行器具有相同的 r 和 R。r_k 表示第 k 个障碍物的半径,$k = 1,\ \cdots,\ q$(q 为障碍物的数量);O_k 表示第 k 个障碍物中心的位置;r_c 表示聚合性球的半径(聚合球是保证多个飞行器在一个聚合范围内的吸引球)。为了描述飞行器和障碍物的空间关系,界定以下区域。

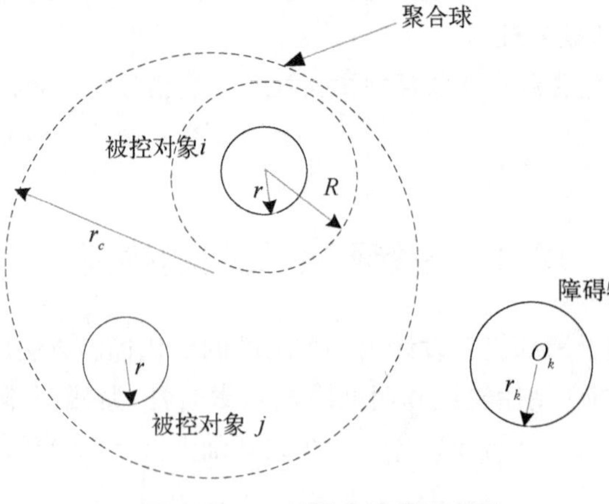

图 12.1　飞行器和障碍示意图

第 i 个飞行器的碰撞区域：

$$\boldsymbol{\Gamma}_i \triangleq \{\boldsymbol{x} \mid \boldsymbol{x} \in \boldsymbol{R}^n,\ \|\boldsymbol{x}-\boldsymbol{p}_i\| \leqslant r+\bar{r}\} \tag{12.3}$$

第 i 个飞行器的反应区：

$$\boldsymbol{\Pi}_i \triangleq \{\boldsymbol{x} \mid \boldsymbol{x} \in \boldsymbol{R}^n,\ r+\bar{r} < \|\boldsymbol{x}-\boldsymbol{p}_i\| \leqslant R+\bar{r}\}$$

第 i 个飞行器的安全区域：

$$\boldsymbol{\Psi}_i \triangleq \{\boldsymbol{x} \mid \boldsymbol{x} \in \boldsymbol{R}^n,\ \|\boldsymbol{x}-\boldsymbol{p}_i\| > R+\bar{r}\}$$

$$\bar{r} = \begin{cases} r & \text{当与其他被控对象相撞时} \\ r_k & \text{当与第 } k \text{ 个障碍物相撞时} \end{cases}$$

全局聚合球：

$$\boldsymbol{\Upsilon} \triangleq \{\boldsymbol{x} \mid \boldsymbol{x} \in \boldsymbol{R}^n,\ \|\boldsymbol{x}-\boldsymbol{c}\| > r_c\}$$

$$\boldsymbol{c} = \frac{1}{N}\sum_{i=1}^{N}\boldsymbol{p}_i$$

第 i 个飞行器的局部聚合球：

$$\boldsymbol{\Lambda}_i \triangleq \{\boldsymbol{x} \mid \boldsymbol{x} \in \boldsymbol{R}^n,\ \|\boldsymbol{x}-\boldsymbol{c}_i\| \leqslant r_{ci}\}$$

$$\boldsymbol{c}_i = \frac{1}{|N_i|}\sum_{i \in N_i}\boldsymbol{p}_i$$

式中，N_i 表示第 i 个飞行器的闭邻域，其包括了飞行器 i 和所有的由矩阵 $\boldsymbol{A}_{dj}$ 定义的与飞行器 i 有通信连接的所有邻点（飞行器），$|N_i|$ 表示 N_i 的基数，r_{ci} 表示第 i 个飞行器的局部聚合球半径。如果每个飞行器在其局部的聚合球中具有聚合性，并且通信拓扑是连接的，则存在一个全局聚合球 $\boldsymbol{\Upsilon}$。

在本章的范围内，假定飞行器之间的通信拓扑是无向的和连通的，因此拉普拉斯矩阵 $\boldsymbol{L}$ 是半正定的。对于有向通信拓扑结构请参考其他资料。

12.2 集群控制算法设计

本小节提出一种聚合的最优控制方法来解决具有速度对齐、导航、聚合性和避碰/避障功能的集群问题。

为了便于表述，定义状态误差为

$$\hat{\boldsymbol{X}} = [\hat{\boldsymbol{p}}^{\mathrm{T}},\ \hat{\boldsymbol{v}}^{\mathrm{T}}]^{\mathrm{T}} \triangleq \boldsymbol{X} - \boldsymbol{X}_r \tag{12.4}$$

式(12.4)中，$\boldsymbol{X}_r = [\boldsymbol{p}_f^{\mathrm{T}},\ \boldsymbol{1}_{1\times N} \otimes \boldsymbol{v}_r^{\mathrm{T}}]^{\mathrm{T}}$，$\boldsymbol{p}_f \in \boldsymbol{R}^{Nn}$ 是最终的位置；$\boldsymbol{v}_r \in \boldsymbol{R}^n$ 是期望的集群速度。请注意，对于集群问题，所有的飞行器将达到相同的速度 $\boldsymbol{v}_r$，尽管每个飞行器的位置应该限制在聚合球内，但它们可以在球内自由的移动。

根据拉普拉斯矩阵的性质,可以得到

$$(\boldsymbol{L} \otimes \boldsymbol{I}_n)(\boldsymbol{1}_{N\times1} \otimes \boldsymbol{v}_r) = \boldsymbol{0}_{Nn\times1} \tag{12.5}$$

参考状态 $\boldsymbol{X}_r$ 的微分方程为

$$\dot{\boldsymbol{X}}_r = \boldsymbol{A}\boldsymbol{X}_r + \boldsymbol{B}\boldsymbol{U}_r \tag{12.6}$$

式(12.6)中,$\boldsymbol{U}_r = \boldsymbol{1}_{N\times1} \otimes \boldsymbol{u}_r$ 是参考轨迹的控制输入。本章假设所期望的参考集群速度 $\boldsymbol{v}_r$ 是恒定的。因此 $\boldsymbol{U}_r = \boldsymbol{0}_{Nn\times1}$ 根据式(12.2)和式(12.6),状态误差可以写成

$$\dot{\hat{\boldsymbol{X}}} = \boldsymbol{A}\hat{\boldsymbol{X}} + \boldsymbol{B}\hat{\boldsymbol{U}} \tag{12.7}$$

式(12.7)中,$\hat{\boldsymbol{U}} = \boldsymbol{U} - \boldsymbol{U}_r = \boldsymbol{U}$。

在本章中,将集群问题转化为一个包含三个代价函数分量的聚合最优控制问题。

$$\begin{aligned} \min: &\ J = J_1 + J_2 + J_3 \\ \text{s.t.} &\ \dot{\hat{\boldsymbol{X}}} = \boldsymbol{A}\hat{\boldsymbol{X}} + \boldsymbol{B}\boldsymbol{U} \end{aligned} \tag{12.8}$$

式(12.8)中,J_1 是确保速度对齐的代价函数:

$$J_1 = \int_0^\infty \hat{\boldsymbol{X}}^{\mathrm{T}} \boldsymbol{R}_1 \hat{\boldsymbol{X}} \mathrm{d}t = \int_0^\infty \left\{ \hat{\boldsymbol{X}}^{\mathrm{T}} \left(\begin{bmatrix} \boldsymbol{0}_{N\times N} & \boldsymbol{0}_{N\times N} \\ \boldsymbol{0}_{N\times N} & w_v^2 \boldsymbol{L}^2 \end{bmatrix} \otimes \boldsymbol{I}_n \right) \hat{\boldsymbol{X}} \right\} \mathrm{d}t \tag{12.9}$$

式(12.9)中,

$$\boldsymbol{R}_1 = \begin{bmatrix} \boldsymbol{0}_{N\times N} & \boldsymbol{0}_{N\times N} \\ \boldsymbol{0}_{N\times N} & w_v^2 \boldsymbol{L}^2 \end{bmatrix} \otimes \boldsymbol{I}_n$$

$\boldsymbol{L}$ 是由无向连通通信图建立的对称拉普拉斯矩阵;w_v 是速度的权重。注意,在代价函数 J_1 中,速度对齐是目标。因此,位置误差的权重为零。利用速度误差的加权矩阵 $w_v^2\boldsymbol{L}^2$ 保证最优控制律的黎卡提方程的解析解是拉普拉斯矩阵 $\boldsymbol{L}$ 的线性函数,加权矩阵依赖于局部的通信拓扑结构,这在定理 12.1 中给出证明。下面的命题可以证明 $\boldsymbol{R}_1$ 是半正定的。

命题 12.1 $\boldsymbol{L}^2$ 是半正定的且如果图是无向并且连通的则有 $\boldsymbol{L}^2\boldsymbol{1}_{N\times1} = \boldsymbol{0}_{N\times1}$。

证明: 证明过程参考文献[140]。

第二个代价函数 J_2 的形式是

$$\min: J_2 = \int_0^\infty h(\hat{\boldsymbol{X}}) \mathrm{d}t \tag{12.10}$$

式(12.10)中,$h(\hat{\boldsymbol{X}})$ 表示导航、聚合性和避碰/避障的代价函数。它将由定理 5.1 中的逆最优控制方法构造。控制成本代价函数 J_3 为有规则的二次型形式

$$\min: J_3 = \int_0^\infty \boldsymbol{U}^{\mathrm{T}} \boldsymbol{R}_2 \boldsymbol{U} \mathrm{d}t \tag{12.11}$$

式(12.11)中,$\boldsymbol{R}_2 = w_c^2 \boldsymbol{I}_N \otimes \boldsymbol{I}_n$ 为正定,w_c 为加权参数。

引入以下引理，推导得出本章的主要结果，利用它证明所提出集群算法的渐近稳定性和最优性。

在给出主要结果之前，定义代价函数 $g(\hat{\boldsymbol{X}})$

$$g(\hat{\boldsymbol{X}}) = g_t(\hat{\boldsymbol{X}}) + g_c(\hat{\boldsymbol{X}}) + g_a(\hat{\boldsymbol{X}}) \tag{12.12}$$

将分别解决集群导航、聚合性、和障碍/避碰问题。式(12.12)中的第一项 $g_t(\hat{\boldsymbol{X}})$ 是整个集群追踪一个期望轨迹时的代价函数

$$g_t(\hat{\boldsymbol{X}}) = \sum_{i=1}^{N} g_{t_i}(\hat{\boldsymbol{X}}) \tag{12.13}$$

$$g_{t_i}(\hat{\boldsymbol{X}}) \triangleq \begin{cases} \begin{bmatrix} (\boldsymbol{p}_i - \boldsymbol{p}_r)^{\mathrm{T}} \\ (\boldsymbol{v}_i - \boldsymbol{v}_r)^{\mathrm{T}} \end{bmatrix}^{\mathrm{T}} \begin{bmatrix} w_{tp}^2 \boldsymbol{I}_n & \alpha w_{tp} w_{tv} \boldsymbol{I}_n \\ \alpha w_{tp} w_{tv} \boldsymbol{I}_n & w_{tv}^2 \boldsymbol{I}_n \end{bmatrix} \begin{bmatrix} \boldsymbol{p}_i - \boldsymbol{p}_r \\ \boldsymbol{v}_i - \boldsymbol{v}_r \end{bmatrix} & \text{当被控对象 } i \text{ 可以到达基准} \\ 0 & \text{当被控对象 } i \text{ 无法到达基准} \end{cases} \tag{12.14}$$

式(12.14)中，w_{tp} 和 w_{tv} 是可调的权重来控制追踪速度；α 是(−1, 1)内的一个数用以保证 $g_t(\hat{\boldsymbol{X}}) > 0$，这一点将在定理 12.1 的证明中体现出来；$\boldsymbol{p}_r$ 和 $\boldsymbol{v}_r$ 是基准点的位置和速度。

值得注意的是，式(12.14)中导航代价函数与式(12.9)中代价函数 J_1 不同，因为 J_1 是用来保证所有的飞行器协同达到统一速度；而式(12.13)中代价函数是实现第 i 个飞行器追踪期望轨迹的，这样所有其他的飞行器都可以集群追踪这条期望的轨迹。除此之外，J_1 是对所有飞行器而言最小的；而式(12.13)中代价函数只存在于能访问式(12.14)中所表示的参考部分信息的那些飞行器中。同样要注意的是，在式(12.4)中如果第 i 个飞行器能够访问参考对象则第 i 个飞行器的 $\boldsymbol{p}_f$ 将被替换成 $\boldsymbol{p}_r$。对于那些无法访问参考对象的飞行器，相关的 $\boldsymbol{p}_f$ 将不会被指明，但应该被定义在聚合性球中以使整个集群可以沿着参考对象的轨迹运动。

式(12.12)中的第二部分 $g_c(\hat{\boldsymbol{X}})$ 是聚合性的代价函数，定义为

$$g_c(\hat{\boldsymbol{X}}) = \boldsymbol{M}_c(\boldsymbol{p})\hat{\boldsymbol{v}} \tag{12.15}$$

式(12.15)中，$\boldsymbol{M}_c(\boldsymbol{p}) = [\boldsymbol{m}_c^{\mathrm{T}}(\boldsymbol{p}_1) \quad \boldsymbol{m}_c^{\mathrm{T}}(\boldsymbol{p}_2) \quad \cdots \quad \boldsymbol{m}_c^{\mathrm{T}}(\boldsymbol{p}_N)]$，

$$\boldsymbol{m}_c(\boldsymbol{p}_i) \triangleq \begin{cases} \boldsymbol{0}_{n\times 1} & \boldsymbol{p}_i \in \boldsymbol{\Lambda}_i \\ (r_{ci}^2 - \|\boldsymbol{p}_i - \boldsymbol{c}_i\|^2)^2(\boldsymbol{p}^i - \boldsymbol{c}^i) & \boldsymbol{p}_i \notin \boldsymbol{\Lambda}_i \end{cases} \quad i = 1, \cdots, N \tag{12.16}$$

式(12.12)中的第三部分 $g_a(\hat{\boldsymbol{X}})$ 是避碰/避障代价函数定义为

$$g_a(\hat{\boldsymbol{X}}) = \boldsymbol{M}_a(\boldsymbol{p})\hat{\boldsymbol{v}} \tag{12.17}$$

式(12.17)中，

$$\boldsymbol{M}_a(\boldsymbol{p}) = \left\{\left[\sum_{\boldsymbol{\Omega}_1} \boldsymbol{m}_{l_1}(\boldsymbol{p}_1)\right]^{\mathrm{T}} \left[\sum_{\boldsymbol{\Omega}_2} \boldsymbol{m}_{l_2}(\boldsymbol{p}_2)\right]^{\mathrm{T}} \cdots \left[\sum_{\boldsymbol{\Omega}_N} \boldsymbol{m}_{l_N}(\boldsymbol{p}_N)\right]^{\mathrm{T}}\right\}$$

$$\boldsymbol{m}_{l_i}(\boldsymbol{p}_i) \triangleq \begin{cases} -\dfrac{((R+\bar{r})^2 - \|\boldsymbol{p}_i - \boldsymbol{p}_{l_i}\|^2)^2}{(\|\boldsymbol{p}_i - \boldsymbol{p}_{l_i}\|^2 - (r+\bar{r})^2)^2}(\boldsymbol{p}_i - \boldsymbol{p}_{l_i}) & \boldsymbol{p}_{l_i} \in \boldsymbol{\Pi}_i \quad i = 1, \cdots, N \\ * & \boldsymbol{p}_{l_i} \in \boldsymbol{\Gamma}_i \quad i = 1, \cdots, N \end{cases}$$

(12.18)

式(12.18)中“ * ”表示无定义，$\boldsymbol{p}_{l_i} \in \boldsymbol{\Omega}_i$ 并且 $\boldsymbol{\Omega}_i$ 表示障碍和包括 i 在内的所有飞行器的集合：

$$\boldsymbol{\Omega}_i = \{\boldsymbol{p}_1, \cdots, \boldsymbol{p}_j, \cdots, \boldsymbol{p}_n, \boldsymbol{O}_1, \cdots, \boldsymbol{O}_k, \cdots \boldsymbol{O}_q\} \setminus \{\boldsymbol{p}_i\}$$

定理 12.1 对于具有无向和连通通信拓扑结构的多飞行器系统[式(12.2)]，选择合适的正参数 w_v、w_c、w_{tp} 和 w_{tv}，设计控制算法为

$$\boldsymbol{U} = -\frac{w_v}{w_c}(\boldsymbol{L} \otimes \boldsymbol{I}_n)\boldsymbol{v} - \frac{1}{2w_c^2}g_v'(\boldsymbol{X}) \tag{12.19}$$

那么集群系统问题式(12.8)的优化控制可解，并且式(12.7)中的闭环系统是全局渐近稳定的。除此之外，式(12.10)中的代价函数 J_2 中的 $h(\hat{\boldsymbol{X}})$ 为

$$h(\hat{\boldsymbol{X}}) = \frac{w_v}{w_c}g_v'^{\mathrm{T}}(\hat{\boldsymbol{X}})(\boldsymbol{L} \otimes \boldsymbol{I}_n)\hat{\boldsymbol{v}} - g_v'^{\mathrm{T}}(\hat{\boldsymbol{X}})\hat{\boldsymbol{v}} + \frac{1}{4w_c^2}\|g_v'(\hat{\boldsymbol{X}})\|^2 \tag{12.20}$$

式(12.19)和式(12.20)中的 $g_v'(\boldsymbol{X})$、$g_v'(\hat{\boldsymbol{X}})$ 和 $g_p'(\hat{\boldsymbol{X}})$ 表示分别对 $g(\hat{\boldsymbol{X}})$ 中的速度误差 $\hat{\boldsymbol{v}}$ 和位置误差 $\hat{\boldsymbol{p}}$ 求偏导。

证明： 针对最优集群问题，可以得到引理 12.1 中的方程如下

$$T(\hat{\boldsymbol{X}}, \boldsymbol{U}) = \hat{\boldsymbol{X}}^{\mathrm{T}}\boldsymbol{R}_1\hat{\boldsymbol{X}} + h(\hat{\boldsymbol{X}}) + \boldsymbol{U}^{\mathrm{T}}\boldsymbol{R}_2\boldsymbol{U} \tag{12.21}$$

$$\boldsymbol{f}(\hat{\boldsymbol{X}}, \boldsymbol{U}) = \boldsymbol{A}\hat{\boldsymbol{X}} + \boldsymbol{B}\boldsymbol{U} \tag{12.22}$$

待选李雅普诺夫函数 $V(\hat{\boldsymbol{X}})$ 为

$$V(\hat{\boldsymbol{X}}) = \hat{\boldsymbol{X}}^{\mathrm{T}}\boldsymbol{P}\hat{\boldsymbol{X}} + g(\hat{\boldsymbol{X}}) \tag{12.23}$$

式(12.23)中，$\boldsymbol{P}$ 是黎卡提方程的一个解。

为使 $V(\hat{\boldsymbol{X}})$ 成为一个有效的李雅普诺夫函数，它必须对 $\hat{\boldsymbol{X}}$ 连续可微或者等价的 $g(\hat{\boldsymbol{X}})$ 必须对 $\hat{\boldsymbol{X}}$ 连续可微。在式(12.12)至式(12.18)中，足以证明 $\boldsymbol{m}_c(\boldsymbol{p}_i)$ 和 $\boldsymbol{m}_{l_i}(\boldsymbol{p}_i)$ 都在定义的区域内连续可微。事实上，如果函数本身及其导数在所定义区域的边界上是连续的，则这一结论是正确的。根据连续性的定义 $\boldsymbol{m}_c(\boldsymbol{p}_i)$ 和 $\mathrm{d}\boldsymbol{m}_c(\boldsymbol{p}_i)/\mathrm{d}\boldsymbol{p}_i$ 在 $\boldsymbol{\Lambda}_i$ 的边界上显然是连续的。而且式(12.18)表明

$$\lim_{\|p_i - p_i\| \to (R+\bar{r})^-} \boldsymbol{m}_{l_i}(\boldsymbol{p}_i) = \boldsymbol{0}_{n\times 1} = \lim_{\|p_i - p_i\| \to (R+\bar{r})^+} \boldsymbol{m}_{l_i}(\boldsymbol{p}_i)$$

根据连续性定义 $\boldsymbol{m}_{l_i}(\boldsymbol{p}_i)$ 在 $\boldsymbol{\Pi}_i$ 的外部边界上是连续的。除此之外

$$\frac{\mathrm{d}\boldsymbol{m}_{l_i}(\boldsymbol{p}_i)}{\mathrm{d}\boldsymbol{p}_i} = \begin{cases} \boldsymbol{0}_{\max} & \boldsymbol{p}_{l_i} \in \boldsymbol{\Psi}_i \\ \dfrac{4[(R+\bar{r})^2 - (r+\bar{r})^2][(R+\bar{r})^2 - \|\boldsymbol{p}_i - \boldsymbol{p}_{l_i}\|^2](\boldsymbol{p}_i - \boldsymbol{p}_{l_i})(\boldsymbol{p}_i - \boldsymbol{p}_{l_i})^{\mathrm{T}}}{[\|\boldsymbol{p}_i - \boldsymbol{p}_{l_i}\|^2 - (r+\bar{r})^2]^3} & \\ \dfrac{[(R+\bar{r})^2 - \|\boldsymbol{p}_i - \boldsymbol{p}_{l_i}\|^2]^2 \cdot \boldsymbol{I}_{n\times N}}{[\|\boldsymbol{p}_i - \boldsymbol{p}_{l_i}\|^2 - (r+\bar{r})^2]^2} & \boldsymbol{p}_{l_i} \in \boldsymbol{\Pi}_i \\ \text{无定义} & \boldsymbol{p}_{l_i} \in \boldsymbol{\Gamma}_i \end{cases}$$

(12.24)

容易发现 $\lim_{\|p_i - p_{l_i}\| \to (R+\bar{r})^-} [\mathrm{d}\boldsymbol{m}_{l_i}(\boldsymbol{p}_i)/\mathrm{d}\boldsymbol{p}_i] = \boldsymbol{0}_{n\times n} = \lim_{\|p_i - p_{l_i}\| \to (R+\bar{r})^+} [\mathrm{d}\boldsymbol{m}_{l_i}(\boldsymbol{p}_i)/\mathrm{d}\boldsymbol{p}_i]$，因此 $\mathrm{d}\boldsymbol{m}_{l_i}(\boldsymbol{p}_i)/\mathrm{d}\boldsymbol{p}_i$ 在 $\boldsymbol{\Pi}_i$ 的外部边界上是连续的。所以 $g(\hat{\boldsymbol{X}})$ 和李雅普诺夫函数 $V(\hat{\boldsymbol{X}})$ 都是对 $\hat{\boldsymbol{X}}$ 连续可微的。

注 12.1 $V(\hat{\boldsymbol{X}})$ 中的第一项只含 $\boldsymbol{v}$。已经证明了在 $\hat{\boldsymbol{X}} \neq \boldsymbol{0}$ 时 $w_c w_v \boldsymbol{v}^T(\boldsymbol{L}\otimes\boldsymbol{I}_n)\boldsymbol{v} > 0$，且 $g_t(\hat{\boldsymbol{X}}) > 0$。所以通过在 $g_t(\hat{\boldsymbol{X}})$ 中选择一个足够大的 w_{tp} 或者 w_{tv}，可以确保当 $\hat{\boldsymbol{X}} \neq 0$ 时 $g_t(\hat{\boldsymbol{X}}) > 0$。从而，$g_t(\hat{\boldsymbol{X}})$ 和 $w_c w_v \boldsymbol{v}^{\mathrm{T}}(\boldsymbol{L}\otimes\boldsymbol{I}_m)\boldsymbol{v}$ 中的正数项总是比最后两项的符号不定项要大，因此，可以满足条件 $V(\hat{\boldsymbol{X}}) > \boldsymbol{0}$, $\hat{\boldsymbol{X}} \in \boldsymbol{D}$, $\hat{\boldsymbol{X}} \neq \boldsymbol{0}$。

式(12.10)中 J_2 的代价函数 $h(\hat{\boldsymbol{X}})$ 是通过求解 $g'(\hat{\boldsymbol{X}})(\boldsymbol{A} - \boldsymbol{SP})\hat{\boldsymbol{X}} + h(\hat{\boldsymbol{X}}) - \frac{1}{4}g'^{\mathrm{T}}(\hat{\boldsymbol{X}})\boldsymbol{S}g'(\hat{\boldsymbol{X}}) = 0$ 和利用 $\boldsymbol{P} = \begin{bmatrix} \boldsymbol{0}_{N\times N} & \boldsymbol{0}_{N\times N} \\ \boldsymbol{0}_{N\times N} & w_c w_v \boldsymbol{L} \end{bmatrix} \otimes \boldsymbol{I}_n$ 构造的。

$$h(\hat{\boldsymbol{X}}) = \frac{w_v}{w_c} g'^{\mathrm{T}}_v(\hat{\boldsymbol{X}})(\boldsymbol{L}\otimes\boldsymbol{I}_n)\hat{\boldsymbol{v}} - g'^{\mathrm{T}}_p(\hat{\boldsymbol{X}})\hat{\boldsymbol{v}} + \frac{1}{4w_c^2}\|g'_v(\hat{\boldsymbol{X}})\|^2 \quad (12.25)$$

$$V^{\mathrm{T}}(\hat{\boldsymbol{X}})\boldsymbol{f}[\hat{\boldsymbol{X}}, \boldsymbol{\phi}(\hat{\boldsymbol{X}})] = -\left\{\hat{\boldsymbol{X}}^{\mathrm{T}}\boldsymbol{R}_1\hat{\boldsymbol{X}} + h(\hat{\boldsymbol{X}}) + \left[\hat{\boldsymbol{X}}^{\mathrm{T}}\boldsymbol{P} + \frac{1}{2}g'^{\mathrm{T}}(\hat{\boldsymbol{X}})\right]\boldsymbol{S}\left[\boldsymbol{P}\hat{\boldsymbol{X}} + \frac{1}{2}g'(\hat{\boldsymbol{X}})\right]\right\}$$

(12.26)

因为当 $\hat{\boldsymbol{X}} \neq \boldsymbol{0}$ 时有 $\hat{\boldsymbol{X}}^{\mathrm{T}}\boldsymbol{R}_1\hat{\boldsymbol{X}} \geqslant 0$ 且 $[\hat{\boldsymbol{X}}^{\mathrm{T}}\boldsymbol{P} + 0.5 * g'^{\mathrm{T}}(\hat{\boldsymbol{X}})]\boldsymbol{S}[\boldsymbol{P}\hat{\boldsymbol{X}} + 0.5 * g'(\hat{\boldsymbol{X}})] > 0$，所以从式(12.26)中可知当 $h(\hat{\boldsymbol{X}}) \geqslant 0$ 时，满足条件 $\boldsymbol{V}'(\hat{\boldsymbol{X}})\boldsymbol{f}[\hat{\boldsymbol{X}}, \phi(\hat{\boldsymbol{X}})] < 0$, $\hat{\boldsymbol{X}} \in \boldsymbol{D}$, $\hat{\boldsymbol{X}} \neq \boldsymbol{0}$。通过在式(12.25)中为 w_v 和 w_c 选择恰当的值，总可以保证 $h(\hat{\boldsymbol{X}}) \geqslant 0$。特殊情况是可以通过对给定的 w_{tp} 或者 w_{tv} 和 w_v 选择一个足够小的 w_c，使得式(12.25)中的正数项 $\frac{1}{4w_c^2}\|g'_v(\hat{\boldsymbol{X}})\|^2$ 总是大于前两个符号不定项。

设计得到优化控制器

$$\phi(\hat{X}) = -\frac{w_v}{w_c}(L \otimes I_n)\hat{v} - \frac{1}{2w_c^2}g_v'(\hat{X}) \tag{12.27}$$

将 $\hat{v} = v - I_{N\times 1} \otimes v_r$ 代入式(12.27)中并使用式(12.5),式(12.27)中的优化控制器变成

$$\hat{U} = \phi(X) = -\frac{w_v}{w_c}(L \otimes I_n)v - \frac{1}{2w_c^2}g_v'(\hat{X}) \tag{12.28}$$

注意到

$$\begin{aligned} g_v'(\hat{X}) &= g_{t_v}'(\hat{X}) + g_{c_v}'(\hat{X}) + g_{a_v}'(\hat{X}) \\ &\triangleq \frac{\partial g_t(\hat{X})}{\partial \hat{v}} + \frac{\partial g_c(\hat{X})}{\partial \hat{v}} + \frac{\partial g_a(\hat{X})}{\partial \hat{v}} \\ &= \frac{\partial g_t(\hat{X})}{\partial \hat{v}} + M_c^{\mathrm{T}}(p) + M_a^{\mathrm{T}}(p) \end{aligned} \tag{12.29}$$

如果飞行器 i 可以访问参考对象,则 v_r 和 p_r 已知,且 $g_{t_v}'(\hat{X}) = g_{t_v}'(X)$,因此 $g_v'(\hat{X}) = g_v'(X)$。在(12.28)中使用 $g_v'(\hat{X}) = g_v'(X)$ 优化控制方法变为式(12.19)式。

$$U = -\frac{w_v}{w_c}(L \otimes I_n)v - \frac{1}{2w_c^2}g_v'(X)$$

从式(12.23)中可以看出,在满足当 $\hat{X} = 0$ 时,$g'(\hat{X}) = 0$ 且 $g(\hat{X}) = 0$ 是可以的。从代价函数的定义中,可以看出当 $\hat{X} = 0$ 时有 $g(\hat{X}) = 0$。式(12.16)表明如果集群中的一个飞行器碰到一个障碍物或者是其他飞行器,排斥力不会为零并且这个飞行器会被驱离障碍物或是其他飞行器直到形成一个新的集群。因此当飞行器统一聚集在一个参考对象周围并且没有碰撞时,有 $g'(\hat{X}) = 0$。

因此,根据定理12.1,控制器式(12.19)是对式(12.8)中问题的一个优化控制器,且闭环系统是渐近稳定的。这表明 $X = X_r$ 并且集群实现一致。

除此之外从式(12.23)中可以发现当 $\|\hat{X}\| \to \infty$ 时 $V(\hat{X}) \to \infty$。因此闭环系统是渐近稳定的。注意,全局渐近稳定区域不包括未定义区域 Γ_i,这在物理上是有意义的因为没有飞行器可以从障碍物或其他飞行器内部出发。

从定理12.1的证明中可以看出。代价函数 $g(\hat{X})$ 提供了导航/飞行器追踪、聚合性和避碰/避障的能力。逆最优化方法促进了将此代价函数集成到代价函数 $h(\hat{X})$ 上从而可以得到一种实现这一能力的解析的、离散的优化控制方法。逆最优控制的思想不同于常规最优控制,因为代价函数 $h(\hat{X})$ 的形式没有提前给出,它是由 $g'(\hat{X})(A - SP)\hat{X} + h(\hat{X}) - \frac{1}{4}g'^{\mathrm{T}}(\hat{X})Sg'(\hat{X}) = 0$ 中的最优控制条件构造出的。

注 12.2 式(12.19)的最优化控制方法可以重写为

$$U = -\frac{w_v}{w_c}(L \otimes I_n)v - \frac{1}{2w_c^2}g'_{t_v}(X) - \frac{1}{2w_c^2}g'_{c_v}(X) - \frac{1}{2w_c^2}g'_{a_v}(X) \tag{12.30}$$

注意到(12.30)式中的第一项 $-w_v/w_c(L \otimes I_n)v$ 是速度对齐控制项。$(L \otimes I_m)v$ 是一个线性的结构,因此只需要基于通信拓扑结构的飞行器邻近结点的局部信息。式(12.30)中的第二项是仅适用于能够访问参考轨迹信息的飞行器的跟踪控制方法。式(12.30)第三项是聚合力,当飞行器在聚合球外时,聚合力就会起作用。从式(12.28)中可以看出聚合力只需要来自其邻近飞行器的局部信息(局部聚合中心 c_i)。式(12.30)中的最后一项提供的是避障/避碰功能。每个飞行器的避障/避碰控制方法需要由飞行器上搭载的传感器提供的与障碍物或者碰撞对象的相对位置信息,这些信息也是局部的因为只有在障碍物/碰撞对象进入反应区域时才会需要这些信息,这一区域包含在当地对象传感器的探测范围之内。总之,所提出的每个飞行器的分布式最优集群控制器只依赖于局部信息。

12.3 仿真算例

在本小节中,给出了三种场景下的仿真结果,来验证定理 12.1 所给出的最优集群控制律的有效性。考虑二维环境中四个飞行器的集群控制,$m=2$。这刚好能够方便地从视觉上清晰的说明不同集群的行为,同时也可以很容易地扩展到包含许多飞行器的集群和三维的环境中。图 12.2 给出了此集群的通信拓扑结构。

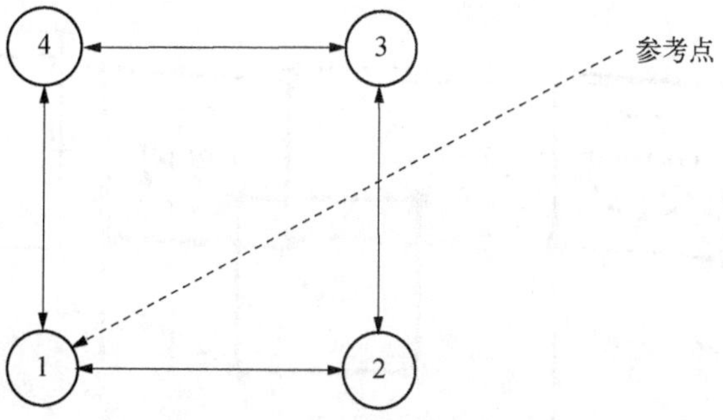

图 12.2 通信拓扑结构和参考点

图 12.2 对应的拉普拉斯矩阵可由以下形式给出:

$$L = \begin{bmatrix} 2 & -1 & 0 & -1 \\ -1 & 2 & -1 & 0 \\ 0 & -1 & 2 & -1 \\ -1 & 0 & -1 & 2 \end{bmatrix} \tag{12.31}$$

假设飞行器 1 可以访问参考对象，这是一个矩形轨道，初始位置为[5, 5]（单位为 m），初始速度为[0, -0.2]（单位为 m）。在 50 s 的瞬间，参考速度变化为[-0.2, 0]。在 100 s 的瞬间，参考速度变化为[0, 0.2]（单位为 m），然后在 150 s 的瞬间改变为[0.2, 0]。最后，参考对象将返回到起点。假定四个飞行器的初始位置分别为(2, 2)、(2, -2)、(-2, -2)和(-2, 2)（单位为 m）。四个飞行器的初始速度分别为(0.2, -0.4)、(-0.4, 0.6)、(0.6, -0.2)和(-0.2, -0.8)（单位为 m）。每个飞行器的半径 $r = 0.2$ m。避碰/避障区域的半径 $R = 0.5$ m。局部聚合球的半径都被设为 $r_{ci} = 0.5$ m 以保证整体聚合球的半径 $r_c = 1.2$ m。α 选定为 0.9 控制方法中的权重分别选定为 $w_v = 2$、$w_c = 1$、$w_{tp} = 5.5$、$w_{tv} = 1$。

下面场景 A 至场景 C 部分将依次演示集群行为，包括速度对齐、导航、聚合力和避障/避碰。图中采用 UAV1～UAV4 表示第 1 架飞行器到第 4 架飞行器。

场景 A. 具有速度对齐和导航能力的集群

在本小节中，展示了具有速度对齐和导航能力的多飞行器集群。障碍物设置在(8, 0)上，半径为 $r_1 = 0.4$，它并不在任何飞行器的轨道上。从图 12.3 和图 12.4 中可以看出使用所提出的最优控制律的集群结果。图 12.3 演示了所有飞行器都能够从初始位置实现集群，其标志是“$t = 0$ s”。随着时间的推移，整个集群都会沿着参考点移动，因为飞行器 1 跟踪了参考点，而其他飞行器保持着与飞行器 1 相同的速度。图 12.4 给出了飞行器的位置和速度随时间的变化，这表明了速度的对齐和对参考对象的追踪。请注意，因为飞行器 2、3 和 4 没有访问参考对象的权限，并且不追踪给定的轨迹，所以他们在位置上的移动是自由的，唯一的限制是速度要与飞行器 1 对齐。图 12.3 中的四个虚线圆圈表示不同时间所需的聚合球。可以看出，由于在这种情况下的最优控制设计中没有考虑到聚合性，所以所有的飞行器都没有驻留在聚合球内。此外，由于障碍物不在任何飞行器的轨道

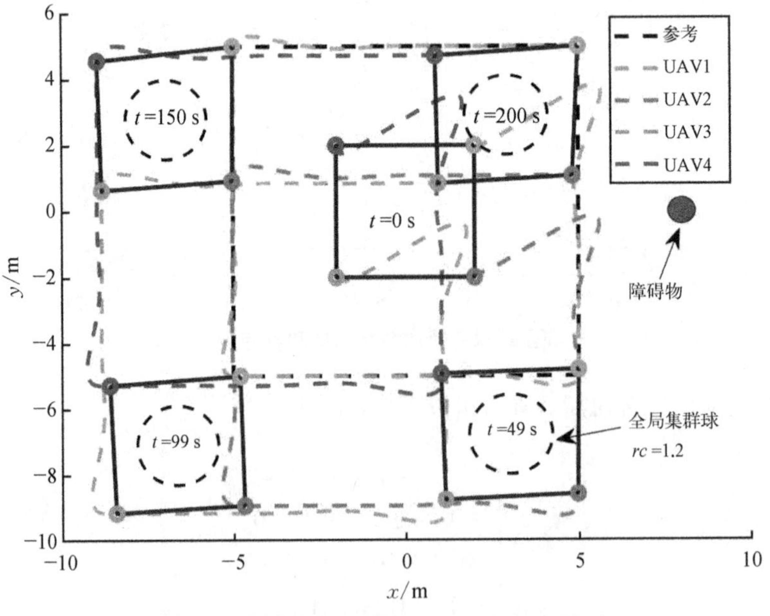

图 12.3　场景 A 下集群速度对齐、导航和聚合

上,因此避障代价函数为零。因此,代价函数 $g(\hat{X})$ 仅包含跟踪代价函数 $g_t(\hat{X})$。所提出的最优控制器可简化为

$$\boldsymbol{\phi}(\boldsymbol{X}) = -\frac{w_v}{w_c}(\boldsymbol{L} \otimes \boldsymbol{I}_m)\boldsymbol{v} - \frac{1}{2w_c^2}g_v'(\boldsymbol{X}) \tag{12.32}$$

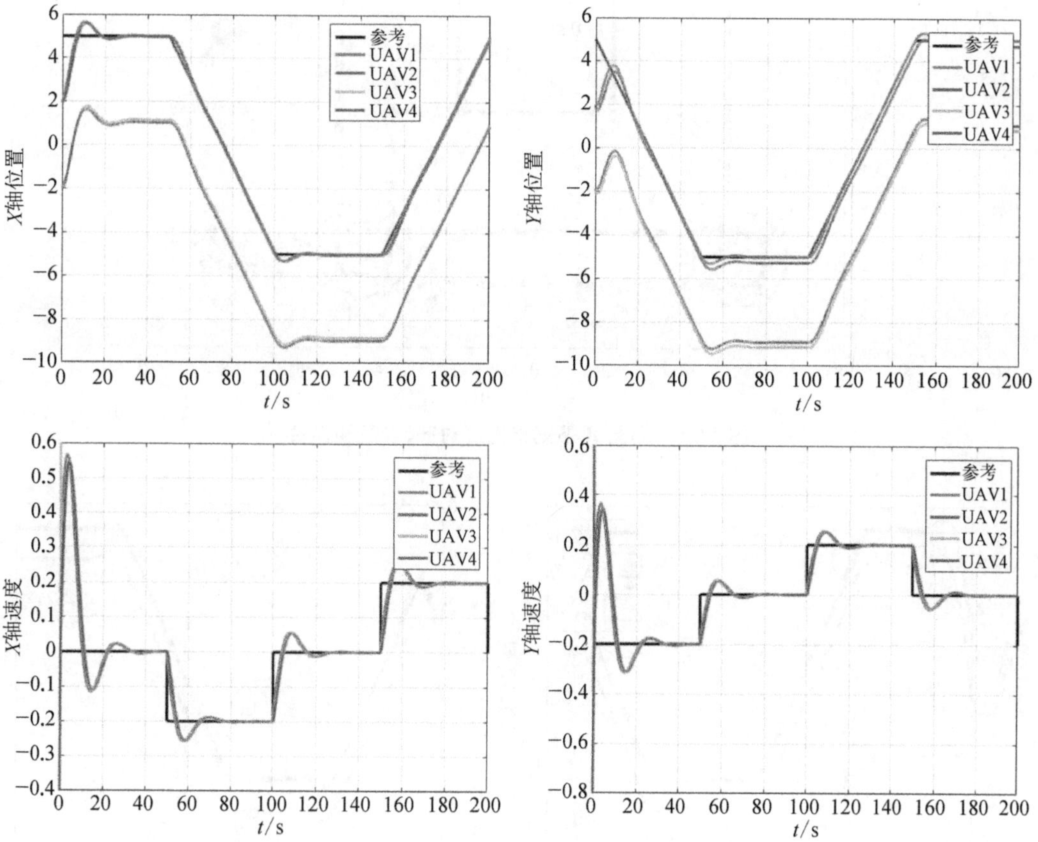

图 12.4 场景 A 下的位置和速度

式(12.32)中,第一项确保速度的协调;第二项确保对飞行器的跟踪。

场景 B. 具有速度对齐,导航和聚合性能力的集群

在本小节中,将具有聚合能力的多飞行器集群被加入之前的最优控制律中,以演示速度对齐、导航和聚合性。障碍和场景 A 中的障碍是一样的。在这种情况下,代价函数 $g(\hat{X})$ 包含跟踪代价函数 $g_t(\hat{X})$ 和聚合性代价函数 $g_c(\hat{X})$,因为障碍物并不在任何飞行器的轨道上。图 12.5 演示了所有的飞行器都能够在参考对象附近集结成群,并始终处在聚合球中。通过与图 12.3 的比较,验证了聚合分量在最优控制器中的有效性。图 12.6 给出了飞行器的位置和速度随时间的变化,这表明了速度的对齐和对参考对象的追踪。值得注意的是,在这种情况下,飞行器 2、3 和 4 的运动并不像场景 A 中的运动那样自由。因为他们必须被限制在聚合性的球里。注意,全局聚合是通过实现局部聚合控制来实现的,因为每个飞行器只能使用局部信息。全局聚合球 r_c 的半径被定义为 1.2 m。然后,在控

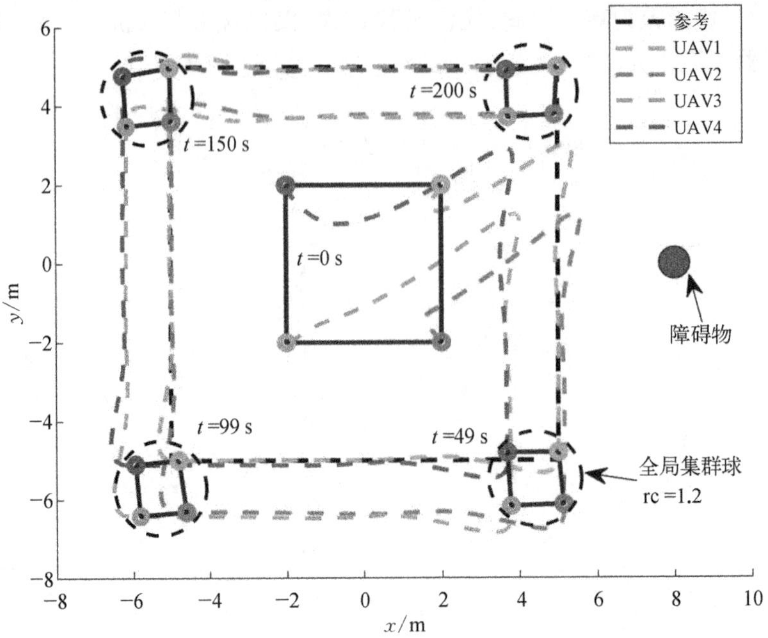

图 12.5　场景 B 下集群速度对齐、导航和聚合

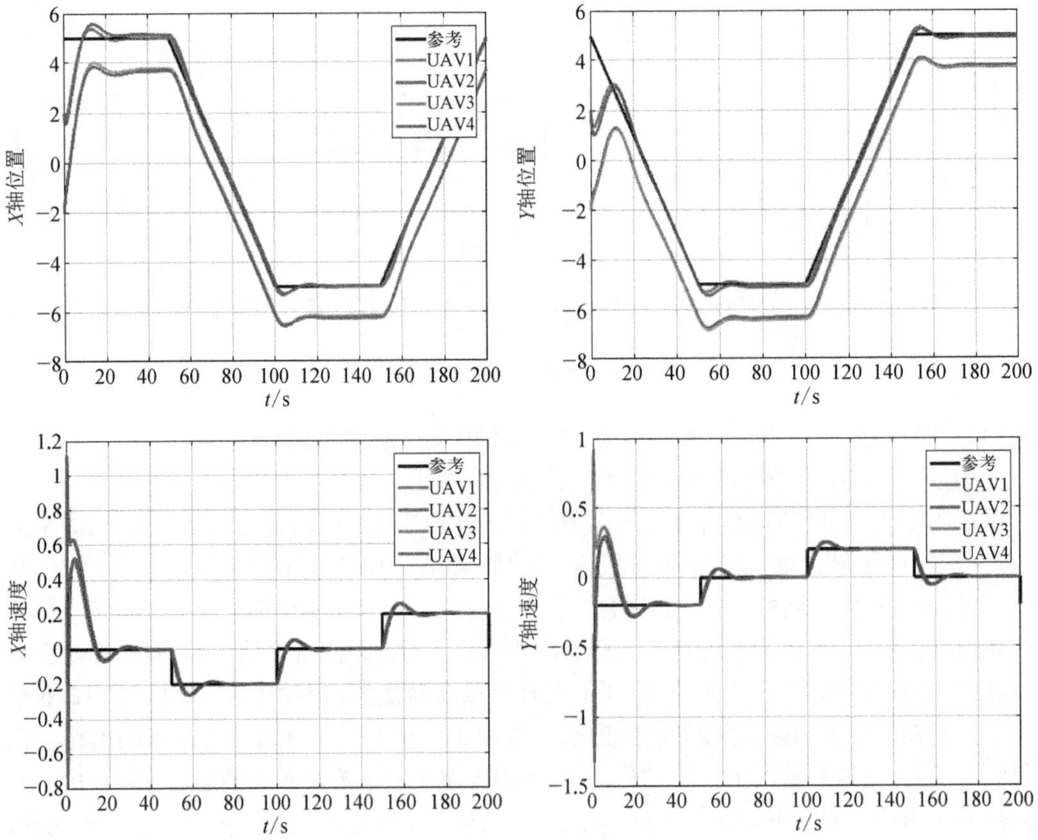

图 12.6　场景 B 下位置和速度

制器中实际使用的局部聚合球 r_{ci} 的半径可以选择为 0.5 m。之前提出的最优控制器可以改写成：

$$\boldsymbol{\phi}(\boldsymbol{X}) = -\frac{w_v}{w_c}(\boldsymbol{L}\otimes\boldsymbol{I}_m)\boldsymbol{v} - \frac{1}{2w_c^2}g'_{t_v}(\boldsymbol{X}) - \frac{1}{2w_c^2}g'_{c_v}(\boldsymbol{X}) \tag{12.33}$$

式(12.33)中，前两项与场景 A 中的相同，最后一项确保了聚合性。

场景 C. 具有速度对齐，导航，聚合性和避碰/避障能力的集群

本小节将说明集群的所有特征。代价函数 $g(\hat{\boldsymbol{X}})$ 包含跟踪代价函数 $g_t(\hat{\boldsymbol{X}})$、聚合性代价函数 $g_c(\hat{\boldsymbol{X}})$ 和避障/避碰代价函数 $g_a(\hat{\boldsymbol{X}})$，此时最优控制器为式(12.30)。第一个障碍物设置在(5.3, 0)上(单位为 m)，半径为 $r_1 = 0.4$ m，它在第 1 和第 2 飞行器的轨迹上。第二个障碍物设置在(−5, −2)(单位为 m)上，半径为 $r_2 = 0.3$ m，它在第 1、第 2 和第 3 飞行器的轨迹上。仿真结果如图 12.7 至图 12.9 所示。图 12.7 演示了所有飞行器都能够实现所有期望的行为，包括速度对齐、导航、聚合和避障/避碰。可以看出，由于避障/避碰的原因，这些轨迹与 B 部分中的轨迹不同。当飞行器检测到障碍物时，避障措施就会生效，而障碍物 1 和 2 周围可以看到障碍物。当飞行器检测到障碍物时，避障措施就会生效，这一点在障碍物 1 和 2 的附近可以得到验证。当两个飞行器之间的距离小于 $R + r$ 时。矩形区域表示了避免碰撞。同时，所有的飞行器仍然在聚合球内沿着参考对象运动。图 12.8 给出了飞行器的位置和速度随时间的变化，这表明了速度的对齐和对参考对象的追踪。最优控制器如图 12.9 所示。当飞行器进行避障时会出现一些很大的变化并且可以看出，最优集群控制器的量不需要很大。

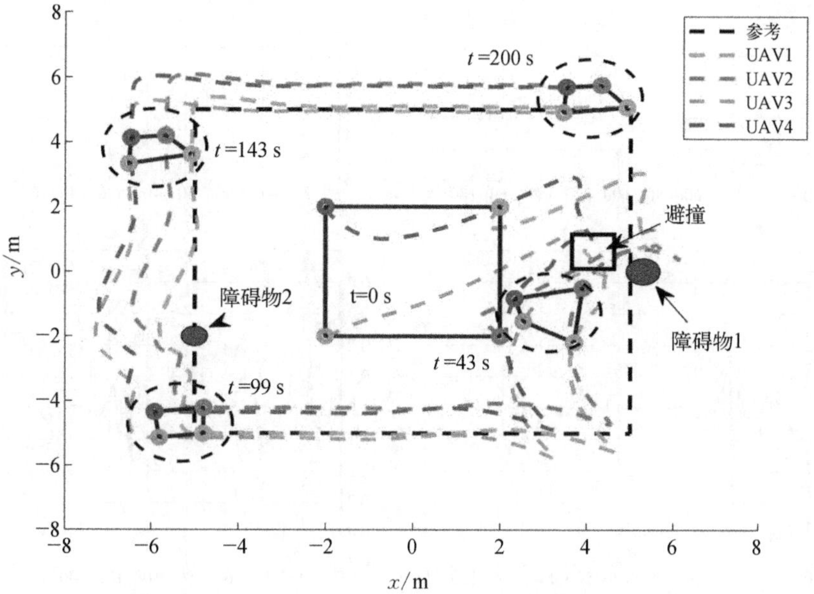

图 12.7　场景 C 下集群速度对齐、导航和聚合

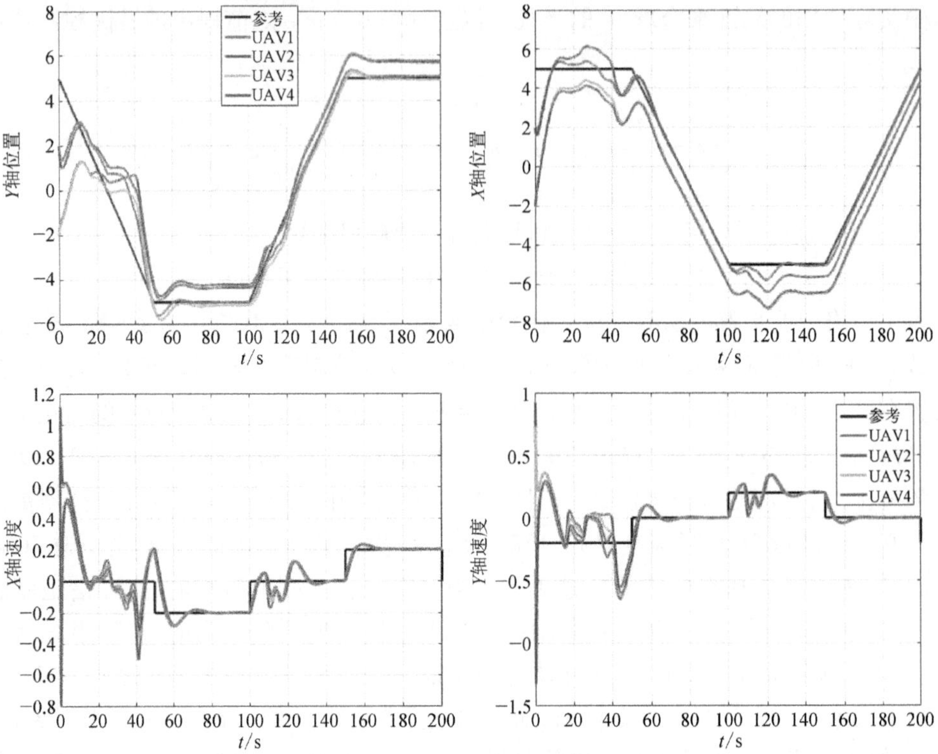

图 12.8　场景 C 下位置和速度

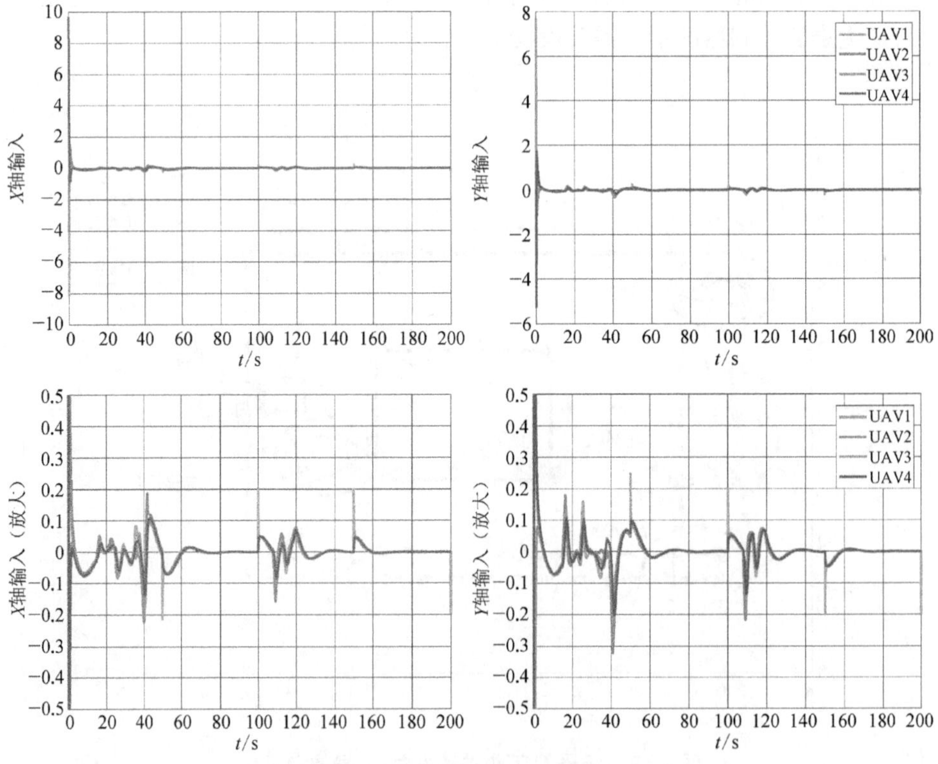

图 12.9　场景 C 下集群的控制器

12.4 小　　结

本章对集群控制进行了简要介绍，在一个聚合的最优控制框架下，研究了速度对齐、导航、聚合性和避障/避碰的多飞行器集群问题。在本章中，采用了一种新的逆最优控制方法来设计代价函数，达到了所期望的集群行为。每个飞行器的分布式最优协同控制器可以用解析的形式得到，并且只需要基于通信拓扑的邻近飞行器的局部信息，并给出了该算法的渐近稳定性和最优性证明。仿真结果表明，所提出的最优控制器下的飞行器能够在充满障碍物的环境中沿参考对象聚集成群。

12.5 课后练习

思考题：

1. 试用图论及矩阵的相关知识建立无人机集群的通信模型。

2. 分布式集群控制与集中式集群控制相比，各有什么利弊？试利用数学模型加以解释。

3. 飞行器和障碍物看成圆形有什么好处和缺点，还可以看成什么形状？

4. 思考避碰/避障代价函数如果为指数形式怎么进行最优控制器设计和稳定性证明。

程序设计题：

5. 在仿真中不断增加无人机数量，设计新的通信拓扑，完成数值仿真并分析无人机数量对编队收敛精度的影响。

第十三章 多弹协同制导技术

随着导弹技术的发展，导弹防御系统的建设也随之进行，美国已经逐渐构建形成了一个天、空、海、潜、陆综合一体化的导弹防御体系。导弹多层防御体系日臻完善，导弹的突防难度日益增大。因此，近年来能够增强导弹突防能力的多弹协同制导技术也随之发展。多弹协同制导可以通过弹群协同将多枚导弹融合成一个信息共享、功能互补、战术协同的作战群体，利用群体优势对敌防御体系和目标进行多层次、全方位的饱和打击，实现突防能力的提升。协同制导可以在多个方面提升弹群的突防能力。首先，协同制导可以通过"饱和攻击"来进行突防；其次，协同制导可通过功能互补实现导弹的"战术隐身"，有效地提高部分导弹的隐身效果（如"静默"攻击），从而提高整体突防能力；最后，弹群可以通过协同探测和采用不同频率、不同类型的导弹从不同方向同时攻击，提高电子对抗和目标识别能力。本章将主要对协同制导中的攻击时间协同进行介绍，此后描述的协同制导特指以攻击时间协同为目的的协同制导。本章主要介绍一致性思想在多弹协同中的应用。

学习要点

- 掌握：① 集中式协同制导律的基本思想和推导过程；② 分布式协同制导律的基本思想和推导过程。
- 熟悉：典型协同制导律之间的区别与联系。
- 了解：导弹制导系统的重要作用和常见的制导形式。

13.1 导弹目标相对模型

在制导问题的研究中，一般假设导弹飞行速度近似不变来研究以精确打击目标为目的的飞行方向控制方法，多弹协同制导则要求多枚导弹在同一时刻对目标进行打击。根据协同制导中有无通信可分为基于攻击时间约束的齐射攻击和基于信息交互的在线协同制导。基于攻击时间约束的齐射攻击主要研究单枚导弹在攻击时间受约束情况下的制导问题，不涉及多弹状态协同及信息交互[141-145]。可通过预先设定相同的攻击时间约束达到协同制导的目的。本章将主要对基于信息交互的在线协同制导方法进行介绍，说明一致性思想在协同制导中的应用。

一致性思想[145]和通信技术是实现协同制导的核心技术，多枚导弹不需要预先设定攻击时间，而在飞行过程中通过弹群之间的信息交互和协同变量控制，来实现攻击时间的协同。协同制导按照通信拓扑的结构可分为集中式和分布式两种。集中式通信拓扑是指在导弹集群中存在一枚或者多枚导弹能够与所有导弹进行信息交流，而分布式通信是指导弹集群中的导弹仅能与若干枚与其邻近的导弹进行信息交流。

集中式的协同制导需要至少一个集中式协同单元，所有的导弹将协同所必需的状态信息传送给该单元，该单元直接计算出期望的协调变量值，然后将其广播至所有导弹；当具有多个集中式协调单元或者所有导弹均为集中式协调单元时，协同制导不会因为一个集中式单元失效而无法完成任务，但是这种模式的通信代价很高。分布式的协同制导是一种去中心化的协同制导方法，各导弹只与有通信链接的邻近导弹交换协调变量信息，并根据得到的弹群中其他导弹的信息来调整自己的协调变量。在一定的协调变量控制方法以及合理的通信拓扑结构下可以实现分布式协同制导，由于分布式拓扑架构没有中心节点，单枚导弹的失效不会导致弹群协同失效，所以这种协同制导方式具有更好的鲁棒性，而且通信代价比较低。

如图 13.1 所示，导弹与目标在铅锤面内运动，其中 M 为导弹，T 为静止目标。定义导弹速度方向相对于水平线（X 轴）的夹角为弹道倾角 θ，弹目视线方向相对于水平线（X 轴）的夹角为视线角 q，导弹速度方向相对于弹目视线方向的夹角为导弹速度前置角 σ，弹目距离为 r。导弹加速度 a 垂直于导弹速度 V，令图示方向为正。导弹与目标间的相对运动方程为

$$\begin{cases} \dot{r} = -V\cos\sigma \\ \dot{q} = -\dfrac{V\sin\sigma}{r} \\ \dot{\theta} = \dfrac{a}{V} \end{cases} \tag{13.1}$$

$$\theta = \sigma + q \tag{13.2}$$

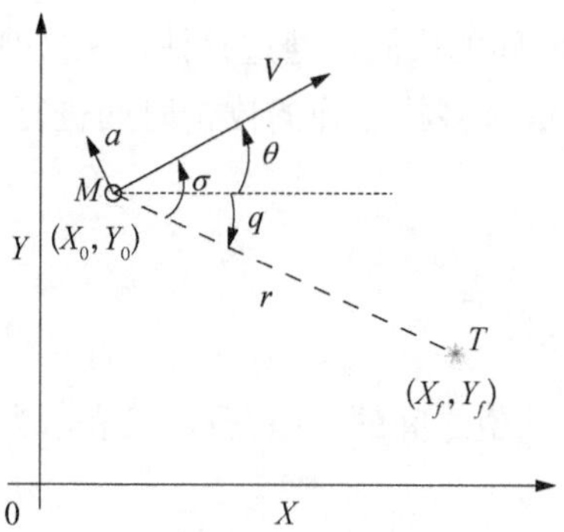

图 13.1　导弹与目标在铅锤面内运动图

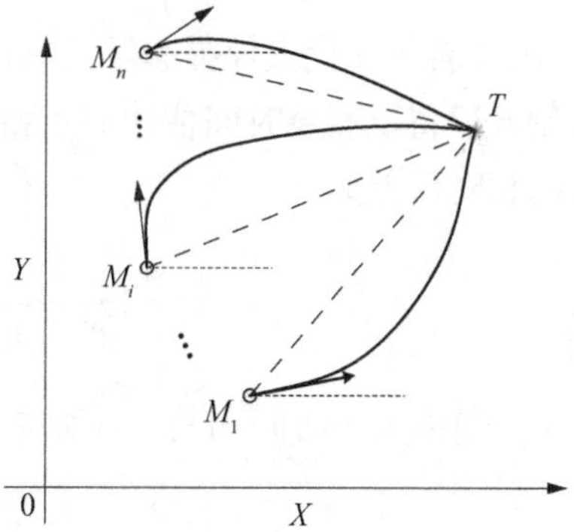

图 13.2　多弹时间协同攻击

多弹时间协同攻击如图 13.2 所示，多枚导弹从不同地点以不同的初始条件发射，并

同时命中一个静止目标。

13.2 多弹协同制导算法设计

本节将介绍两种协同制导方法,以剩余攻击时间为协同变量的集中式协同制导方法和基于状态一致性的分布式协同制导方法。

13.2.1 集中式时间协同制导律

本节将介绍一种典型的集中式协同制导律,该制导律基于比例导引及其剩余时间估计实现多弹攻击时间的协同。经典的比例导引律可表示为

$$a^{\mathrm{PNG}} = mV\dot{q} \tag{13.3}$$

式(13.3)中,m 是比例导引系数,一般取值大于 2。文献[142]提出了一种比例导引律的剩余时间估计方法,可表示为

$$\hat{t}_{\mathrm{go}} = \frac{r}{V}\left(1 + \frac{\sigma^2}{2(2m-1)}\right) \tag{13.4}$$

式(13.4)中,$\hat{t}_{\mathrm{go}}$ 为真实剩余攻击时间 t_{go} 的估计,即

$$\hat{t}_{\mathrm{go}} \approx t_{\mathrm{go}} = t_f - t \tag{13.5}$$

式(13.5)中,t_f 表示最终命中时间,t 为当前时刻。对式(13.4)求导可得

$$\dot{\hat{t}}_{\mathrm{go}} = -\cos\sigma\left(1 + \frac{\sigma^2}{2(2m-1)}\right) + \frac{\sigma}{2m-1}\left(\sin\sigma + a\frac{r}{V^2}\right) \tag{13.6}$$

假设有 N 枚导弹共同打击同一目标,各导弹具有相同的时间基准 t,可通过协同各枚导弹的剩余攻击时间 t_{go} 实现同时命中,即

$$t_{\mathrm{go},i} = t_{\mathrm{go},j} \Leftrightarrow t_{f,i} = t_{f,j} \quad \forall i, j \in 1, \cdots, N \tag{13.7}$$

式(13.7)中,下标 i, j 代表导弹编号。剩余攻击时间的协同可通过其估计来实现,本节介绍的协同制导律将以剩余时间估计 $\hat{t}_{\mathrm{go}}$ 为协同变量对多枚导弹的攻击时间进行协同。定义剩余时间相对误差为

$$\hat{\varepsilon}_i = \left(\frac{1}{N-1}\sum_{j=1, j\neq i}^{N} \hat{t}_{\mathrm{go},j}\right) - \hat{t}_{\mathrm{go},i} \tag{13.8}$$

$\hat{\varepsilon}_i$ 表示第 i 枚导弹剩余时间和其余导弹剩余时间均值之间的误差,也可以表示为

$$\hat{\varepsilon}_i = \frac{N}{N-1}(\bar{t}_{\mathrm{go}} - \hat{t}_{\mathrm{go},i}) \tag{13.9}$$

式(13.9)中,$\bar{t}_{\mathrm{go}}$ 为弹群剩余时间的均值,并可表示为

$$\bar{t}_{go} = \frac{1}{N}\sum_{j=1}^{n} \hat{t}_{go,j} \tag{13.10}$$

基于比例导引偏置的协同制导律为

$$a_i = a_i^{PNG} + a_i^C \tag{13.11}$$

式(13.11)中，a_i、a_i^C 分别为协同制导律加速度指令和协同偏置指令部分。将式(13.11)代入式(13.6)可得

$$\dot{\hat{t}}_{go,i} = \dot{\hat{t}}_{go,i}^{PNG} + \frac{\sigma_i r_i}{(2m-1)V_i^2} a_i^C \tag{13.12}$$

式(13.12)中，$\dot{\hat{t}}_{go,i}^{PNG}$ 为比例导引制导指令下的剩余时间变化率，可表示为

$$\dot{\hat{t}}_{go,i}^{PNG} = -\cos\sigma_i\left(1 + \frac{\sigma_i^2}{2(2m-1)}\right) + \frac{\sigma_i}{2m-1}\left(\sin\sigma_i + a_i^{PNG}\frac{r_i}{V_1^2}\right) \tag{13.13}$$

根据(13.5)可知

$$\dot{\hat{t}}_{go,i}^{PNG} \approx \dot{t}_f - \dot{t} = -1 \tag{13.14}$$

则(13.12)可表示为

$$\dot{\hat{t}}_{go,i} \approx \frac{\sigma_i r_i}{(2m-1)V_i^2} a_i^C - 1 \tag{13.15}$$

a_i^C 设计为

$$\begin{cases} a_i^C = K_I m V_i^2 \operatorname{sgn}(\sigma_i)\hat{\varepsilon}_i & \hat{\varepsilon}_i > 0 \\ a_i^C = K_D m V_i^2 \sin(\sigma_i)\hat{\varepsilon}_i & \hat{\varepsilon}_i \leqslant 0 \end{cases} \tag{13.16}$$

式(13.16)中，K_I，$K_D > 0$ 是制导律参数，函数 sgn 定义为

$$\begin{cases} \operatorname{sgn}(x) = -1 & x < 0 \\ \operatorname{sgn}(x) = 1 & x \geqslant 0 \end{cases} \tag{13.17}$$

将偏置指令式(13.16)代入式(13.15)可得

$$\dot{\hat{t}}_{go,i} = -1 + K_i \hat{\varepsilon}_i \tag{13.18}$$

式(13.18)中，

$$\begin{cases} K_i = \dfrac{K_I m r_i \sigma_i \operatorname{sgn}(\sigma)}{2m-1}, & \hat{\varepsilon}_i > 0 \\ K_i = \dfrac{K_D m r_i \sigma_i \sin(\sigma)}{2m-1}, & \hat{\varepsilon}_i \leqslant 0 \end{cases} \tag{13.19}$$

可以看出 $K_i \geqslant 0$, 对式(13.10)求导可得

$$\dot{t}_{go,i} = -1 + \frac{1}{N}\sum_{j=1}^{N} K_j \hat{\varepsilon}_j \tag{13.20}$$

定义剩余时间方差为

$$s^2 = \frac{1}{N}\sum_{i=1}^{N} (\bar{t}_{go} - \hat{t}_{go,i})^2 \tag{13.21}$$

当剩余时间方差趋于零 $s^2 \to 0$ 时,弹群中的导弹将具有相同的命中时间,即同时命中目标。选择李雅普诺夫函数为 $V = s^2$, 对其求导可得

$$\begin{aligned}
\dot{V} &= \frac{2}{N}\sum_{i=1}^{N}[(\hat{t}_{go,i} - \bar{t}_{go})(\dot{\hat{t}}_{go,i} - \dot{\bar{t}}_{go})] \\
&= \frac{2}{N}\left\{\sum_{i=1}^{N}[(\hat{t}_{go,i} - \bar{t}_{go})\dot{\hat{t}}_{go,i}] - \dot{\bar{t}}_{go}\sum_{i=1}^{N}(\hat{t}_{go,i} - \bar{t}_{go})\right\} \\
&= \frac{2}{N}\sum_{i=1}^{N}[(\hat{t}_{go,i} - \bar{t}_{go})\dot{\hat{t}}_{go,i}] \\
&\left(\text{其中}\sum_{i=1}^{N}(\hat{t}_{go,i} - \bar{t}_{go}) = 0\right)
\end{aligned} \tag{13.22}$$

根据式(13.9)和式(13.18)可得

$$\begin{aligned}
\dot{V} &= \frac{2}{N}\sum_{i=1}^{N}[(\hat{t}_{go,i} - \bar{t}_{go})(-1 + K_i\hat{\varepsilon}_i)] \\
&= \frac{2}{N}\sum_{i=1}^{N}[(\hat{t}_{go,i} - \bar{t}_{go})K_i\hat{\varepsilon}_i] \\
&= \frac{-2(N-1)}{N^2}\sum_{i=1}^{N}[K_i\hat{\varepsilon}_i^2]
\end{aligned} \tag{13.23}$$

由于 $K_i \geqslant 0$ 而且 $\varepsilon_i^2 \geqslant 0$,所以 $\dot{V} \leqslant 0$。而 $\dot{V} = 0$ 只有当 $K_i\hat{\varepsilon}_i^2 = 0,\ \forall i \in 1, 2, \cdots, N$ 成立,结合式(13.19) 可知,$\hat{\varepsilon}_i^2 = 0(\forall i \in 1, 2, \cdots, N)$ 是系统的唯一稳定平衡点。所以该协同制导算法可保证剩余攻击时间方差的收敛从而实现协同制导。协同制导律可表达为

$$\begin{cases}
a_i(t) = NV_i\dot{\lambda}_i(t) + K_I NV_i^2\operatorname{sgn}[\sigma_i(t)]\hat{\varepsilon}_i(t) & \hat{\varepsilon}_i(t) > 0 \\
a_i(t) = NV_i\dot{\lambda}_i(t) + K_D NV_i^2\sin[\sigma_i(t)]\hat{\varepsilon}_i(t) & \hat{\varepsilon}_i(t) \leqslant 0
\end{cases} \tag{13.24}$$

可以看出该制导律要求每个导弹都具有其他导弹的剩余攻击时间信息,这是一种集中式的协同制导方法。把剩余攻击时间作为协同变量将协同制导问题转化成了一阶非线性系统的一致性问题。

13.2.2　分布式时间协同制导律

本节将介绍一种基于状态一致的分布式协同制导律，并在制导过程中考虑视场角约束。制导模型可转化为二阶积分器形式，以$\frac{r}{V}$、$-\cos\sigma$ 为状态量，并用 η、ξ 表示，即

$$\begin{cases}\eta = \dfrac{r}{V} \\ \xi = -\cos\sigma\end{cases} \tag{13.25}$$

对式(13.25)求导可以得到

$$\begin{cases}\dot{\eta} = \xi \\ \dot{\xi} = u\end{cases} \tag{13.26}$$

式(13.26)中，u 为

$$u = \sin\sigma\left(\frac{a}{V} - \frac{V\sin\sigma}{r}\right) \tag{13.27}$$

若能求得虚拟控制量 u 的值，则可通过式(13.27)求得实际控制量 a 的值。

$$a = \left(\frac{u}{\sin\sigma} + \frac{V\sin\sigma}{r}\right)V \tag{13.28}$$

多弹协同问题的关键在于各个导弹在飞向目标的同时能够保证同时到达。单个导弹攻击目标经常采用比例导引，当比例导引系数 N 相同时，在比例导引过程中导弹的剩余攻击时间为状态量$\frac{r}{V}$、$-\cos\sigma$ 的函数。若两枚导弹的状态量 η、ξ 保持一致则在比例导引系数相同的情况下两枚导弹会同时命中目标。由于导弹在制导过程中通常具有视场角约束如下：

$$-\sigma_{\max} \leqslant \sigma \leqslant \sigma_{\max} \tag{13.29}$$

以保证目标始终在导弹观测视场内。根据式(13.28)可知制导指令在 $\sigma\to 0$ 时将发生奇异，可以通过设置一个小的前置角下界 $\sigma_{\min}$ 约束来避免奇异。即

$$\sigma \in \{[-\sigma_{\max}, -\sigma_{\min}] \cup [\sigma_{\min}, \sigma_{\max}]\} \tag{13.30}$$

根据式(13.25)可知约束式(13.29)和式(13.30)可转化为

$$-\cos\sigma_{\min} \leqslant \xi \leqslant -\cos\sigma_{\max} \tag{13.31}$$

据此可以将受约束的多弹协同问题转化为状态受限的一致性问题。根据状态受限一致性算法可将控制器 u_i 设计为

$$u_i = -K\left\{\xi_i - \alpha + \beta f\left[K_e \sum_{j=i}^{n} a_{ij}(\eta_i - \eta_j) + c\right]\right\} \tag{13.32}$$

式(13.32)中,a_{ij} 为邻接矩阵元素,K, $K_e > 0$ 为控制参数。$f(\cdot)$为双曲线函数。

$$f(x) = \frac{e^x - e^{-x}}{e^x + e^{-x}} \tag{13.33}$$

$$\begin{cases} \alpha = \dfrac{-\cos\sigma_{\min} - \cos\sigma_{\max}}{2} \\ \beta = \dfrac{\cos\sigma_{\min} - \cos\sigma_{\max}}{2} \end{cases} \tag{13.34}$$

$$c = f^{-1}[\beta^{-1}(\alpha - \xi_d)] \tag{13.35}$$

式(13.35)中,$f^{-1}(\cdot)$为$f(\cdot)$的反函数,ξ_d 为状态参考值。多弹状态在式(13.32)作用下将实现

$$\lim_{t\to\infty}(\eta_i = \eta_j,\ \xi_i = \xi_d,\ \forall i, j \in 1, \cdots, N) \tag{13.36}$$

当状态 η, ξ 实现一致时,弹群在相同的比例导引律作用下将同时命中目标,所以在导弹足够接近目标时,导弹切换制导指令为比例导引从而实现同时命中。设置切换条件为

$$\eta_i \leqslant \eta_s(i \in 1, \cdots, N) \tag{13.37}$$

式(13.37)中,η_s 为切换值,当导弹状态满足(13.37)时导弹开始进入比例导引阶段。

13.3 仿真算例

仿真场景 A:

四枚导弹从不同位置同时发射攻击一个静止目标,目标位置为(14 000, 0)(单位为m),导弹初始状态如表 13.1 所示。

表 13.1 导弹初始状态

导弹编号	速度/(m/s)	弹目距离/km	前置角/(°)	视线角/(°)
1	330	15	-30	-60
2	320	13	-10	-45
3	310	12	10	-30
4	300	11	30	-10

仿真结果如图 13.3~图 13.6 所示。

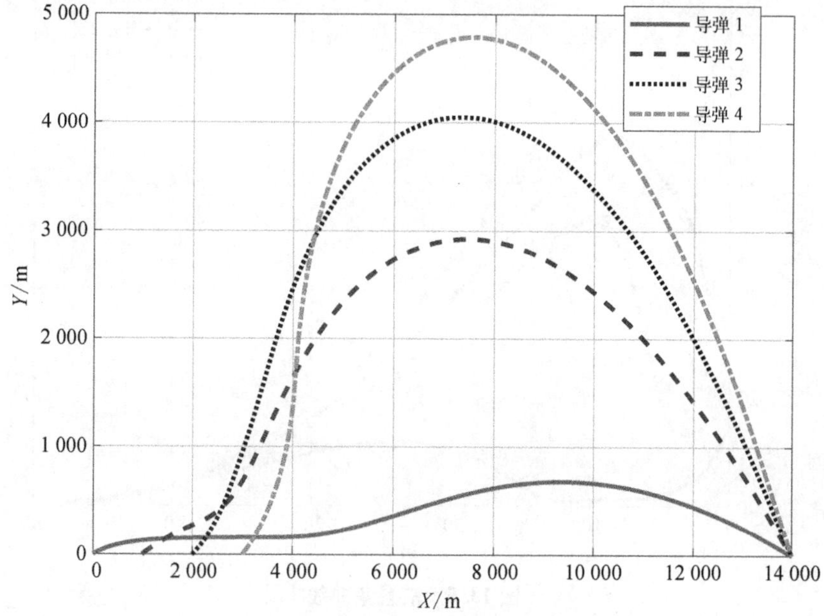

图 13.3　弹道轨迹图

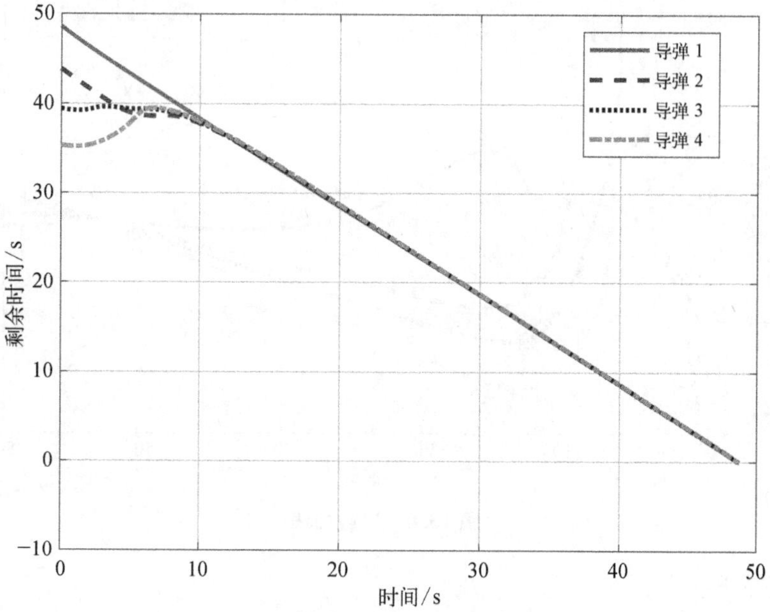

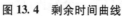

图 13.4　剩余时间曲线

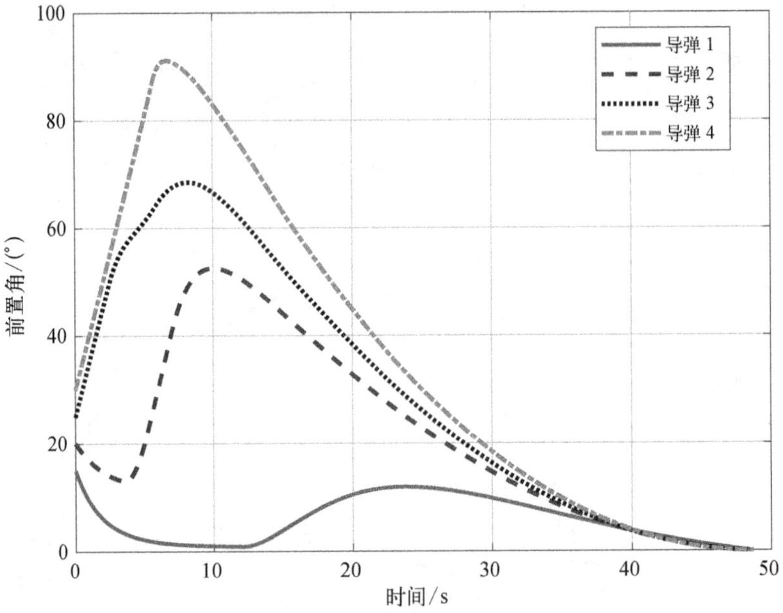

图 13.5　前置角曲线

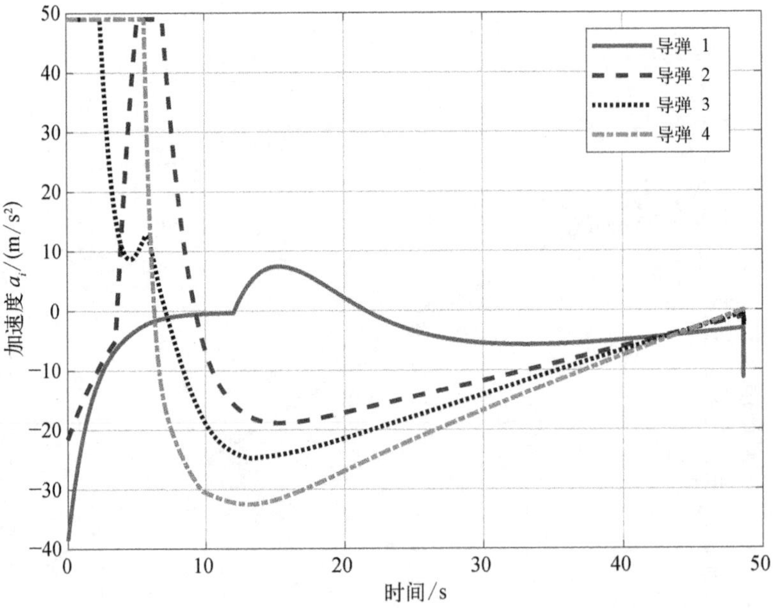

图 13.6　过载曲线

仿真场景 B：

四枚导弹从不同位置同时发射攻击一个静止目标，目标位置为(0, 0)(单位为 m)，导弹初始状态如表 13.2：

表 13.2　导弹初始状态

导弹编号	速度/(m/s)	弹目距离/km	前置角/(°)	视线角/(°)
1	330	15	-30	-60
2	320	13	-10	-45
3	310	12	10	-30
4	300	11	30	-10

仿真结果如图 13.7~图 13.12 所示。

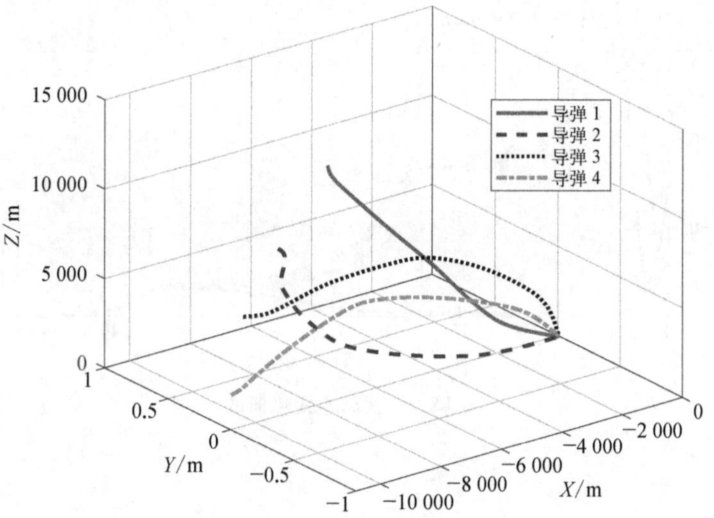

图 13.7　弹道轨迹

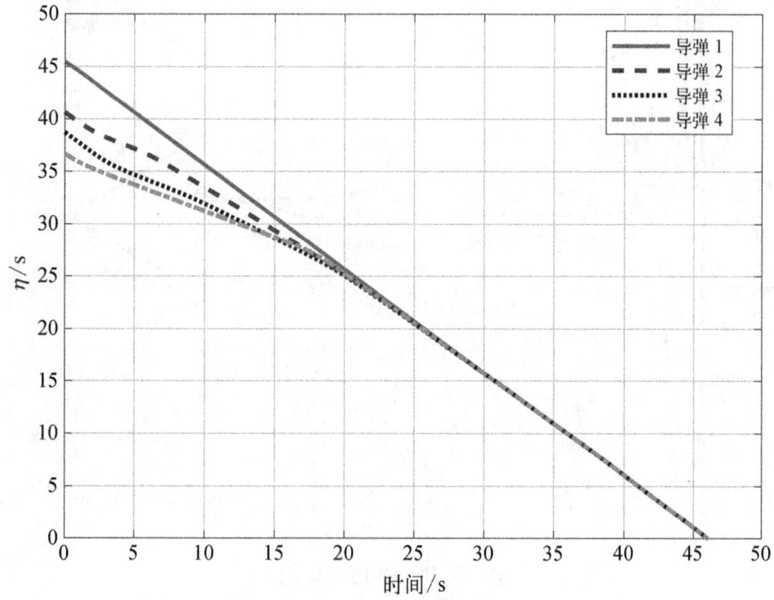

图 13.8　状态 η 变化曲线

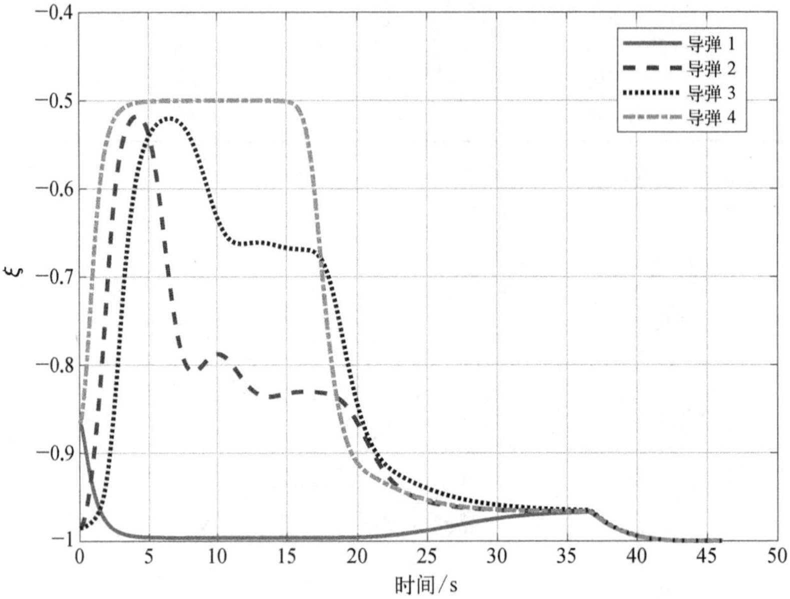

图 13.9　状态 ξ 变化曲线

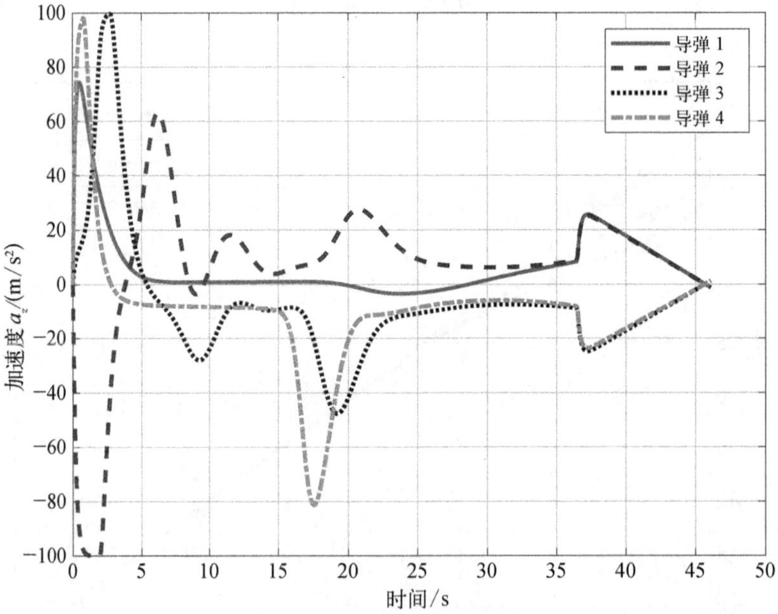

图 13.10　加速度曲线

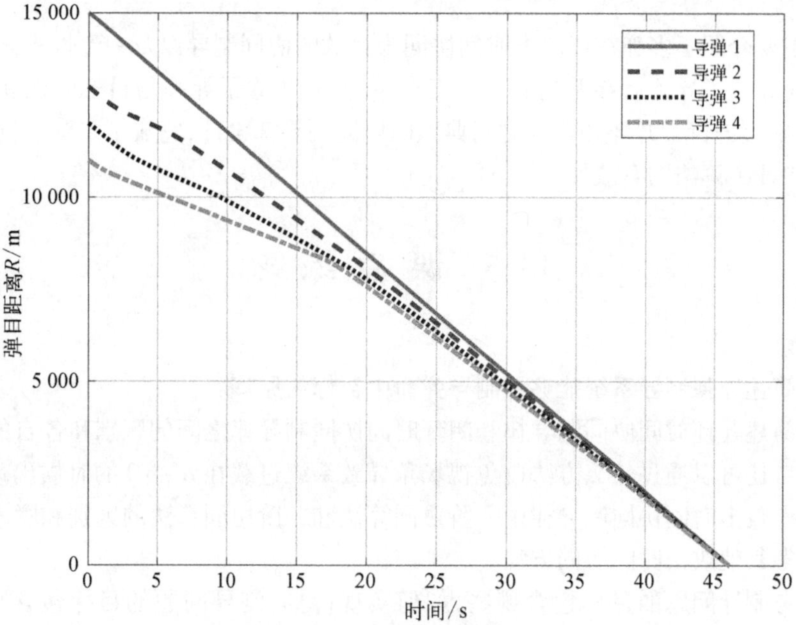

图 13.11　弹目距离曲线

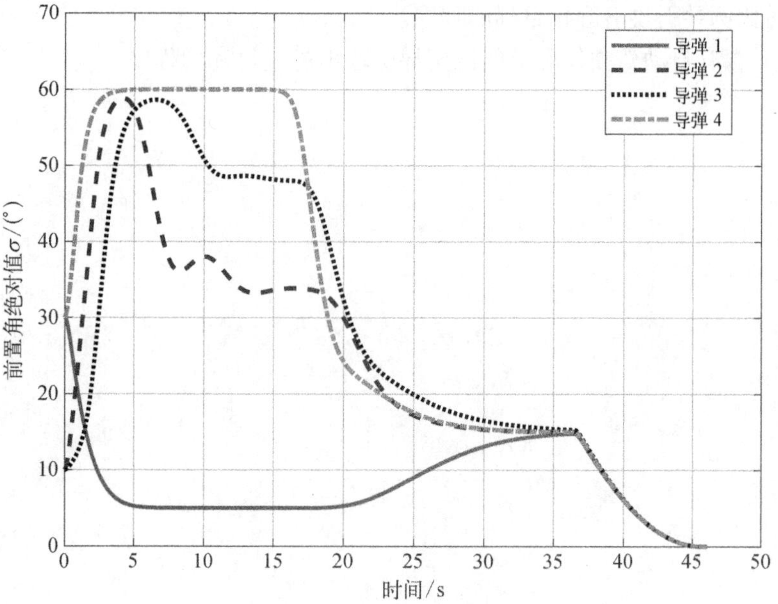

图 13.12　前置角绝对值曲线

13.4 小　结

本章主要介绍了多弹在以攻击时间协同为目的的协同制导以及一致性思想在其中的应用。首先介绍了导弹制导系统的基本工作原理,并建立了导弹与目标间的相对运动方程,在此基础上进行了开环和闭环时间典型的协同制导律设计,完成了多弹协同制导。并在仿真中验证了算法的有效性。

13.5 课后练习

思考题:

1. 请简述导弹制导系统能够控制导弹命中目标的原理。
2. 请简述开环时间协同制导律和闭环时间协同制导律之间的区别和各自的优缺点。
3. 思考还可以通过什么方法避免视场角导致系统过载在 $\sigma \to 0$ 的时候出现奇异性。
4. 思考攻击时间协同制导律中一阶协同算法和二阶协同算法的区别和联系。
5. 思考其他攻击时间协同方法。
6. 思考制导问题的目标包含哪些,如何实现;协同制导问题的目标包含哪些,如何实现。
7. 思考制导问题的研究中做了哪些假设,为什么可以做这些假设。

程序设计题:

8. 复现本章例题,并探索视场角约束对多导弹状态一致的影响。
9. 编写比例导引攻击静止目标的程序。
10. 编写含有自动驾驶仪环节的比例导引攻击静止目标的程序。

参考文献

[1] http://www. cu-market. com. cn/html/news/5c275f77 - 9b0a - 4afc - b92b - 11147b1f4167.

[2] http://news. ycwb. com/picstorage/2017 - 08/28/content_25429540_5. htm.

[3] https://gtb. baidu. com/HttpService/get? p = dHlwZT1pbWFnZS9qcGVnJm49dmlzJnQ9cHJvZHVjdF9za W1pJmM9aWc6aWcmcj0yNTA2OTI4NzU1LDIxODIzMjU4OTM =.

[4] https://www. duitang. com/blog/? id = 611628900.

[5] Wang J N, Xin M. Integrated optimal formation control of multiple unmanned aerial vehicles[J]. IEEE Transactions on Control Systems Technology, 2012, 21(5): 1731 - 1744.

[6] 陈磊,李钟慎.多智能体系统一致性综述[J].自动化博览,2018,35(02): 74 - 78.

[7] 龙慧,樊晓平,刘少强.多智能体系统分布式一致性算法研究现状[J].计算机工程与应用,2013, 49(01): 36 - 42.

[8] Tsitsiklis J N, Athans M. Convergence and asymptotic agreement in distributed decision problems [J]. IEEE Transactions on Automatic Control, 1984, 29(1): 42 - 50.

[9] Olfati S R, Murray R M. Consensus problems in networksof agents with switching topology and time delays[J]. IEEE Transactions on Automatic Control, 2004, 49(9): 1520 - 1533.

[10] Jadbabaie A, Lin J, Morse A S. Coordination of groups of mobile autonomous agents using nearest neighbor rules[J]. IEEE Transactions on Automatic Control, 2003, 48(6): 988 - 1001.

[11] Moreau L. Stability of continuous-time distributed consensus algorithms [C]. Nassau: Decision and Control, 2004. CDC. 43rd IEEE Conference on. IEEE. Nassau, Bahamas, 2004, 3998 - 4003.

[12] Ren W, Beard R W. Consensus seeking in multi-agent systems under dynamically changing interaction topologies[J]. IEEE Transactions on Automatic Control, 2005, 50 (5): 655 - 661.

[13] Ren W. On consensus algorithms for double-integrator dynamics[J]. IEEE Transactions on Automatic Control, 2008, 53(6): 1503 - 1509.

[14] Ren W, Moore K, Chen Y Q. High-order consensus algorithms in cooperative vehicle systems[C]. Fort Lauderdale: 2006 IEEE International Conference on Networking, Sensing and Control, 2006: 457 - 462.

[15] Tian Y P. Frequency-Domain Analysis and Design of Distributed Control Systems [M]. Singapore: Wiley - IEEE Press, 2012.

[16] Lin Z Y, Francis B, Maggiore M. Necessary and sufficient graphical conditions for formation control of unicycles [J]. IEEE Transactions on Automatic Control, 2005, 50(1): 121 - 127.

[17] Ren W, Beard R W. Consensus of information under dynamically changing interaction topologies [C]. Boston: American Control Conference, 2004: 4939 - 4944.

[18] Tian Y P, Liu C L. Consensus of multi-agent systems with diverse input and communication delays [J]. IEEE Transactions on Automatic Control, 2008, 53: 2122 - 2128.

[19] Bliman P A, Ferrai T G. Average consensus problems in networks of agents with delayed communications [C]. Seville: Proceeding of the 44th IEEE Conference on Decision and Control, 2005: 7066 - 7071.

[20] Jiang F C, Wang L. Finite-time information consensus for multi-agent systems with fixed and switching topologies[J]. Physica D Nonlinear Phenomena, 2009, 238(16): 1550 - 1560.

[21] Wang L, Xiao F. Finite-time consensus problems for networks of dynamic agents[J]. IEEE Transactions on Automatic Control, 2010, 55(4): 950 - 955.

[22] Zuo Z. Nonsingular fixed-time consensus tracking for second-order multi-agent networks[J]. Automatica, 2015, 54: 305 - 309.

[23] Zuo Z, Tian B, Defoort M, et al. Fixed-Time consensus tracking for multi-agent Systems With High-Order Integrator Dynamics[J]. IEEE Transactions on Automatic Control Ac, 2018.

[24] Ding D, Wang Z, Ho D W C, et al. Observer-based event-triggering consensus control for multi-agent systems with lossy sensors and cyber-attacks[J]. IEEE Transactions on Cybernetics, 2017, 47(8): 1936 - 1947.

[25] Zhang H, Feng G, Yan H, et al. Observer-Based output feedback event-triggered control for consensus of multi-Agent systems[J]. IEEE Transactions on Industrial Electronics, 2014, 61(9): 4885 - 4894.

[26] Moreau L. Stability of multiagent systems with time dependent communication links [J]. IEEE Transactions on Automatic Control, 2005, 50(2): 169 - 182.

[27] Ren W, Randal W B. Distributed consensus in multi-vechicle cooperative control [M]. London: Springer, 2008: 35 - 40.

[28] Ren W. Multi-Vehicle consensus with a time-varying reference state[J]. Systems & Control Letters, 2007, 56(7 - 8): 474 - 483.

[29] Rimon E, Koditschek D. Exact robot navigation using artificial potential functions [J]. Automation Science and Engineering, 1992, 8(5): 501 - 518.

[30] Olfati S R. Distributed Kalman filter with embedded consensus filters [C]. Seville: Proceedings of Conference on Decision and Control, 2005: 8179 - 8184.

[31] Ren W. Synchronization of coupled harmonic oscillators with local interaction[J]. Automatica, 2008, 12: 3195 - 3200.

[32] Wang P K C. Navigation strategies for multiple autonomous mobile robots moving in formation[J]. Journal of Robotic Systems, 1991, 8(2): 177 - 195.

[33] Balch T, Arkin R C. Behavior-based formation control for multirobot teams[J]. IEEE transactions on robotics and automation, 1998, 14(6): 926 - 939.

[34] Lewis M A, Tan K H. High precision formation control of mobile robots using virtual structures[J]. Autonomous robots, 1997, 4(4): 387 - 403.

[35] Seo J, Ahn C, Kim Y. Controller design for UAV formation flight using consensus based decentralized approach [C]. Seattle: AIAA Infotech@Aerospace Conference and AIAA Unmanned. Unlimited Conference, 2009: 18 - 26.

[36] Dong X, Yu B, Shi Z, et al. Time-varying formation control for unmanned aerial vehicles: Theories and applications[J]. IEEE Transactions on Control Systems Technology, 2014, 23(1): 340 - 348.

[37] Beard R W, McLain T W, Goodrich M. Coordinated target assignment and intercept for unmanned air vehicles [C]. Washington: Proceedings 2002 IEEE International Conference on Robotics and

Automation, 2002, 3: 2581 - 2586.

[38] Karimoddini A, Lin H, Chen B M, et al. Hybrid formation control of the unmanned aerial vehicles [J]. Mechatronics, 2011, 21(5): 886 - 898.

[39] Duan H, Luo Q, Shi Y. Hybrid particle swarm optimization and genetic algorithm for multi-UAV formation reconfiguration[J]. IEEE Computational intelligence magazine, 2013, 8(3): 16 - 27.

[40] Aghdam A S, Menhaj M B, Barazandeh F, et al. Cooperative load transport with movable load center of mass using multiple quadrotor UAVs [C]. Qazvin: 2016 4th International Conference on Control, Instrumentation, and Automation (ICCIA), 2006: 23 - 27.

[41] Dong X, Zhou Y, Ren Z, et al. Time-varying formation tracking for second-order multi-agent systems subjected to switching topologies with application to quadrotor formation flying[J]. IEEE Transactions on Industrial Electronics, 2016, 64(6): 5014 - 5024.

[42] Dong X, Zhou Y, Ren Z, et al. Time-varying formation control for unmanned aerial vehicles with switching interaction topologies[J]. Control Engineering Practice, 2016, 46: 26 - 36.

[43] Das A K, Fierro R, Kumar V, et al. A vision-based formation control framework[J]. IEEE transactions on robotics and automation, 2002, 18(5): 813 - 825.

[44] Shao J, Xie G, Wang L. Leader-following formation control of multiple mobile vehicles[J]. IET Control Theory & Applications, 2007, 1(2): 545 - 552.

[45] De La Cruz C, Carelli R. Dynamic model based formation control and obstacle avoidance of multi-robot systems[J]. Robotica, 2008, 26(3): 345.356.

[46] Defoort M, Floquet T, Kokosy A, et al. Sliding-mode formation control for cooperative autonomous mobile robots[J]. IEEE Transactions on Industrial Electronics, 2008, 55(11): 3944 - 3953.

[47] Ray A K, Benavidez P, Behera L, et al. Decentralized motion coordination for a formation of rovers [J]. IEEE Systems Journal, 2009, 3(3): 369 - 381.

[48] Stipanović D M, Hokayem P F, Spong M W, et al. Cooperative avoidance control for multiagent systems [J]. Journal of dynamic systems, measurement, and control, 2007, 129(5): 699 - 707.

[49] Leitmann G, Skowronski J. Avoidance control[J]. Journal of optimization theory and applications, 1977, 23(4): 581 - 591.

[50] Vachtsevanos G, Tang L, Reimann J. An intelligent approach to coordinated control of multiple unmanned aerial vehicles[C]. Baltimore: Proceedings of the American helicopter society 60th annual forum, 2004, 1 - 9.

[51] Wang X, Yadav V, Balakrishnan S N. Cooperative UAV formation flying with obstacle/collision avoidance[J]. IEEE Transactions on control systems technology, 2007, 15(4): 672 - 679.

[52] Keviczky T, Borrelli F, Fregene K, et al. Decentralized receding horizon control and coordination of autonomous vehicle formations[J]. IEEE Transactions on Control Systems Technology, 2007, 16(1): 19 - 33.

[53] Shin J, Kim H J. Nonlinear model predictive formation flight[J]. IEEE Transactions on Systems, Man, and Cybernetics-Part A: Systems and Humans, 2009, 39(5): 1116 - 1125.

[54] Wang D D, Zong Q, Tian B L, et al. Finite-time fully distributed formation reconfiguration control for UAV helicopters [J]. International Journal of Robust and Nonlinear Control, 2018, 28(18): 5943 - 5961.

[55] Hou Z G, Cheng L, Tan M. Decentralized robust adaptive control for the multiagent system consensus

problem using neural networks[J]. IEEE Trans Syst Man Cybern B Cybern 2009, 39(3): 636-647.

[56] Sun J, Geng Z Y, Lv Y, et al. Distributed Adaptive Consensus Disturbance Rejection for Multi-Agent Systems on Directed Graphs[J]. IEEE Transactions on Control of Network Systems, 2018, 5(1): 629-639.

[57] Das A, Lewis F L. Cooperative adaptive control for synchronization of second-order systems with unknown nonlinearities[J]. International Journal of Robust and Nonlinear Control, 2011, 21(13): 1509-1524.

[58] Pradana W A, Joelianto E, Budiyono A, et al. Robust MIMO H_∞ integral backstepping PID controller for hovering control of unmanned model helicopter[J]. Journal of aerospace engineering. 2011, 24(4): 454-462.

[59] Ghamry K A, Zhang Y. Formation control of multiple quadrotors based on Leader-follower method [C]. Denver: 2015 International Conference on Unmanned Aircraft Systems (ICUAS), 2015: 1037-1042.

[60] Garcia E, Cao Y, Casbeer D W. An event-triggered control approach for the Leader-tracking problem with heterogeneous agents[J]. International Journal of Control, 2018, 91(5): 1209-1221.

[61] Xu G Y, Shi Y B. Elastic formation keeping control of unmanned aerial vehicle adapting to flight speed [J]. Applied Mechanics and Materials, 2013, 367: 411-416.

[62] Duan H B, Ma G J. Optimal formation reconfiguration control of multiple UCAVs using improved particle swarm optimization[J].仿生工程学报(英文版),2008.

[63] Li X, Zhang X, Liu H, et al. Formation reconfiguration based on distributed cooperative coevolutionary for multi-UAV[C]. Guilin: 2016 12th World Congress on Intelligent Control and Automation (WCICA), 2016: 2308-2311.

[64] http://k.sina.com.cn/article_6442933277_180075c1d00100533h.html? cre=tianyi&mod=pcpager_focus&loc=39&r=9&doct=0&rfunc=100&tj=none&tr=9&wm=.

[65] http://www.twxktv.com/tvnews-3571444.html.

[66] https://www.bilibili.com/video/av30265304/.

[67] https://www.sohu.com/a/216349715_613206.

[68] http://www.kepuchina.cn/mil/news/201809/t20180903_700248.shtml.

[69] https://www.sohu.com/a/116567067_505811.

[70] https://www.sohu.com/a/148235951_670525.

[71] https://www.sohu.com/a/306787594_115926.

[72] http://mil.news.sina.com.cn/jssd/2017-12-10/doc-ifypnqvn2564823.shtml.

[73] http://5b0988e595225.cdn.sohucs.com/images/20180430/92a4581767e542b3b386dabe2767b03d.jpeg.

[74] https://v.jinfuzi.com/detail-24030.html.

[75] https://dy.163.com/article/DJMOGFQO0515IDLV.html.

[76] https://uav.huanqiu.com/article/9CaKrnK8tL1.

[77] https://www.mgtv.com/b/320379/4248849.html? cxid=90f0zbamf.

[78] https://graph.baidu.com/thumb/1201156623,2499344189.jpg.

[79] Raptis I A, Valavanis K P. Linear and Nonlinear Control of Small-Scale Unmanned Helicopters [M]. Berlin: Springer Netherlands, 2011: 16-38.

[80] Liu C J, Chen W H, Andrews J. Piecewise constant model predictive control for autonomous helicopters

[J]. Robotics and Autonomous Systems, 2011, 59(7-8): 571-579.

[81] Liu C J, Chen W H, Andrews J. Tracking control of small-scale helicopters using explicit nonlinear MPC augmented with disturbance observers[J]. Control Engineering Practice, 2012, 20(3): 258-268.

[82] Marantos P, Bechlioulis C P, Kyriakopoulos K J. Robust trajectory tracking control for small-scale unmanned helicopters with model uncertainties[J]. IEEE Transactions on Control Systems Technology, 2017, 25(6): 2010-2021.

[83] Fang X, Wu A G, Shang Y, et al. A novel sliding mode controller for small-scale unmanned helicopters with mismatched disturbance[J]. Nonlinear Dynamics, 2016, 83(1-2): 1053-1068.

[84] Fang X, Wu A G, Shang Y, et al. Multivariable super twisting based robust trajectory tracking control for small unmanned helicopter[J]. Mathematical Problems in Engineering, 2015: 1-14.

[85] 程代展,夏元清,马宏宾,等. 矩阵代数、控制与博弈[M]. 北京: 北京理工大学出版社,2016.

[86] 周克敏,Doyle J C, Glover K. 鲁棒与最优控制[M]. 北京: 国防工业出版社,2002.

[87] 吴森堂. 飞行控制系统[M]. 北京: 北京航空航天大学出版社,2013.

[88] 陈杰. 无人飞行器智能鲁棒飞行控制系统研究[D]. 西安: 西北工业大学,2007.

[89] 胡琼. 无人驾驶航空飞行器飞行控制方法研究[D]. 北京: 北京理工大学,2015.

[90] 钱杏芳,林瑞雄,赵亚男. 导弹飞行力学[M]. 北京: 北京理工大学出版社,2013.

[91] 吴瀚文. 四旋翼飞行器抗风控制研究[D]. 哈尔滨: 哈尔滨工业大学,2016.

[92] Li Z, Duan Z. Cooperative Control of Multi-Agent Systems: A Consensus Region Approach[M]. Florida: CRC Press, 2014.

[93] Ren W, Beard R W. Consensus seeking in multiagent systems under dynamically changing interaction topologies[J]. IEEE Transactions on Automatic Control, 2005, 50(5): 655-661.

[94] Ren W, Beard R W. Distributed Consensus in Multi-vehicle Cooperative Control[J]. Communications & Control Engineering, 2008, 27(2): 71-82.

[95] Horn R A, Johnson C A. Matrix analysis[M]. Cambridge: Cambridge University Press, 1990.

[96] Li Z, Ren W, Liu X, et al. Consensus of multi-agent systems with general linear and Lipschitz nonlinear dynamics using distributed adaptive protocols[J]. IEEE Transactions on Automatic Control, 2013, 58(7): 1786-1791.

[97] Li Z, Liu X, Fu M, et al. Global H_∞ consensus of multi-agent systems with Lipschitz non-linear dynamics[J]. Control Theory & Applications, IET, 2012, 6(13): 2041-2048.

[98] Lin X, Boyd S. Fast linear iterations for distributed averaging[J]. Systems & Control Letters, 2004, 53(1): 65-78.

[99] Kim Y, Mesbahi M. On maximizing the second smallest eigenvalue of a state-dependent graph Laplacian [J]. IEEE Transactions on Automatic Control, 2006, 51(1): 116-120.

[100] Delvenne J C, Carli R, Zampieri S. Optimal strategies in the average consensus problem[J]. Systems & Control Letters, 2009, 58(10-11): 759-765.

[101] Semsar-Kazerooni E, Khorasani K. An LMI approach to optimal consensus seeking in multi-agent systems[C]. St. Louis: 2009 American Control Conference, 2009: 4519-4524.

[102] Cao Y, Ren W. Optimal linear-consensus algorithms: An LQR perspective[J]. IEEE Transactions on Systems Man & Cybernetics Part B, 2010, 40(3): 819.

[103] Nedic A, Ozdaglar A. Distributed subgradient methods for multi-agent optimization[J]. IEEE Transactions on Automatic Control, 2009, 54(1): 48-61.

[104] Bauso D, Giarre L, Pesenti R. Mechanism design for Optimal Consensus Problems[C]. Proceedings of the 45th IEEE Conference on Decision and Control. San Diego, CA, 2006, 3381-3386.

[105] Lumelsky V, Stepanov A. Path-planning strategies for a point mobile automaton moving amidst unknown obstacles of arbitrary shape[J]. Algorithmica, 1987, 2(1): 403-430.

[106] Khatib O. Real-Time Obstacle Avoidance for Manipulators and Mobile Robots[J]. International Journal of Robotics Research, 1986, 5(1): 90-98.

[107] Borenstein J, Koren Y. The vector field histogram-fast obstacle avoidance for mobile robots[J]. IEEE Transactions on Robotics & Automation, 2002, 7(3): 278-288.

[108] Quinlan S, Khatib O. Elastic bands: Connecting path planning and control[C]. Proceedings IEEE International Conference on Robotics and Automation. Atlanta, GA, USA, 1993: 802-807.

[109] Laub A J. Matrix analysis for scientists and engineers[M]. Philadelphia: Society for Industrial and Applied Mathematics (SIAM), 2005.

[110] Bapat R B. Graph and matrices[M]. London: Springer, 2010.

[111] Song Z, Lanzon A, Patra S, et al. A negative-imaginary lemma without minimality assumptions and robust state-feedback synthesis for uncertain negative-imaginary systems[J]. Systems & Control Letters, 2012, 61(12): 1269-1276.

[112] Mabrok M A, Kallapur A G, Petersen I R, et al. Generalizing negative imaginary systems theory to include free body dynamics: Control of highly resonant structures with free body motion[J]. IEEE Transactions on Automatic Control, 2014, 59(10): 2692-2707.

[113] Zhou K, Doyle J C, Glover K. Robust and optimal control[M]. London: Springer, 1996.

[114] Wang J, Lanzon A, Petersen I R. A robust output feedback consensus protocol for networked negative-imaginary systems[J]. IFAC Proceedings Volumes, 2014, 47(3): 2878-2883.

[115] Dugard L. Stability and control of time-delay systems[M]. London: Springer, 1998.

[116] Gu K, Niculescu S I. Survey on recent results in the stability and control of time-delay systems[J]. Journal of dynamic systems, measurement, and control, 2003, 125(2): 158-165.

[117] Wang C, Zuo Z, Lin Z, et al. Consensus control of a class of Lipschitz nonlinear systems with input delay[J]. IEEE Transactions on Circuits and Systems I: Regular Papers, 2015, 62(11): 2730-2738.

[118] Ding Z, Lin Z. Truncated state prediction for control of Lipschitz nonlinear systems with input delay[C]. 53rd IEEE Conference on Decision and Control. Los Angeles, CA, 2014: 1966-1971.

[119] Yu W, Wang H, Hong H, et al. Distributed cooperative anti-disturbance control of multi-agent systems: an overview[J]. Science China Information Sciences, 2017, 60(11): 110202.

[120] Franceschelli M, Pisano A, Giua A, et al. Finite-time consensus with disturbance rejection by discontinuous local interactions in directed graphs[J]. IEEE transactions on Automatic Control, 2014, 60(4): 1133-1138.

[121] Ding Z. Consensus disturbance rejection with disturbance observers[J]. IEEE Transactions on Industrial Electronics, 2015, 62(9): 5829-5837.

[122] Arleo G, Caccavale F, Muscio G, et al. Control of quadrotor aerial vehicles equipped with a robotic arm[C]. 21st Mediterranean Conference on Control and Automation, Chania, 2013, 1174-1180.

[123] Fumagalli M, Naldi R, Macchelli A, et al. Developing an aerial manipulator prototype: Physical interaction with the environment[J]. Robotics & Automation Magazine, IEEE, 2014, 21(3):

41 - 50.

[124] Lee H, Kim H J. Estimation, control and planning for autonomous aerial transportation[J]. IEEE Transactions on Industrial Electronics, 2017, 64(4): 3369 - 3379.

[125] Ren Wei. Distributed leaderless consensus algorithms for networked Euler-Lagrange systems[J]. International Journal of Control, 2009, 82(11): 2137 - 2149.

[126] Paden B, Panja R. Globally asymptotically stable 'PD +' controller for robot manipulators[J]. International Journal of Control, 1988, 47(6), 1697 - 1712.

[127] Li S H, Wang X Y. Finite-time consensus and collision avoidance control algorithms for multiple UAVs[J]. Automatica, 2013, 49(11): 3359 - 3367.

[128] Wang D, Zong Q, Tian B, et al. Neural network disturbance observer-based distributed finite-time formation tracking control for multiple unmanned helicopters[J]. Isa Transactions, 2018, 73: 208 - 226.

[129] Zheng Z, Xia Y Q, Fu M Y. Attitude stabilization of rigid spacecraft with finite-time convergence[J]. Robust Nonlinear Control, 2011, 21(6): 686 - 702.

[130] Zhao Y, Duan Z, Wen G, et al. Distributed finite-time tracking for a multi-agent system under a leader with bounded unknown acceleration[J]. Systems and Control Letters, 2015, 81: 8 - 13.

[131] Levant A. Principles of 2 - sliding mode design[J]. Automatica, 2007, 43(4): 576 - 586.

[132] Khalil H K. Nonlinear systems[M]. New Jersey: Upper Saddle River, 2002.

[133] Isidori A, Marconi L, Serrani A. Robust autonomous guidance: an internal model approach, in Advances in Industrial Control[M]. London: Springer-Verlag, 2003.

[134] Naldi R, Furci M, Sanfelice R G, et al. Robust Global Trajectory Tracking for Underactuated VTOL Aerial Vehicles Using Inner-Outer Loop Control Paradigms[J]. Automatic Control, IEEE Transactions on, 2017, 62(1): 97 - 112.

[135] Tian B, Yin L, Wang H. Finite-time reentry attitude control based on adaptive multivariable disturbance compensation[J]. IEEE Transactions on Industrial Electronics, 2015, 62: 5889 - 5898.

[136] Wang D, Zong Q, Tian B, et al. Adaptive finite-time reconfiguration control of unmanned aerial vehicles with a moving leader[J]. Nonlinear Dynamics, 2019, 95(2): 1099 - 1116.

[137] Menon P K, Sweriduk G D, Sridhar B. Optimal Strategies for Free-Flight Air Traffic Conflict Resolution[J]. Journal of Guidance, Control, and Dynamics, 1999, 22(2): 202 - 211.

[138] Xu Y. Nonlinear robust stochastic control for unmanned aerial vehicles[J]. Journal of guidance, control, and dynamics, 2009, 32(4): 1308 - 1319.

[139] Menon P K A. Short-range nonlinear feedback strategies for aircraft pursuit-evasion[J]. Journal of Guidance, Control, and Dynamics, 1989, 12(1): 27 - 32.

[140] Bernstein D S. Matrix Mathematics: Theory, Facts and Formulas With Application to Linear Systems Theory[M]. Princeton: Princeton University Press, 2005.

[141] Chen Y, Wang J, Wang C, et al. A modified cooperative proportional navigation guidance law[J]. Journal of the Franklin Institute, 2019, 356 (11): 5692 - 5705.

[142] Jeon I S, Lee J I, Tahk M J. Homing guidance law for cooperative attack of multiple missiles[J]. Journal of Guidance, Control and Dynamics, 2010, 33 (1): 275 - 280.

[143] He S, Wang W, Lin D, et al. Consensus-based two-stage salvo attack guidance[J]. IEEE Transactions on Aerospace and Electronic Systems, 2017.

[144] Chen Y, Wang J N, Wang C Y, et al. Three-dimensional cooperative homing guidance law with field-of-view constraint[J]. Journal of Guidance, Control, and Dynamics, 2019, 1 (1): 1-21.

[145] 任伟. 多航行体协同控制中的分布式一致性：理论与应用[M]. 北京：电子工业出版社,2014.